Feynman-Graphen
und Eichtheorien für
Experimentalphysiker

T0254978

Peter Schmüser

Feynman-Graphen und Eichtheorien für Experimentalphysiker

Zweite, neubearbeitete Auflage
Mit 82 Abbildungen

Professor Dr. Peter Schmüser
II. Institut für Experimentalphysik der Universität Hamburg
Notkestraße 85, 22607 Hamburg

Die 1. Auflage erschien 1988 in der Reihe
Lecture Notes in Physics Vol. 295

ISBN 3-540-58486-2 2. Auflage Springer-Verlag Berlin Heidelberg New York
ISBN 3-540-18797-9 1. Auflage Springer-Verlag Berlin Heidelberg New York

Die Deutsche Bibliothek – CIP-Einheitsaufnahme
Schmüser, Peter: Feynman-Graphen und Eichtheorien für Experimentalphysiker / *P. Schmüser.*
2. Aufl. – Berlin; Heidelberg; New York; London; Paris; Tokyo: Springer, 1995 (Lecture notes in physics; Vol. 295). ISBN 3-540-58486-2 NE:GT

Dieses Werk ist urheberrechtlich geschützt. Die dadurch begründeten Rechte, insbesondere die der Übersetzung, des Nachdrucks, des Vortrags, der Entnahme von Abbildungen und Tabellen, der Funksendung, der Mikroverfilmung oder der Vervielfältigung auf anderen Wegen und der Speicherung in Datenverarbeitungsanlagen, bleiben, auch bei nur auszugsweiser Verwertung, vorbehalten. Eine Vervielfältigung dieses Werkes oder von Teilen dieses Werkes ist auch im Einzelfall nur in den Grenzen der gesetzlichen Bestimmungen des Urheberrechtsgesetzes der Bundesrepublik Deutschland vom 9. September 1965 in der jeweils geltenden Fassung zulässig. Sie ist grundsätzlich vergütungspflichtig. Zuwiderhandlungen unterliegen den Strafbestimmungen des Urheberrechtsgesetzes.

© Springer-Verlag Berlin Heidelberg 1988, 1995
Printed in Germany

Die Wiedergabe von Gebrauchsnamen, Handelsnamen, Warenbezeichnungen usw. in diesem Werk berechtigt auch ohne besondere Kennzeichnung nicht zu der Annahme, daß solche Namen im Sinne der Warenzeichen- und Markenschutz-Gesetzgebung als frei zu betrachten wären und daher von jedermann benutzt werden dürften.

SPIN 10478776 55/3144 - 5 4 3 2 1 0 - Gedruckt auf säurefreiem Papier

Vorwort

Das vorliegende Lehrbuch ist aus einer zweisemestrigen Veranstaltungsreihe *Elementarteilchenphysik für Fortgeschrittene* entstanden, die an der Universität Hamburg seit vielen Jahren für Studenten höherer Semester sowie für Diplomanden und Doktoranden der experimentellen Teilchenphysik angeboten wird und die jeweils zwei Wochenstunden Vorlesung und Übung umfaßt. Vorausgesetzt werden die in den theoretischen Grundvorlesungen vermittelten Kenntnisse in analytischer Mechanik, Elektrodynamik inklusive spezieller Relativitätstheorie und nichtrelativistischer Quantenmechanik sowie die Grundtatsachen der Teilchenphysik, wie man sie etwa in den Büchern von Berger (1992), Bethge, Schröder (1986), Lohrmann (1992), Perkins (1987), Povh et al. (1993) oder in Bergmann-Schaefer Band 4 (Schmüser, Spitzer 1992) finden kann. Das Ziel der ersten Vorlesung ist es, die Feynman-Graphen in einer für Experimentalphysiker verständlichen Weise einzuführen und die Teilnehmer in die Lage zu versetzen, Reaktionen der elektromagnetischen und schwachen Wechselwirkung vom Matrixelement bis zum Wirkungsquerschnitt vollständig berechnen zu können. Bei der Einführung der Feynman-Graphen folge ich weitgehend den Feynmanschen Originalarbeiten (Feynman 1949), die meiner Meinung nach immer noch die beste Darstellung dieses für viele Gebiete der Physik wichtigen Konzepts enthalten. Besonderer Wert wird auf die Stückelberg-Feynman-Interpretation der Wellenfunktionen negativer Energie und ihre Umdeutung als Wellenfunktionen der Antiteilchen gelegt. Bei konsequenter Anwendung dieser Idee lassen sich Streuprozesse sowie Erzeugungs- und Vernichtungsreaktionen mit ein und demselben Formalismus behandeln, ohne daß man auf das feldtheoretische Konzept der Erzeugungs- und Vernichtungsoperatoren zurückgreifen muß.

Die Nomenklatur folgt weitgehend dem Buch von Bjorken und Drell (1964), insbesondere bei der Definition der Vierervektoren und Gamma-Matrizen. Die elektromagnetischen Größen werden nicht im SI-System, sondern in Heaviside-Lorentz-Einheiten angegeben, weil sich dieses Einheitensystem in den neueren Eichtheorien generell durchgesetzt hat. Der Übergang vom SI-System ist einfach: man muß nur ε_0 und μ_0 durch „1“ ersetzen. Selbstverständlich hat die Elementarladung e einen anderen Zahlenwert und eine andere Einheit als im SI-System. Um Schwierigkeiten bei numerischen Rechnungen zu umgehen, werden Wirkungsquerschnitte oder Zerfallsbreiten stets durch systemunabhängige Konstanten ausgedrückt. Im Bereich der Quantenelektrodynamik QED ist die wichtigste Konstante dieser Art die *Feinstrukturkonstante* α. Sie lautet $\alpha = e^2/(4\pi\varepsilon_0\hbar c)$ im SI-System und $\alpha = e^2/(4\pi\hbar c)$ im Heaviside-Lorentz-System, hat aber beidesmal denselben Wert $\alpha \approx 1/137$. (Wir werden in den Kapiteln 11, 12 sehen, daß α in Wahrheit keine Konstante ist, sondern eine geringe Energieabhängigkeit aufweist). Reaktionen der schwachen Wechselwirkung werden durch die Fermi-Konstante beschrieben: $G_F = (\hbar c)^3 \cdot 1.166 \cdot 10^{-5}\,\mathrm{GeV}^{-2}$. (Anmerkung zum Vorzeichen von e: Bjorken und Drell (1964) und einige andere Autoren bezeichnen die Ladung des Elektrons mit e. In diesem Buch bedeutet $e > 0$ die Elementarladung, die Ladung des Elektrons ist $-e$).

In der Teilchenphysik ist es bequem, die Größen $\hbar$ und c durch 1 zu ersetzen, was bedeutet, daß man Wirkungen in Vielfachen der Planck-Konstante und Geschwindigkeiten in Vielfachen der Lichtgeschwindigkeit mißt. In diesen vereinfachten Einheiten gilt $\alpha = e^2/(4\pi) \approx 1/137$, $G_F = 1.166 \cdot 10^{-5}\,\mathrm{GeV}^{-2}$. Die erforderlichen Potenzen von $\hbar$ und c lassen sich aufgrund von Dimensionsüberlegungen leicht und in eindeutiger Weise ermitteln. Beispielsweise lautet der Wirkungsquerschnitt für Myon-Paarerzeugung in der vereinfachten Schreibweise $\sigma = \pi\alpha^2/(3E^2)$ und hat die Dimension 1/Energie^2. Durch Heranmultiplizieren des Faktors $(\hbar c)^2$ erhalten wir die Dimension einer Fläche, so daß σ im SI-System folgende Gestalt hat $\sigma = \pi\alpha^2(\hbar c)^2/(3E^2)$. Strikt vermieden wird allerdings das altmodische CGS-System, da man fehlende Faktoren 4π durch keinerlei Rezept wiedergewinnen kann.

Das Hauptziel der zweiten Vorlesung besteht darin, eine Einführung in die Eichtheorien zu geben, mit denen es gelungen ist, die elektromagnetischen und schwachen Wechselwirkungen auf eine gemeinsame theoretische Grundlage zu stellen und mit der Quantenchromodynamik (QCD) eine in sich konsistente Theorie der Quark-Gluon-Wechselwirkungen zu schaffen. Das Standard-Modell der elektroschwachen Wechselwirkung und die QCD sind renormierbare Feldtheorien: Prozesse höherer Ordnung sind nur schwach (logarithmisch) divergent und können durch die „Renormierung" physikalischer Größen, z.B. der Elementarladung oder der Masse des Elektrons, endlich gemacht werden. Auf die Feynman-Diagramme höherer Ordnung wird in diesem einführenden Buch aber nur kurz eingegangen, da sie erheblich schwerer zu berechnen sind als die Diagramme niedrigster Ordnung.

Die Eichinvarianz spielt in den neueren Theorien eine fundamentale Rolle und wird deshalb in aller Ausführlichkeit behandelt. Sämtliche Kopplungen der Fermionen – Neutrinos, geladene Leptonen und Quarks – an die Feldquanten der drei Wechselwirkungen – die Photonen, $W^\pm$- und Z^0-Bosonen und die Gluonen – ergeben sich in eindeutiger Weise aus der eichtheoretischen Formulierung der elektroschwachen und der starken Wechselwirkung. Ein grundsätzliches Problem besteht nun darin, daß die Eichinvarianz nur für masselose Felder wie z.B. das elektromagnetische Viererpotential gültig ist. Masselosigkeit der Feldquanten bedeutet unendliche Reichweite der Wechselwirkung. Die sehr kurze Reichweite der schwachen Wechselwirkung und die damit gekoppelte, extrem hohe Masse der Feldquanten $W^\pm$ und Z^0 lassen sich zur Zeit nur über den Higgs-Mechanismus mit dem Prinzip der Eichinvarianz in Einklang bringen. Es wird dabei die Annahme gemacht, daß die Feldquanten a priori masselos sind, daß ihnen jedoch durch die Wechselwirkung mit einem Hintergrundfeld eine (effektive) Masse verliehen wird. Ein Vorgang dieser Art ist aus der Festkörperphysik bekannt, es ist die exponentielle Abschirmung magnetischer Felder in Supraleitern. Auch dort gibt es einen Higgs-Mechanismus. Die Higgs-Teilchen der Supraleitung sind die wohlbekannten Cooper-Paare, diejenigen der Elementarteilchenphysik müssen noch entdeckt werden, sofern sie überhaupt existieren.

Die kurze Reichweite der Kernkräfte hat ganz andere Ursachen. In der QCD wird postuliert, daß die Gluonen masselos bleiben, aber nur an die Quarks ankoppeln. Die Hadronen werden als neutral hinsichtlich der starken Ladung angesehen. Die experimentell meßbaren Kernkräfte entsprechen den kurzreichweitigen van-der-Waals-Kräften zwischen elektrisch neutralen Molekülen. Das Higgs-Problem entfällt hier also. Dafür taucht ein neues Phänomen auf: Trotz der im Prinzip unendlich großen Reichweite der Quark-Gluon-Kräfte ist es bisher nie gelungen, freie Quarks zu beobachten. In der QCD erklärt man dies mit der zusätzlichen Annahme des Quark-„Confinement", für das es plausible Argumente sowie auch Hinweise aus der Gitter-Eichtheorie, aber keinen strikten Beweis gibt.

In diesem Buch wird der Versuch unternommen, die teilweise recht abstrakten Konzepte der Teilchenphysik nicht nur in formaler Weise einzuführen, sondern – soweit möglich – durch Beispiele aus anderen Gebieten der Physik zu verdeutlichen. Dies betrifft vor allem den Higgs-Mechanismus, der in der Supraleitung physikalisch wesentlich besser verstanden ist. Ein anderes wichtiges Beispiel sind die lokalen Phasentransformationen, die die Grundlage der Eichtheorien sind. Der damit in Zusammenhang stehende Aharonov-Bohm-Effekt und seine experimentelle Verifikation mit Elektronenstrahlen werden ausführlich diskutiert. Bei der Diskussion der Eichtheorien und des Higgs-Mechanismus folge ich teilweise Aitchison und Hey (1982) und Quigg (1980, 1983).

Im Vergleich zur ersten Auflage, die als Vorlesungsmitschrift in den *Lecture Notes in Physics* erschienen ist, wurde das Buch inhaltlich und stilistisch überarbeitet und ergänzt. Aufbau und die im Titel umrissene Zielsetzung sind beibehalten worden. Es wird natürlich auf die vielen neuen Daten eingegangen, die präzise Tests des Standard-Modells ermöglichen. Ich habe aber bewußt vermieden, sämtliche Daten diskutieren zu wollen, da dies den Umfang des Buches zu stark vergrößern würde. Aus demselben Grund und auch um den eigentlichen Themenkreis des Buches beizubehalten, werden wichtige Gebiete der Teilchenphysik wie die CP-Verletzung oder Neutrino-Oszillationen ausgelassen. Die große Vereinheitlichung, die Supersymmetrie und andere, noch nicht experimentell abgesicherte, theoretische Ansätze werden nur angedeutet. Eine wichtige Neuerung sind die Übungsaufgaben, die vielfach mit Lösungshinweisen versehen sind. Für eine ganze Reihe der Aufgaben sowie für zahlreiche Rechnungen im Buch existieren MathCAD-Programme, die auf Wunsch beim Autor erhältlich sind.

Ich danke Frau Prof. B. Naroska und den Herren Profs. und Dres. D. Haidt, E. Lohrmann und P.M. Zerwas sehr herzlich für kritische und konstruktive Anmerkungen zum Manuskript sowie zahlreiche wertvolle Hinweise und Gespräche. Bei Frau A. Beuch und Herrn D. Kahnert möchte ich mich für ihre engagierte Mitarbeit beim Schreiben des Manuskripts bedanken, bei Frau E. Dinges und Frau L. Chen für ihre Sorgfalt beim Anfertigen der Zeichnungen.

Hamburg, im August 1994 P. Schmüser

Inhalt

1. Relativistische Wellengleichungen

1.1 Vorbemerkungen

Die Wellengleichungen der Quantentheorie können nicht aus den Gesetzen der klassischen Physik hergeleitet werden, man kann sie allenfalls plausibel machen. Dabei müssen nicht-klassische Konzepte hinzugenommen werden, insbesondere die Relationen von Planck und de Broglie und die Idee, physikalische Größen durch Operatoren zu repräsentieren. Die Vorgehensweise soll anhand der Schrödingergleichung vorgeführt und danach auf den relativistischen Fall übertragen werden. Wenn man die Prinzipien der Quantentheorie und der Speziellen Relativitätstheorie kombiniert, ergeben sich zwei Typen von Wellengleichungen: die *Klein-Gordon-Gleichung* für Teilchen mit Spin-Quantenzahl 0 (Mesonen) und die *Dirac-Gleichung* für Teilchen mit Spin 1/2 (Leptonen und Quarks). Im nicht-relativistischen Grenzfall gehen beide in die Schrödingergleichung über, wobei die Dirac-Gleichung noch zusätzlich einen Wechselwirkungsterm zwischen dem magnetischen Moment des Leptons und einem äußeren Magnetfeld enthält.

Beide Typen von relativistischen Wellengleichungen haben auch Lösungen mit negativen Werten der relativistischen Gesamtenergie. Die richtige Interpretation dieser Wellenfunktionen führt zum Konzept der *Antiteilchen.* Während die Schrödingergleichung Systeme mit fester Teilchenzahl beschreibt, ist dies bei den relativistischen Wellengleichungen nicht mehr der Fall, da bei hinreichend hohen Energien Teilchen und Antiteilchen erzeugt oder vernichtet werden können.

1.2 Betrachtungen zur Schrödingergleichung

Ein charakteristisches Merkmal der nicht-klassischen Physik ist die duale Natur der Materie und der Strahlung, die sich zuerst im Quanten-Verhalten des Lichtes und den Welleneigenschaften der Elektronen gezeigt hat und die mathematisch in den Beziehungen von *Planck* und *de Broglie* zum Ausdruck kommt:

$$E = \hbar\omega \quad , \quad \mathbf{p} = \hbar\mathbf{k} \qquad (k = 2\pi/\lambda) \; . \tag{1.1}$$

Um die Welleneigenschaften zu erfassen, beschreibt man Elektronen durch eine Wellenfunktion, die für ein freies Teilchen vereinfachend als ebene Welle angesetzt wird.

$$\Psi(\mathbf{r}, t) = \frac{1}{\sqrt{V}} \cdot \exp(i\mathbf{k} \cdot \mathbf{r}) \cdot \exp(-i\omega t) \; . \tag{1.2}$$

Hier bedeutet V das Normierungsvolumen. In der Quantentheorie werden physikalische Größen durch Operatoren dargestellt, die auf die Wellenfunktion wirken und deren Eigenwerte die möglichen Meßwerte sind. Aus den Eigenwertgleichungen

$$E_{op}\Psi = E\Psi = \hbar\omega\Psi \; , \; \mathbf{p}_{op}\Psi = \mathbf{p}\Psi = \hbar\mathbf{k}\Psi \; ,$$

folgt für die Gestalt der Energie- und Impulsoperatoren

$$E_{op} \equiv H \mathrel{\widehat{=}} i\hbar\frac{\partial}{\partial t} \; , \; \mathbf{p}_{op} \mathrel{\widehat{=}} -i\hbar\boldsymbol{\nabla} \; . \tag{1.3}$$

Gemäß der klassischen Mechanik ist die Energie eines freien Elektrons

$$E = E_{kin} = \frac{\mathbf{p}^2}{2m} \; .$$

Substituiert man die Form (1.3) der Operatoren, so folgt daraus die Schrödingergleichung in der einfachsten Form:

$$i\hbar\frac{\partial\Psi}{\partial t} = -\frac{\hbar^2}{2m}\boldsymbol{\nabla}^2\Psi \; .$$

Nun wird angenommen, daß die Energie- und Impuls-Operatoren die Form (1.3) auch bei Vorhandensein eines Potentials beibehalten. Aus der nicht-relativistischen Darstellung der Gesamtenergie

$$E = \frac{\mathbf{p}^2}{2m} + V(\mathbf{r},t) \tag{1.4}$$

ergibt sich dann die Schrödingergleichung in ihrer allgemeinen Gestalt

$$i\hbar\frac{\partial\Psi(\mathbf{r},t)}{\partial t} = \left(-\frac{\hbar^2}{2m}\boldsymbol{\nabla}^2 + V(\mathbf{r},t)\right)\Psi(\mathbf{r},t) \equiv H\Psi(\mathbf{r},t) \; . \tag{1.5}$$

Häufig hängt das Potential nicht von der Zeit ab. Man kann dann die Orts- und Zeit-Variablen trennen und kommt zur zeitunabhängigen Schrödingergleichung

$$\Psi(\mathbf{r},t) = \psi(\mathbf{r})\exp\left(-i\frac{Et}{\hbar}\right) \quad \Rightarrow \quad H\psi(\mathbf{r}) = E\psi(\mathbf{r}) \; . \tag{1.6}$$

Dies ist eine Eigenwertgleichung zur Bestimmung der zulässigen Energiewerte des Systems. Die Wellenfunktion gewinnt physikalische Bedeutung durch die Definition der Wahrscheinlichkeits-Dichte und der Wahrscheinlichkeits-Stromdichte:

$$\rho = \Psi^*\Psi \qquad \text{und} \qquad \mathbf{j} = \frac{\hbar}{2im}\left(\Psi^*(\boldsymbol{\nabla}\Psi) - (\boldsymbol{\nabla}\Psi^*)\Psi\right) \; . \tag{1.7}$$

Aus der Schrödingergleichung und der dazu konjugiert komplexen Gleichung

$$-i\hbar\frac{\partial\Psi^*}{\partial t} = H^*\Psi^* = H\Psi^*$$

kann man die wichtige *Kontinuitätsgleichung* herleiten, die besagt, daß die Wahrscheinlichkeit einen lokalen Erhaltungssatz erfüllt.

$$i\hbar\frac{\partial}{\partial t}(\Psi^*\Psi) = -\frac{\hbar^2}{2m}\left(\Psi^*(\boldsymbol{\nabla}^2\Psi) - (\boldsymbol{\nabla}^2\Psi^*)\Psi\right) \quad \Rightarrow \quad \frac{\partial\rho}{\partial t} + \boldsymbol{\nabla}\cdot\mathbf{j} = 0 \; . \tag{1.8}$$

Für ein freies Teilchen, dessen Wellenfunktion als ebene Welle (1.2) angesetzt wird, erhalten wir

$$\rho = \frac{1}{V}, \quad \mathbf{j} = \frac{\hbar}{2imV} 2i\mathbf{k} = \rho \frac{\mathbf{p}}{m} = \rho \mathbf{v}.$$

Wie bei einer ebenen Welle zu erwarten ist, hängt die Wahrscheinlichkeitsdichte nicht vom Ort ab, und die Stromdichte ist gegeben als Produkt der Wahrscheinlichkeitsdichte und der Geschwindigkeit.

1.3 Die Klein-Gordon-Gleichung

Der relativistische Zusammenhang zwischen Energie, Impuls und Ruhemasse lautet für ein freies Teilchen

$$E^2 = \mathbf{p}^2 c^2 + (mc^2)^2. \tag{1.9}$$

Es wird angenommen, daß die Operatoren (1.3) auch im relativistischen Fall Energie und Impuls repräsentieren, allerdings mit dem Unterschied, daß der Energieterm zusätzlich die Ruhe-Energie enthält. Einsetzen der Operatoren (1.3) in die Gleichung (1.9) ergibt als Wellengleichung

$$-\hbar^2 \frac{\partial^2 \phi}{\partial t^2} = \left(-\hbar^2 c^2 \boldsymbol{\nabla}^2 + (mc^2)^2\right) \phi.$$

Nach Umordnung der Terme erhält man die *Klein-Gordon-Gleichung* eines freien Teilchens mit der Ruhemasse m

$$\left[\frac{1}{c^2} \cdot \frac{\partial^2}{\partial t^2} - \boldsymbol{\nabla}^2 + \left(\frac{mc}{\hbar}\right)^2\right] \phi(\mathbf{r}, t) = 0. \tag{1.10}$$

Dies ist die relativistische Verallgemeinerung der Schrödingergleichung für Teilchen mit Spin 0. Zur Unterscheidung von Spin-1/2-Teilchen wird die Wellenfunktion mit ϕ benannt. Die Lösungen dieser Gleichung sind die ebenen Wellen

$$\phi = \frac{1}{\sqrt{V}} \exp\left(i\left(\mathbf{k} \cdot \mathbf{r} \pm \omega t\right)\right).$$

Einsetzen in die Klein-Gordon-Gleichung ergibt

$$(\hbar\omega)^2 = \mathbf{p}^2 c^2 + m^2 c^4 \quad \Rightarrow \quad E = \pm\hbar\omega = \pm\sqrt{c^2 \mathbf{p}^2 + m^2 c^4}. \tag{1.11}$$

Die relativistische Energie eines freien Teilchens, also die Summe aus Ruhe-Energie und kinetischer Energie, kann demnach sowohl positive wie negative Werte annehmen. Dies ist natürlich nicht akzeptabel.

Aus der Form (1.3) des Energieoperators folgt, daß die Wellenfunktion mit positiver Energie gegeben ist durch

$$\phi_+(\mathbf{r}, t) = \frac{1}{\sqrt{V}} \exp(i\mathbf{k} \cdot \mathbf{r} - i\omega t), \quad i\hbar \frac{\partial \phi_+}{\partial t} = +\hbar\omega\phi_+. \tag{1.12}$$

Entsprechend lautet die Wellenfunktion mit negativer Energie

$$\phi_-(\mathbf{r}, t) = \frac{1}{\sqrt{V}} \exp(i\mathbf{k} \cdot \mathbf{r} + i\omega t), \quad i\hbar \frac{\partial \phi_-}{\partial t} = -\hbar\omega\phi_-. \tag{1.13}$$

Diese Doppeldeutigkeit gibt es bei der Schrödingergleichung nicht, da sie von erster Ordnung in der Zeit ist. Das positive Vorzeichen des Energie-Operators in (1.3) stellt sicher, daß nur ϕ_+ eine Lösung der Schrödingergleichung sein kann, nicht aber ϕ_-. Alle Schrödinger-Wellenfunktionen haben in der Tat eine Zeitabhängigkeit der Form $\exp(-i\omega t)$.

Die physikalisch sinnlos erscheinenden Wellenfunktionen negativer Energie dürfen nicht einfach ignoriert werden, weil die Lösungen mit $E > 0$ allein kein vollständiges System von Eigenfunktionen bilden. Eine analoge Situation tritt bei der klassischen Wellengleichung auf:

$$\frac{\partial^2 f}{\partial t^2} = v^2 \frac{\partial^2 f}{\partial x^2} .$$

Die allgemeine harmonische Lösung ist

$$f(x,t) = a \exp(ikx - i\omega t) + b \exp(ikx + i\omega t) .$$

Wenn man nur den ersten Term zuläßt, gibt es keine nach links laufenden und auch keine stehenden Wellen.

Wir werden später sehen, daß man die Lösungen der Klein-Gordon-Gleichung mit negativen Energie-Werten als Wellenfunktionen der Antiteilchen uminterpretieren kann. Auch für die Klein-Gordon-Gleichung definiert man als Wahrscheinlichkeits-Stromdichte

$$\mathbf{j} = \frac{\hbar}{2im} \left(\phi^* (\nabla \phi) - (\nabla \phi^*) \phi \right) . \tag{1.14}$$

Aus der Gleichung (1.10) und der dazu konjugiert komplexen Gleichung erhalten wir

$$\frac{\partial}{\partial t} \left(\phi^* \frac{\partial \phi}{\partial t} - \frac{\partial \phi^*}{\partial t} \phi \right) - c^2 \nabla \cdot \left(\phi^* (\nabla \phi) - (\nabla \phi^*) \phi \right) = 0 .$$

Wenn wir die Wahrscheinlichkeitsdichte durch folgende Beziehung einführen

$$\rho = \frac{i\hbar}{2mc^2} \left(\phi^* \frac{\partial \phi}{\partial t} - \frac{\partial \phi^*}{\partial t} \phi \right) , \tag{1.15}$$

so folgt die Kontinuitätsgleichung in der bekannten Form (1.8). Für die ebenen Wellen (1.12) mit positiver Energie ergeben sich aus (1.14) und (1.15) die zu erwartenden Ausdrücke für Wahrscheinlichkeits- und Stromdichte:

$$\rho = \frac{1}{V} \cdot \frac{\hbar \omega}{mc^2} , \quad \mathbf{j} = \frac{1}{V} \cdot \frac{\hbar \mathbf{k}}{m} .$$

Bei positiver Energie ist die Wahrscheinlichkeitsdichte ebenfalls positiv und geht im nicht-relativistischen Grenzfall $E \approx mc^2$ in den Wert $1/V$ über. Der Faktor $\hbar\omega/mc^2$ berücksichtigt die relativistische Volumenkontraktion. Problematisch wird es jedoch für die Wellenfunktionen (1.13) mit negativen Energien, denn die Wahrscheinlichkeitsdichte wird ebenfalls negativ. Diese doppelte Schwierigkeit führte dazu, daß man die Klein-Gordon-Gleichung zunächst aufgab und nach alternativen relativistischen Wellengleichungen suchte.

1.4 Die Dirac-Gleichung

Die Wellenfunktionen mit negativen Werten der totalen Energie ergeben sich aus der Tatsache, daß in der Klein-Gordon-Gleichung die zweite zeitliche Ableitung der Wellenfunktion auftritt. Um dies zu umgehen, suchte *Paul Dirac* nach einer Gleichung, die wie die Schrödinger-Gleichung nur von erster Ordung in der Zeit ist, die aber natürlich den Gesetzen der Relativitätstheorie zu genügen hat. Es stellte sich nachträglich heraus, daß auch die Dirac-Gleichung Lösungen mit negativer Energie besitzt. Ihre physikalische Interpretation und die daraus folgende Vorhersage von *Antiteilchen* stellt eine der größten Leistungen der theoretischen Physik dar. Darüberhinaus hat die Dirac-Gleichung eine große Bedeutung, weil sie den Spin 1/2 des Elektrons und sein magnetisches Moment automatisch mit enthält. *Die Dirac-Gleichung ist die Wellengleichung für die fundamentalen Bausteine der Materie: Leptonen und Quarks.*

Eine relativistisch kovariante Differentialgleichung, die nur die erste Ableitung nach der Zeit enthält, muß auch von erster Ordnung in den Ortskoordinaten $(x, y, z) \equiv (x_1, x_2, x_3)$ sein. Für die Wellengleichung eines freien Elektrons machte Dirac den Ansatz

$$i\hbar\frac{\partial\psi}{\partial t} \equiv H\psi = -i\hbar c\left(\alpha_1\frac{\partial\psi}{\partial x_1} + \alpha_2\frac{\partial\psi}{\partial x_2} + \alpha_3\frac{\partial\psi}{\partial x_3}\right) + \beta mc^2\psi\,. \tag{1.16}$$

Wir werden gleich sehen, daß die Wellenfunktion als vierkomponentiger Vektor und die α_i und β als 4×4-Matrizen angesetzt werden müssen. Die relativistische Energie-Impuls-Beziehung (1.9) und die Form (1.3) des Energie- und Impulsoperators bleiben weiterhin gültig. Um auf die zweite Ableitung in t zu kommen, wird (1.16) differenziert

$$i\hbar\frac{\partial^2\psi}{\partial t^2} = -i\hbar c\left(\alpha_1\frac{\partial^2\psi}{\partial x_1\partial t} + ...\right) + \beta mc^2\frac{\partial\psi}{\partial t}\,.$$

Auf der rechten Seite wird die erste Ableitung nach der Zeit aus (1.16) eingesetzt

$$\frac{\partial^2\psi}{\partial t^2} = c^2\sum_{j=1}^{3}\alpha_j^2\frac{\partial^2\psi}{\partial x_j^2} - \left(\frac{mc^2}{\hbar}\right)^2\beta^2\psi$$

$$+ c^2\sum_{j\neq k}\frac{1}{2}(\alpha_j\alpha_k + \alpha_k\alpha_j)\frac{\partial^2\psi}{\partial x_j\partial x_k} + \frac{imc^3}{\hbar}\sum_{j=1}^{3}(\alpha_j\beta + \beta\alpha_j)\frac{\partial\psi}{\partial x_j}\,.$$

Für beliebige ebene Wellen $\exp(i\mathbf{k}\cdot\mathbf{r} - i\omega t)$ ergibt dies genau dann die Energie-Impuls-Beziehung (1.9), wenn folgende Relationen gelten

$$\alpha_1^2 = \alpha_2^2 = \alpha_3^2 = \beta^2 = 1\,, \;\; \alpha_j\alpha_k + \alpha_k\alpha_j = 0 \;\; \text{für}\, j \neq k\,, \;\; \alpha_j\beta + \beta\alpha_j = 0\,. \tag{1.17}$$

Mit reellen oder komplexen Zahlen kann man diese Relationen nicht erfüllen. Es werden daher Matrizen mit komplexen Koeffizienten versucht. Sie müssen folgende Bedingungen erfüllen:

1. Der Hamilton-Operator H ist hermitesch, also sind es auch die Matrizen α_j, β.
2. $\alpha_j^2 = \beta^2 = I$ (Einheitsmatrix). Daraus folgt, daß die Eigenwerte ± 1 sind.

3. Die Matrizen haben alle die Spur 0. Dies folgt aus den Regeln (1.17):

$$\mathrm{Spur}(\alpha_j) = \mathrm{Spur}(\underbrace{\beta\beta}_{I}\,\alpha_j) = \mathrm{Spur}(\underbrace{\beta\alpha_j}_{-\alpha\beta}\beta) = -\mathrm{Spur}(\alpha_j)\,.$$

Nun ist die Spur die Summe der Eigenwerte. Da diese die Werte +1 und −1 haben, muß die Dimension N der Matrizen gerade sein. Die Dimension $N = 2$ reicht nicht aus, da es nur drei linear unabhängige hermitesche Matrizen mit Spur 0 gibt. Dies sind die Pauli-Matrizen:

$$\sigma_1 = \begin{pmatrix} 0 & 1 \\ 1 & 0 \end{pmatrix} \qquad \sigma_2 = \begin{pmatrix} 0 & -i \\ i & 0 \end{pmatrix} \qquad \sigma_3 = \begin{pmatrix} 1 & 0 \\ 0 & -1 \end{pmatrix}.$$

Die kleinste mögliche Dimension ist $N = 4$. Eine spezielle Darstellung lautet

$$\alpha_i = \begin{pmatrix} 0 & \sigma_i \\ \sigma_i & 0 \end{pmatrix} \qquad \beta = \begin{pmatrix} I & 0 \\ 0 & -I \end{pmatrix}. \tag{1.18}$$

Die kompletten 4 × 4-Matrizen sind:

$$\alpha_1 = \begin{pmatrix} 0 & 0 & 0 & 1 \\ 0 & 0 & 1 & 0 \\ 0 & 1 & 0 & 0 \\ 1 & 0 & 0 & 0 \end{pmatrix} \qquad \alpha_2 = \begin{pmatrix} 0 & 0 & 0 & -i \\ 0 & 0 & i & 0 \\ 0 & -i & 0 & 0 \\ i & 0 & 0 & 0 \end{pmatrix}$$

$$\alpha_3 = \begin{pmatrix} 0 & 0 & 1 & 0 \\ 0 & 0 & 0 & -1 \\ 1 & 0 & 0 & 0 \\ 0 & -1 & 0 & 0 \end{pmatrix} \qquad \beta = \begin{pmatrix} 1 & 0 & 0 & 0 \\ 0 & 1 & 0 & 0 \\ 0 & 0 & -1 & 0 \\ 0 & 0 & 0 & -1 \end{pmatrix}$$

Die Wellenfunktion ist ein vierkomponentiger Spaltenvektor, der *Dirac-Spinor* genannt wird. Der *hermitesch konjugierte* Spinor ist ein Zeilenvektor mit den konjugiert-komplexen Komponenten. Er wird mit $\psi^\dagger$ bezeichnet.

$$\psi = \begin{pmatrix} \psi_1 \\ \psi_2 \\ \psi_3 \\ \psi_4 \end{pmatrix}, \qquad \psi^\dagger = (\psi_1^*, \psi_2^*, \psi_3^*, \psi_4^*)\,. \tag{1.19}$$

Die Gleichung für den konjugierten Spinor lautet

$$-i\hbar\frac{\partial\psi^\dagger}{\partial t} = +i\hbar c\sum_{j=1}^{3}\frac{\partial\psi^\dagger}{\partial x_j}\alpha_j + mc^2\psi^\dagger\beta\,. \tag{1.20}$$

Die geänderte Reihenfolge der Matrixmultiplikation ist zu beachten. Gleichung (1.16) multiplizieren wir von links mit $\psi^\dagger$, (1.20) von rechts mit ψ und subtrahieren:

$$i\hbar\frac{\partial}{\partial t}(\psi^\dagger\psi) = -i\hbar c\boldsymbol{\nabla}\cdot(\psi^\dagger\boldsymbol{\alpha}\psi)\,. \tag{1.21}$$

Die drei Matrizen α_j werden hier formal zu einem Vektor $\boldsymbol{\alpha}$ zusammengefaßt. Als Wahrscheinlichkeits- und Stromdichte wird definiert

$$\rho = \psi^\dagger\psi = |\psi_1|^2 + |\psi_2|^2 + |\psi_3|^2 + |\psi_4|^2\,, \quad \mathbf{j} = c\psi^\dagger\boldsymbol{\alpha}\psi\,. \tag{1.22}$$

Dann ist (1.21) identisch mit der Kontinuitätsgleichung. Die Dichte ρ ist immer positiv.

1.5 Nichtrelativistischer Grenzfall der Dirac-Gleichung

Wir betrachten zunächst ein freies, ruhendes Elektron. Sein Wellenvektor ist $\mathbf{k} = 0$, es gilt daher $\boldsymbol{\nabla}\psi = 0$. Die Dirac-Gleichung lautet

$$i\hbar\frac{\partial\psi}{\partial t} = mc^2\beta\psi \quad\Rightarrow\quad i\hbar\begin{pmatrix}\dot\psi_1\\ \dot\psi_2\\ \dot\psi_3\\ \dot\psi_4\end{pmatrix} = mc^2\begin{pmatrix}1&0&0&0\\0&1&0&0\\0&0&-1&0\\0&0&0&-1\end{pmatrix}\begin{pmatrix}\psi_1\\ \psi_2\\ \psi_3\\ \psi_4\end{pmatrix}.$$

Diese Gleichung hat vier unabhängige Lösungen. Die beiden Funktionen mit positiver Energie sind:

$$\psi^1 = \exp(-i\omega_0 t)\begin{pmatrix}1\\0\\0\\0\end{pmatrix}, \quad \psi^2 = \exp(-i\omega_0 t)\begin{pmatrix}0\\1\\0\\0\end{pmatrix},$$

$$E_1 = E_2 = +\hbar\omega_0 = +mc^2\,.$$

Die dritte und vierte Funktion ergeben bei Anwendung des Energieoperators jedoch einen negativen Wert der Ruhe-Energie. Sie können nicht in naheliegender Weise als Teilchen-Wellenfunktionen interpretiert werden.

$$\psi^3 = \exp(+i\omega_0 t)\begin{pmatrix}0\\0\\1\\0\end{pmatrix}, \quad \psi^4 = \exp(+i\omega_0 t)\begin{pmatrix}0\\0\\0\\1\end{pmatrix},$$

$$E_3 = E_4 = -\hbar\omega_0 = -mc^2 .$$

Im folgenden sollen nun die Funktionen positiver Energie im Grenzfall nichtverschwindender, aber kleiner kinetischer Energien betrachtet werden.

$$E = \sqrt{\mathbf{p}^2c^2 + m^2c^4} \approx mc^2 + \mathbf{p}^2/(2m) .$$

Die Zeitabhängigkeit der Wellenfunktion ist im wesentlichen $\exp(-i\omega_0 t)$ wie beim ruhenden Elektron. Wenn wir also folgenden Ansatz machen

$$\psi(\mathbf{r}, t) = \exp(-i\omega_0 t)\begin{pmatrix}\varphi(\mathbf{r}, t)\\ \chi(\mathbf{r}, t)\end{pmatrix},$$

so sind die zweikomponentigen Spinoren φ und χ nur „langsam" zeitabhängig:

$$\varphi, \chi \propto \exp(-i\omega' t) \quad \text{mit} \quad \hbar\omega' = \mathbf{p}^2/(2m) \ll mc^2 .$$

Einsetzen in die Dirac-Gleichung ergibt

$$\hbar\omega_0\begin{pmatrix}\varphi\\ \chi\end{pmatrix} + i\hbar\begin{pmatrix}\dot\varphi\\ \dot\chi\end{pmatrix} = c\boldsymbol{\sigma}\cdot\mathbf{p}\begin{pmatrix}\chi\\ \varphi\end{pmatrix} + mc^2\begin{pmatrix}\varphi\\ -\chi\end{pmatrix} \quad \text{mit} \quad \mathbf{p} \mathrel{\hat=} -i\hbar\boldsymbol{\nabla} .$$

Die Gleichung für χ lautet

$$i\hbar\dot\chi = \hbar\omega'\chi = c\boldsymbol{\sigma}\cdot\mathbf{p}\varphi - 2mc^2\chi .$$

Wegen $\hbar\omega' \ll \hbar\omega_0 = mc^2$ folgt

$$\chi \approx \frac{1}{2mc}(\boldsymbol{\sigma}\cdot\mathbf{p})\varphi .$$

Weiterhin gilt

$$\boldsymbol{\sigma}\cdot\mathbf{p} = \begin{pmatrix} p_z & p_x - ip_y \\ p_x + ip_y & -p_z\end{pmatrix}, \quad (\boldsymbol{\sigma}\cdot\mathbf{p})^2 = \mathbf{p}^2\begin{pmatrix}1 & 0\\ 0 & 1\end{pmatrix} . \tag{1.23}$$

Daraus folgt für die Norm von χ

$$\chi^\dagger\chi = \frac{\mathbf{p}^2/(2m)}{2mc^2}\cdot\varphi^\dagger\varphi \ll \varphi^\dagger\varphi \quad \text{für} \quad \mathbf{p}^2/(2m) \ll mc^2 .$$

Für nichtrelativistische Elektronen ist also die χ-Komponente klein. Es ist leicht zu sehen, daß die „große" Komponente die Schrödingergleichung eines freien Elektrons erfüllt:

$$i\hbar\dot\varphi = c\boldsymbol{\sigma}\cdot\mathbf{p}\chi \approx \frac{(\boldsymbol{\sigma}\cdot\mathbf{p})^2}{2m}\varphi \quad \Rightarrow \quad i\hbar\frac{\partial\varphi}{\partial t} = -\frac{\hbar^2}{2m}\boldsymbol{\nabla}^2\varphi .$$

1.6 Dirac-Gleichung für ein Elektron im elektromagnetischen Feld

Das elektromagnetische Feld kann aus dem skalaren Potential ϕ und dem Vektorpotential $\mathbf{A}$ hergeleitet werden. Um ein Teilchen der Ladung q zu beschreiben, muß man den Impuls $\mathbf{p}$ durch $\mathbf{p} - q\mathbf{A}$ ersetzen und die potentielle Energie $q\phi$ berücksichtigen (siehe Anhang A). Die Dirac-Gleichung lautet damit

$$i\hbar\frac{\partial\psi}{\partial t} = [c\boldsymbol{\alpha}\cdot(\mathbf{p}-q\mathbf{A}) + mc^2\beta + q\phi]\,\psi\,. \tag{1.24}$$

Wir definieren einen verallgemeinerten Impulsoperator

$$\mathbf{P} = \mathbf{p} - q\mathbf{A} = -i\hbar\boldsymbol{\nabla} - q\mathbf{A}\,.$$

Damit wird die Differentialgleichung für die „große" Komponente

$$i\hbar\,\dot{\varphi} = \frac{1}{2m}(\boldsymbol{\sigma}\cdot\mathbf{P})(\boldsymbol{\sigma}\cdot\mathbf{P})\varphi + q\phi\varphi\,.$$

Die im ersten Faktor $\mathbf{P}$ enthaltene Differentiation wirkt auch auf das Vektorpotential im zweiten Faktor $\mathbf{P}$. Man erhält zusätzliche Terme der Gestalt

$$\sigma_x\sigma_y\left(-i\hbar\frac{\partial}{\partial x} - qA_x\right)\left(-i\hbar\frac{\partial}{\partial y} - qA_y\right) + \sigma_y\sigma_x\left(-i\hbar\frac{\partial}{\partial y} - qA_y\right)\left(-i\hbar\frac{\partial}{\partial x} - qA_x\right).$$

Wegen $\sigma_y\sigma_x = -\sigma_x\sigma_y = -i\sigma_z$ und $\mathbf{B} = \boldsymbol{\nabla}\times\mathbf{A}$ ergibt sich dabei der Ausdruck $-q\hbar\sigma_z B_z$. Werden alle Terme dieser Art berücksichtigt, so erhält man für ein Elektron mit $q = -e$

$$i\hbar\frac{\partial\varphi}{\partial t} = \left[\frac{1}{2m}\left(-i\hbar\boldsymbol{\nabla} + e\mathbf{A}\right)^2 + \frac{e\hbar}{2m}\boldsymbol{\sigma}\cdot\mathbf{B} - e\phi\right]\varphi\,. \tag{1.25}$$

Dies ist die *Pauli-Gleichung.* Die Schrödingergleichung eines Elektrons im elektromagnetischen Feld sieht zwar ganz ähnlich aus, es fehlt dort jedoch der magnetische Wechselwirkungsterm:

$$i\hbar\frac{\partial\Psi_S}{\partial t} = \left[\frac{1}{2m}\left(-i\hbar\boldsymbol{\nabla} + e\mathbf{A}\right)^2 - e\phi\right]\Psi_S\,. \tag{1.26}$$

Die Schrödinger-Wellenfunktion ist einkomponentig und umfaßt nicht den Spin des Elektrons und sein magnetisches Moment. Beide Größen sind in der Pauli-Gleichung enthalten, ebenso die korrekte potentielle Energie des Elektron-Momentes in einem Magnetfeld.

$$E_{pot} = -\boldsymbol{\mu}\cdot\mathbf{B} \;\Rightarrow\; \mu_e = -\frac{e\hbar}{2m} = -\mu_{Bohr} = -g\cdot\frac{e}{2m}\cdot\frac{\hbar}{2} \quad \text{mit} \quad g = 2\,. \tag{1.27}$$

In der letzten Gleichung wird das magnetische Eigenmoment des Elektrons als Produkt des gyromagnetischen Verhältnisses und des Spins geschrieben, wobei ein weiterer Faktor $g = 2$ nötig ist, um den im Vergleich zur Bahnbewegung doppelt so großen Wert des mit dem Spin verknüpften Moments zu erfassen. Die Dirac-Gleichung ist imstande, den beobachteten Wert des g-Faktors nahezu quantitativ zu erklären. Da das Magnetfeld als relativistische Korrektur des Coulomb-Feldes aufgefaßt werden kann, sollte vielleicht nicht verwundern, daß eine relativistische Wellengleichung auch Aussagen über magnetische Momente machen kann. Erstaunlich ist schon und von Dirac nicht vorhergesehen, daß auch die Anomalie richtig wiedergegeben wird.

Der gemessene g-Faktor weicht geringfügig von 2 ab. Diese Abweichung kann im Rahmen der Quantenelektrodynamik (QED) mit Hilfe der „Strahlungskorrekturen" erklärt werden. Die sogenannten (g minus 2)-Experimente an Elektronen und Myonen und die zugehörigen Rechnungen zählen zu den genauesten Tests der QED und haben die erstaunliche Vorhersagekraft dieser Theorie immer wieder bestätigt. Geprüft wird dabei allerdings nur der Grenzfall $Q^2 \to 0$. (Q^2 ist das Quadrat des Viererimpuls-Übertrags, eine Größe, der wir in der Teilchenphysik immer wieder begegnen werden). Ein wesentlicher Aspekt der Untersuchungen an den Elektron-Positron-Speicherringen wie PETRA oder LEP ist die Prüfung der QED und des Standard-Modells der elektroschwachen Wechselwirkung bei großen Impulsüberträgen. Darauf wird in den Kapiteln 5 und 11 eingegangen.

1.7 Übungsaufgaben

1.1: Man beweise die Beziehung

$$(\boldsymbol{\sigma} \cdot \mathbf{a})(\boldsymbol{\sigma} \cdot \mathbf{b}) = \mathbf{a} \cdot \mathbf{b} + i\boldsymbol{\sigma} \cdot (\mathbf{a} \times \mathbf{b})\,.$$

1.2: Aufgabe 1.1 soll auf den Spezialfall $\mathbf{a} = \mathbf{b} = \mathbf{P} \equiv -i\hbar\boldsymbol{\nabla} + e\mathbf{A}$ angewandt werden: Es ist zu zeigen, daß

$$(\boldsymbol{\sigma} \cdot \mathbf{P})(\boldsymbol{\sigma} \cdot \mathbf{P}) = \mathbf{P}^2 + e\hbar(\boldsymbol{\sigma} \cdot \mathbf{B})$$

gilt mit $\mathbf{B} = \boldsymbol{\nabla} \times \mathbf{A}$. Leiten Sie daraus die Pauli-Gleichung her.

2. Relativistische Kovarianz der Dirac-Gleichung

2.1 Vierervektoren, Lorentz-Transformation

2.1.1 Vierervektoren

In der Elementarteilchenphysik ist es gebräuchlich und oft auch zweckmäßig, Geschwindigkeiten in Einheiten der Lichtgeschwindigkeit zu messen und Wirkungen in Einheiten der Planckschen Konstanten. Etwas unpräzise ausgedrückt werden $c = 1$ und $\hbar = 1$ gesetzt. Dies soll im folgenden geschehen. Bei der Definition von Vierervektoren folgen wir der Nomenklatur von Bjorken, Drell (1964), die auch in der vereinheitlichten Theorie der elektromagnetischen und schwachen Wechselwirkungen verwendet wird. *Kontravariante Vierervektoren* sind durch einen hochgestellten Index gekennzeichnet, *kovariante* durch einen tiefgestellten. Der Energie-Impuls-Vektor lautet

$$
\begin{aligned}
p^\mu &= (E, p_1, p_2, p_3) = (E, \mathbf{p}), \\
p_\mu &= (E, -\mathbf{p}), \ \mu = 0, 1, 2, 3.
\end{aligned}
\tag{2.1}
$$

Beide sind durch den metrischen Tensor verknüpft

$$
g_{\mu\nu} = g^{\mu\nu} = \begin{pmatrix} 1 & 0 & 0 & 0 \\ 0 & -1 & 0 & 0 \\ 0 & 0 & -1 & 0 \\ 0 & 0 & 0 & -1 \end{pmatrix}, \quad p_\mu = \sum_{\nu=0}^{3} g_{\mu\nu} p^\mu \equiv g_{\mu\nu} p^\nu . \tag{2.2}
$$

In (2.2) wird die Einsteinsche Summationskonvention verwendet: über gleiche tief- und hochgestellte Indizes wird summiert. Wichtige Vierervektoren sind:

Zeit-Ort	$x^\mu = (t, \mathbf{x})$
Energie-Impuls	$p^\mu = (E, \mathbf{p})$
elektromagnetisches Viererpotential	$A^\mu = (\phi, \mathbf{A})$
Viererstromdichte	$j^\mu = (\rho, \mathbf{j})$
Gradient	$\partial^\mu = \left(\frac{\partial}{\partial t}, -\boldsymbol{\nabla}\right)$.

Das Skalarprodukt zweier Vierervektoren ist definiert durch

$$a \cdot b = a^\mu g_{\mu\nu} b^\nu = a_\mu b^\mu = a_0 b_0 - \mathbf{a} \cdot \mathbf{b} \,. \tag{2.3}$$

Speziell gilt

$$p^2 = p_\mu p^\mu = E^2 - \mathbf{p}^2 = m^2 \quad (\text{für c} = 1).$$

Der Gradienten-Operator ∂^μ hat eine Besonderheit: trotz des hochgestellten Index tritt der ∇-Operator mit dem Minuszeichen auf. Das liegt daran, daß der kontravariante Gradientenvektor gleich der Ableitung nach dem kovarianten Ortsvektor ist.

$$\partial^\mu = \frac{\partial}{\partial x_\mu} = \left(\frac{\partial}{\partial t}, -\nabla\right) \quad \text{und} \quad \partial_\mu = \frac{\partial}{\partial x^\mu} = \left(\frac{\partial}{\partial t}, +\nabla\right). \tag{2.4}$$

Dies soll hier nicht bewiesen werden. Es gibt eine einfache Möglichkeit, sich dieses abweichende Verhalten zu merken. Beim Übergang von der analytischen Mechanik zur Quantenmechanik werden folgende Substitutionen gemacht $(c, \hbar = 1)$

$$E \to i\frac{\partial}{\partial t}, \; \mathbf{p} \to -i\nabla \,, \; \text{also} \;\; p^\mu = (E, \mathbf{p}) \to \partial^\mu = i\left(\frac{\partial}{\partial t}, -\nabla\right). \tag{2.5}$$

2.1.2 Lorentz-Transformation

Gegeben sei ein Koordinatensystem (t', x', y', z'), das sich mit der konstanten Geschwindigkeit $\beta = v/c$ parallel zur z-Achse des (t, x, y, z)-Systems bewegt. Für $c = 1$ lautet die Koordinatentransformation

$$\begin{aligned} t' &= \gamma(t - \beta z) \quad \text{mit} \quad \gamma = \left(1 - \beta^2\right)^{-1/2} , \\ x' &= x \,, \\ y' &= y \,, \\ z' &= \gamma(z - \beta t) \,. \end{aligned}$$

Nun wird ein Parameter ω durch folgende Beziehung eingeführt

$$\cosh \omega = \gamma = E/m \,.$$

Damit kann die Lorentztransformation als Drehung mit imaginärem Drehwinkel geschrieben werden

$$\begin{aligned} t' &= t \cosh \omega - z \sinh \omega = t \cos(i\omega) + iz \sin(i\omega) \,, \\ z' &= -t \sinh \omega + z \cosh \omega = it \sin(i\omega) + z \cos(i\omega) \,. \end{aligned} \tag{2.6}$$

Es gelten folgende nützliche Beziehungen:

$$\begin{aligned} \tanh \omega &= \beta = p/E \,, \quad \sinh \omega = \gamma \cdot \beta = p/m \,, \\ \cosh \frac{\omega}{2} &= \sqrt{\frac{E+m}{2m}} \,, \quad \sinh \frac{\omega}{2} = \sqrt{\frac{E+m}{2m}} \cdot \frac{p}{E+m} \,. \end{aligned} \tag{2.7}$$

2.1.3 Drehung des Koordinatensystems

Bei einer Drehung des Koordinatensystems um die z-Achse gilt

$$
\begin{aligned}
t' &= t\,, \\
x' &= x\cos\theta + y\sin\theta\,, \\
y' &= -x\sin\theta + y\cos\theta\,, \\
z' &= z\,.
\end{aligned}
$$

Sowohl die Lorentz-Transformationen als auch Drehungen kann man mit Hilfe von Matrix-Multiplikationen darstellen

$$x'^{\nu} = a^{\nu}_{\mu} x^{\mu} \equiv \sum_{\mu=0}^{3} a^{\nu}_{\mu} x^{\mu}\,. \tag{2.8}$$

Dabei ist die Matrix a bei einer Lorentz-Transformation längs der z-Achse

$$a^{\nu}_{\mu} = \begin{pmatrix} \cosh\omega & 0 & 0 & -\sinh\omega \\ 0 & 1 & 0 & 0 \\ 0 & 0 & 1 & 0 \\ -\sinh\omega & 0 & 0 & \cosh\omega \end{pmatrix} \tag{2.9}$$

und für eine Rotation um die z-Achse

$$a^{\nu}_{\mu} = \begin{pmatrix} 1 & 0 & 0 & 0 \\ 0 & \cos\theta & \sin\theta & 0 \\ 0 & -\sin\theta & \cos\theta & 0 \\ 0 & 0 & 0 & 1 \end{pmatrix}\,. \tag{2.10}$$

2.2 Die γ-Matrizen

Die Dirac-Gleichung kann man in einer in den vier Koordinaten (t, x, y, z) symmetrischen Form schreiben, wenn man die *Gamma*-Matrizen einführt. Eine gebräuchliche Darstellung ist

$$\gamma^0 = \beta\,,\ \gamma^1 = \beta\alpha_1\,,\ \gamma^2 = \beta\alpha_2\,,\ \gamma^3 = \beta\alpha_3\,. \tag{2.11}$$

Explizit lauten die Matrizen

$$\gamma^0 = \begin{pmatrix} 1 & 0 & 0 & 0 \\ 0 & 1 & 0 & 0 \\ 0 & 0 & -1 & 0 \\ 0 & 0 & 0 & -1 \end{pmatrix} \qquad \gamma^1 = \begin{pmatrix} 0 & 0 & 0 & 1 \\ 0 & 0 & 1 & 0 \\ 0 & -1 & 0 & 0 \\ -1 & 0 & 0 & 0 \end{pmatrix}$$

und

$$\gamma^2 = \begin{pmatrix} 0 & 0 & 0 & -i \\ 0 & 0 & i & 0 \\ 0 & i & 0 & 0 \\ -i & 0 & 0 & 0 \end{pmatrix} \qquad \gamma^3 = \begin{pmatrix} 0 & 0 & 1 & 0 \\ 0 & 0 & 0 & -1 \\ -1 & 0 & 0 & 0 \\ 0 & 1 & 0 & 0 \end{pmatrix} .$$

Die Dirac-Gleichung

$$i\left(\frac{\partial\psi}{\partial t} + \alpha_1\frac{\partial\psi}{\partial x_1} + \alpha_2\frac{\partial\psi}{\partial x_2} + \alpha_3\frac{\partial\psi}{\partial x_3}\right) - m\beta\psi = 0$$

läßt sich nun schreiben

$$\left[i\left(\gamma^0\frac{\partial}{\partial t} + \gamma^1\frac{\partial}{\partial x_1} + \gamma^2\frac{\partial}{\partial x_2} + \gamma^3\frac{\partial}{\partial x_3}\right) - mI\right]\psi(x) = 0 . \tag{2.12}$$

Hierin ist I die 4×4-Einheitsmatrix, die wir im folgenden weglassen. Das positive Vorzeichen bei dem Term

$$\gamma_1\frac{\partial}{\partial x_1} + \gamma_2\frac{\partial}{\partial x_2} + \gamma_3\frac{\partial}{\partial x_3} \equiv \boldsymbol{\gamma}\cdot\boldsymbol{\nabla}$$

ist zu beachten (vgl. (2.5)). Um die Schreibweise noch weiter zu vereinfachen, faßt man die Gamma-Matrizen formal zu einem Vierervektor zusammen

$$\gamma^\mu = (\gamma^0\,,\,\gamma^1\,,\,\gamma^2\,,\,\gamma^3) . \tag{2.13}$$

Damit kann man die Dirac-Gleichung in kompakter Form schreiben

$$(i\gamma^\mu\partial_\mu - m)\,\psi(x) = 0 . \tag{2.14}$$

Rein formal sieht die Größe $\gamma^\mu\partial_\mu$ wie ein Skalarprodukt von Vierervektoren aus, d.h. die Dirac-Gleichung scheint relativistisch kovariant zu sein. In Wirklichkeit werden die γ-Matrizen jedoch *nicht wie ein Vierervektor* transformiert, sondern haben vielmehr in jedem Koordinatensystem die gleiche Gestalt (2.11). Stattdessen müssen die Dirac-Spinoren transformiert werden. In Kapitel 2.4 werden wir untersuchen, wie sich die Dirac-Gleichung und ihre Lösungen bei Lorentz-Transformationen und Rotationen verhalten.

Die Dirac-Gleichung eines Teilchens der Ladung q im elektromagnetischen Feld erhält man durch die Substitution (Anhang A)

$$p_\mu \to p_\mu - qA_\mu = i\partial_\mu - qA_\mu , \tag{2.15}$$

$$\boxed{(i\gamma^\mu\partial_\mu - m)\,\psi(x) = q\gamma^\mu A_\mu\psi(x) .} \tag{2.16}$$

Im folgenden wird häufig das von Feynman eingeführte „Dolch"-Symbol (dagger) für die formalen Skalarprodukte mit γ-Matrizen benutzt

$$\not{a} \equiv \gamma^\mu a_\mu . \tag{2.17}$$

Damit lautet die Dirac-Gleichung ohne bzw. mit Feld

$$(i\not{\partial} - m)\psi = 0 \quad \text{bzw.} \quad (i\not{\partial} - m)\psi = q\not{A}\psi . \tag{2.18}$$

Die Gamma-Matrizen erfüllen die Anti-Vertauschungsregeln

$$\{\gamma^\mu, \gamma^\nu\} = \gamma^\mu\gamma^\nu + \gamma^\nu\gamma^\mu = 2g^{\mu\nu} \cdot I . \tag{2.19}$$

Ferner gilt

$$(\gamma^0)^\dagger = \gamma^0 , \; (\gamma^j)^\dagger = -\gamma^j , \quad (j = 1, 2, 3) . \tag{2.20}$$

2.3 Ebene Wellen, Dirac-Spinoren

Nach Kap. 1.5 hat die Wellenfunktion eines ruhenden Elektrons die Zeitabhängigkeit $\exp(-imt)$ bei positiver Energie und $\exp(+imt)$ bei negativer Energie. Die relativistisch invariante Schreibweise von $m \cdot t$ ist $p \cdot x = Et - \mathbf{p} \cdot \mathbf{x}$. Im folgenden hat die Größe E immer einen positiven Wert. Der negative Wert der Energie ergibt sich bei Anwendung des Energie-Operators auf die Funktion $\exp(+i\omega t)$, es gilt also *Energie* $= -E < 0$. Bei Abwesenheit eines elektromagnetischen Potentials kann man die Dirac-Gleichung lösen, indem man den folgenden Ausdruck einsetzt

$$\psi(x) = \begin{pmatrix} \varphi(p) \\ \chi(p) \end{pmatrix} \exp(\mp ip \cdot x) , \tag{2.21}$$

$$(i\gamma^\mu \partial_\mu - m)\,\psi(x) = (\pm\gamma^\mu p_\mu - m) \begin{pmatrix} \varphi \\ \chi \end{pmatrix} \exp(\mp ip \cdot x) = 0 ,$$

$$\gamma^\mu p_\mu = E \begin{pmatrix} I & 0 \\ 0 & -I \end{pmatrix} - \begin{pmatrix} 0 & \boldsymbol{\sigma} \cdot \mathbf{p} \\ -\boldsymbol{\sigma} \cdot \mathbf{p} & 0 \end{pmatrix} .$$

Man erhält zwei gekoppelte Gleichungen für die Zweierspinoren φ, χ

$$(E \mp m)\,\varphi - (\boldsymbol{\sigma} \cdot \mathbf{p})\,\chi = 0 , \tag{2.22}$$

$$(E \pm m)\,\chi - (\boldsymbol{\sigma} \cdot \mathbf{p})\,\varphi = 0 . \tag{2.23}$$

Wir betrachten zunächst den Fall positiver Energien (oberes Vorzeichen): *Energie* $= +E = +\sqrt{\mathbf{p}^2 + m^2}$. In diesem Fall ist $E + m \geq 2m$, während $(E - m)$ im nichtrelativistischen Grenzfall verschwindet. Man kann daher (2.23) benutzen, um den Spinor χ zu berechnen.

$$\chi = \frac{\boldsymbol{\sigma} \cdot \mathbf{p}}{E + m}\varphi \quad \text{mit} \quad \boldsymbol{\sigma} \cdot \mathbf{p} = \begin{pmatrix} p_z & p_x - ip_y \\ p_x + ip_y & -p_z \end{pmatrix} .$$

Der Zweierspinor φ ist frei wählbar

$$\varphi_1 = N \begin{pmatrix} 1 \\ 0 \end{pmatrix} , \quad \varphi_2 = N \begin{pmatrix} 0 \\ 1 \end{pmatrix} , \ N\text{=Normierungsfaktor.}$$

Die Gleichung (2.22) ist automatisch erfüllt, denn es gilt

$$(\boldsymbol{\sigma} \cdot \mathbf{p})\,\chi = \frac{(\boldsymbol{\sigma} \cdot \mathbf{p})^2}{E+m}\,\varphi = \frac{\mathbf{p}^2}{E+m}\,\varphi = (E-m)\,\varphi\,.$$

Die beiden Lösungen der Dirac-Gleichung mit positiver Energie sind daher

$$u_1(p) = N \begin{pmatrix} 1 \\ 0 \\ \frac{p_z}{E+m} \\ \frac{p_x + ip_y}{E+m} \end{pmatrix} , \quad u_2(p) = N \begin{pmatrix} 0 \\ 1 \\ \frac{p_x - ip_y}{E+m} \\ \frac{-p_z}{E+m} \end{pmatrix} .$$

Für negative Energien ($Energie = -\sqrt{\mathbf{p}^2 + m^2}$) gilt das untere Vorzeichen in (2.22) und (2.23). Jetzt kann Gleichung (2.22) benutzt werden, um φ zu eliminieren

$$\varphi = \frac{\boldsymbol{\sigma} \cdot \mathbf{p}}{E+m}\,\chi\,.$$

Die Gleichung (2.23) ist für beliebige Wahl des Zweierspinors χ erfüllt. Somit lauten die beiden Lösungen negativer Energie

$$v_1(p) = N \begin{pmatrix} \frac{p_x - ip_y}{|E|+m} \\ \frac{-p_z}{|E|+m} \\ 0 \\ 1 \end{pmatrix} , \quad v_2(p) = N \begin{pmatrix} \frac{p_z}{|E|+m} \\ \frac{p_x + ip_y}{|E|+m} \\ 1 \\ 0 \end{pmatrix} .$$

Um Unklarheiten zu vermeiden, ist hier $|E|$ verwendet worden, obwohl nach dem oben gesagten $E > 0$ ist. In Kap. 3 wird gezeigt, daß die Elektronen-Wellenfunktionen negativer Energie einen physikalischen Sinn ergeben, wenn man sie rückwärts in der Zeit laufen läßt. Man kann sie dann als Wellenfunktionen der Positronen interpretieren. Eine Konsequenz dieser Deutung ist, daß ein Positron mit positiver Spin-Komponente in z-Richtung einem rückwärts laufenden Elektron mit negativer Spin-Komponente in z-Richtung entspricht und daher durch den Spinor v_1 beschrieben wird.

Bei der Festlegung des Normierungsfaktors N ist zu bedenken, daß $\psi^\dagger\psi$ die Nullkomponente eines Vierervektors ist (siehe Kap. 2.6). Man setzt diese Größe als proportional zur Energie E an, der Nullkomponente des Energie-Impuls-Vierervektors. Zwei Normierungskonventionen sind gebräuchlich:

$$N = \sqrt{\frac{E+m}{2m}} \quad \Rightarrow \quad u^\dagger u = \frac{E}{m} \quad (u^\dagger u = 1 \text{ im Ruhesystem})\,. \tag{2.24}$$

Diese Normierung wird von Bjorken und Drell (1964) verwendet. In den Eichtheorien ist eine andere Normierung üblich, die den Vorteil hat, daß sie auch für die masselosen Neutrinos anwendbar ist:

$$N = \sqrt{E+m} \quad \Rightarrow \quad u^\dagger u = 2E \quad (u^\dagger u = 2m \text{ im Ruhesystem}). \tag{2.25}$$

Mit der Normierung (2.25) lauten die Spinoren positiver Energie

$$u_1(p) = \sqrt{E+m}\begin{pmatrix} 1 \\ 0 \\ \frac{p_z}{E+m} \\ \frac{p_x+ip_y}{E+m} \end{pmatrix} \Uparrow \quad u_2(p) = \sqrt{E+m}\begin{pmatrix} 0 \\ 1 \\ \frac{p_x-ip_y}{E+m} \\ \frac{-p_z}{E+m} \end{pmatrix} \Downarrow . \tag{2.26}$$

Die Spinoren negativer Energie sind

$$v_1(p) = \sqrt{E+m}\begin{pmatrix} \frac{p_x-ip_y}{E+m} \\ \frac{-p_z}{E+m} \\ 0 \\ 1 \end{pmatrix} \Uparrow \quad v_2(p) = \sqrt{E+m}\begin{pmatrix} \frac{p_z}{E+m} \\ \frac{p_x+ip_y}{E+m} \\ 1 \\ 0 \end{pmatrix} \Downarrow . \tag{2.27}$$

Im Fall (2.27) bedeuten E und $\mathbf{p}$ die *physikalischen Werte* von Energie und Impuls des Positrons (siehe hierzu Kap. 3). Insbesondere ist $E = +\sqrt{\mathbf{p}^2 + m^2} > 0$. Der Doppelpfeil gibt die Richtung des Spins relativ zur z-Achse an (siehe Kap. 2.5), bei den Spinoren (2.27) ist dies der Spin des Positrons. Die vollständigen Dirac-Spinoren inklusive ihrer Zeit- und Ortsabhängigkeit sind

$$\begin{aligned} \psi_+(x) &\equiv \psi_+(t,\mathbf{x}) = u_{1,2}(p)\exp(-iEt)\exp(+i\mathbf{p}\cdot\mathbf{x}), \\ \psi_-(x) &\equiv \psi_-(t,\mathbf{x}) = v_{1,2}(p)\exp(+iEt)\exp(-i\mathbf{p}\cdot\mathbf{x}). \end{aligned} \tag{2.28}$$

Im Prinzip sollte man bei den Dirac-Wellenfunktionen noch einen Normierungsfaktor $1/\sqrt{V}$ hinzufügen, wie wir das bei der Klein-Gordon-Wellenfunktion (1.12) getan haben. In Kap. 5.1 werden wir sehen, daß sich das Normierungsvolumen in physikalisch relevanten Größen wie Wirkungsquerschnitten oder Zerfallsbreiten herauskürzt. Daher lassen wir diesen lästigen Faktor weg, oder anders ausgedrückt: wir setzen $V = 1$.

2.4 Kovarianz der Dirac-Gleichung

2.4.1 Problemstellung

Seit den grundlegenden Analysen Albert Einsteins über die Natur physikalischer Gesetze in zueinander bewegten Koordinatensystemen ist die Lorentz-Kovarianz (Form-Invarianz) eine der wichtigsten Bedingungen, die an eine physikalische Theorie gestellt werden müssen. Für die Dirac-Gleichung bedeutet dies, daß sie in allen Inertialsystemen die gleiche Form haben sollte. Dies heißt jedoch nicht, daß die Spinoren gleich bleiben müssen. Die Dirac-Gleichung wird kovariant genannt, wenn folgende Bedingungen erfüllt sind:

1. Die Dirac-Gleichung soll in zwei zueinander gleichförmig bewegten Koordinatensystemen $\Sigma = (t, x, y, z)$ und $\Sigma' = (t', x', y', z')$ gleich aussehen:

$$\begin{aligned}(i\gamma^\mu \partial_\mu - m)\psi(x) &= 0 \text{ im } \Sigma\text{-System},\\ (i\gamma^\mu \partial'_\mu - m)\psi'(x') &= 0 \text{ im } \Sigma'\text{-System}.\end{aligned}$$

   Hierbei ist zu bedenken, daß die γ-Matrizen *nicht als Vierervektor* transformiert werden sollen. Diese Matrizen werden als eine Art Kurzschrift dafür aufgefaßt, wie die vier Komponenten des Spinors in der Dirac-Gleichung gekoppelt sind. Diese Kopplung soll in Σ und Σ' identisch sein, d.h. wir fordern, daß die γ-Matrizen in beiden Systemen die gleiche Gestalt (2.11) haben.

2. Es muß eine Rechenvorschrift bekannt sein, die es erlaubt, den transformierten Spinor $\psi'(x')$ aus dem Spinor $\psi(x)$ zu berechnen.

Um die Problemstellung etwas zu erläutern, betrachten wir eine Gleichung der Elektrostatik.

$$\mathbf{E} = -\nabla\phi \quad \text{mit} \quad \phi(x, y, z) = -C \cdot xy\,. \tag{2.29}$$

Das gewählte Potential ergibt ein elektrisches Quadrupolfeld. Als Polschuhe kann man Metallplatten mit hyperbolischer Kontur xy =const verwenden (Abb. 2.1a). Die elektrische Feldstärke ist

$$E_x = -\frac{\partial\phi}{\partial x} = C \cdot y\,, \quad E_y = -\frac{\partial\phi}{\partial y} = C \cdot x\,.$$

Die Gleichung (2.29) ist forminvariant gegenüber Rotationen des Koordinatensystems, d.h. sie hat die gleiche Gestalt in zwei Systemen Σ und Σ', die etwa durch eine Drehung um die z-Achse verknüpft sind. Die neuen Koordinaten sind

$$\mathbf{x}' = M \cdot \mathbf{x} \quad \text{mit} \quad M = \begin{pmatrix} \cos\theta & \sin\theta & 0 \\ -\sin\theta & \cos\theta & 0 \\ 0 & 0 & 1 \end{pmatrix}.$$

Wählen wir speziell $\theta = \pi/4$ $(\sin\theta = \cos\theta = 1/\sqrt{2})$, so wird das Potential im gedrehten System

$$\begin{aligned}\phi'(x', y', z') &= \phi(x, y, z) = -C \cdot \frac{1}{\sqrt{2}}(x' - y')\frac{1}{\sqrt{2}}(x' + y')\,,\\ \phi'(x', y', z') &= -C \cdot \frac{1}{2}(x'^2 - y'^2)\,.\end{aligned}$$

Die Funktion ϕ' ist offensichtlich eine andere Funktion der Koordinaten als ϕ. Die Komponenten der Feldstärke im Σ'-System sind

$$E'_{x'} = -\frac{\partial \phi'}{\partial x'} = C \cdot x' ,$$
$$E'_{y'} = -\frac{\partial \phi'}{\partial y'} = -C \cdot y' .$$

Dies ist das Feld eines „gedrehten" Quadrupols (Abb. 2.1b). Das Feld ist ein Vektor und kann daher auch durch Anwenden der Matrix M in das System Σ' transformiert werden, wobei sich, wie erwartet, dasselbe Resultat ergibt:

$$\begin{aligned} \mathbf{E}'(\mathbf{x}') &= M \cdot \mathbf{E}(\mathbf{x}) \qquad (2.30) \\ E'_{x'}(\mathbf{x}') &= \frac{1}{\sqrt{2}}\left(E_x(\mathbf{x}) + E_y(\mathbf{x})\right) = \frac{1}{\sqrt{2}} C \cdot (y + x) = C \cdot x' \\ E'_{y'}(\mathbf{x}') &= \frac{1}{\sqrt{2}}\left(-E_x(\mathbf{x}) + E_y(\mathbf{x})\right) = -C \cdot y' \\ E'_{z'}(\mathbf{x}') &= E_z(\mathbf{x}) = 0 . \end{aligned}$$

Gleichung (2.29) erfüllt offensichtlich unsere beiden Forderungen:

1. sie hat dieselbe Gestalt in beiden Systemen,
2. wir können die Transformationsgleichungen der physikalischen Größen angeben.

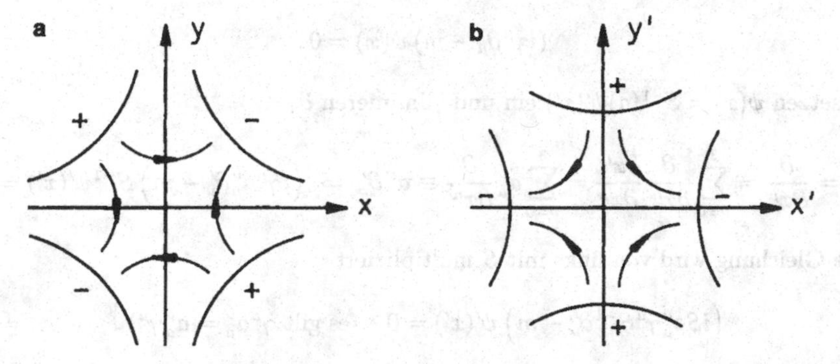

Abb. 2.1. (a) Vier hyperbolisch geformte Metallplatten, die sich abwechselnd auf positivem und negativem Potential befinden, erzeugen ein „normales" Quadrupolfeld. **(b)** Rotiert man das Koordinatensytem um 45°, so wird daraus ein „gedrehtes" Quadrupolfeld.

2.4.2 Transformation der Lösungen relativistischer Wellengleichungen

Wir betrachten zwei Koordinatensysteme, die durch eine Lorentztransformation oder Rotation verknüpft sind

$$\Sigma : (t, x, y, z) \equiv (x) , \quad \Sigma' : (t', x', y', z') \equiv (x') ,$$
$$x' = a \cdot x \quad \Leftrightarrow \quad x'^{\mu} = a^{\mu}_{\nu} x^{\nu} .$$

Die Klein-Gordon-Gleichung ist leicht zu transformieren, man muß nur die Ableitungen nach den neuen Koordinaten einsetzen:

$$\left(\frac{1}{c^2}\frac{\partial^2}{\partial t^2} - \nabla^2 + \left(\frac{mc}{\hbar}\right)^2\right)\phi(t,\mathbf{x}) = 0 \Rightarrow \left(\frac{1}{c^2}\frac{\partial^2}{\partial t'^2} - \nabla'^2 + \left(\frac{mc}{\hbar}\right)^2\right)\phi'(t',\mathbf{x}') = 0\,.$$

Schwieriger wird es für die Dirac-Spinoren, da hier ähnlich wie bei der elektrischen Feldstärke verschiedene Komponenten miteinander verknüpft werden. In Analogie zu (2.30) machen wir den Ansatz

$$\psi'(x') = S(a)\cdot\psi(x) = S(a)\cdot\psi(a^{-1}\cdot x')\,. \tag{2.31}$$

Die Transformationsmatrix hängt selber von der Koordinatentransformation ab (beschrieben durch die Matrix $a = a^\nu_\mu$), ähnlich wie auch die Matrix M in (2.30) von der Rotation abhängt[1]. Die Koordinaten-Transformationen a sind umkehrbar, daher müssen auch die Matrizen $S(a)$ umkehrbar sein, und es sollte gelten

$$\boxed{S^{-1}(a) = S(a^{-1})\,.} \tag{2.32}$$

Die Aufgabe ist nun, zu einer beliebigen Koordinatentransformation die Matrix S zu konstruieren. Wir nehmen zunächst an, die Matrix existiere und leiten eine Bedingung her, die sie zu erfüllen hat. Wir gehen aus von der Dirac-Gleichung im Σ-System

$$(i\gamma^\mu\partial_\mu - m)\,\psi(x) = 0\,.$$

Wir setzen $\psi(x) = S^{-1}(a)\psi'(x')$ ein und eliminieren ∂_μ

$$\partial_\mu = \frac{\partial}{\partial x^\mu} = \sum_{\nu=0}^{3}\frac{\partial}{\partial x'^\nu}\frac{\partial x'^\nu}{\partial x^\mu} = \sum_{\nu=0}^{3} a^\nu_\mu\frac{\partial}{\partial x'^\nu} \equiv a^\nu_\mu\partial'_\nu \;\Rightarrow\; \left(i\gamma^\mu a^\nu_\mu\partial'_\nu - m\right)S^{-1}\psi'(x') = 0\,.$$

Diese Gleichung wird von links mit S multipliziert

$$\left(iSa^\nu_\mu\gamma^\mu S^{-1}\partial'_\nu - m\right)\psi'(x') = 0 \quad (\text{es gilt } \gamma^\mu a^\nu_\mu = a^\nu_\mu\gamma^\mu)\,.$$

Dies ist identisch zur Dirac-Gleichung im Σ'-System, wenn wir eine Matrix S mit der folgenden Eigenschaft finden:

$$\boxed{S\left(a^\nu_\mu\gamma^\mu\right)S^{-1} = \gamma^\nu\,.} \tag{2.33}$$

Diese Beziehung ist sehr interessant: zunächst werden die γ-Matrizen formal wie ein Vierervektor transformiert, und danach wird durch eine Ähnlichkeitstransformation erreicht, daß man zur Standard-Form (2.11) zurückkehrt.

$$\gamma'^\nu = a^\nu_\mu\gamma^\mu\,, \quad S\gamma'^\nu S^{-1} = \gamma^\nu\,. \tag{2.34}$$

---

[1] Es ist anzumerken, daß a und $S(a)$ zwar beide 4×4-Matrizen sind, daß sie aber auf ganz verschiedene Vektoren wirken: a transformiert Vierervektoren bei einer Lorentztransformation oder Drehung, $S(a)$ transformiert die vier Komponenten des Dirac-Spinors. Etwas mathematischer ausgedrückt: diese Matrizen wirken in verschiedenen Räumen.

2.4.3 Rotation um die z-Achse

Wir schreiben die geforderte Beziehung um

$$S^{-1}\gamma^{\nu}S = a^{\nu}_{\mu}\gamma^{\mu} \tag{2.35}$$

und betrachten folgende Matrix S

$$S = \exp\left(-\frac{\theta}{2}\gamma^1\gamma^2\right) = I - \frac{\theta}{2}\gamma^1\gamma^2 + \frac{1}{2!}\left(\frac{\theta}{2}\right)^2 (\gamma^1\gamma^2)^2 - \ldots \,. \tag{2.36}$$

Quadriert man das Produkt der beiden γ-Matrizen, so ergibt sich die negative Einheitsmatrix. Dieses Produkt spielt also die Rolle der imaginären Einheit i. Insbesondere gilt daher

$$S = I\cos\frac{\theta}{2} - \gamma^1\gamma^2\sin\frac{\theta}{2} \quad , \quad S^{-1} = I\cos\frac{\theta}{2} + \gamma^1\gamma^2\sin\frac{\theta}{2} \,. \tag{2.37}$$

Die vier in (2.35) enthaltenen Gleichungen werden explizit berechnet

$$\begin{aligned}
S^{-1}\gamma^0 S &= \gamma^0\cos^2\frac{\theta}{2} - \gamma^1\gamma^2\gamma^0\gamma^1\gamma^2\sin^2\frac{\theta}{2} = \gamma^0 \\
S^{-1}\gamma^1 S &= \gamma^1\cos^2\frac{\theta}{2} + \gamma^1\left(\gamma^2\gamma^1 - \gamma^1\gamma^2\right)\cos\frac{\theta}{2}\sin\frac{\theta}{2} - \gamma^1\gamma^2\gamma^1\gamma^1\gamma^2\sin^2\frac{\theta}{2} \\
&= \gamma^1\cos\theta + \gamma^2\sin\theta \\
S^{-1}\gamma^2 S &= -\gamma^1\sin\theta + \gamma^2\cos\theta \\
S^{-1}\gamma^3 S &= \gamma^3
\end{aligned}$$

Links steht die Ähnlichkeitstransformation, rechts die formale Rotation des „Vektors" γ^{μ} um die z-Achse. Damit ist gezeigt, daß die Beziehung (2.35) erfüllt ist und daher die Matrix S die zu einer Rotation um die z-Achse gehörige Transformationsmatrix der Dirac-Spinoren ist:

$$\boxed{S_{Rot} = \exp\left(-\frac{\theta}{2}\gamma^1\gamma^2\right).} \tag{2.38}$$

Die inverse Matrix ist

$$S^{-1}_{Rot} = \exp\left(+\frac{\theta}{2}\gamma^1\gamma^2\right).$$

Dies ist genau gleich der Matrix für die inverse Rotation: $S^{-1}_{Rot}(\theta) = S_{Rot}(-\theta)$, d.h. die Bedingung (2.32) ist auch erfüllt. Die Rotationsmatrix hat eine merkwürdige Eigenschaft: wegen des halben Drehwinkels im Argument der Winkelfunktionen gilt

$$S_{Rot}(2\pi) = -I\,, \; S_{Rot}(4\pi) = +I\,,$$

d.h. die Spinoren werden bei einer vollen Rotation des Raumes mit −1 multipliziert und gehen erst nach 2 Rotationen wieder in sich über. Dieses eigenartige Verhalten ist in Interferenzexperimenten mit langsamen Neutronen, deren magnetische Momente durch die Larmorpräzession in einem Magnetfeld gedreht werden, verifiziert worden (Rauch et al. 1975, Werner et al. 1975).

2.4.4 Lorentz-Transformation längs der z-Achse

Nun wird folgende Matrix betrachtet

$$\begin{aligned} S &= \exp\left(-\frac{\omega}{2}\gamma^0\gamma^3\right) = I\cosh\frac{\omega}{2} - \gamma^0\gamma^3\sinh\frac{\omega}{2}\,, \\ S^{-1} &= \exp\left(+\frac{\omega}{2}\gamma^0\gamma^3\right) = I\cosh\frac{\omega}{2} + \gamma^0\gamma^3\sinh\frac{\omega}{2}\,. \end{aligned} \tag{2.39}$$

Die Gleichungen (2.35) lauten hiermit

$$\begin{aligned} S^{-1}\gamma^0 S &= \gamma^0\cosh^2\frac{\omega}{2} + \gamma^0\left(\gamma^3\gamma^0 - \gamma^0\gamma^3\right)\sinh\frac{\omega}{2}\cosh\frac{\omega}{2} - \gamma^0\gamma^3\gamma^0\gamma^0\gamma^3\sinh^2\frac{\omega}{2} \\ &= \gamma^0\cosh\omega - \gamma^3\sinh\omega \\ S^{-1}\gamma^1 S &= \gamma^1 \\ S^{-1}\gamma^2 S &= \gamma^2 \\ S^{-1}\gamma^3 S &= -\gamma^0\sinh\omega + \gamma^3\cosh\omega\,. \end{aligned}$$

Links steht die Ähnlichkeitstransformation der vier γ-Matrizen, rechts die formale Lorentz-Transformation. Somit gilt

$$\boxed{S_{Lor} = \exp\left(-\frac{\omega}{2}\gamma^0\gamma^3\right).} \tag{2.40}$$

Auch diese Matrix erfüllt die Relation $S^{-1}(a) = S(a^{-1})$.

2.4.5 Eigenschaften der Transformations-Matrizen

Die zu einer Rotation gehörige Matrix S_{Rot} ist unitär, während S_{Lor} hermitesch ist:

$$S^\dagger_{Rot} = I\cos\frac{\theta}{2} - \left(\gamma^1\gamma^2\right)^\dagger\sin\frac{\theta}{2} = S^{-1}_{Rot} \quad , \quad S^\dagger_{Lor} = S_{Lor}\,. \tag{2.41}$$

Für beide gilt

$$\gamma^0 S^\dagger \gamma^0 = S^{-1}\,. \tag{2.42}$$

Als Beispiel für die Anwendung der Lorentz-Matrix berechnen wir den Spinor eines in z-Richtung bewegten Teilchens. Im Ruhesystem zeige der Spin in z-Richtung.

$$u(0) = \sqrt{2m}\begin{pmatrix} 1 \\ 0 \\ 0 \\ 0 \end{pmatrix}$$

Das Laborsystem bewegt sich gegen das Ruhesystem mit der Geschwindigkeit $-\beta c$, also ergibt sich für den Spinor im Laborsystem

$$u(p) = S_{Lor}^{-1} u(0) = \left(I \cosh \frac{\omega}{2} + \gamma^0 \gamma^3 \sinh \frac{\omega}{2} \right) u(0) ,$$
$$\cosh \frac{\omega}{2} = \sqrt{\frac{E+m}{2m}} , \quad \sinh \frac{\omega}{2} = \sqrt{\frac{E+m}{2m}} \frac{p_z}{E+m} ,$$

$$\gamma^0 \gamma^3 = \begin{pmatrix} 0 & 0 & 1 & 0 \\ 0 & 0 & 0 & -1 \\ 1 & 0 & 0 & 0 \\ 0 & -1 & 0 & 0 \end{pmatrix} \quad \Rightarrow \quad u(p) = \sqrt{E+m} \begin{pmatrix} 1 \\ 0 \\ \frac{p_z}{E+m} \\ 0 \end{pmatrix} .$$

Dies enspricht genau Formel (2.26) mit $p_x = p_y = 0$.

2.4.6 Raumspiegelung und Zeitumkehr

Es ist leicht zu sehen, daß die Dirac-Gleichung auch in einem gespiegelten Koordinatensystem gilt. Die Paritäts-Transformation

$$(t', x', y', z') = (t, -x, -y, -z)$$

kehrt die Vorzeichen der räumlichen Ableitungen um. Die Matrix γ^0 hat nun gerade die Eigenschaft, daß sie mit den γ^j $(j = 1, 2, 3)$ antikommutiert. Bis auf einen beliebig wählbaren Phasenfaktor ist die transformierte Wellenfunktion gegeben durch

$$\psi'(x') = S_P \psi(x) \qquad \text{mit} \qquad S_P = \gamma^0 . \tag{2.43}$$

Die Spinoren $u_{1,2}(p)$ sind Eigenvektoren der Matrix S_P mit Eigenwert $+1$. Die Spinoren $v_{1,2}(p)$ negativer Energie haben den Eigenwert -1. Dies bedeutet, daß Teilchen und Antiteilchen entgegengesetzte Parität haben. Dies wird in Kap. 6 noch ausführlicher diskutiert.

Bei der Zeitumkehr-Operation werden die räumlichen Koordinaten invariant gelassen, aber die Richtung der Zeit umgedreht. In der Dirac-Gleichung mit elektromagnetischem Feld ändert sich dadurch natürlich das relative Vorzeichen zwischen den Ableitungen $\partial/\partial t$ und ∇, aber auch zwischen dem skalaren Potential ϕ, das invariant bleibt, weil es von Ladungen erzeugt wird, und dem Vektorpotential $\mathbf{A}$, dessen Vorzeichen sich ändert, weil es von Strömen erzeugt wird. Man kann leicht zeigen (Aufgabe 2.10), daß die zeitgespiegelte Dirac-Wellenfunktion gegeben ist durch

$$\psi_T = i\gamma^1 \gamma^3 \psi^*(x) . \tag{2.44}$$

2.5 Spin des Elektrons

Es soll nun explizit gezeigt werden, daß die Dirac-Spinoren auch den Eigendrehimpuls des Elektrons beschreiben. Zu diesem Zweck wird eine infinitesimale Rotation um die z-Achse mit dem Drehwinkel $\delta\theta$ durchgeführt.

$$\begin{aligned} x' &= x + y \cdot \delta\theta \\ y' &= -x \cdot \delta\theta + y \\ z' &= z\,. \end{aligned}$$

Die Matrix $S_{Rot} = \exp\left(-\frac{\theta}{2}\gamma^1\gamma^2\right)$ ist für kleine Drehwinkel

$$S_{Rot} = I - \gamma^1\gamma^2 \cdot \frac{\delta\theta}{2} = I + i\frac{\delta\theta}{2}\begin{pmatrix} \sigma_3 & 0 \\ 0 & \sigma_3 \end{pmatrix}.$$

Eingesetzt in die Gleichung (2.31) erhalten wir

$$\psi'(t,x',y',z') = \left[I + i\frac{\delta\theta}{2}\begin{pmatrix} \sigma_3 & 0 \\ 0 & \sigma_3 \end{pmatrix}\right]\psi(t,x,y,z)\,. \tag{2.45}$$

In der Wellenfunktion ψ drücken wir die alten Koordinaten (x,y,z) durch die neuen Koordinaten (x',y',z') aus und machen eine Taylorentwicklung 1. Ordnung:

$$\begin{aligned} \psi(t,x,y,z) &= \psi(t,x'-y'\delta\theta, y'+x'\delta\theta, z') \\ &= \psi(t,x',y',z') + \left(x'\frac{\partial\psi}{\partial y'} - y'\frac{\partial\psi}{\partial x'}\right)\delta\theta\,. \end{aligned}$$

Setzen wir dies in (2.45) ein, so erhalten wir in erster Ordnung in $\delta\theta$

$$\psi'(t,x',y',z') = \psi(t,x',y',z') + i\delta\theta(L_3 + S_3)\psi(t,x',y',z') \tag{2.46}$$

$$\text{mit} \quad L_3 = -i\left(x'\frac{\partial}{\partial y'} - y'\frac{\partial}{\partial x'}\right) \quad \text{und} \quad S_3 = \frac{1}{2}\begin{pmatrix} \sigma_3 & 0 \\ 0 & \sigma_3 \end{pmatrix}. \tag{2.47}$$

Gleichung (2.46) zeigt explizit, daß die Änderung der Wellenfunktion bei einer infinitesimalen Drehung um die z-Achse nicht allein durch die 3-Komponente des Bahndrehimpuls-Operators vermittelt wird wie im Schrödinger-Fall, sondern daß zusätzlich der Operator S_3 auftritt, den wir natürlich als Spin-Operator erkennen. Der Wert 1/2 der Spin-Quantenzahl ergibt sich dabei aus dem Drehwinkel $\theta/2$ in der Rotationsmatrix S_{Rot}.

2.6 Skalare und vektorielle Bilinearformen

Unser Ziel wird es sein, mit Hilfe der Feynman-Diagramme die Matrixelemente physikalischer Prozesse zu berechnen. Diese Matrixelemente müssen invariant bei Lorentz-Transformationen und Drehungen sein und außerdem auch noch bei Raumspiegelungen, sofern wir die nicht-paritätserhaltenden schwachen Wechselwirkungen außer acht lassen. In Kap. 5 werden wir sehen, daß die Dirac-Spinoren in Form bilinearer Kombinationen in die Matrixelemente eingehen. Lorentzinvariante Matrixelemente ergeben sich, wenn man Skalare multipliziert oder das Skalarprodukt zweier Vierervektoren bildet[2].

[2] Im Prinzip sind auch Produkte von Tensoren möglich. Diese treten jedoch in der Quantenelektrodynamik und im Standard-Modell der elektro-schwachen Wechselwirkung nicht auf und sollen daher nicht betrachtet werden.

2.6.1 Skalar

Unter einem Lorentz-Skalar verstehen wir eine skalare Größe (komplexe Zahl), die bei einer Rotation oder Lorentz-Transformation unverändert bleibt. Das Matrixprodukt des Dirac-Spinors ψ und des hermitisch konjugierten Spinors $\psi^\dagger$ ist zwar eine komplexe Zahl, aber nicht invariant bei Lorentztransformationen. Um einen Skalar zu konstruieren, definieren wir den *adjungierten Spinor*

$$\overline{\psi} = \psi^\dagger \gamma^0 = (\psi_1^*, \psi_2^*, -\psi_3^*, -\psi_4^*) \tag{2.48}$$

und berechnen die Änderung der Größe $\overline{\psi}\psi$ bei einer Lorentz-Transformation.

$$\psi'(x') = S\psi(x)\,, \quad \psi'^\dagger(x') = \psi^\dagger(x)S^\dagger\,, \quad (S = S(a))\,,$$

$$\begin{aligned}
\overline{\psi'}(x')\psi'(x') &= \psi'^\dagger(x')\gamma^0\psi'(x') = \psi^\dagger(x)S^\dagger\gamma^0 S\psi(x) \\
&= \psi^\dagger(x)\gamma^0\gamma^0 S^\dagger\gamma^0 S\psi(x) \qquad (\gamma^0\gamma^0 = I) \\
&= \overline{\psi}(x)\left(\gamma^0 S^+\gamma^0\right) S\psi(x)\,.
\end{aligned}$$

Nach (2.42) ist $\gamma^0 S^\dagger \gamma^0 = S^{-1}$, es gilt also

$$\overline{\psi'}(x')\psi(x') = \overline{\psi}(x)\psi(x)\,, \tag{2.49}$$

d.h. diese Größe ist in der Tat ein Lorentz-Skalar.

2.6.2 Viererstromdichte

In Kap.1 haben wir die Wahrscheinlichkeits-Dichte und -Stromdichte berechnet und gezeigt, daß die Kontinuitätsgleichung erfüllt ist. Jetzt soll bewiesen werden, daß beide zusammen einen Vierervektor bilden.

$$\begin{aligned}
\rho &= \psi^\dagger\psi = \overline{\psi}\gamma^0\psi\,, \quad \mathbf{j} = \psi^\dagger\boldsymbol{\alpha}\psi = \overline{\psi}\boldsymbol{\gamma}\psi \quad (c = 1) \\
j^\mu &= (\rho, \mathbf{j}) = \overline{\psi}\gamma^\mu\psi\,.
\end{aligned} \tag{2.50}$$

Dazu muß die Transformationseigenschaft von j^μ untersucht werden.

$$\begin{aligned}
j'^\mu &= \overline{\psi'}(x')\gamma^\mu\psi'(x') = \psi^\dagger(x)S^\dagger\gamma^0\gamma^\mu S\psi(x) \\
&= \psi^\dagger(x)\gamma^0\gamma^0 S^\dagger\gamma^0\gamma^\mu S\psi(x) = \overline{\psi}(x)S^{-1}\gamma^\mu S\psi(x)\,.
\end{aligned}$$

Nach Gleichung (2.35) gilt $S^{-1}\gamma^\mu S = a^\mu_\nu\gamma^\nu$. Also folgt, daß j^μ sich tatsächlich wie ein Vierervektor transformiert:

$$j'^\mu(x') = a^\mu_\nu j^\nu(x)\,. \tag{2.51}$$

Die elektrische Viererstromdichte des Elektrons, die Ladungs- und Stromdichte umfaßt, ist $-e \cdot j^\mu$.

Bei einer Raumspiegelung gilt:

$$\psi'(x') = \gamma^0\psi(x)\,, \; \overline{\psi'} = (\psi')^\dagger\gamma^0 = \psi^\dagger\gamma^0\gamma^0 = \overline{\psi}\gamma^0\,.$$

Der Skalar bleibt invariant:

$$\overline{\psi'}\psi' = \overline{\psi}\gamma^0\gamma^0\psi = \overline{\psi}\psi\,.$$

Für die Stromdichte erhält man

$$j'^\mu = \overline{\psi'}\gamma^\mu\psi' = \overline{\psi}\gamma^0\gamma^\mu\gamma^0\psi \quad \Rightarrow \quad j'^0 = +j^0\,, \quad \mathbf{j}' = -\mathbf{j}\,. \tag{2.52}$$

2.6.3 Pseudoskalar und Axialvektor

In den schwachen Wechselwirkungen spielt das Produkt aller vier γ-Matrizen eine wichtige Rolle

$$\gamma^5 = i\gamma^0\gamma^1\gamma^2\gamma^3 = \begin{pmatrix} 0 & I \\ I & 0 \end{pmatrix}. \tag{2.53}$$

Hier ist I die 2×2-Einheitsmatrix. Die Matrix γ^5 antikommutiert mit allen vier γ-Matrizen: $\gamma^5\gamma^\mu = -\gamma^\mu\gamma^5$. Indem man γ^5 einfügt, wird aus dem Skalar ein Pseudoskalar und aus dem (Vierer-)Vektor ein Axialvektor.

$$P = \overline{\psi}\gamma^5\psi\,, \quad A^\mu = \overline{\psi}\gamma^5\gamma^\mu\psi\,. \tag{2.54}$$

Bei Raumspiegelungen gilt

$$P' = \overline{\psi}'\gamma^5\psi' = \overline{\psi}\gamma^0\gamma^5\gamma^0\psi = -\overline{\psi}\gamma^5\psi = -P\,, \tag{2.55}$$

$$A'^\mu = \overline{\psi}'\gamma^5\gamma^\mu\psi' = \overline{\psi}\gamma^0\gamma^5\gamma^\mu\gamma^0\psi = -\overline{\psi}\gamma^5\gamma_0\gamma^\mu\gamma_0\psi\,,$$

$$\Rightarrow \quad A'^0 = -A^0\,, \quad \mathbf{A}' = +\mathbf{A}\,. \tag{2.56}$$

Der Pseudoskalar und die Nullkomponente des Axialvektors wechseln das Vorzeichen, während der räumliche Anteil des Axialvektors invariant bleibt. Bei Rotationen und Lorentz-Transformationen hat A^μ das gleiche Transformationsverhalten wie der Vierervektor j^μ (Aufgabe 2.11).

2.7 Übungsaufgaben

2.1: Man beweise:

$$u_i^\dagger u_j = 2E\delta_{ij}\,, \; v_i^\dagger v_j = 2E\delta_{ij}\,, \; i,j = 1,2\,.$$

2.2: Zeigen Sie, daß

$$\overline{u}_i u_i = 2m, \; \overline{v}_i v_i = -2m\,.$$

2.3: Die Projektionsoperatoren für positive und negative Energien sind wie folgt definiert

$$\Lambda_\pm = (\pm \not{p} + m)/(2m)\,.$$

Zeigen Sie, daß folgende Regeln gelten

$$\Lambda_+^2 = \Lambda_+\,, \; \Lambda_-^2 = \Lambda_-\,, \; \Lambda_+\Lambda_- = \Lambda_-\Lambda_+ = 0\,, \; \Lambda_+ + \Lambda_- = I$$

und daß bei Anwendung auf die Spinoren $u(p)$ und $v(p)$ das erwartete Ergebnis herauskommt.

2.4: Aus der Dirac-Gleichung (2.14) resultiert die Gleichung $(\not{p} - m)u(p) = 0$ für die Spinoren u_1, u_2. Zeigen Sie, daß für die Spinoren v_1, v_2 gilt $(\not{p} + m)v(p) = 0$ sowie für die adjungierten Spinoren $\overline{u}(\not{p} - m) = 0$, $\overline{v}(\not{p} + m) = 0$.

2.5: Beweisen Sie durch explizites Ausrechnen des Gleichungssystems (2.35), daß die Rotationsmatrizen für Drehungen um die x- und y-Achse gegeben sind durch

$$S_{Rot}^{(x)} = I\cos(\theta/2) - \gamma^2\gamma^3\sin(\theta/2)\,, \quad S_{Rot}^{(y)} = I\cos(\theta/2) - \gamma^3\gamma^1\sin(\theta/2)\,.$$

2.6: Zeigen Sie, daß die Matrizen für Lorentz-Transformationen längs der x- bzw. y-Achse folgende Gestalt haben

$$S_{Lor}^{(x)} = I\cosh(\omega/2) - \gamma^0\gamma^1\sinh(\omega/2)\,, \quad S_{Lor}^{(y)} = I\cosh(\omega/2) - \gamma^0\gamma^2\sinh(\omega/2)\,.$$

2.7: Wir definieren den Spin-Operator durch

$$\mathbf{S} = \frac{1}{2}\begin{pmatrix} \boldsymbol{\sigma} & 0 \\ 0 & \boldsymbol{\sigma} \end{pmatrix} \quad (\text{für } \hbar = 1).$$

Es ist leicht zu sehen, daß u_1, u_2 Eigenzustände von S_3 mit den Eigenwerten $\pm 1/2$ sind. Konstruieren Sie die Eigenzustände von S_1 und S_2 als Linearkombinationen von u_1 und u_2. Alternativ kann man eine Rotation um $\pi/2$ um die y- bzw. x-Achse auf die Spinoren u_1, u_2 anwenden. Zeigen Sie, daß dies (evtl. bis auf einen unwesentlichen Phasenfaktor) zum gleichen Ergebnis führt. Das Vorzeichen des Drehwinkels ist zu beachten; es ist nicht dasselbe, ob man einen Spinor rotiert oder das Koordinatensystem.

2.8: Wenden Sie die Lorentz-Matrizen aus Aufgabe 2.6 auf die Spinoren u_1, u_2 im Ruhsystem an und vergleichen Sie mit Formel (2.26).

2.9: Man kann den Dirac-Hamilton-Operator in folgender Form schreiben (siehe Gleichung (1.16) mit $\hbar$, $c = 1$)

$$H = -i\begin{pmatrix} 0 & \boldsymbol{\sigma}\cdot\boldsymbol{\nabla} \\ \boldsymbol{\sigma}\cdot\boldsymbol{\nabla} & 0 \end{pmatrix} + m\gamma^0\,.$$

Der Bahndrehimpuls-Operator ist $\mathbf{L} = (-i\,\mathbf{r}\times\boldsymbol{\nabla})\cdot I$ (I = Einheitsmatrix). Zeigen Sie, daß H und $\mathbf{L}$ sowie H und $\mathbf{S}$ nicht miteinander vertauschen, daß aber H mit dem Operator des Gesamtdrehimpulses $\mathbf{J} = \mathbf{L} + \mathbf{S}$ vertauscht. Dies ergänzt unsere Betrachtungen in Kap. 2.5 und zeigt, daß Bahndrehimpuls und Spin für sich genommen keine „guten Quantenzahlen" sind, wohl aber ihre Summe.

2.10: Man beweise, daß die Wellenfunktion (2.44) der zeitgespiegelten Dirac-Gleichung gehorcht.

2.11: Zeigen Sie, daß der Axialvektor (2.54) bei Lorentz-Transformationen oder Rotationen wie ein Vierervektor transformiert wird.

3. Interpretation der Lösungen negativer Energie

3.1 Stückelberg-Feynman-Bild der Antiteilchen

Um die physikalisch unerwünschten Wellenfunktionen mit negativen Eigenwerten des Energie-Operators zu eliminieren, machte Dirac die Annahme, daß normalerweise sämtliche Zustände negativer Energie besetzt sind. Das Pauli-Prinzip verbietet dann den Übergang eines freien oder atomar gebundenen Elektrons auf ein solches Niveau. Bei vollständiger Besetzung sind demnach die Zustände mit negativer Energie praktisch ohne Belang, weil sie den Elektronen nicht zugänglich sind. Ist aber eines dieser Niveaus unbesetzt, so müßte ein Elektron von seinem positiven Energiezustand spontan auf das freie negative Niveau überwechseln können und dabei ein Photon mit einer Energie $\geq 2mc^2$ aussenden. Umgekehrt müßte ein γ-Quant hinreichend hoher Energie imstande sein, ein Elektron von einem Niveau negativer Energie auf ein freies Niveau positiver Energie zu heben. Die verbleibende Lücke im „See" der Elektronen negativer Energien sollte sich wie ein positiv geladenes Teilchen verhalten. Aufgrund dieser Überlegungen hat Dirac die Existenz der *Antiteilchen* vorhergesagt und damit eine der revolutionärsten Ideen der theoretischen Physik hervorgebracht[1]. Das Diracsche Bild ist viele Jahre später mit großem Erfolg auf Halbleiter übertragen worden und spielt dort immer noch eine zentrale Rolle. Im Bereich der Teilchenphysik hat es jedoch erhebliche Nachteile, z.B. ist es auf Bosonen überhaupt nicht anwendbar, da diese nicht dem Ausschließungsprinzip gehorchen.

Von Stückelberg und Feynman stammt eine andere Interpretation, die wir im folgenden zugrundelegen wollen. Die Wellenfunktionen negativer Energie erhalten dadurch einen Sinn, daß man sie rückwärts in der Zeit laufen läßt. Sie beschreiben dann Antiteilchen, die vorwärts in der Zeit laufen. Abbildung 3.1 illustriert, daß ein Elektron negativer Energie, welches rückwärts in der Zeit vom Punkt (2) zum Punkt (1) läuft, einem Positron positiver Energie äquivalent ist, das vorwärts in der Zeit von (1) nach (2) läuft. Mit Hilfe dieser Interpretation, die auch für Bosonen geeignet ist, kann man in konsistenter Weise alle Streuprozesse von Teilchen und Antiteilchen, zusätzlich aber auch Erzeugungs- und Vernichtungsprozesse beschreiben. In diesem Kapitel sollen nur einige mehr schematische Beispiele gegeben werden. Im Kap. 5 wird in allen Einzelheiten ausgeführt, wie Reaktionen mit Antiteilchen zu behandeln sind. Aus der Stückelberg-Feynman-Interpretation gewinnen wir folgende Aussagen:

— Die Emission eines Antiteilchens mit Viererimpuls p^μ ist äquivalent zur Absorption eines Teilchens mit Viererimpuls $-p^\mu$.

[1] Diracs ursprüngliche Annahme, die Protonen seien die Antiteilchen der Elektronen, wurde bald widerlegt, weil bewiesen werden konnte, daß Elektronen und „Löcher" die gleiche Masse haben müssen.

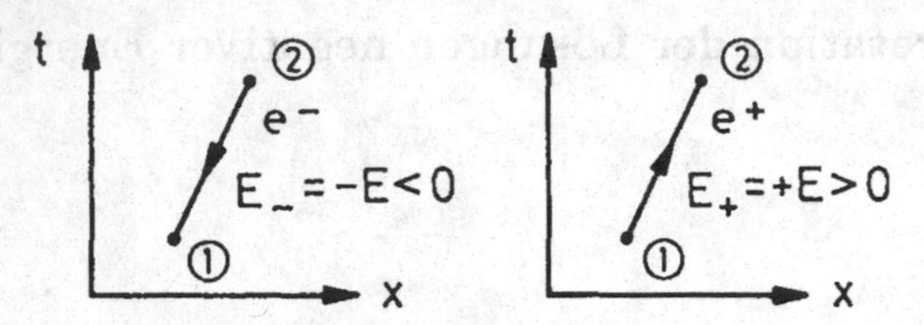

Abb. 3.1. Interpretation eines zeitlich rückwärts laufenden Elektrons negativer Energie als vorwärts laufendes Positron mit positiver Energie.

— Die Absorption eines Antiteilchens mit Viererimpuls p^μ ist äquivalent zur Emission eines Teilchens mit Viererimpuls $-p^\mu$.

Ein schönes Anwendungsbeispiel, das von Aitchison und Hey (1982) stammt, ist die Streuung geladener π-Mesonen an einem zeitabhängigen elektromagnetischen Potential. Willkürlich werden die π^+-Mesonen als „Teilchen", die π^--Mesonen als „Antiteilchen" bezeichnet. Das Potential sei zeitabhängig: $V(t) = V_0 \exp(-i\omega t)$. Das negative Vorzeichen im Exponenten bedeutet, daß das Potential Energie abgibt, d.h. daß γ-Quanten von den Teilchen absorbiert werden.

1. Fall: π^+-Streuung (Abb. 3.2a). Das Übergangs-Matrixelement ist

$$M \propto \int \psi^*_{aus} V(t) \psi_{ein} dt\,, \quad \psi_{ein} \propto \exp\left(-\frac{i}{\hbar} E_{ein} t\right), \quad \psi^*_{aus} \propto \exp\left(+\frac{i}{\hbar} E_{aus} t\right).$$

Ausführen der Zeit-Integration ergibt

$$M \propto \delta\left(E_{aus} - E_{ein} - \hbar\omega\right) \quad \Rightarrow \quad E_{aus} = E_{ein} + \hbar\omega\,.$$

Das π^+-Meson hat ein Photon der Energie $\hbar\omega$ absorbiert und dabei seine Energie erhöht.

2. Fall: π^--Streuung (Abb. 3.2b). Das einlaufende π^- mit positiver Energie $E_1 > 0$ entspricht einem auslaufenden π^+ mit $E_{aus} = -E_1 < 0$. Das auslaufende π^- mit $E_2 > 0$ entspricht einem einlaufenden π^+ mit $E_{ein} = -E_2 < 0$. Das Matrixelement wird für das rückwärts laufende Teilchen negativer Energie berechnet.

$$M \propto \int \psi^*_{aus} V(t) \psi_{ein} dt \propto \int \exp\left(\frac{i}{\hbar}\left(E_{aus} - E_{ein} - \hbar\omega\right) t\right) dt\,,$$

$$M \propto \int \exp\left(\frac{i}{\hbar}\left(E_2 - E_1 - \hbar\omega\right) t\right) dt = 2\pi \cdot \delta\left(E_2 - E_1 - \hbar\omega\right)\,,$$

$$\Rightarrow E_2 = E_1 + \hbar\omega\,.$$

Die Energie des negativen π-Mesons hat sich ebenfalls um den Betrag $\hbar\omega$ erhöht.

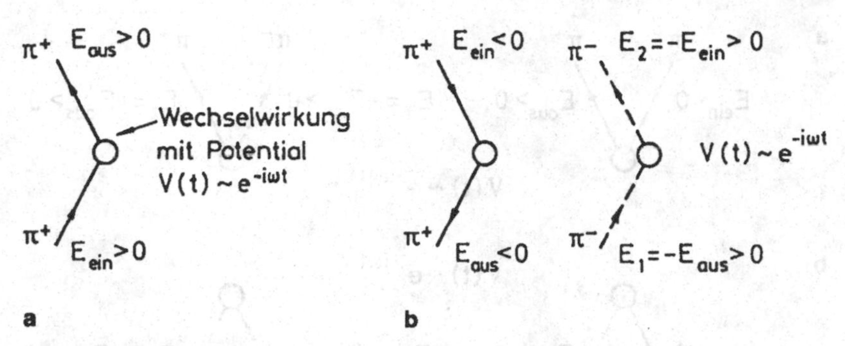

Abb. 3.2. (a) π^+-Streuung an einem zeitabhängigen Potential. (b) Die Streuung eines zeitlich rückwärts laufenden π^+ negativer Energie ist äquivalent zur Streuung eines zeitlich vorwärts laufenden π^- positiver Energie.

3. Fall: Erzeugung eines Pion-Paares (Abb. 3.3a). Im Stückelberg-Feynman-Bild bedeutet dies, daß ein zeitlich rückwärts laufendes π^+-Meson negativer Energie durch Wechselwirkung mit dem Potential in einen zeitlich vorwärts laufenden Zustand positiver Energie überführt wird.

$$M \propto \int \exp\left(\frac{i}{\hbar}\left(E_{aus} - E_{ein} - \hbar\omega\right) t\right) dt = 2\pi \cdot \delta\left(E_1 + E_2 - \hbar\omega\right) ,$$

$$\Rightarrow E_1 + E_2 = \hbar\omega .$$

Die Gesamtenergie des erzeugten Paares ist gerade gleich der Energie des Photons.

4. Fall: Vernichtung eines Pion-Paares (Abb. 3.3b). Hierfür ist es nötig, eine Zeitabhängigkeit der Form $V(t) = V_0 \exp(+i\omega t)$ zu wählen, damit Energie vom Potential absorbiert werden kann.

$$M \propto \int \exp\left(\frac{i}{\hbar}\left(E_{aus} - E_{ein} + \hbar\omega\right) t\right) dt = 2\pi \cdot \delta\left(-E_2 - E_1 + \hbar\omega\right) ,$$

$$\Rightarrow \hbar\omega = E_1 + E_2 .$$

Die beiden Pionen vernichten sich gegenseitig und erzeugen ein Photon der Energie $\hbar\omega = E_1 + E_2$.

Die obigen Betrachtungen sind nur qualitativ und basieren nicht auf den vollständigen Feynman-Diagrammen. Insbesondere sind die Photonen in den vier Prozessen alle „virtuell", d.h. sie können nicht als freie Teilchen auftreten. Es zeigt sich aber bereits hier der große Vorteil der Stückelberg-Feynman-Interpretation, daß nämlich vier scheinbar völlig unzusammenhängende Prozesse: Teilchen-Streuung, Antiteilchen-Streuung, Teilchen-Antiteilchen-Paarerzeugung und Teilchen-Antiteilchen-Annihilation alle mit ein und demselben Formalismus behandelt werden können.

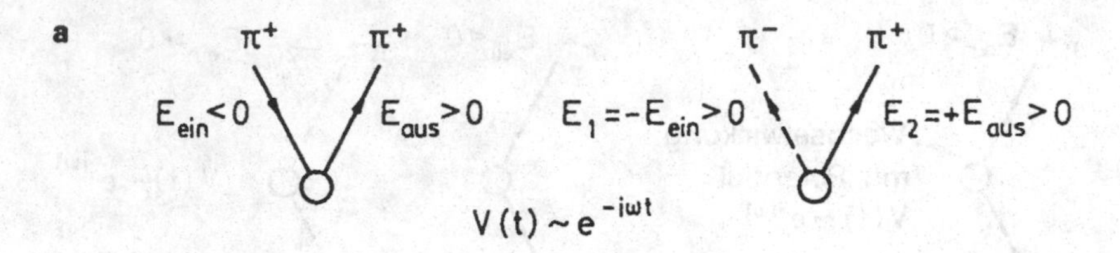

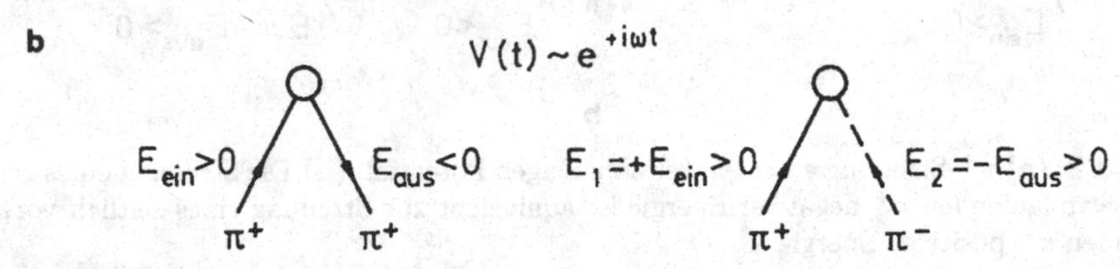

Abb. 3.3. **(a)** Ein zeitlich rückwärts laufendes π^+ negativer Energie wird durch das Potential in einen zeitlich vorwärts laufenden Zustand positiver Energie überführt. Dies ist äquivalent zur $\pi^+\pi^-$-Paarerzeugung. **(b)** Ein vorwärts laufendes π^+ positiver Energie wird durch das Potential in einen zeitlich rückwärts laufenden Zustand negativer Energie überführt. Dies entspricht der Annihilation eines Pion-Paares.

Durch die aufgeführten Beispiele wird deutlich, daß die Wellenfunktion eines Teilchens negativer Energie nur rückwärts in der Zeit ausgebreitet werden darf, die Wellenfunktion eines Teilchens positiver Energie nur vorwärts in der Zeit. Die zeitliche Entwicklung wird durch den *Propagator* (Ausbreitungsfunktion) vermittelt. Die genannten Regeln legen die genaue Form des Propagators fest, der in Kap. 4 definiert wird.

3.2 Die Wellenfunktionen des Positrons

Wir wollen abschließend noch untersuchen, wie man die Wellenfunktionen der Positronen konstruieren kann. Unser Ausgangspunkt ist die Gleichung (2.16) für ein Elektron (Ladung $q = -e$) im elektromagnetischen Feld:

$$(\gamma^\mu(i\partial_\mu + eA_\mu) - m)\,\psi(x) = 0\,. \tag{3.1}$$

Nennen wir ψ_C die Wellenfunktion des Positrons (der Index C steht für "charge conjugation"), so erwarten wir dafür eine Dirac- Gleichung mit geändertem Vorzeichen der Ladung.

$$(\gamma^\mu(i\partial_\mu - eA_\mu) - m)\,\psi_C(x) = 0\,. \tag{3.2}$$

Wie kann man dies erreichen? Das relative Vorzeichen zwischen den beiden ersten Termen der Gleichung (3.1) können wir ändern, indem wir zum konjugiert Komplexen übergehen.

$$(-\gamma^{\mu*}(i\partial_\mu - eA_\mu) - m)\,\psi^*(x) = 0\,.$$

Wir suchen nun eine Matrix S_C mit der Eigenschaft

$$-S_C\gamma^{\mu*} = \gamma^\mu S_C$$

und definieren

$$\psi_C = S_C \psi^*(x) . \tag{3.3}$$

Diese Funktion ist eine Lösung der Gleichung (3.2). Die Ladungs-Konjugations-Matrix ergibt sich zu

$$S_C = i\gamma^2 . \tag{3.4}$$

Die Positron-Wellenfunktion ist nur der Vollständigkeit halber aufgeführt worden. Sie wird bei der Berechnung der Feynman-Graphen nicht benutzt, da im Sinne der Stückelberg-Feynman-Interpretation Positronen als rückwärts laufende Elektronen negativer Energie behandelt werden.

3.3 Übungsaufgaben

3.1: Man zeige, daß die Matrix (3.4) die gewünschte Eigenschaft einer Ladungskonjugations-Matrix hat.

3.2: Die Transformation (3.3) soll auf ein ruhendes Elektron negativer Energie angewandt werden, dessen Spin in die negative z-Richtung weist. Seine Wellenfunktion ist $\psi = v_1(0)\exp(+imt)$. Man zeige, daß die zugehörige Positron-Funktion lautet

$$\psi_C = u_1(0)\exp(-imt) .$$

Die Abwesenheit eines ruhenden Elektrons negativer Energie ($E^{(-)} = -m$) und mit negativer Spinkomponente in z-Richtung ist also äquivalent zur Anwesenheit eines ruhenden Positrons mit positiver Energie ($E^{(+)} = +m$) und positiver Spinkomponente in z-Richtung. Die Doppelpfeile bei den Spinoren (2.27) sind bereits so gewählt, daß sie die Spineinstellung des Positrons angeben.

4. Feynman-Graphen

4.1 Greensche Funktion

Die Dirac-Gleichung für ein Elektron ($q = -e$) im elektromagnetischen Feld lautet nach (2.16)

$$(i\gamma^\mu \partial_\mu - m)\psi(x) = -e\gamma^\mu A_\mu(x)\psi(x)\,. \tag{4.1}$$

Dies ist eine inhomogene Differentialgleichung, die im allgemeinen nicht analytisch gelöst werden kann. Um einen Zugang zu finden, betrachten wir zuächst einen einfacheren Fall aus der Elektrostatik. Die Poisson-Gleichung verknüpft das skalare Potential mit der Ladungsdichte

$$\nabla^2 \phi(\mathbf{x}) = -\rho(\mathbf{x})\,. \tag{4.2}$$

Benutzt werden hier Heaviside-Lorentz-Einheiten , die sich aus den SI-Einheiten ergeben, indem man ε_0 und μ_0 durch 1 ersetzt. Für eine Punktladung q am Ort $\mathbf{x}'$ ist das Potential bekannt:

$$\rho(\mathbf{x}) = q\delta^3(\mathbf{x}-\mathbf{x}') \quad \Rightarrow \quad \phi(\mathbf{x}) = \frac{q}{4\pi|\mathbf{x}-\mathbf{x}'|}\,.$$

Bei einer kontinuierlichen Ladungsverteilung berechnet man das Potential durch Integration über die Potentiale der Teilladungen

$$\phi(\mathbf{x}) = \int \frac{\rho(\mathbf{x}')}{4\pi|\mathbf{x}-\mathbf{x}'|} d^3x'. \tag{4.3}$$

Man kann diese Formel auch mit Hilfe einer Greenschen Funktion erhalten, die wir als Lösung der folgenden Gleichung einführen

$$\nabla^2 G(\mathbf{x},\mathbf{x}') = -\delta^3(\mathbf{x}-\mathbf{x}')\,. \tag{4.4}$$

Setzten wir nämlich

$$\phi(\mathbf{x}) = \int G(\mathbf{x},\mathbf{x}')\rho(\mathbf{x}')d^3x'\,, \tag{4.5}$$

so folgt, daß ϕ die Poisson-Gleichung erfüllt.

$$\nabla^2\phi(\mathbf{x}) = \int \nabla^2 G(\mathbf{x},\mathbf{x}')\rho(\mathbf{x}')d^3x' = -\rho(\mathbf{x})\,.$$

Die Greensche Funktion ist für dieses Beispiel leicht anzugeben.

$$G(\mathbf{x},\mathbf{x}') \equiv G(\mathbf{x}-\mathbf{x}') = \frac{1}{4\pi|\mathbf{x}-\mathbf{x}'|}\,.$$

Man kann sagen, daß die Greensche Funktion dem Potential einer Ladung der Stärke „1“ entspricht.

Um die inhomogene Dirac-Gleichung zu lösen, machen wir in Analogie zur Poisson-Gleichung den Ansatz

$$(i\,\partial\!\!\!/ - m)K(x, x') = \delta^4(x - x')\,. \tag{4.6}$$

Die Greensche Funktion wird wie in den Feynmanschen Originalarbeiten (Feynman 1949) mit K bezeichnet. Sie ist eine 4×4-Matrix, die nur von der Differenz $(x - x')$ der Vierer-Koordinaten abhängt. Haben wir K gefunden, so ist

$$\psi(x) = -e \int K(x - x')\, A\!\!\!/(x')\psi(x')d^4x' \tag{4.7}$$

eine Lösung der Dirac-Gleichung (4.1), denn es gilt:

$$\begin{aligned}(i\,\partial\!\!\!/ - m)\psi(x) &= -e \int \underbrace{(i\,\partial\!\!\!/ - m)K(x - x')}_{\delta^4(x - x')}\, A\!\!\!/(x')\psi(x')d^4x' \\ &= -e\, A\!\!\!/(x)\psi(x)\,.\end{aligned}$$

Es gibt jedoch einen ganz entscheidenden Unterschied zwischen der Poisson-Gleichung (4.2) und der Dirac-Gleichung (4.1): bei der ersteren steht rechts eine bekannte Funktion, die vorgegebene Ladungsdichte, während in (4.1) auch auf der rechten Seite der gesuchte Spinor vorkommt. Die Gleichung (4.7) ist daher nicht direkt die gesuchte Lösung, sondern eine Integralgleichung für ψ. Gegenüber der Differentialgleichung (4.1) hat sie den Vorteil, daß man sie iterativ durch eine Entwicklung nach Potenzen der Kopplungskonstanten e lösen kann. Die Feynman-Graphen sind eine bildliche Darstellung der Terme dieser Störungsrechnung.

4.2 Elektron-Propagator

Auf der rechten Seite von (4.7) kann man eine beliebige Lösung der homogenen Dirac-Gleichung, d.h. eine ebene Welle, hinzuaddieren. Zur Unterscheidung von den Lösungen $\psi(x)$ der inhomogenen Gleichung (4.1) sollen die ebenen Wellen mit $\phi(x)$ bezeichnet werden. Die Integralgleichung lautet mit dieser Abänderung

$$\psi(x) = \phi(x) - e \int K(x - x')\, A\!\!\!/(x')\psi(x')d^4x'\,. \tag{4.8}$$

Die Störungsrechnung besteht nun darin, den zweiten Term auf der rechten Seite von (4.8) als „kleine Störung“ anzusehen und ihn in der nullten Näherung ganz wegzulassen

$$\psi^{(0)}(x) = \phi(x)\,.$$

Diese Vorgehensweise ist gerechtfertigt, weil die Kopplungskonstante α der elektromagnetischen Wechselwirkung, auch *Feinstrukturkonstante* genannt, klein gegen 1 ist:

$$\alpha = \frac{e^2}{4\pi\hbar c} = 1/137.0359895 \approx 1/137 \quad \left(\alpha = \frac{e^2}{4\pi\varepsilon_0\hbar c} \text{ im SI-System}\right)\,. \tag{4.9}$$

Die erste Näherung ergibt sich, wenn man $\psi^{(0)}$ in die rechte Seite von (4.8) einsetzt:

$$\begin{aligned}\psi^{(1)}(x) &= \phi(x) - e\int d^4x' K(x-x')\, A\!\!\!/(x')\psi^{(0)}(x') \\ &= \phi(x) - e\int d^4x' K(x-x')\, A\!\!\!/(x')\phi(x') . \end{aligned} \tag{4.10}$$

Die zweite Näherung folgt durch Einsetzen von $\psi^{(1)}$:

$$\begin{aligned}\psi^{(2)}(x) &= \phi(x) - e\int d^4x' K(x-x')\, A\!\!\!/(x')\phi(x') \\ &+ e^2 \int\int d^4x' d^4x'' K(x-x'')\, A\!\!\!/(x'') K(x''-x')\, A\!\!\!/(x')\phi(x') . \end{aligned} \tag{4.11}$$

Die drei Terme in der bis zur 2. Ordnung entwickelten Wellenfunktion $\psi^{(2)}$ entsprechen der nullfachen, einfachen und zweifachen Streuung am Potential A^μ.

4.2.1 Berechnung der Greenschen Funktion

Es ist zweckmäßig, die Fourier-Transformierte von K zu berechnen. Sie ist definiert durch

$$K(x-x') = (2\pi)^{-4} \int d^4p\, \tilde{K}(p) \exp(-ip(x-x')) .$$

Durch Einsetzen in (4.6) ergibt sich eine algebraische Gleichung für $\tilde{K}(p)$

$$(i\, \partial\!\!\!/ - m) K(x-x') = (2\pi)^{-4} \int d^4p\, (p\!\!\!/ - m)\tilde{K}(p) \exp(-ip(x-x')) .$$

Dies ist definitionsgemäß gleich der Deltafunktion

$$\delta^4(x-x') = (2\pi)^{-4} \int d^4p \exp(-ip(x-x')) .$$

Da die Fouriertransformierte eindeutig ist, folgt die Gleichheit der Integranden, also

$$(p\!\!\!/ - m)\tilde{K}(p) = I \quad (4\times 4\text{-Einheitsmatrix}) .$$

Diese Gleichung wird von links mit $(p\!\!\!/ + m)$ multipliziert:

$$\begin{aligned} (p\!\!\!/ + m)(p\!\!\!/ - m)\tilde{K}(p) &= (p^2 - m^2)\,\tilde{K}(p) = (p\!\!\!/ + m) \\ \Rightarrow \tilde{K}(p) &= \frac{p\!\!\!/ + m}{p^2 - m^2} \quad \text{für } p^2 - m^2 \neq 0 . \end{aligned} \tag{4.12}$$

Die Fouriertransformierte $\tilde{K}(p)$ der Greenschen Funktion wird *Elektron-Propagator* genannt. Sie ist eine 4×4-Matrix, die im Spinor-Raum wirkt. Der Propagator ist nur für *virtuelle Elektronen* definiert, da $p^2 - m^2 = E^2 - \mathbf{p}^2 - m^2 \neq 0$ sein muß. Die Greensche Funktion wird nun

$$K(x-x') = (2\pi)^{-4} \int d^3p \exp(i\mathbf{p}\cdot(\mathbf{x}-\mathbf{x}')) \int_{-\infty}^{\infty} dp_0 \frac{\exp(-ip_0(t-t'))\cdot(p\!\!\!/ + m)}{(p_0 - E)(p_0 + E)} . \tag{4.13}$$

Dabei ist $E = +\sqrt{\mathbf{p}^2 + m^2}$. Im Integral über p_0 hat der Integrand Pole bei $p_0 = \pm E$, so daß das Integral nicht konvergiert, sofern man längs der reellen p_0-Achse integriert. Einen endlichen und wohldefinierten Wert erhält das Integral, wenn man den Weg in

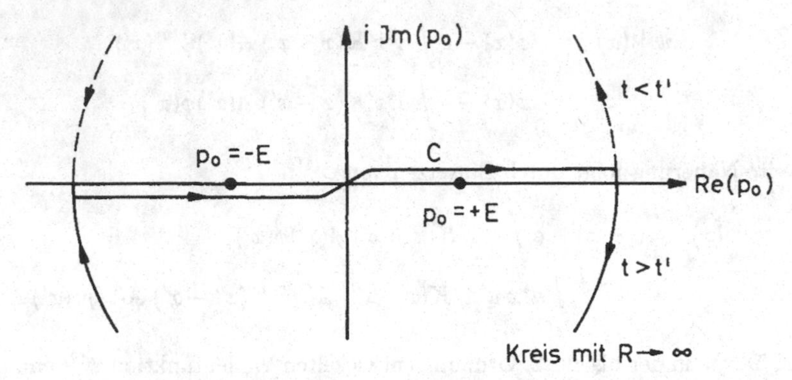

Abb. 4.1. Der Integrationsweg in der komplexen p_0-Ebene.

die komplexe Ebene verlegt. Der in Abb. 4.1 skizzierte Weg C stellt sicher, daß die Pole umgangen werden und daß außerdem der Propagator das richtige Zeitverhalten besitzt gemäß den Betrachtungen in Kap. 3, daß nämlich Wellenfunktionen mit positiver Energie nur in die Zukunft ausgebreitet werden dürfen ($t > t'$) und Wellenfunktionen mit negativer Energie nur in die Vergangenheit ($t < t'$). Betrachten wir zunächst den Fall $\tau = t - t' > 0$. Durch einen Halbkreis mit sehr großem Radius, der in der unteren Halbebene verläuft, kann der Weg C zu einem geschlossenen Weg ergänzt werden. Der Integrand verschwindet auf dem Halbkreis exponentiell, da $\exp(-ip_0\tau) \to 0$, falls p_0 einen großen negativen Imaginärteil hat. Das Integral über diesen Halbkreis liefert somit keinen Beitrag. Nach dem Residuensatz der Funktionentheorie ist das Integral über den geschlossenen Weg gegeben durch das Residuum am eingeschlossenen Pol bei $p_0 = +E = +\sqrt{\mathbf{p}^2 + m^2}$:

$$\int dp_0 \frac{1}{p_0 - E} \cdot \underbrace{\frac{(\not p + m)\exp(-ip_0(t-t'))}{p_0 + E}}_{f(p_0)} = -2\pi i \cdot f(p_0 = E)\,.$$

Das negative Vorzeichen am Faktor $2\pi i$ folgt aus dem negativen Umlaufsinn des Integrals. Die Greens-Funktion ist daher für $t > t'$:

$$\boxed{K(x - x') = -i(2\pi)^{-3} \int d^3p \exp\left[i\mathbf{p}\cdot(\mathbf{x} - \mathbf{x}') - iE(t - t')\right] \cdot \frac{+\gamma^0 E - \boldsymbol{\gamma}\cdot\mathbf{p} + m}{2E}\,.} \tag{4.14}$$

Wenn $\tau = t - t' < 0$ ist, kann man den Weg C durch einen großen Halbkreis in der oberen Halbebene ergänzen. Der eingeschlossene Pol liegt jetzt bei $p_0 = -E$. Das bedeutet, daß nur Wellenfunktionen mit negativen Energien rückwärts in der Zeit ausgebreitet werden. Das Integral ist

$$\int dp_0 \frac{1}{p_0 + E} \cdot \underbrace{\frac{(\not p + m)\exp(-ip_0(t-t'))}{p_0 - E}}_{f(p_0)} = +2\pi i \cdot f(p_0 = -E)\,.$$

Das positive Vorzeichen ergibt sich aus dem positiven Umlaufsinn des oberen Weges. Somit wird die Greens-Funktion für $t < t'$:

$$\boxed{K(x-x') = -i(2\pi)^{-3}\int d^3p \exp\left[i\mathbf{p}\cdot(\mathbf{x}-\mathbf{x}') + iE(t-t')\right]\cdot\frac{-\gamma^0 E - \boxed{\gamma}\cdot\mathbf{p}+m}{2E}\,.} \tag{4.15}$$

Es muß noch einmal betont werden, daß $E = +\sqrt{\mathbf{p}^2+m^2}$ stets positiv ist. Die Energie der Wellenfunktion wird mit p_0 bezeichnet und kann positiv oder negativ sein. Für $p_0 = +E > 0$ gilt die Formel (4.14), und die Wellenfunktion wird nur in die Zukunft ausgebreitet ($t > t'$). Für $p_0 = -E < 0$ gilt (4.15), und die Wellenfunktion wird nur in die Vergangenheit ausgebreitet ($t < t'$). Damit ist die Grundidee des Stückelberg-Feynman-Bildes in eine mathematische Form umgesetzt. Gelegentlich werden wir auch die Greens-Funktion $K(x-x')$ als Propagator bezeichnen.

Man kann die Deformation des Weges C vermeiden und längs der reellen p_0-Achse integrieren, wenn man die Pole durch einen kleinen positiven Imaginärteil $i\varepsilon$ im Nenner von $\tilde{K}(p)$ verschiebt. Für infinitesimales ε gilt

$$\left[p_0 + \left(E - \frac{i\varepsilon}{2E}\right)\right]\cdot\left[p_0 - \left(E - \frac{i\varepsilon}{2E}\right)\right] = p_0^2 - (\mathbf{p}^2+m^2) + i\varepsilon = p^2 - m^2 + i\varepsilon\,.$$

Damit lautet der Propagator des Elektrons

$$\boxed{\tilde{K}(p) = \frac{\not{p}+m}{p^2-m^2+i\varepsilon}\,,\quad \varepsilon > 0\,.} \tag{4.16}$$

4.2.2 Propagator und zeitliche Entwicklung

Es ist schon mehrfach gesagt worden, daß der Propagator die zeitliche Entwicklung der Dirac-Wellenfunktionen bewirkt. Bei der Herleitung der Ausbreitungsfunktion sind ebene Wellen zugrundegelegt worden, so daß nur die zeitliche Entwicklung bei Vernachlässigung des Potentials berechnet werden kann. Dies soll jetzt explizit vorgeführt werden. Die Wellenfunktion eines freien Teilchens ist eine ebene Welle. Der Viererimpuls sei $k = (k_0, \mathbf{k})$, und es gelte $k_0 > 0$. Am Punkt $x' = (t', \mathbf{x}')$ lautet die Funktion

$$\phi(x') = u(k)\exp\left(-ik_0t' + i\mathbf{k}\cdot\mathbf{x}'\right)\quad .$$

Behauptung: Zu einer späteren Zeit $t > t'$ ist die Wellenfunktion gegeben durch

$$\phi(x) \equiv \phi(t,\mathbf{x}) = i\int d^3x' K(x-x')\gamma^0\phi(t',\mathbf{x}')\,. \tag{4.17}$$

Beweis: Wir setzen $K(x-x')$ aus (4.14) ein und erhalten für die rechte Seite

$$\underbrace{\int d^3p\,(2\pi)^{-3}\int d^3x' \exp\left(i(\mathbf{k}-\mathbf{p})\cdot\mathbf{x}'\right)}_{\delta^3(\mathbf{k}-\mathbf{p})}\cdot\frac{\gamma^0E - \boldsymbol{\gamma}\cdot\mathbf{k}+m}{2E}\cdot\exp(\,i(E-k_0)t')$$

$$\cdot\,\gamma^0u(k)\exp\left(i\mathbf{p}\cdot\mathbf{x} - iEt\right) = \exp\left(-ik_0t + i\mathbf{k}\cdot\mathbf{x}\right)\cdot\frac{(\gamma^0k_0 - \boldsymbol{\gamma}\cdot\mathbf{k}+m)\,\gamma^0u(k)}{2k_0}\,.$$

Wegen $\mathbf{k} = \mathbf{p}$ gilt auch $k_0 = E$. Ferner wird ausgenutzt, daß $u(k)$ die Dirac-Gleichung erfüllt:

$$(\not{k} - m)u(k) = (\gamma^0 k_0 - \boldsymbol{\gamma} \cdot \mathbf{k} - m)\, u(k) = 0 \quad \Rightarrow \quad (\boldsymbol{\gamma} \cdot \mathbf{k} + m)\, u(k) = \gamma^0 k_0 u(k)$$
$$\Rightarrow \quad (\gamma^0 k_0 - \boldsymbol{\gamma} \cdot \mathbf{k} + m)\, \gamma^0 u(k) = \gamma^0 (\gamma^0 k_0 + \boldsymbol{\gamma} \cdot \mathbf{k} + m)\, u(k) = 2k_0 u(k)\,.$$

Somit wird die rechte Seite von (4.17) wie erwartet

$$u(k) \exp(-ik_0 t + i\mathbf{k} \cdot \mathbf{x}) = \phi(x)\,.$$

Setzen wir dagegen den „Rückwärts- Propagator" $K(x-x')$ aus (4.15) ein, so erhalten wir den Term

$$(-\gamma^0 k_0 - \boldsymbol{\gamma} \cdot \mathbf{k} + m)\, u(k) = 0\,.$$

Dies bedeutet aber gerade, daß die Wellenfunktion nicht in die Vergangenheit entwickelt wird. Insgesamt ergibt sich somit für eine ebene Welle mit positiver Energie ($k_0 > 0$)

$$i \int d^3x' K(x - x') \gamma^0 \phi(t', \mathbf{x}') = \begin{cases} \phi(t, \mathbf{x}) & \text{für} \quad t > t' \\ 0 & \text{für} \quad t < t' \end{cases}\,. \tag{4.18}$$

In analoger Weise kann man zeigen, daß eine Welle negativer Energie nur in die Vergangenheit ausgebreitet wird (Aufgabe 4.1). Wichtig für die Umformung der Matrixelemente ist noch folgende Formel, die zeigt, daß die adjungierte Funktion $\overline{\phi}$ einer ebenen Welle positiver Energie in die Vergangenheit ausgebreitet wird (Aufgabe 4.2):

$$\overline{\phi}(t', \mathbf{x}') = i \int d^3x\, \overline{\phi}(t, \mathbf{x}) \gamma^0 K(x - x') = i \int d^3x\, \phi^\dagger(t, \mathbf{x}) K(x - x') \quad \text{für } t' < t\,. \tag{4.19}$$

4.3 Matrixelement für Elektronenstreuung

Zur Herleitung der Feynman-Regeln betrachten wir einen eng kollimierten Elektronenstrahl, der an einem ortsfesten Potential gestreut wird. Der Ablauf der Streuung eines Elektrons ist in Abb. 4.2 skizziert. Das einlaufende Elektron werde zunächst durch ein

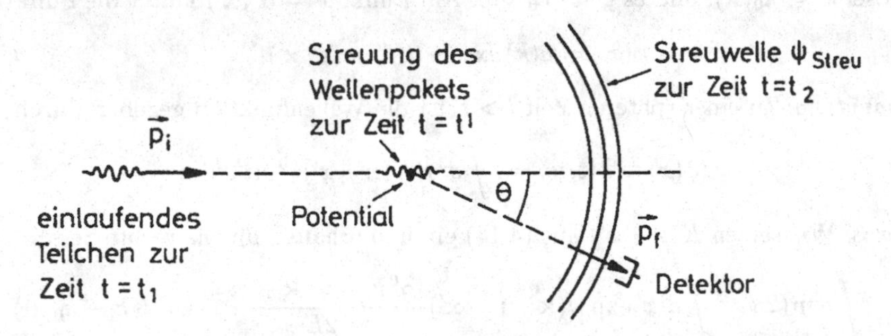

Abb. 4.2. Streuung eines Wellenpaketes an einem Potential.

Wellenpaket mit der Impulsrichtung $\mathbf{p}_i$ beschrieben, das wir später durch eine ebene Welle ϕ_i ersetzen. Zur Zeit $t = t_1$ befindet es sich weit vor dem Potential und erfährt keine Wechselwirkung. Zum Zeitpunkt $t = t'$ kommt das Wellenpaket am Target an und erzeugt dort eine kugelförmig auslaufende Streuwelle, die schließlich zur Zeit $t = t_2$ den Detektor erreicht. Der Detektor befinde sich unter einem Winkel θ gegen die Einfallsrichtung und überdecke ein kleines Raumwinkelelement $\Delta\Omega$. Von der Streuwelle wird nur der Anteil gemessen, der in die Richtung des Impulsvektors $\mathbf{p}_f$ läuft. Mathematisch bedeutet das, daß man die Streuwelle nach ebenen Wellen entwickeln muß und die Welle ϕ_f mit Impulsrichtung $\mathbf{p}_f$ herausprojiziert. Um das Matrixelement für den Übergang zu berechnen, definieren wir die „Streumatrix" durch:

$$\psi_{Streu} = S \cdot \phi_i \, .$$

Die Streuwelle wird in erster Näherung durch die Formel (4.10) und in zweiter Näherung durch (4.11) berechnet.

$$\psi^{(1)}_{Streu}(x_2) = \phi_i(x_2) - e \int d^4x' K(x_2 - x') \not{A}(x')\phi_i(x') , \tag{4.20}$$

$$\begin{aligned} \psi^{(2)}_{Streu}(x_2) &= \phi_i(x_2) - e \int d^4x' K(x_2 - x') \not{A}(x')\phi_i(x') \\ &\quad + e^2 \int\int d^4x' d^4x'' K(x_2 - x'') \not{A}(x'') K(x'' - x') \not{A}(x')\phi_i(x') . \end{aligned} \tag{4.21}$$

Dabei ist $\phi_i(x_2)$ die ungestört durchlaufende ebene Welle. Das Übergangsmatrixelement ist gegeben durch das Überlappungsintegral zwischen der Streuwelle und der ebenen Welle ϕ_f:

$$\begin{aligned} S_{fi} &= \int d^3x_2\, \phi_f^\dagger(x_2) S \phi_i(x_2) = \int d^3x_2\, \phi_f^\dagger(x_2) \psi_{Streu}(x_2) \\ &= 2E_i\, \delta_{fi} + S^{(1)}_{fi} + S^{(2)}_{fi} + \cdots . \end{aligned}$$

4.3.1 Matrixelement 1. Ordnung

$$S^{(1)}_{fi} = -e \int d^4x' \underbrace{\int d^3x_2 \phi_f^\dagger(x_2) K(x_2 - x')}_{-i\overline{\phi}_f(x') \text{ nach (4.19)}} \not{A}(x')\phi_i(x') .$$

Hier wird Gleichung (4.19) benutzt, die besagt, daß die Propagatorfunktion $K(x_2 - x')$ die am Detektor bei $x_2 = (t_2, \mathbf{x}_2)$ gemessene ebene Welle ϕ_f in das Target bei $x' = (t', \mathbf{x}')$ zurückextrapoliert.

$$\boxed{S^{(1)}_{fi} = i \cdot e \int d^4x' \, \overline{\phi}_f(x') \not{A}(x')\phi_i(x') .} \tag{4.22}$$

Dies ist das Matrixelement 1. Ordnung für die Streuung eines Elektrons vom Anfangszustand ϕ_i mit Impuls $\mathbf{p}_i$ in den Endzustand ϕ_f mit Impuls $\mathbf{p}_f$. Man kann den Streuprozeß in einem Raum-Zeit-Diagramm bildlich darstellen (Abb. 4.3). Die ungestörte Bewegung des ein- und auslaufenden Elektrons wird mathematisch durch die ebenen Wellen ϕ_i und ϕ_f beschrieben und graphisch durch Geraden dargestellt. Der Streuprozeß zum Zeitpunkt t' wird durch einen Knick angedeutet. Da wir statt der an sich erforderlichen Wellenpakete ebene Wellen benutzen, müssen wir annehmen, daß das elektromagnetische Potential nur in einem endlichen Raum-Zeit-Volumen von Null verschieden ist, weil sonst Divergenzen auftreten.

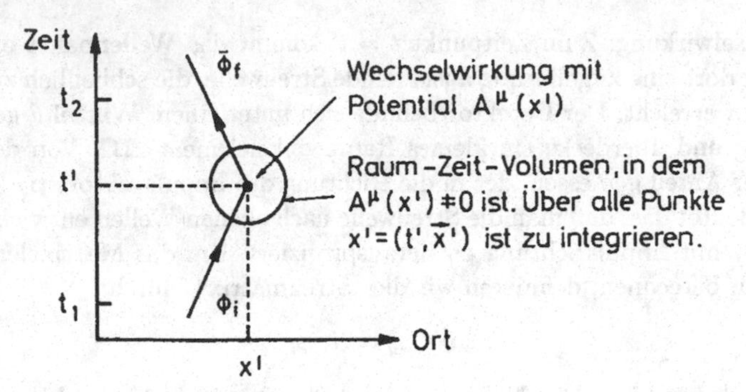

Abb. 4.3. Einfachstreuung eines Elektrons an einem Potential.

4.3.2 Matrixelement 2. Ordnung

Aus Gleichung (4.11) folgt:

$$S_{fi}^{(2)} = e^2 \int\int d^4x' d^4x'' \underbrace{\int d^3x_2\, \phi_f^\dagger(x_2) K(x_2 - x'')}_{-i\bar{\phi}_f(x'')} \not{A}(x'') K(x'' - x') \not{A}(x') \phi_i(x') \,.$$

$$\boxed{S_{fi}^{(2)} = -ie^2 \int\int d^4x' d^4x'' \,\bar{\phi}_f(x'') \not{A}(x'') K(x'' - x') \not{A}(x') \phi_i(x') \,.} \tag{4.23}$$

Für den Streuprozeß 2. Ordnung kann man die beiden in Abb. 4.4 dargestellten Diagramme zeichnen, die beide in (4.23) enthalten sind. Auch hier wird wieder angenommen, daß das Potential A^μ nur in einem endlichen Raum-Zeit-Volumen von Null verschieden ist. Beim Matrixelement 2. Ordnung gibt es zweimal eine Wechselwirkung mit dem Potential. Je nachdem, ob $t'' > t'$ oder $t'' < t'$ ist, erhalten wir normale Zweifachstreuung (Diagramm (a)), wie sie auch in der nichtrelativistischen Quantenmechanik auftritt, oder virtuelle Paarerzeugung und -vernichtung, Diagramm (b). Die Ausbreitung des Elektrons zwischen den beiden Wechselwirkungsvertizes wird durch den Propagator $K(x'' - x')$ beschrieben. Wenn $t'' > t'$ ist, wird das Elektron mit positiver Energie vorwärts in der Zeit bewegt. Wenn $t'' < t'$ ist, breitet $K(x'' - x')$ das Elektron als Teilchen negativer Energie rückwärts in der Zeit aus; uminterpretiert entspricht dies einem Positron, das mit positiver Energie vorwärts in der Zeit von $(t'', \mathbf{x}'')$ nach $(t', \mathbf{x}')$ läuft. Beide Prozesse: normale Zweifachstreuung und virtuelle Paarerzeugung und -vernichtung sind im Matrixelement (4.23) enthalten. Würde man einen weglassen, so wäre das Matrixelement nicht mehr relativistisch invariant. Man erkennt die große Eleganz und Einfachheit, die sich aus der Stückelberg-Feynman-Interpretation der Wellenfunktionen negativer Energie ergibt.

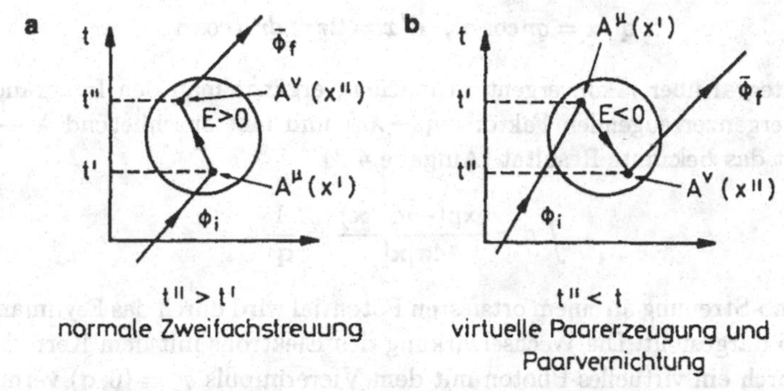

Abb. 4.4. Elektronenstreuung in zweiter Ordnung. **(a)** Normale Zweifachstreuung; **(b)** virtuelle Paar-Erzeugung und -Vernichtung.

4.3.3 Anwendungsbeispiel: Streuung an einem Atomkern

Bevor die Feynman-Regeln aufgestellt werden, soll als Beispiel das Matrixelement 1. Ordnung für Elektronenstreuung an einem schweren Atomkern berechnet werden, der bei dem Prozeß in Ruhe bleibt. Das Viererpotential hat nur eine Null-Komponente, da der ruhende Kern kein Magnetfeld hervorruft.

$$A^0 = \frac{Ze}{4\pi|\mathbf{x}|} \quad , \quad \mathbf{A} = 0 \, ,$$

$$\not{A}(x) = \gamma^\mu A_\mu = \gamma^0 \frac{Ze}{4\pi|\mathbf{x}|} \, .$$

Im folgenden benutzen wir ebene Wellen mit der Normierung (2.25), wobei das Normierungsvolumen zu $V = 1$ gewählt wird.

$$\phi_i(x) = u(p_i)\exp(-ip_i x) \text{ mit } u(p) = \sqrt{E+m}\begin{pmatrix} \varphi \\ \dfrac{\sigma \cdot \mathbf{p}}{E+m}\varphi \end{pmatrix}$$

$$\phi_f(x) = u(p_f)\exp(-ip_f x) \, .$$

Damit wird das Matrixelement 1. Ordnung:

$$S_{fi}^{(1)} = ie(Ze) \cdot \bar{u}_f \gamma^0 u_i \int d^3x \, \frac{\exp(-i\mathbf{q}\cdot\mathbf{x})}{4\pi|\mathbf{x}|} \int dt \exp(i(E_f - E_i)t) \, .$$

Die Zeitintegration ergibt $2\pi\delta(E_f - E_i)$, d.h. die Energie des Elektrons bleibt bei der elastischen Streuung an einem unendlich schweren Streuzentrum unverändert. Der übertragene Impuls ist $\mathbf{q} = \mathbf{p}_f - \mathbf{p}_i$, und es gilt $|\mathbf{q}| = 2|\mathbf{p}_i|\sin(\theta/2)$. Das Raumintegral ergibt die Fouriertransformierte des Coulomb-Potentials. Die Integration wird in Kugelkoordinaten ausgeführt.

$$\mathbf{q} \cdot \mathbf{x} = qr \cos\alpha \; , \quad d^3x = 2\pi r^2 \, dr \, d\cos\alpha \, .$$

Um das Integral über r konvergent zu machen, ergänzt man den Integranden durch einen konvergenzerzeugenden Faktor $\exp(-\lambda r)$ und läßt anschließend $\lambda \to 0$ gehen. Damit folgt das bekannte Resultat (Aufgabe 4.3)

$$\int d^3x \, \frac{\exp(-i\mathbf{q} \cdot \mathbf{x})}{4\pi|\mathbf{x}|} = \frac{1}{\mathbf{q}^2} \quad . \tag{4.24}$$

Die Coulomb-Streuung an einem ortsfesten Potential wird durch das Feynman-Diagramm in Abb. 4.5 dargestellt. Die Wechselwirkung des Elektrons mit dem Kern der Ladung Ze wird durch ein virtuelles Photon mit dem Viererimpuls $q^\mu = (0, \mathbf{q})$ vermittelt.

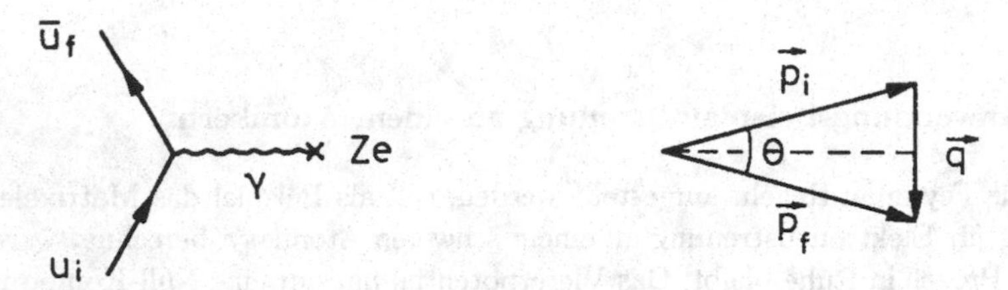

Abb. 4.5. Elektronenstreuung an einem ortsfesten Potential, z.B. einem sehr schweren Atomkern.

4.4 Photon-Propagator

Mit Hilfe der Matrixelemente (4.22) und (4.23) kann man die Streuung eines Elektrons oder Myons an einem externen elektromagnetischen Viererpotential A^μ berechnen. Im einfachsten Fall handelt es sich dabei um das statische Coulomb-Potential eines (unendlich) schweren Atomkerns. Um die Streuung zweier geladener Elementarteilchen mit dieser Methode behandeln zu können, berechnet man zunächst das vom Targetteilchen erzeugte Viererpotential und setzt dies in die Matrixelemente (4.22) und (4.23) ein. Das Potential A^μ hat im allgemeinen auch einen Vektoranteil $\mathbf{A}$, denn das Targetteilchen erhält eine Rückstoßenergie und erzeugt durch seine Bewegung ein Magnetfeld. Wir betrachten als Beispiel die elastische Elektron-Proton-Streuung, wobei zur Vereinfachung angenommen wird, daß das Proton ein punktförmiges Teilchen ist, das der Dirac-Gleichung gehorcht („Dirac-Proton").

$$e + p \to e + p \quad , \quad p_1 + p_2 = p_3 + p_4 \, .$$

Das vom Proton erzeugte elektromagnetische Vierer-Potential A^μ ergibt sich aus der Wellengleichung

$$\Box A^\mu(x) = \left(\frac{\partial^2}{\partial t^2} - \boldsymbol{\nabla}^2 \right) A^\mu(x) = eJ^\mu(x) \, , \tag{4.25}$$

wobei $eJ^\mu(x)$ der vom Proton erzeugte elektrische Viererstrom ist und A^μ der „Lorentz-Bedingung"

$$\partial_\mu A^\mu = 0$$

genügt (vgl. Kap. 9). Die inhomogene Differentialgleichung (4.25) lösen wir mit Hilfe einer Greenschen Funktion[1]

$$\Box D^{\mu\nu}(x-x') = g^{\mu\nu}\delta^4(x-x') . \tag{4.26}$$

Die Lösung der Gleichung (4.25) ist gegeben durch

$$A^\mu(x) = e\int d^4x' D^{\mu\nu}(x-x')J_\nu(x') , \tag{4.27}$$

denn es gilt

$$\Box A^\mu(x) = e\int d^4x' \,\Box D^{\mu\nu}(x-x')J_\nu(x') = eJ^\mu(x) .$$

Wir berechnen die Fouriertransformierte von $D^{\mu\nu}(x-x')$:

$$D^{\mu\nu}(x-x') = \int \frac{d^4q}{(2\pi)^4}\tilde{D}^{\mu\nu}(q)\exp(-iq(x-x')) . \tag{4.28}$$

Durch Anwenden des Operators $\Box$ ergibt sich

$$\Box D^{\mu\nu}(x-x') = \int \frac{d^4q}{(2\pi)^4} D^{\mu\nu}(q)\cdot(-q^2)\cdot\exp(-iq(x-x')) = g^{\mu\nu}\delta^4(x-x') .$$

Daraus folgt für den *Photon-Propagator:*

$$\boxed{\tilde{D}^{\mu\nu}(q) = \frac{-g^{\mu\nu}}{q^2+i\varepsilon} \qquad (\text{mit } \varepsilon > 0).} \tag{4.29}$$

Der positive Imaginärteil im Nenner des Photonpropagators sorgt wie beim Elektronpropagator dafür, daß Wellenfunktionen positiver Energie nur in die Zukunft ausgebreitet werden und Wellenfunktionen negativer Energie nur in die Vergangenheit.

4.5 Feynman-Regeln

Das im Matrixelement auftretende Viererpotential kann gemäß Gleichung (4.27) aus dem Viererstrom des Protons berechnet werden. Dafür ist der *Übergangsstrom* des Protons einzusetzen

$$eJ^\mu(x) = e\overline{\psi}_f(x)\gamma^\mu\psi_i(x) . \tag{4.30}$$

Gleichung (4.30) ist eine Verallgemeinerung des Ausdrucks (2.50), der den Viererstrom in einem stationären Zustand angibt. Um den Übergang von einem Anfangszustand ψ_i in einen Endzustand ψ_f zu erfassen, muß man die Matrixelemente des Ladungsdichte-Operators $e\gamma^0$ und des Stromdichte-Operators $e\gamma^0\boldsymbol{\gamma}$ zwischen Anfangs-, und Endzustand berechnen. Aus

$$\psi_i(x) = u(p_2)\exp(-ip_2x) \quad \text{und} \quad \psi_f(x) = u(p_4)\exp(-ip_4x)$$

folgt

$$eJ^\mu(x) = e\cdot\overline{u}(p_4)\gamma^\mu u(p_2)\exp(i(p_4-p_2)x) . \tag{4.31}$$

[1] Da A^μ ein Vierervektor ist, bei dem jede Komponente von allen Komponenten des Vierervektors J^μ abhängen kann, müßte man an sich den Propagator $D^{\mu\nu}$ als allgemeine (4×4)-Matrix ansetzen. Es zeigt sich, daß man im elektromagnetischen Fall mit dem metrischen Tensor $g^{\mu\nu}$ auskommt, während der Propagator der W-Bosonen komplizierter ist.

Dieser Ausdruck und der Propagator (4.29) werden in (4.27) eingesetzt:

$$A^{\mu}(x) = e \cdot \int d^4x' \int \frac{d^4q}{(2\pi)^4} \cdot \frac{-g^{\mu\nu}}{q^2 + i\varepsilon} \exp(i(p_4 - p_2 + q)x') \exp(-iqx)\overline{u}(p_4)\gamma_{\nu}u(p_2) .$$

Die Integration über x' ergibt eine δ-Funktion:

$$A^{\mu}(x) = e \cdot \int d^4q\, \delta^4(p_4 - p_2 + q) \frac{-g^{\mu\nu}}{q^2 + i\varepsilon} \exp(-iqx)\overline{u}(p_4)\gamma_{\nu}u(p_2) .$$

Das Viererpotential wird zusammen mit den Spinoren für das ein- und auslaufende Elektron

$$\phi_i(x) = u(p_1)\exp(-ip_1x) , \quad \phi_f(x) = u(p_3)\exp(-ip_3x)$$

in die Beziehung (4.22) für das Matrixelement 1. Ordnung eingesetzt

$$S_{fi}^{(1)} = ie \int d^4x \overline{\phi}_f(x) \not{A}(x)\phi_i(x) .$$

Die x-Integration ergibt $(2\pi)^4\,\delta^4(p_3 - p_1 - q)$. Somit wird das Matrixelement 1. Ordnung:

$$\boxed{\begin{aligned} S_{fi}^{(1)} &= ie^2 \cdot \int d^4q\, \delta^4(p_4 - p_2 + q)\, \delta^4(p_3 - p_1 - q) \cdot (2\pi)^4 \\ &\quad \cdot \overline{u}(p_3)\gamma_{\mu}u(p_1) \cdot \frac{-g^{\mu\nu}}{q^2 + i\varepsilon} \cdot \overline{u}(p_4)\gamma_{\nu}u(p_2) . \end{aligned}} \tag{4.32}$$

Die einzelnen Anteile des Matrixelementes werden durch das Feynman-Diagramm in Abb. 4.6 symbolisch dargestellt.

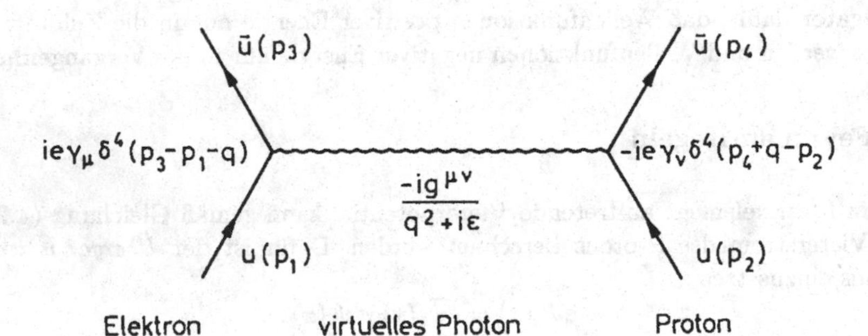

Abb. 4.6. Feynman-Diagramm für die Streuung eines Elektrons an einem „Dirac-Proton".

4.5.1 Konventionen zu Feynman-Diagrammen

Fermionen werden in Feynman-Diagrammen durch gerade Linien dargestellt, Photonen durch Wellenlinien. Die einzelnen Beiträge zum Matrixelement sind (für reelle Photonen siehe Kap. 5.7):

einlaufendes (auslaufendes) Fermion: $u(p)\ (\overline{u}(p))$

einlaufendes (auslaufendes) Photon: $\varepsilon_\mu(k)\ \left(\varepsilon^*_\mu(k)\right)$

virtuelles Photon: $\dfrac{-ig^{\mu\nu}}{q^2+i\varepsilon}$

virtuelles Elektron: $i\,\dfrac{\not{p}+m}{p^2-m^2+i\varepsilon}$

Lepton-Photon-Vertex: $-i(\pm e)\cdot(2\pi)^4\cdot\delta^4(p_f-p_i-q)\,.$

Über den Viererimpuls des virtuellen Photons (oder Elektrons) muß integriert werden. Daraus folgt die Erhaltung der Energie und des Impulses für den Gesamtprozeß.

$$\int\frac{d^4q}{(2\pi)^4}(2\pi)^4\,\delta^4(p_3-p_1-q)\,(2\pi)^4\,\delta^4(p_4-p_2+q)=(2\pi)^4\,\delta^4(p_3+p_4-p_1-p_2)$$

$$\Rightarrow p_1+p_2=p_3+p_4\,.$$

Wie aus (4.32) ersichtlich ist, gelten diese Erhaltungssätze sogar an jedem Vertex. Die Faktoren i an den Vertizes und beim Photon-Propagator sind für Diagramme erster Ordnung überflüssig. Sie sind so gewählt, daß sich bei Diagrammen höherer Ordnung das richtige Vorzeichen ergibt. Das soll hier nicht weiter untersucht werden. Auch beim Elektron-Propagator wird ein Faktor i hinzugefügt.

$$iK(p)=i\,\frac{\not{p}+m}{p^2-m^2+i\varepsilon}\,.$$

In Abb. 4.7 sind die Regeln für die Vertizes und Propagatoren zusammengefaßt. Antiteilchen werden in den Graphen durch rückwärts laufende Linien angedeutet.

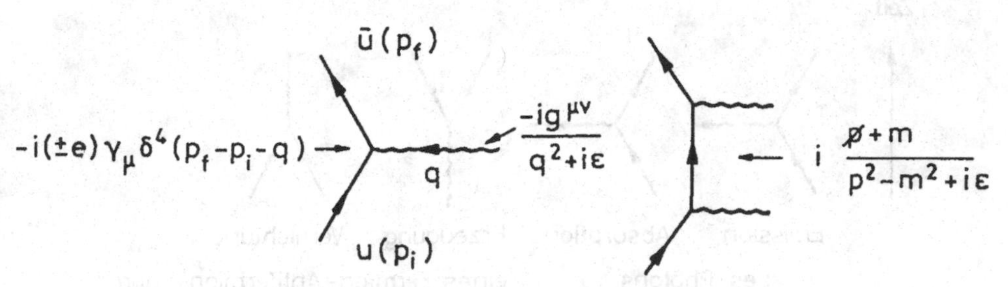

Abb. 4.7. Die Vertizes und Propagatoren in der Quanten-Elektrodynamik.

4.5.2 Strom-Strom-Kopplung

Das Matrixelement (4.32) kann als Skalarprodukt zweier Viererströme geschrieben werden

$$S^{(1)}_{fi}\propto j_\mu g^{\mu\nu}J_\nu=j_\mu J^\mu\,. \tag{4.33}$$

Dabei ist

$$-ej_\mu \equiv -ej_\mu(x=0) = -e\,\overline{u}(p_3)\gamma_\mu u(p_1)$$

der Elektronenstrom und

$$+eJ^\mu = +e\,\overline{u}(p_4)\gamma^\mu u(p_2)$$

der Protonenstrom. Die relativistische Invarianz des Matrixelements ist aus der Form (4.33) unmittelbar ersichtlich.

4.5.3 Elementarprozesse

Eine wesentliche Eigenschaft der Feynman-Diagramme wird bereits an dem obigen Beispiel deutlich: der Gesamtprozeß kann aus Photon-Lepton-Vertizes aufgebaut werden, die durch innere Linien verbunden sind. Die vier in Abb. 4.8 skizzierten elementaren Prozesse sind:

(1) Emission eines Photons durch ein geladenes Fermion,

(2) Absorption eines Photons durch ein geladenes Fermion,

(3) Erzeugung eines Fermion-Antifermion-Paares durch ein Photon,

(4) Annihilation eines Fermion-Antifermion-Paares in ein Photon.

Die beteiligten Teilchen oder Photonen sind reell, wenn sie ein- oder auslaufen, dagegen virtuell, wenn sie nur im Zwischenzustand als innere Linien auftreten. Einer inneren Linie entspricht mathematisch der Propagator des zugehörigen Teilchens oder Feldquants. In den Elementarprozessen ist immer mindestens eines der Teilchen oder

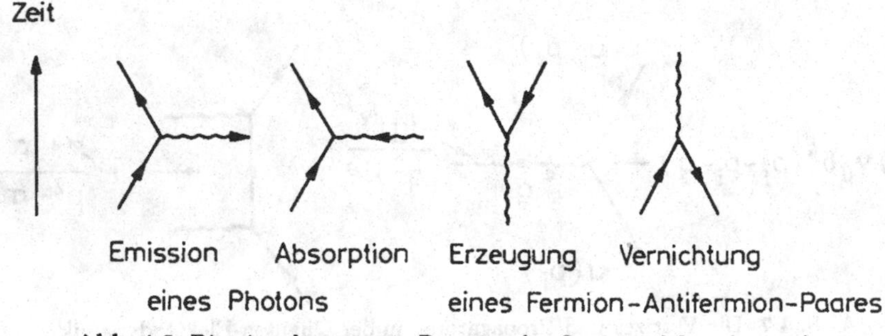

Abb. 4.8. Die vier elementaren Prozesse der Quantenelektrodynamik.

Quanten virtuell. Beispielsweise ist die Elektron-Positron-Annihilation in ein reelles Photon kinematisch unmöglich, denn im Ruhesystem des Paares müßte das Photon die Energie $2E$, aber den Impuls 0 haben. Dies Photon muß also virtuell sein, sein Massenquadrat ist $m_\gamma^2 = 4E^2 > 0$. Alle realen Prozesse lassen sich aber durch Kombination der Elementarprozesse aufbauen. Dies wird in Abb. 4.9 anhand einiger Beispiele verdeutlicht.

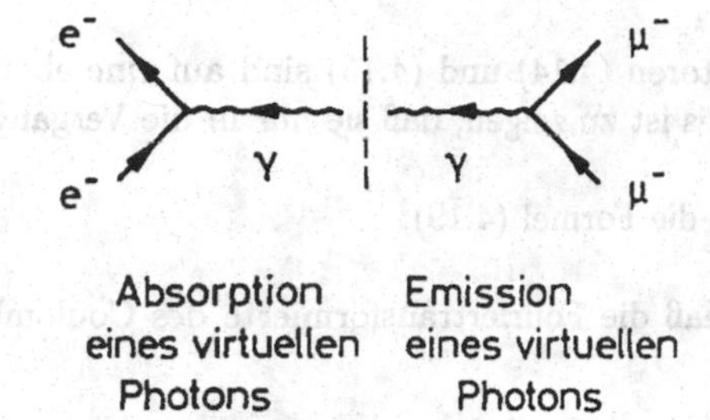

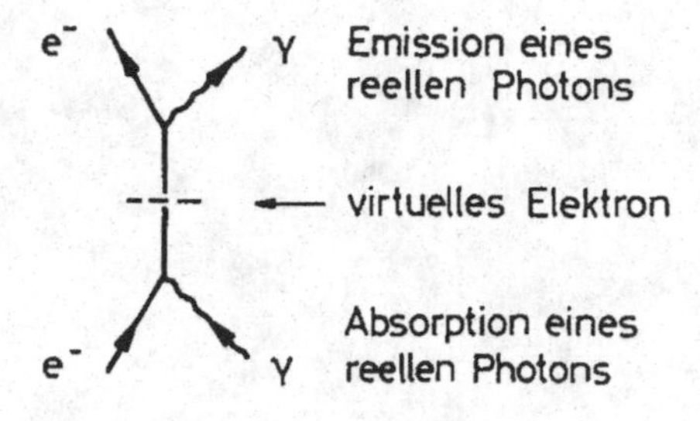

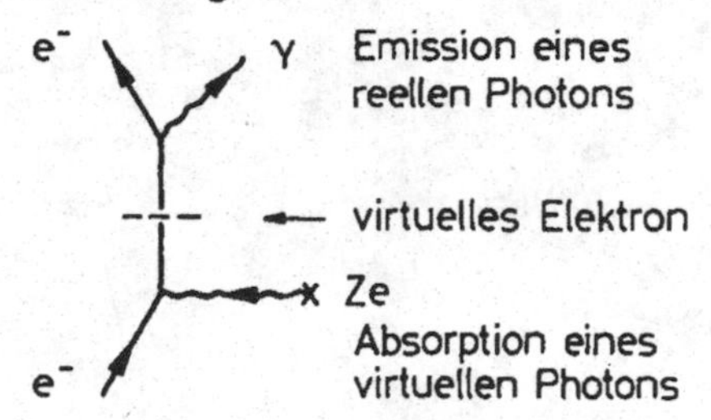

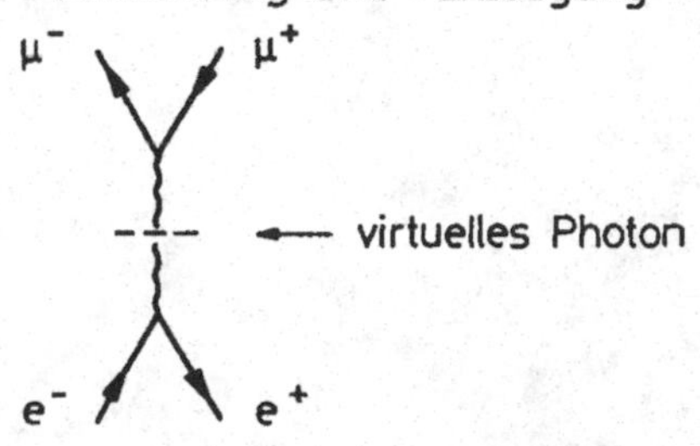

Abb. 4.9. Kombination der elementaren Prozesse zu realen Prozessen.

4.6 Übungsaufgaben

4.1: Die Propagatoren (4.14) und (4.15) sind auf eine ebene Welle negativer Energie anzuwenden und es ist zu zeigen, daß sie nur in die Vergangenheit ausgebreitet wird.

4.2: Man beweise die Formel (4.19).

4.3: Zeigen Sie, daß die Fouriertransformierte des Coulomb-Potentials durch Formel (4.24) gegeben ist.

5. Anwendung der Feynman-Graphen

5.1 Streuung nichtrelativistischer Elektronen an Kernen

Zunächst soll die Streuung an dem nahezu ortsfesten Potential eines schweren Atomkerns untersucht werden, vgl. Kap. 4.3.3. Nach den Feynman-Regeln ist das Matrixelement proportional zur Deltafunktion $\delta(E_f - E_i)$; der Wirkungsquerschnitt wäre also proportional zum Quadrat der Deltafunktion. Diese ernsthafte Divergenz ist aber nur scheinbar. Sie kann vermieden werden, wenn das Elektron durch ein Wellenpaket und nicht durch eine ebene Welle beschrieben wird. Um zu zeigen, wie man auch mit den einfacher zu handhabenden ebenen Wellen zu endlichen Resultaten kommt, führen wir die Zeitintegration bei S_{fi} nicht sofort aus.

$$S_{fi}^{(1)} = M_{fi}^{(1)} \cdot \int \exp(i(E_f - E_i)t)dt \quad \text{mit } M_{fi}^{(1)} = iZe^2\, \overline{u}_f \gamma^0 u_i \cdot \frac{1}{\mathbf{q}^2}. \tag{5.1}$$

Um der Tatsache Rechnung zu tragen, daß das Elektron nur für begrenzte Zeit mit dem Kernpotential wechselwirkt, wird angenommen, daß das Potential A^0 nur in dem endlichen Zeitintervall $-T/2 < t < T/2$ wirkt und sonst verschwindet. Dann wird mit $\omega = E_f - E_i$

$$S_{fi}^{(1)} \propto \int_{-T/2}^{T/2} \exp(i\omega t)dt = \frac{(\sin \omega T/2)}{(\omega/2)}, \quad \left|S_{fi}^{(1)}\right|^2 \propto f(\omega) = \left(\frac{\sin(\omega T/2)}{(\omega/2)}\right)^2. \tag{5.2}$$

Die Funktion $f(\omega)$ ist in Abb. 5.1 skizziert. Für große Werte von T hat $f(\omega)$ ein sehr scharfes Maximum bei $\omega = 0$, d.h. für $E_f = E_i$. Die Energie ist also näherungsweise, aber nicht exakt erhalten. Dies ist in Einklang mit der Energie-Zeit-Unschärfe-Relation.

$$\Delta E \cdot \Delta t \approx h = 2\pi\hbar .$$

Definieren wir als Energieunschärfe die halbe Fußbreite des zentralen Maximums von $f(\omega)$ und als Zeitunschärfe die Zeitdauer der Wechselwirkung

$$\Delta E = \hbar\omega_0 = \hbar(2\pi/T)\,, \quad \Delta t = T\,,$$

so folgt in der Tat genau die Unschärferelation. Diese gewisse „Energieverletzung" tritt bei jedem quantenmechanischen System auf und insbesondere auch bei Wellenpaketen, denn dort sind E_i und E_f beide mit einer Unschärfe behaftet. Die Unschärfe beim Energiesatz läßt einen gewissen Bereich von Werten der Endzustandsenergie E_f zu. Die zulässigen Energieniveaus, die sich beispielsweise aus der Quantisierung in einem Kasten ergeben, liegen sehr nahe beieinander und können durch eine Dichtefunktion $\rho(E_f)$ beschrieben werden:

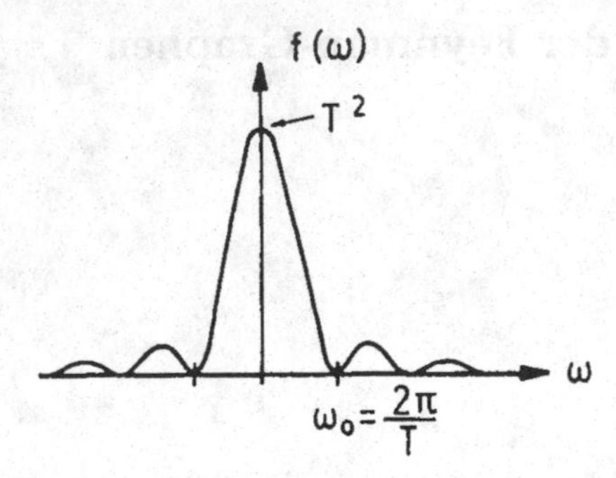

Abb. 5.1. Die Funktion $f(\omega) = \sin^2(\omega T/2)/(\omega/2)^2$.

$$\rho(E_f)dE_f = \text{Zahl der Niveaus im Intervall } [E_f, E_f + dE_f] .$$

Die Übergangswahrscheinlichkeit ist proportional zum Absolutquadrat des Matrixelements, multipliziert mit der Zahl der Energieniveaus:

$$dW = |S_{fi}^{(1)}|^2 \rho(E_f)dE_f .$$

Die gesamte Übergangswahrscheinlichkeit W erhält man durch Integration über E_f.

$$W = \int |S_{fi}^{(1)}|^2 \rho(E_f)dE_f \approx |M_{fi}^{(1)}|^2 \rho(E_f) \int f(\omega)d\omega .$$

Für hinreichend lange Wechselwirkungszeiten ist die Funktion $f(\omega)$ sehr schmal und hoch; man kann das Produkt $|M_{fi}^{(1)}|^2 \rho(E_f)$ mit seinem Wert bei $E_f = E_i$ vor das Integral ziehen und das Integral über $f(\omega)$ ohne großen Fehler von $-\infty$ bis $+\infty$ erstrecken. Es gilt:

$$\int_{-\infty}^{\infty} f(\omega)d\omega = 2T \int_{-\infty}^{\infty} \frac{\sin^2 x}{x^2} dx = 2\pi T \quad (\text{mit } x = \omega T/2) .$$

Offensichtlich ist die Wahrscheinlichkeit W für einen Übergang proportional zur Zeitdauer T der Wechselwirkung. Die Übergangswahrscheinlichkeit pro Zeiteinheit ist:

$$\boxed{w = 2\pi \left[|M_{fi}^{(1)}|^2 \rho(E_f) \right]_{E_f = E_i} \quad \text{Goldene Regel von Fermi.}} \tag{5.3}$$

Zur Vereinfachung der Schreibweise werden wir im folgenden den Index „(1)" bei S_{fi} weglassen und das Matrixelement $M_{fi}^{(1)}$ mit $\mathcal{M}$ bezeichnen. Der Wirkungsquerschnitt σ ist gegeben durch

$$\sigma = w/j_{ein} , \quad j_{ein} = \text{Stromdichte der einlaufenden Teilchen.}$$

Bei der Streuung interessiert der differentielle Wirkungsquerschnitt $d\sigma/d\Omega_f$, der ein Maß dafür ist, wieviele Teilchen um einen Winkel θ abgelenkt werden. Um die differentielle Streuwahrscheinlichkeit dw zu berechnen, gehen wir auf die Form (5.1) des Matrixelements zurück.

$$|S_{fi}|^2 = |\mathcal{M}|^2 \int_{-T/2}^{T/2} \exp(i\omega t)dt \int_{-T/2}^{T/2} \exp(-i\omega t)dt\,.$$

Eines der beiden Zeitintegrale ersetzen wir näherungsweise durch $2\pi\delta(\omega)$, das andere sehen wir als Funktion $g(\omega)$ an. Nun gilt aber

$$\delta(\omega)g(\omega) = \delta(\omega)g(0)\,, \quad g(0) = \int_{-T/2}^{T/2} \exp(0)dt = T\,.$$

Also wird

$$|S_{fi}|^2 = |\mathcal{M}|^2 \cdot 2\pi T \cdot \delta(E_f - E_i)\,. \tag{5.4}$$

An dieser Stelle wollen wir kurz analysieren, welche Änderungen vorzunehmen sind, wenn man bei den Dirac-Wellenfunktionen (2.28) das Normierungsvolumen explizit berücksichtigt. Jeder Spinor erhält dann einen Faktor $1/\sqrt{V}$, d.h. das quadrierte Matrixelement (5.4) muß mit dem Faktor $1/V^2$ multipliziert werden:

$$|S_{fi}|^2 = \frac{|\mathcal{M}|^2}{V^2} \cdot 2\pi T \cdot \delta(E_f - E_i)\,.$$

Als nächstes müssen wir die Zahl der Niveaus im Energieintervall $[E_f, E_f + dE_f]$ berechnen, wobei außerdem die Richtung des Teilchens in das Raumwinkel-Element $d\Omega_f$ fällt:

$$d^2N_f = \frac{V}{2E_f} \cdot \frac{d^3p_f}{(2\pi)^3} = \frac{V}{2(2\pi)^3}|\mathbf{p}_f| d\Omega_f dE_f\,. \tag{5.5}$$

Der Faktor $1/2E_f$ tritt wegen der Normierung auf $2E_f$ Teilchen pro Volumen V auf, vgl. (2.25), und ferner ist benutzt worden

$$d^3p_f = d\Omega_f \mathbf{p}_f^2 dp_f = d\Omega_f |\mathbf{p}_f| E_f dE_f\,.$$

Die differentielle Streuwahrscheinlichkeit pro Zeiteinheit wird jetzt

$$dw = \left[\frac{|\mathcal{M}|^2}{V^2} \cdot \frac{V}{2(2\pi)^3}|\mathbf{p}_f|\right]_{E_f = E_i} \cdot d\Omega_f\,.$$

Das Matrixelement $\mathcal{M}$ enthält die Winkelabhängigkeit. Die Stromdichte der einlaufenden Teilchen und der differentielle Wirkungsquerschnitt berechnen sich wie folgt

$$j_{ein} = \frac{|\mathbf{v}_i|}{(V/2E_i)} = \frac{2|\mathbf{p}_i|}{V}\,, \quad d\sigma = dw/j_{ein}\,. \tag{5.6}$$

Die Stromdichte und der Phasenraumfaktor tragen jeweils einen Faktor V zum Wirkungsquerschnitt bei. Bei dem Absolutquadrat des Matrixelements steht der Faktor $1/V^2$. Wie zu erwarten, kürzt sich das Normierungsvolumen heraus. Das rechtfertigt unsere Vorgehensweise, das Normierungsvolumen durch 1 zu ersetzen. Der im Raumwinkel differentielle Wirkungsquerschnitt wird schließlich

$$\frac{d\sigma}{d\Omega_f} = \frac{Z^2\alpha^2}{|\mathbf{q}|^4}|\overline{u}_f\gamma^0 u_i|^2\,.$$

Diese Formel soll zunächst im nichtrelativistischen Grenzfall ausgewertet werden. Für $|\mathbf{p}_i| \ll E_i \approx m$ gilt:

$$u_i = \sqrt{E+m}\begin{pmatrix} \varphi \\ \frac{\sigma \cdot \mathbf{p}}{E+m}\varphi \end{pmatrix} \approx \sqrt{2m}\begin{pmatrix} \varphi \\ 0 \end{pmatrix}.$$

Im nichtrelativistischen Grenzfall ist der vom Elektron wahrgenommene Bahnstrom des Targetkerns gering und erzeugt nur ein schwaches Magnetfeld; es gibt daher kein Spin-Umklappen. Deswegen gilt $u_f \approx u_i$ und außerdem $E_f \approx E_i = E$. Setzen wir

$$\overline{u}_f\gamma^0 u_i \approx u_i^+ u_i = 2E\,, \quad |\mathbf{q}| = 2|\mathbf{p}|\sin(\theta/2)\,,$$

ein, so ergibt sich die Rutherfordsche Streuformel

$$\frac{d\sigma}{d\Omega} = \frac{Z^2\alpha^2}{4\beta^2\mathbf{p}^2\sin^4(\theta/2)}. \tag{5.7}$$

Dies ist der Wirkungsquerschnitt für die Streuung eines geladenen Teilchens mit Spin 0 an einem unendlich schweren Kern mit Spin 0. Die Formel ist auch für nichtrelativistische Elektronen gültig.

5.2 Streuung relativistischer Elektronen an Kernen

5.2.1 Spin-Summationen

Viele Streuexperimente werden mit unpolarisierten Strahlen durchgeführt, und die Polarisation der gestreuten Teilchen wird nicht gemessen. Das Absolutquadrat des Matrixelements muß dann über die beiden Spineinstellungen des einlaufenden Elektrons gemittelt und über die des gestreuten Elektrons summiert werden.

$$\frac{d\sigma}{d\Omega} \propto \frac{1}{2}\sum_{s_i,\,s_f} |\overline{u}_f\gamma^0 u_i|^2\,.$$

Für die Spin-Mittelung und -Summation gibt es eine häufig angewandte Technik, die darauf hinausläuft, die Spur einer Matrix zu berechnen. Es gilt:

$$|\overline{u}_f\gamma^0 u_i|^2 = \overline{u}_f\gamma^0 u_i\, u_i^+\gamma^0\gamma^0 u_f = \overline{u}_f\gamma^0 u_i\,\overline{u}_i\gamma^0 u_f\,.$$

Die Größe $u_i\overline{u}_i$ ist eine (4×4)-Matrix. Summiert man $u\overline{u}$ über die beiden Spin-Einstellungen $s = \pm 1/2$, so ergibt sich die wichtige Beziehung:

$$\sum_{Spins} u(p)\overline{u}(p) = (\not{p} + m)\,. \tag{5.8}$$

In Komponenten lautet diese Matrixgleichung

$$\sum_{Spins} u_\alpha\overline{u}_\beta = (\not{p} + m)_{\alpha\beta}\,. \tag{5.9}$$

Um (5.8) zu beweisen, setzen wir die Spinoren u_1 und u_2 aus (2.26) ein.

$$u_1\overline{u}_1 = \begin{pmatrix} (E+m) & 0 & -p_z & -(p_x - ip_y) \\ 0 & 0 & 0 & 0 \\ p_z & 0 & \dfrac{-p_z^2}{E+m} & \dfrac{-(p_x - ip_y)p_z}{E+m} \\ p_x + ip_y & 0 & \dfrac{-(p_x + ip_y)p_z}{E+m} & -\dfrac{p_x^2 + p_y^2}{E+m} \end{pmatrix}$$

$$u_2\overline{u}_2 = \begin{pmatrix} 0 & 0 & 0 & 0 \\ 0 & (E+m) & -(p_x + ip_y) & p_z \\ 0 & (p_x - ip_y) & -\dfrac{p_x^2 + p_y^2}{E+m} & \dfrac{(p_x - ip_y)p_z}{E+m} \\ 0 & -p_z & \dfrac{(p_x + ip_y)p_z}{E+m} & -\dfrac{p_z^2}{E+m} \end{pmatrix}.$$

$$u_1\overline{u}_1 + u_2\overline{u}_2 = \begin{pmatrix} (E+m) & 0 & -p_z & -(p_x - ip_y) \\ 0 & (E+m) & -(p_x + ip_y) & p_z \\ p_z & (p_x - ip_y) & -\dfrac{\mathbf{p}^2}{E+m} & 0 \\ (p_x + ip_y) & -p_z & 0 & -\dfrac{\mathbf{p}^2}{E+m} \end{pmatrix}$$

$$= \underbrace{\begin{pmatrix} E & 0 & -p_z & -(p_x - ip_y) \\ 0 & E & -(p_x + ip_y) & p_z \\ p_z & (p_x - ip_y) & -E & 0 \\ (p_x + ip_y) & -p_z & 0 & -E \end{pmatrix}}_{\gamma^0 E - \boldsymbol{\gamma}\cdot\mathbf{p} = \not{p}} + m \underbrace{\begin{pmatrix} 1 & 0 & 0 & 0 \\ 0 & 1 & 0 & 0 \\ 0 & 0 & 1 & 0 \\ 0 & 0 & 0 & 1 \end{pmatrix}}_{mI}.$$

Unter Benutzung von (5.8) kann man die Summation über die Einstellungen des Anfangsspins durchführen:

$$\begin{aligned} \sum_{s_i,\, s_f} \overline{u}_f \gamma^0 u_i \overline{u}_i \gamma^0 u_f &= \sum_{s_f} \overline{u}_f \underbrace{\gamma^0(\not{p}_i + m)\gamma^0}_{\text{Matrix } A} u_f \\ &= \sum_{j,k=1}^{4} \left\{ \sum_{s_f} (\overline{u}_f)_j A_{jk} (u_f)_k \right\}. \end{aligned}$$

Die Größen $(\overline{u}_f)_j$, $(u_f)_k$ sind komplexe Zahlen, ihre Reihenfolge ist daher vertauschbar. Daher folgt

$$\begin{aligned} \sum_{s_i,\, s_f} |\overline{u}_f \gamma^0 u_i|^2 &= \sum_{j,k} A_{jk} (\not{p}_f + m)_{kj} \\ &= \sum_j B_{jj} = \mathrm{Spur} B\,, \end{aligned}$$

wobei B die Matrix $B = A \cdot (\not{p}_f + m)$ ist. Insgesamt ergibt sich:

$$\boxed{\sum_{s_i,\, s_f} |\overline{u}_f \gamma^0 u_i|^2 = \text{Spur}\left(\gamma^0(\not{p}_i + m)\gamma^0(\not{p}_f + m)\right)} \tag{5.10}$$

5.2.2 Sätze über Spuren

(1) $\text{Spur}(I) = 4\,,\quad I = (4 \times 4)$-Einheitsmatrix,

(2) $\text{Spur}(\text{ungerade Zahl von } \gamma^\mu) = 0\,,$

(3) $\text{Spur}(\not{a}\,\not{b}) = 4(ab) \equiv 4a_\mu b^\mu\,,$

(4) $\text{Spur}(\not{a}\,\not{b}\,\not{c}\,\not{d}) = 4(ab)(cd) + 4(ad)(bc) - 4(ac)(bd)\,.$

Es folgt daraus:

$$\begin{aligned} \text{Spur}(\gamma^0 m \gamma^0 m) &= \text{Spur}(m^2 \cdot I) = 4m^2 \\ \text{Spur}(\gamma^0\, \not{p}_i \gamma^0\, \not{p}_f) &= 4E_i E_f + 4E_f E_i - 4p_i p_f\,. \end{aligned}$$

(*Beweis*: Schreibe $\gamma^0 = \not{a}$ mit $a^\mu = (1, 0, 0, 0)$).

5.2.3 Wirkungsquerschnitt für Elektron-Kern-Streuung

Nach Ausführung der Spin-Mittelung und -Summation erhalten wir:

$$\frac{1}{2} \sum_{s_i,\, s_f} |\bar{u}_f \gamma^0 u_i|^2 = 2(2E_i E_f - p_i p_f + m^2)\,.$$

Setzen wir

$$\begin{aligned} p_i p_f &= E_i E_f - \mathbf{p}_i \cdot \mathbf{p}_f = E^2(1 - \beta^2 \cos\theta) \\ &= E^2 - E^2 \beta^2 \left(1 - 2\sin^2(\theta/2)\right) \end{aligned}$$

in die Gleichung ein, so folgt

$$\frac{1}{2} \sum_{s_i,\, s_f} |\bar{u}_f \gamma^0 u_i|^2 = 4E^2 \left(1 - \beta^2 \sin^2(\theta/2)\right)\,.$$

Der differentielle Wirkungsquerschnitt wird

$$\frac{d\sigma}{d\Omega} = \frac{Z^2 \alpha^2}{4\beta^2 \mathbf{p}^2 \sin^4(\theta/2)} \cdot \left(1 - \beta^2 \sin^2(\theta/2)\right)\,, \qquad (\beta = v/c)\,. \tag{5.11}$$

Dies ist der Wirkungsquerschnitt für die Streuung eines relativistischen Spin-1/2-Teilchens an einem Spin-0-Kern, dessen Masse als sehr groß angenommen wird.

5.3 Elektron-Fermion-Streuung

In diesem Kapitel soll der Wirkungsquerschnitt für die Streuung eines Elektrons (Masse $m_1 = m$) an einem Myon oder Dirac-Proton (Masse $m_2 = M$) ermittelt werden. Die Resultate sind leicht auf die Elektron-Quark-Streuung zu übertragen. Das Target-Teilchen soll der Dirac-Gleichung gehorchen. Das bedeutet, daß es keine Ausdehnung hat und ein normales magnetisches Moment $\mu = e\hbar/2M$ besitzt. Das Feynman-Diagramm der Streuung wird in Abb. 5.2 gezeigt. Das Quadrat des Vierer-Impulsübertrags ist bei

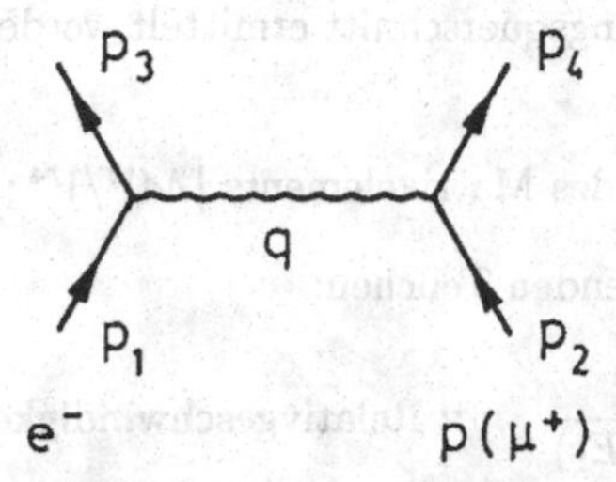

Abb. 5.2. Elektronen-Streuung an einem „Dirac"-Proton oder Myon.

Vernachlässigung der Elektronen-Masse

$$q^2 = (p_1 - p_3)^2 \approx -2p_1p_3 = -4E_1E_3 \sin^2(\theta/2) . \tag{5.12}$$

Das Matrixelement 1. Ordnung ist durch (4.32) gegeben. Nach Ausführung der Integration über den Viererimpuls des virtuellen Photons wird daraus

$$\begin{aligned} S_{fi} &= \mathcal{M} \cdot (2\pi)^4 \, \delta^4(p_3 + p_4 - p_1 - p_2) \\ \mathcal{M} &= -ie^2 \overline{u}(p_3)\gamma_\mu u(p_1) \cdot \frac{1}{q^2} \cdot \overline{u}(p_4)\gamma^\mu u(p_2) . \end{aligned} \tag{5.13}$$

In Kap. 5.1 ist die Streuung von Elektronen an einem ortsfesten Potential (Kern der Ladung Ze am Ort $\mathbf{r} = 0$) berechnet worden, und wir haben gesehen, daß man die δ-Funktion mit Vorsicht behandeln muß. Ebene Wellen für das ein- und auslaufende Elektron dürfen nur dann verwendet werden, wenn man die Wechselwirkung nur für ein endliches Zeitintervall T einschaltet. Jetzt wollen wir die Streuung an bewegten Targetteilchen untersuchen und auch dafür ebene Wellen benutzen. Um eine endliche Übergangs-Wahrscheinlichkeit zu erhalten, muß man zusätzlich annehmen, daß die Wechselwirkung nur in einem endlichen Raumvolumen V_0 wirksam ist. Das ist experimentell natürlich immer erfüllt. In Analogie zu (5.4) wird:

$$|S_{fi}|^2 = |\mathcal{M}|^2 \cdot V_0 \cdot T \cdot (2\pi)^4 \delta^4 (p_3 + p_4 - p_1 - p_2) . \tag{5.14}$$

In den differentiellen Wirkungsquerschnitt geht die Übergangswahrscheinlichkeit pro Zeit- und Raumeinheit ein:

$$d\sigma \propto \frac{|S_{fi}|^2}{V_0 T} = |\mathcal{M}|^2 (2\pi)^4 \, \delta^4(p_3 + p_4 - p_1 - p_2) .$$

5.3.1 Differentieller Wirkungsquerschnitt für Zweikörperreaktionen

In diesem Abschnitt nehmen wir noch einmal explizit das Normierungsvolumen V mit, um zu demonstrieren, daß es sich letztendlich heraushebt. Für den allgemeineren Fall einer Zweikörperreaktion:

$$\begin{array}{ccccccc} a & + & b & \to & c & + & d \\ p_1 & + & p_2 & = & p_3 & + & p_4 \end{array}$$

soll der differentielle Wirkungsquerschnitt ermittelt werden, der von folgenden Größen abhängt:

a) dem Absolutquadrat des Matrixelements $|\mathcal{M}|^2/V^4$;

b) dem Fluß der einlaufenden Teilchen:

$$|\mathbf{j}_{ein}| = \frac{|\mathbf{v}|}{(V/2E_1)}\,, \quad \mathbf{v} \text{ Relativgeschwindigkeit der Teilchen } a, b\,;$$

c) der Zahl der Targetteilchen pro Volumeneinheit:

$$\frac{2E_2}{V} \quad \text{(stationäres Target angenommen)};$$

d) der Zahl der verfügbaren Endzustände des Zweiteilchensystems c, d:

$$\frac{V}{2E_3} \cdot \frac{d^3p_3}{(2\pi)^3} \cdot \frac{V}{2E_4} \cdot \frac{d^3p_4}{(2\pi)^3}\,;$$

e) der Deltafunktion, die die Energie- und Impulserhaltung sicherstellt:

$$(2\pi)^4\, \delta^4(p_3 + p_4 - p_1 - p_2)\,.$$

Das Produkt der Faktoren b), c) kann man als lorentzinvarianten Flußfaktor schreiben

$$|\mathbf{v}|\frac{4E_1E_2}{V^2} = \frac{4}{V^2}\left((p_1 \cdot p_2)^2 - m_1^2 m_2^2\right)^{1/2}\,. \tag{5.15}$$

Beweis: Da die rechte Seite relativistisch invariant ist, genügt es zu zeigen, daß Gleichung (5.15) in einem geeigneten Koordinatensystem gültig ist. Wir wählen dafür das „Laborsystem", in dem das Targetteilchen b ruht:

$$\begin{aligned} p_1 = (E_1, \mathbf{p}_1)\,, \quad p_2 = (m_2, 0) \quad &\Rightarrow \quad p_1 \cdot p_2 = E_1 m_2\,, \\ \left((p_1 p_2)^2 - m_1^2 m_2^2\right)^{1/2} &= \left(E_1^2 - m_1^2\right)^{1/2} m_2 = |\mathbf{v}_1| E_1 E_2\,. \end{aligned}$$

Da im Laborsystem die Relativgeschwindigkeit $\mathbf{v}$ mit der Geschwindigkeit $\mathbf{v}_1$ des Geschoßteilchens übereinstimmt, ist der Beweis von (5.15) erbracht.

Aus den Größen d) und e) kann man einen lorentzinvarianten Phasenraumfaktor (Lorentz invariant phase space) bilden

$$dLips(s;p_3,p_4) = (2\pi)^4\,\delta^4(p_3+p_4-p_1-p_2)\cdot\frac{d^3p_3}{(2\pi)^3\,2E_3}\cdot\frac{d^3p_4}{(2\pi)^3\,2E_4}\,. \tag{5.16}$$

Wir wollen jetzt den differentiellen Wirkungsquerschnitt im Schwerpunktsystem (CMS = center of mass system) auswerten. Dafür stellen wir zunächst einige kinematische Beziehungen zusammen. Die Viererimpulse sind

$$p_1 = (E_1,\mathbf{p})\,,\quad p_2 = (E_2,-\mathbf{p})\,,\quad p_3 = (E_3,\mathbf{p}')\,,\quad p_4 = (E_4,-\mathbf{p}')\,.$$

Damit werden die relativistischen Invarianten $s \equiv W^2$ (Quadrat der Gesamtenergie im CMS) und q^2 (Quadrat des Viererimpuls-Übertrags) gebildet

$$s = (p_1+p_2)^2 = (p_3+p_4)^2\,,$$
$$q^2 = (p_1-p_3)^2 = (p_2-p_4)^2 = m_1^2+m_3^2-2E_1E_3+2pp'\cos\theta\,.$$

Die Teilchen-Impulse im CMS vor und nach der Reaktion sowie die Energien der einlaufenden Teilchen berechnen sich wie folgt

$$\begin{aligned}|\mathbf{p}| = p &= \left[(W^2-m_1^2-m_2^2)^2-4m_1^2m_2^2\right]^{1/2}/(2W)\,,\\ |\mathbf{p}'| = p' &= \left[(W^2-m_3^2-m_4^2)^2-4m_3^2m_4^2\right]^{1/2}/(2W)\,.\end{aligned} \tag{5.17}$$

$$E_1 = (W^2+m_1^2-m_2^2)/(2W)\,,\quad E_2 = (W^2+m_2^2-m_1^2)/(2W)\,. \tag{5.18}$$

Unter Benutzung von (5.17) und (5.18) nimmt der invariante Flußfaktor im CMS eine einfache Gestalt an

$$\frac{4}{V^2}\left((p_1\cdot p_2)^2-m_1^2m_2^2\right)^{1/2} = \frac{4}{V^2}\cdot W\cdot p\,.$$

Der differentielle Wirkungsquerschnitt wird damit

$$d\sigma = \frac{1}{4Wp}\cdot|\mathcal{M}|^2\cdot dLips(s;p_3,p_4)\,. \tag{5.19}$$

Das Normierungsvolumen tritt in diesem Ausdruck nicht mehr auf, da es sich offensichtlich herauskürzt. An sich ist (5.19) ein vielfach differentieller Wirkungsquerschnitt, es ist aber Konvention, dafür einfach $d\sigma$ zu schreiben. Gleichung (5.19) muß über alle nicht beobachteten Größen integriert werden. Die Deltafunktion erlaubt zunächst eine Integration über den räumlichen Anteil des Impulses p_4.

$$\int d^3p_4\delta^3(\mathbf{p}_3+\mathbf{p}_4-\mathbf{p}_1-\mathbf{p}_2)\frac{\delta(E_3+E_4-E_1-E_2)}{E_4} = \frac{\delta(E_3+E_4-E_1-E_2)}{E_4}\,,$$

wobei rechts jetzt für die Energien folgende Werte einzusetzen sind

$$E_3 = \sqrt{\mathbf{p}'^2+m_3^2}\,,\quad E_4 = \sqrt{\mathbf{p}'^2+m_4^2}\,.$$

Aus diesen Gleichungen folgt sofort $E_3dE_3 = E_4dE_4$. Wir definieren $W' = E_3+E_4$ und ersetzen dE_3 durch $dE_3 = (E_4/W')dW'$:

$$d^3p_3 = p'^2dp'd\Omega = p'E_3dE_3d\Omega\,;\quad \frac{d^3p_3}{E_3} = p'dE_3d\Omega = p'E_4\frac{dW'}{W'}d\Omega\,.$$

$$d\sigma = \int \frac{1}{4Wp} \cdot |\mathcal{M}|^2 (2\pi)^4 \cdot \delta(W - W') \cdot \frac{1}{4(2\pi)^6} \cdot \frac{p'}{W'} dW' d\Omega \,.$$

Nach Integration über W' erhalten wir schließlich für den differentiellen Wirkungsquerschnitt der Zweikörperreaktion $a + b \to c + d$ im CMS

$$\boxed{\frac{d\sigma}{d\Omega} = \frac{1}{(8\pi)^2 W^2} \cdot \frac{p'}{p} \cdot |\mathcal{M}|^2 .} \tag{5.20}$$

Man kann hieraus leicht den im Viererimpulsübertrags-Quadrat $Q^2 = -q^2$ differentiellen Wirkungsquerschnitt ermitteln

$$dQ^2 \equiv -dq^2 = 2pp' d(-\cos\theta) = \frac{pp'}{\pi} d\Omega \,,$$

$$\boxed{\frac{d\sigma}{dQ^2} = \frac{1}{64\pi p^2 W^2} \cdot |\mathcal{M}|^2 .} \tag{5.21}$$

5.3.2 Wirkungsquerschnitt für unpolarisierte Teilchen

Bei unpolarisierten Elektronen und Myonen (Protonen) und Nichtbeobachtung der Spinausrichtung im Endzustand muß man über die Spineinstellungen im Anfangszustand mitteln und über die Spineinstellungen im Endzustand summieren. Zu diesem Zweck führen wir das *spingemittelte Absolutquadrat* des Matrixelements ein

$$\overline{|\mathcal{M}|^2} \equiv \frac{1}{4} \sum_{s_1,\, s_2} \sum_{s_3,\, s_4} |\mathcal{M}|^2 = \left(\frac{e^2}{q^2}\right)^2 L_{\mu\nu} M^{\mu\nu} \,. \tag{5.22}$$

Dabei ist $L_{\mu\nu}$ der *Lepton-Tensor* des Elektrons, definiert durch:

$$L_{\mu\nu} = \frac{1}{2} \sum_{s_1,\, s_3} \overline{u}(p_3) \gamma_\mu u(p_1) \overline{u}(p_1) \gamma_\nu u(p_3) \,. \tag{5.23}$$

Der Lepton-Tensor des Myons $M^{\mu\nu}$ sieht entsprechend aus. Mit ähnlichen Methoden wie in Kap. 5.1 kann man den Lepton-Tensor auf die Spur einer Matrix zurückführen:

$$L_{\mu\nu} = \frac{1}{2} \mathrm{Spur}\left(\gamma_\mu (\not{p}_1 + m) \gamma_\nu (\not{p}_3 + m)\right) = 2\left[p_{1\mu} p_{3\nu} + p_{1\nu} p_{3\mu} - (p_1 \cdot p_3) g_{\mu\nu}\right] + 2m^2 g_{\mu\nu} \,.$$

Wegen $q^2 = (p_1 - p_3)^2 = 2m^2 - 2(p_1 p_3)$ ergibt sich:

$$L_{\mu\nu} = 2\left[p_{1\mu} p_{3\nu} + p_{1\nu} p_{3\mu} + \frac{q^2}{2} g_{\mu\nu}\right] .$$

Für den Myon-Tensor erhalten wir entsprechend

$$M^{\mu\nu} = 2\left[p_2^\mu p_4^\nu + p_2^\nu p_4^\mu + \frac{q^2}{2} g^{\mu\nu}\right] .$$

Das Produkt der Tensoren ist

$$L_{\mu\nu} M^{\mu\nu} = 4\left[2(p_1 \cdot p_2)(p_3 \cdot p_4) + 2(p_1 \cdot p_4)(p_2 \cdot p_3) + q^2(q^2 + (p_1 \cdot p_3) + (p_2 \cdot p_4))\right] . \tag{5.24}$$

Dieser Ausdruck wird unter Benutzung der relativistischen Invarianten $s = W^2$ und $Q^2 = |q^2|$ umgeformt. Bei Vernachlässigung der Elektronenmasse gilt

$$(p_1 + p_2)^2 = 2p_1p_2 + M^2 = s \quad \Rightarrow \quad 2p_1p_2 = \tilde{s} \equiv s - M^2 = 2E_{lab}M \,. \tag{5.25}$$

In entsprechender Weise findet man

$$\begin{aligned} 2p_3p_4 &= \tilde{s}\,, \\ 2p_1p_3 = Q^2\,, \quad 2p_2p_4 &= Q^2 + 2M^2\,, \\ 2p_1p_4 = 2p_2p_3 &= \tilde{s} - Q^2\,. \end{aligned} \tag{5.26}$$

Setzt man dies in (5.24) ein, so folgt

$$L_{\mu\nu}M^{\mu\nu} = 4\tilde{s}^2\left[1 - \frac{Q^2}{\tilde{s}}\left(1 + \frac{M^2}{\tilde{s}}\right) + \frac{1}{2}\left(\frac{Q^2}{\tilde{s}}\right)^2\right]. \tag{5.27}$$

Der im Impulsübertragsquadrat differentielle Wirkungsquerschnitt wird mit Hilfe von (5.21) berechnet. Der Impuls p des einlaufenden Elektrons im Schwerpunktsystem berechnet sich bei Vernachlässigung der Elektronen-Masse aus (5.17) zu

$$p = (s - M^2)/(2W)\,, \quad 4W^2p^2 = (s - M^2)^2 = \tilde{s}^2\,.$$

Damit wird der Wirkungsquerschnitt für die Streuung von Elektronen an punktförmigen Fermionen der Ladung $q = \pm e$

$$\boxed{\frac{d\sigma}{dQ^2} = \frac{4\pi\alpha^2}{(Q^2)^2}\left[1 - \frac{Q^2}{\tilde{s}}\left(1 + \frac{M^2}{\tilde{s}}\right) + \frac{1}{2}\left(\frac{Q^2}{\tilde{s}}\right)^2\right]}\,. \tag{5.28}$$

Für die spätere Anwendung auf die Elektron-Proton-Streuung soll dieser Ausdruck auf die Variablen im Labor-System umgeschrieben werden. Wir benennen die Labor-Energien des einlaufenden und des gestreuten Elektrons mit E und E' und seinen Streuwinkel mit θ. Dann gelten die folgenden kinematischen Beziehungen

$$\begin{aligned} s = 2M \cdot E + M^2\,, \quad \tilde{s} &= 2M \cdot E\,, \\ Q^2 = 2M(E - E') &= 2EE'(1 - \cos\theta)\,, \\ \frac{E}{E'} &= \left(1 + \frac{2E}{M}\sin^2\frac{\theta}{2}\right). \end{aligned} \tag{5.29}$$

Unter Benutzung der beiden ersten Relationen kann man sich davon überzeugen, daß die eckige Klammer in (5.28) in folgender Form geschrieben werden kann

$$[\;] = \frac{E'}{E}\cos^2\frac{\theta}{2}\left(1 + \frac{Q^2}{2M^2}\tan^2\frac{\theta}{2}\right).$$

Damit wird

$$\frac{d\sigma}{dQ^2} = \frac{4\pi\alpha^2}{(Q^2)^2}\frac{E'}{E}\cos^2\frac{\theta}{2}\left(1 + \frac{Q^2}{2M^2}\tan^2\frac{\theta}{2}\right). \tag{5.30}$$

Häufig interessiert auch der im Raumwinkel differentielle Wirkungsquerschnitt im Laborsystem. Um dahin zu gelangen, muß man den Zusammenhang (5.29) zwischen dem Viererimpuls-Übertrag und dem Streuwinkel ausnutzen. Dabei ist zu bedenken, daß die Sekundärenergie E' vom Winkel abhängt. Aus $Q^2 = 2M(E - E')$ folgt $dQ^2 = -2MdE'$. Weiterhin ergibt sich aus $2M(E - E') = 2EE'(1 - \cos\theta)$ die Beziehung

$$(1 - \cos\theta) = \frac{M}{E'} - \frac{M}{E} \quad \Rightarrow \quad d\cos\theta = \frac{M}{E'^2} dE' .$$

Kombiniert man beide Relationen, so erhält man die wichtige Transformationsformel

$$d\Omega = 2\pi d(-\cos\theta) = \frac{\pi}{E'^2} dQ^2 . \tag{5.31}$$

Der differentielle Wirkungsquerschnitt für die Streuung eines Elektrons an einem Dirac-Proton wird schließlich

$$\frac{d\sigma}{d\Omega} = \left(\frac{d\sigma}{d\Omega}\right)_{Mott} \left(1 + \frac{Q^2}{2M^2} \tan^2\frac{\theta}{2}\right) . \tag{5.32}$$

Der Mott-Wirkungsquerschnitt beschreibt die Elektronen-Streuung an einem Atomkern mit Spin 0.

$$\left(\frac{d\sigma}{d\Omega}\right)_{Mott} = \frac{\alpha^2 \cos^2(\theta/2)}{4E^2 \sin^4(\theta/2) \left(1 + \frac{2E}{M} \sin^2(\theta/2)\right)} . \tag{5.33}$$

5.4 Myon-Paarerzeugung

Wir betrachten die in Abb. 5.3 gezeigte Reaktion $e^- + e^+ \to \mu^- + \mu^+$. Der Viererimpuls des virtuellen Photons ist $q = p_1 + p_2$. Das einlaufende Positron mit Energie $E_2 > 0$ und Viererimpuls $p_2 = (E_2, \mathbf{p}_2)$ wird als rückwärts laufendes Elektron negativer Energie mit Viererimpuls $-p_2 = (-E_2, -\mathbf{p}_2)$ behandelt. Es ist im Feynman-Diagramm ein auslaufendes Teilchen negativer Energie, das durch den Spinor $\overline{v}(p_2)$ beschrieben wird. Das auslaufende μ^+ mit Viererimpuls $p_4 = (E_4, \mathbf{p}_4)$ wird als einlaufendes μ^- negativer Energie behandelt und durch den Spinor $v(p_4)$ beschrieben. Daher wird das Matrixelement:

$$\mathcal{M} = ie^2 \cdot \frac{1}{q^2} \cdot \overline{v}(p_2)\gamma_\mu u(p_1)\overline{u}(p_3)\gamma^\mu v(p_4) . \tag{5.34}$$

Spin-Mittelung und -Summation ergibt:

$$\overline{|\mathcal{M}|^2} = \left(\frac{e^2}{q^2}\right)^2 L_{\mu\nu} M^{\mu\nu} .$$

$L_{\mu\nu}$ ist wiederum der Elektron-Tensor, $M^{\mu\nu}$ der Myon-Tensor.

$$L_{\mu\nu} = \frac{1}{2} \sum_{s_1, s_2} \overline{v}(p_2)\gamma_\mu u(p_1)\overline{u}(p_1)\gamma_\nu v(p_2) = \frac{1}{2}\mathrm{Spur}(\gamma_\mu(\not p_1 + m)\gamma_\nu(\not p_2 - m)) .$$

Hierbei wurde benutzt:

$$\sum_{s_2} v(p_2)\overline{v}(p_2) = (\not p_2 - m) .$$

Der Myon-Tensor läßt sich ganz ähnlich darstellen

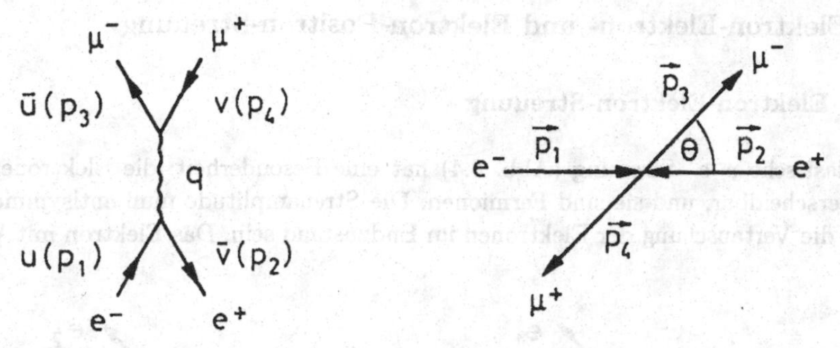

Abb. 5.3. Feynman-Graph und Kinematik der Reaktion $e^- + e^+ \to \mu^- + \mu^+$.

$$M^{\mu\nu} = \frac{1}{2} \sum_{s_3, s_4} \overline{u}(p_3)\gamma^\mu v(p_4)\overline{v}(p_4)\gamma^\nu u(p_3) = \frac{1}{2}\text{Spur}(\gamma^\mu(\not p_4 - M)\gamma^\nu(\not p_3 + M)).$$

Bei hohen Energien können wir die Elektron-Masse m und die Myon-Masse M vernachlässigen und erhalten

$$\begin{aligned} L_{\mu\nu}M^{\mu\nu} &= 4\,[2(p_1 \cdot p_3)(p_2 \cdot p_4) + 2(p_1 \cdot p_4)(p_2 \cdot p_3) \\ &\quad -4(p_1 \cdot p_2)(p_3 \cdot p_4) + 4(p_1 \cdot p_2)(p_3 \cdot p_4)]\,. \end{aligned}$$

Wegen $p_1 + p_2 = p_3 + p_4$ gilt $p_1 \cdot p_3 = p_2 \cdot p_4$ und $p_1 \cdot p_4 = p_2 \cdot p_3$ (alle Massen ≈ 0). An einem e^-e^+-Speicherring ist das Laborsystem identisch mit dem Schwerpunktsystem. Es gilt dann

$$(p_1 \cdot p_3) = E^2(1 - \cos\theta)\,,\ (p_1 \cdot p_4) = E^2(1 + \cos\theta)\,,\ q^2 = (p_1 + p_2)^2 = (2E)^2 = W^2\,.$$

Damit erhält man

$$L_{\mu\nu}M^{\mu\nu} = 8E^4\left[(1 - \cos\theta)^2 + (1 + \cos\theta)^2\right] = W^4(1 + \cos^2\theta), \quad W = 2E = \sqrt{s}\,.$$

$$\overline{|\mathcal{M}|^2} = \left(\frac{e^2}{q^2}\right)^2 L_{\mu\nu}M^{\mu\nu} = (4\pi\alpha)^2(1 + \cos^2\theta)\,.$$

Nach (5.20) wird schließlich:

$$\boxed{\begin{aligned} \frac{d\sigma}{d\Omega}(e^-e^+ \to \mu^-\mu^+) &= \frac{\alpha^2}{4W^2}(1 + \cos^2\theta) \\ \sigma_{\mu\mu} \equiv \sigma(e^-e^+ \to \mu^-\mu^+) &= \int \frac{d\sigma}{d\Omega}d\Omega = \frac{4\pi\alpha^2}{3W^2} \\ \sigma_{\mu\mu} &= \frac{87\text{nbarn}}{W^2\left[\text{GeV}^2\right]}\,. \end{aligned}} \tag{5.35}$$

Die Myon-Paarerzeugung mit polarisierten Leptonen wird in den Übungen behandelt.

5.5 Elektron-Elektron- und Elektron-Positron-Streuung

5.5.1 Elektron-Elektron-Streuung

Die elastische e^-e^--Streuung (Abb. 5.4) hat eine Besonderheit: die Elektronen sind ununterscheidbar, und sie sind Fermionen. Die Streuamplitude muß antisymmetrisch gegen die Vertauschung der Elektronen im Endzustand sein. Das Elektron mit Vierer-

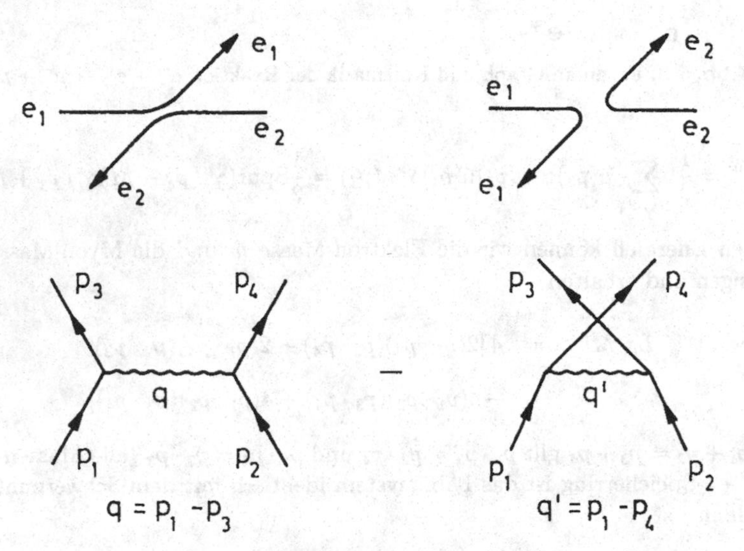

Abb. 5.4. Schema der e^-e^--Streuung und die beiden Feynman-Diagramme.

Impuls p_3 kann identisch mit dem Elektron 1 oder Elektron 2 sein. Demgemäß gibt es zwei Feynman-Diagramme, deren Amplituden wegen der Fermi-Statistik voneinander subtrahiert werden müssen.

$$\mathcal{M} = ie^2 \left[\frac{1}{q^2} \overline{u}(p_3)\gamma_\mu u(p_1)\overline{u}(p_4)\gamma^\mu u(p_2) - \frac{1}{q'^2}\overline{u}(p_4)\gamma_\mu u(p_1)\overline{u}(p_3)\gamma^\mu u(p_2) \right] .$$

Das Matrixelement ist antisymmetrisch gegen die Vertauschung $p_3 \leftrightarrow p_4$.

$$\begin{aligned} |\mathcal{M}|^2 = e^4 \cdot \quad & \left\{ \frac{1}{q^4}\, \overline{u}_3\gamma_\mu u_1 \overline{u}_1 \gamma_\nu u_3 \overline{u}_4 \gamma^\mu u_2 \overline{u}_2 \gamma^\nu u_4 \right. \\ & + \frac{1}{q'^4}\, \overline{u}_4\gamma_\mu u_1 \overline{u}_1 \gamma_\nu u_4 \overline{u}_3 \gamma^\mu u_2 \overline{u}_2 \gamma^\nu u_3 \\ & - \frac{1}{q^2 q'^2}\, [\overline{u}_3\gamma_\mu u_1 \overline{u}_1 \gamma_\nu u_4 \overline{u}_4 \gamma^\mu u_2 \overline{u}_2 \gamma^\nu u_3 \\ & \left. + \; \overline{u}_4\gamma_\mu u_1 \overline{u}_1 \gamma_\nu u_3 \overline{u}_3 \gamma^\mu u_2 \overline{u}_2 \gamma^\nu u_4] \right\} . \end{aligned}$$

$$\overline{|\mathcal{M}|^2} = \frac{e^4}{4} \cdot \left\{ \frac{1}{q^4} \mathrm{Spur}(\gamma_\mu \not{p}_1 \gamma_\nu \not{p}_3) \mathrm{Spur}(\gamma^\mu \not{p}_2 \gamma^\nu \not{p}_4) + \frac{1}{q'^4} \mathrm{Spur}(\gamma_\mu \not{p}_1 \gamma_\nu \not{p}_4) \mathrm{Spur}(\gamma^\mu \not{p}_2 \gamma^\nu \not{p}_3) - \frac{1}{q^2 q'^2} [\mathrm{Spur}(\gamma_\mu \not{p}_1 \gamma_\nu \not{p}_4 \gamma^\mu \not{p}_2 \gamma^\nu \not{p}_3) + \mathrm{Spur}(\gamma_\mu \not{p}_1 \gamma_\nu \not{p}_3 \gamma^\mu \not{p}_2 \gamma^\nu \not{p}_4)] \right\}.$$

Die Elektronenmasse ist hier vernachlässigt worden. Unter Benutzung der Hilfssätze

$$\begin{aligned} \gamma_\nu \not{p}_4 \gamma^\mu \not{p}_2 \gamma^\nu &= -2 \not{p}_2 \gamma^\mu \not{p}_4 , \\ \gamma_\mu \not{p}_1 \not{p}_2 \gamma^\mu &= 4(p_1 \cdot p_2) I \end{aligned}$$

vereinfacht sich der Ausdruck

$$\overline{|\mathcal{M}|^2} = 8e^4 \cdot \left\{ \frac{1}{q^4} [(p_1 \cdot p_2)(p_3 \cdot p_4) + (p_1 \cdot p_4)(p_2 \cdot p_3)] + \frac{1}{q'^4} [(p_1 \cdot p_2)(p_3 \cdot p_4) + (p_1 \cdot p_3)(p_2 \cdot p_4)] + \frac{1}{q^2 q'^2} [2(p_1 \cdot p_2)(p_3 \cdot p_4)] \right\}.$$

Für die Kinematik gilt

$$\begin{aligned} q^2 \approx -2p_1 \cdot p_3 &\approx -W^2 \sin^2(\theta/2) \\ q'^2 \approx -2p_1 \cdot p_4 &\approx -W^2 \cos^2(\theta/2) \\ p_1 \cdot p_2 = p_3 \cdot p_4 &\approx W^2/2 . \end{aligned}$$

Damit wird der differentielle Wirkungsquerschnitt

$$\frac{d\sigma}{d\Omega} = \frac{\alpha^2}{2W^2} \left\{ \frac{1 + \cos^4(\theta/2)}{\sin^4(\theta/2)} + \frac{1 + \sin^4(\theta/2)}{\cos^4(\theta/2)} + \frac{2}{\sin^2(\theta/2)\cos^2(\theta/2)} \right\} . \qquad (5.36)$$

Er enthält drei Terme. Der erste entspricht dem direkten Graphen, der zweite dem Austauschgraphen und der dritte der Interferenz der beiden Graphen. Der Wirkungsquerschnitt $d\sigma/d\Omega$ für $e^-e^- \to e^-e^-$ ist im CMS invariant gegen die Substitution $\theta \to \pi - \theta$, die einer Vertauschung der beiden Elektronen im Endzustand entspricht.

5.5.2 Elektron-Positron-Streuung

Bei der *Bhabha-Streuung* $e^-e^+ \to e^-e^+$ gibt es auch zwei Graphen: einen Streugraphen und einen Annihilationsgraphen (Abb. 5.5).

$$\mathcal{M} = -ie^2 \left[\frac{1}{q^2} \overline{u}(p_3)\gamma_\mu u(p_1) \overline{v}(p_2) \gamma^\mu v(p_4) - \frac{1}{q'^2} \overline{v}(p_2) \gamma_\mu u(p_1) \overline{u}(p_3) \gamma^\mu v(p_4) \right] .$$

Das Matrixelement $\mathcal{M}$ ist antisymmetrisch gegen die Vertauschung der beiden „auslaufenden Elektronen“:

$$p_3 \leftrightarrow (-p_2) , \quad \overline{u}(p_3) \leftrightarrow \overline{v}(p_2) , \quad q = (p_1 - p_3) \leftrightarrow q' = (p_1 + p_2) .$$

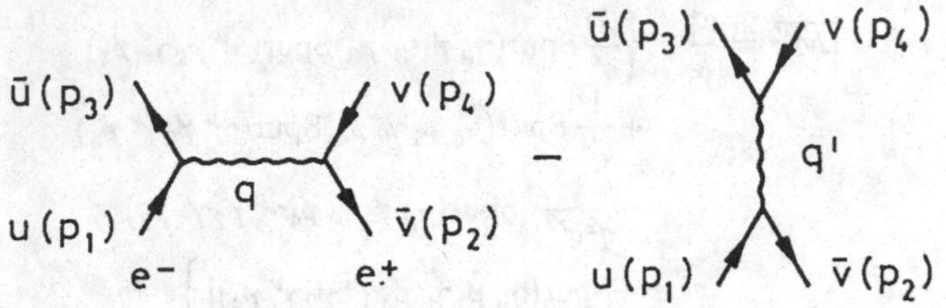

Abb. 5.5. Streu- und Annihilationsgraph der Reaktion $e^-e^+ \to e^-e^+$.

$$
\begin{aligned}
|\mathcal{M}|^2 = e^4 \quad & \Big\{ \frac{1}{q^4} \overline{u}(p_3)\gamma_\mu u(p_1)\overline{u}(p_1)\gamma_\nu u(p_3)\overline{v}(p_2)\gamma^\mu v(p_4)\overline{v}(p_4)\gamma^\nu v(p_2) \\
& + \frac{1}{q'^4} \overline{v}(p_2)\gamma_\mu u(p_1)\overline{u}(p_1)\gamma_\nu v(p_2)\overline{u}(p_3)\gamma^\mu v(p_4)\overline{v}(p_4)\gamma^\nu u(p_3) \\
& - \frac{1}{q^2 q'^2} \left[\overline{u}(p_3)\gamma_\mu u(p_1)\overline{u}(p_1)\gamma_\nu v(p_2)\overline{v}(p_2)\gamma^\mu v(p_4)\overline{v}(p_4)\gamma^\nu u(p_3) \right. \\
& \left. + \overline{v}(p_2)\gamma_\mu u(p_1)\overline{u}(p_1)\gamma_\nu u(p_3)\overline{u}(p_3)\gamma^\mu v(p_4)\overline{v}(p_4)\gamma^\nu v(p_2) \right] \Big\} .
\end{aligned}
$$

Nach der Mittelung über die Spineinstellungen im Anfangszustand und Summation über die Spineinstellungen im Endzustand ergibt sich

$$
\begin{aligned}
\overline{|\mathcal{M}|^2} &= 8e^4 \quad \Big\{ \frac{1}{q^4} \left[(p_1 \cdot p_2)(p_3 \cdot p_4) + (p_1 \cdot p_4)(p_2 \cdot p_3) \right] \\
&\qquad + \frac{1}{q'^4} \left[(p_1 \cdot p_4)(p_2 \cdot p_3) + (p_1 \cdot p_3)(p_2 \cdot p_4) \right] \\
&\qquad + \frac{1}{q^2 q'^2} \left[2(p_1 \cdot p_4)(p_2 \cdot p_3) \right] \Big\} \\
&= 2e^4 \quad \left\{ \frac{1 + \cos^4(\theta/2)}{\sin^4(\theta/2)} + \frac{1 + \cos^2\theta}{2} - \frac{2\cos^4(\theta/2)}{\sin^2(\theta/2)} \right\} .
\end{aligned}
$$

Der Wirkungsquerschnitt für $e^-e^+ \to e^-e^+$ lautet im Schwerpunktsystem:

$$
\frac{d\sigma}{d\Omega} = \frac{\alpha^2}{2W^2} \left\{ \frac{1 + \cos^4(\theta/2)}{\sin^4(\theta/2)} + \frac{1 + \cos^2\theta}{2} - \frac{2\cos^4(\theta/2)}{\sin^2(\theta/2)} \right\} . \tag{5.37}
$$

Auch in diesem Fall enthält der Wirkungsquerschnitt drei Terme, die vom Streugraphen, vom Annihilationsgraphen und der Interferenz der beiden kommen.

5.6 Teilchen-Antiteilchen-Symmetrie

Die Matrixelemente haben eine Symmetrie gegen eine Teilchen-Antiteilchen-Vertauschung, die man auch oft „Crossing"-Symmetrie nennt. Um dies zu zeigen, vergleichen wir eine Streuung mit einer Vernichtungsreaktion (siehe Abb. 5.6). Die zugehörigen Matrixelemente sind

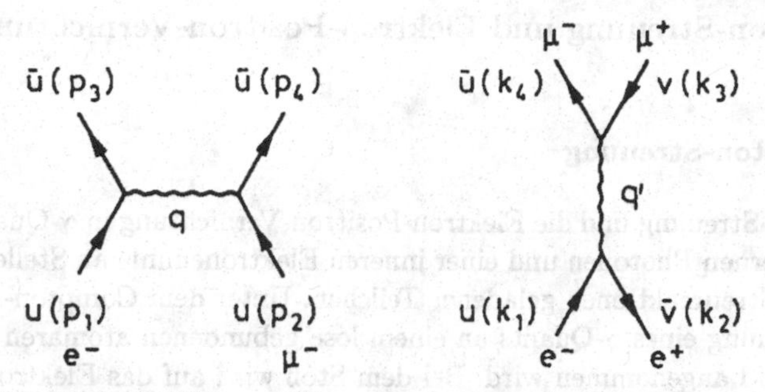

Abb. 5.6. Vergleich der Elektron-Myon-Streuung mit der Reaktion $e^- e^+ \to \mu^- \mu^+$.

$$\mathcal{M} \sim \frac{1}{q^2}\overline{u}(p_3)\gamma_\mu u(p_1)\overline{u}(p_4)\gamma^\mu u(p_2)\,, \qquad \mathcal{M}' \sim \frac{1}{q'^2}\overline{v}(k_2)\gamma_\mu u(k_1)\overline{u}(k_4)\gamma^\mu v(k_3)\,.$$

Die folgenden Substitutionen führen $\mathcal{M}$ in $\mathcal{M}'$ über:

$$\begin{aligned} p_1 &\to k_1\,, & p_4 &\to k_4\,, \\ p_2 &\to -k_3\,, & u(p_2) &\to v(k_3)\,, \\ p_3 &\to -k_2\,, & \overline{u}(p_3) &\to \overline{v}(k_2)\,, \\ q = p_1 - p_3 &\to q' = k_1 + k_2\,. \end{aligned} \tag{5.38}$$

Jetzt betrachten wir die spingemittelten Absolutquadrate der beiden Matrixelemente:

$$\begin{aligned} \overline{|\mathcal{M}|^2} &= e^4 \cdot \frac{1}{q^4} \cdot 8\left[(p_1p_2)(p_3p_4) + (p_1p_4)(p_2p_3)\right]\,, \\ \overline{|\mathcal{M}'|^2} &= e^4 \cdot \frac{1}{q'^4} \cdot 8\left[(k_1k_3)(k_2k_4) + (k_1k_4)(k_2k_3)\right]\,. \end{aligned}$$

Auch diese Größen werden durch die Substitutionen (5.38) ineinander überführt (dies gilt, weil wir die Massen vernachlässigt haben). Man erhält aus der Streureaktion

$$e^- + \mu^- \to e^- + \mu^-$$

die Vernichtungsreaktion

$$e^- + e^+ \to \mu^- + \mu^+\,,$$

indem man das e^- von der rechten Seite als e^+ auf die linke Seite und das μ^- von der linken als μ^+ auf die rechte Seite bringt. Das Matrixelement $\mathcal{M}$ geht dabei in das neue Matrixelement $\mathcal{M}'$ über, sofern man die mit dieser Teilchen-Antiteilchen-Vertauschung verknüpften Substitutionen (5.38) vornimmt. Ganz im Sinn der Stückelberg-Feynman-Interpretation entspricht demnach ein auslaufendes Teilchen einem einlaufenden Antiteilchen und ein einlaufendes Teilchen einem auslaufenden Antiteilchen. Unter Ausnutzung der Crossing-Symmetrie braucht man daher nur das spingemittelte Matrixelement für einen der beiden Prozesse zu berechnen.

5.7 Compton-Streuung und Elektron-Positron-Vernichtung in γ-Quanten

5.7.1 Compton-Streuung

Die Compton-Streuung und die Elektron-Positron-Vernichtung in γ-Quanten sind Prozesse mit externen Photonen und einer inneren Elektronenlinie an Stelle des virtuellen Photons bei Streureaktionen geladener Teilchen. Unter dem Compton-Effekt versteht man die Streuung eines γ-Quants an einem lose gebundenen atomaren Elektron, welches als ruhend angenommen wird. Bei dem Stoß wird auf das Elektron eine Energie übertragen, so daß das Photon seine Wellenlänge ändert, siehe Abb. 5.7. Die Wellenlängenänderung ist in Abhängigkeit vom Streuwinkel gegeben durch

$$\Delta\lambda = \lambda' - \lambda = \frac{2\pi\hbar}{mc}(1-\cos\theta) \qquad (m = m_e),$$

und die Energie des gestreuten Quants ist

$$k_0' = \frac{k_0}{1 + \dfrac{k_0}{mc^2}(1-\cos\theta)} \quad .$$

Für die Compton-Streuung gibt es zwei Feynman-Diagramme: das Elektron kann zuerst ein Photon der Energie k_0 und Polarisation $\boldsymbol{\varepsilon}$ absorbieren und danach ein Photon der Energie k_0' und Polarisation $\boldsymbol{\varepsilon}'$ emittieren oder umgekehrt. Die Diagramme sind

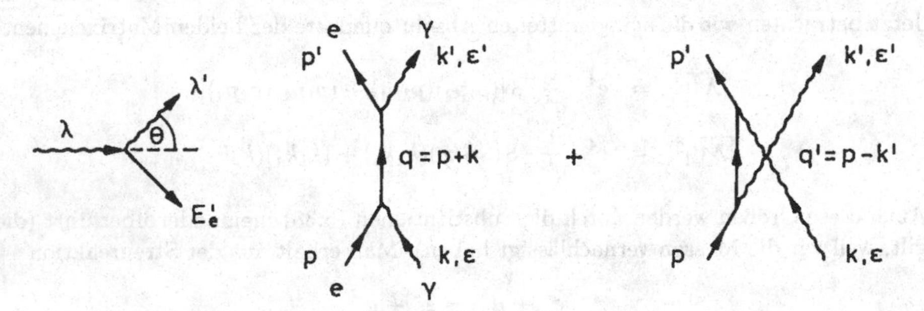

Abb. 5.7. Kinematik und Feynman-Diagramme für Compton-Streuung.

zu addieren, da sie durch Vertauschen der beiden Photonen ineinander übergehen und Photonen Bose-Teilchen sind.

Ein einlaufendes Photon mit Viererimpuls $k_\mu = (k_0, \mathbf{k})$ beschreiben wir durch ein elektromagnetisches Viererpotential

$$A_\mu(x) = \varepsilon_\mu \exp(-ikx)\,. \tag{5.39}$$

Dabei ist $\varepsilon^\mu = (\varepsilon_0, \boldsymbol{\varepsilon})$ der Polarisationsvektor. Durch eine geeignete Eichtransformation kann man erreichen, daß $\varepsilon_0 = 0$ ist (vgl. Kap. 9). Aus der Transversalität elektromagnetischer Wellen folgt dann

$$\varepsilon_\mu k^\mu = -\boldsymbol{\varepsilon}\cdot\mathbf{k} = 0\,. \tag{5.40}$$

Man nennt dies die Coulomb-Eichung. Weiterhin gilt $\varepsilon_\mu\varepsilon^\mu = -\boldsymbol{\varepsilon}\cdot\boldsymbol{\varepsilon} = -1$. Für das auslaufende Photon nehmen wir das konjugiert komplexe Viererpotential

$$A'^*_\mu(x) = \varepsilon'^*_\mu \exp(+ik'x)\,.$$

Im folgenden setzen wir lineare Polarisation der Photonen voraus, dann wird ε' reell. Zur Berechnung des Matrixelements muß man die Formel (4.23) verwenden, die einen Prozeß zweiter Ordnung mit einer inneren Elektron-Linie beschreibt.

$$\begin{aligned} S_{fi} &= -ie^2\int\int d^4x'd^4x''\,\overline{\phi}_f(x'')\,\{\not{A}'^*(x'')K(x''-x')\,\not{A}(x') \\ &\quad + \not{A}(x'')K(x''-x')\,\not{A}'^*(x')\}\,\phi_i(x')\,. \end{aligned}$$

Hierbei sind beide Diagramme berücksichtigt worden. Für das ein- und auslaufende Elektron setzen wir ebene Wellen ein und für $K(x''-x')$ die Fourier-Darstellung.

$$\phi_i(x') = u(p)\exp(-ipx') \quad , \quad \overline{\phi}_f(x'') = \overline{u}(p')\exp(ip'x'')\,,$$
$$K(x''-x') = \int\frac{d^4q}{(2\pi)^4}\cdot\frac{\not{q}+m}{q^2-m^2}\cdot\exp(-iq(x''-x'))\,.$$

Wenn man die Integrale über x', x'' und über q ausführt, ergibt sich:

$$\begin{aligned} S_{fi} &= -ie^2\cdot(2\pi)^4\delta^4(p'+k'-p-k) \\ &\quad \cdot\overline{u}(p')\left[\not{\varepsilon}'\frac{(\not{k}+\not{p})+m}{(k+p)^2-m^2}\,\not{\varepsilon}+\not{\varepsilon}\frac{(\not{p}-\not{k}')+m}{(p-k')^2-m^2}\,\not{\varepsilon}'\right]u(p)\,. \end{aligned} \tag{5.41}$$

Nun ist $p^\mu = (m, 0)$, da das Elektron am Anfang ruht. Wegen $\varepsilon^\mu = (0, \boldsymbol{\varepsilon})$, $\varepsilon'^\mu = (0, \boldsymbol{\varepsilon}')$ gilt:

$$p_\mu\varepsilon^\mu = p_\mu\varepsilon'^\mu = 0 \qquad\Rightarrow\qquad \not{p}\not{\varepsilon} = -\not{\varepsilon}\not{p}\,,\quad \not{p}\not{\varepsilon}' = -\not{\varepsilon}'\not{p}\,.$$

Die gleiche Beziehung gilt auch bei einer anderen wichtigen Anwendung des Compton-Effekts, nämlich bei der Rückwärtsstreuung polarisierter Laser-Photonen durch Elektronen hoher Energie, mit deren Hilfe am SLAC monochromatische und linear polarisierte Gamma-Strahlung erzeugt wurde (Aufgabe 5.8). Aufgrund dieser Beziehung kann man im Ausdruck (5.41) die Größe $\not{p}$ ganz nach rechts bewegen und dann mit Hilfe der Dirac-Gleichung $(\not{p}-m)u(p) = 0$ die Terme mit $\not{p}$ und m eliminieren. Dadurch vereinfacht sich das Matrixelement:

$$\mathcal{M} = +ie^2\overline{u}(p')\left[\frac{\not{\varepsilon}'\not{\varepsilon}\not{k}}{2(kp)}+\frac{\not{\varepsilon}\not{\varepsilon}'\not{k}'}{2(k'p)}\right]u(p)\,.$$

Bei unpolarisierten Elektronen muß man über die Elektronen-Spineinstellungen am Anfang mitteln und am Ende summieren.

$$\overline{|\mathcal{M}|^2} = \frac{e^4}{8}\cdot\mathrm{Spur}\left[(\not{p}'+m)\left(\frac{\not{\varepsilon}'\not{\varepsilon}\not{k}}{(kp)}+\frac{\not{\varepsilon}\not{\varepsilon}'\not{k}'}{(k'p)}\right)(\not{p}+m)\left(\frac{\not{k}\not{\varepsilon}\not{\varepsilon}'}{kp}+\frac{\not{k}'\not{\varepsilon}'\not{\varepsilon}}{k'p}\right)\right]\,.$$

Folgende vier Spuren sind auszuwerten (vgl. Bjorken, Drell (1964)):

$$S_1 = \mathrm{Spur}\left[(\not{p}' + m)\, \not{\varepsilon}'\, \not{\varepsilon}\, \not{k}(\not{p} + m)\, \not{k}\, \not{\varepsilon}\, \not{\varepsilon}'\right] .$$

Der Term $\sim m^2$ verschwindet wegen $\not{k}\,\not{k} = k^2 = 0$, der in m lineare Term ist 0, da eine ungerade Zahl von γ-Matrizen vorliegt.

$$\begin{aligned} S_1 &= \mathrm{Spur}(\not{p}'\, \not{\varepsilon}'\, \not{\varepsilon}\, \not{k}\, \not{p}\, \not{k}\, \not{\varepsilon}\, \not{\varepsilon}') = \mathrm{Spur}(\not{p}'\, \not{\varepsilon}'\, \not{\varepsilon}\, \not{k}(-\not{k}\, \not{p} + 2kp)\, \not{\varepsilon}\, \not{\varepsilon}') \\ &= 2(kp)\mathrm{Spur}\left[\not{p}'\, \not{\varepsilon}'\, \not{\varepsilon}\, \not{k}\, \not{\varepsilon}\, \not{\varepsilon}'\right] = 2(kp)\mathrm{Spur}\left[(\not{p}'\, \not{\varepsilon}'\, \not{k}\, \not{\varepsilon}'\right] \\ &= 8(kp)\left[2(k\varepsilon')(p'\varepsilon') + (kp')\right] . \end{aligned}$$

Aus der Energie- und Impulserhaltung $k + p = k' + p'$ folgt

$$k'p = kp' \quad \text{und} \quad \varepsilon'p' = \varepsilon'k ,$$

und deswegen gilt

$$S_1 = 8(kp)\left[2(k\varepsilon')^2 + (k'p)\right] .$$

Für die zweite Spur erhält man:

$$S_2 = \mathrm{Spur}\left[(\not{p}' + m)\, \not{\varepsilon}\, \not{\varepsilon}'\, \not{k}'(\not{p} + m)\, \not{k}'\, \not{\varepsilon}'\, \not{\varepsilon}\right] .$$

Sie geht aus S_1 durch die Ersetzungen $(\varepsilon, k) \leftrightarrow (\varepsilon', -k')$ hervor, so daß

$$S_2 = 8(k'p)\left[(kp) - 2(k'\varepsilon)^2\right]$$

wird. Weiterhin gibt es die Spur:

$$\begin{aligned} S_3 &= \mathrm{Spur}\left[(\not{p}' + m)\, \not{\varepsilon}'\, \not{\varepsilon}\, \not{k}(\not{p} + m)\, \not{k}'\, \not{\varepsilon}'\, \not{\varepsilon}\right] \\ &= \mathrm{Spur}\left[(\not{p} + m)\, \not{\varepsilon}'\, \not{\varepsilon}\, \not{k}(\not{p} + m)\, \not{k}'\, \not{\varepsilon}'\, \not{\varepsilon}\right] + \mathrm{Spur}\left[(\not{k} - \not{k}')\, \not{\varepsilon}'\, \not{\varepsilon}\, \not{k}\, \not{p}\, \not{k}'\, \not{\varepsilon}'\, \not{\varepsilon}\right] \\ &= \mathrm{Spur}\left[(\not{p} + m)\, \not{k}(\not{p} + m)\, \not{k}'\, \not{\varepsilon}'\, \not{\varepsilon}\, \not{\varepsilon}'\, \not{\varepsilon}\right] - 2(k'\varepsilon)\mathrm{Spur}[\underbrace{(\not{\varepsilon}'\, \not{\varepsilon}'}_{-1}\, \not{\varepsilon}\, \not{k}\, \not{p}\, \not{k}'] \\ &\quad + 2(k\varepsilon')\mathrm{Spur}[\underbrace{(\not{\varepsilon}\, \not{\varepsilon}}_{-1}\, \not{k}\, \not{p}\, \not{k}'\, \not{\varepsilon}'] , \end{aligned}$$

$$\begin{aligned} S_3 &= 2(kp)\mathrm{Spur}\left[(\not{p}\, \not{k}'\, \not{\varepsilon}'\, \not{\varepsilon}\, \not{\varepsilon}'\, \not{\varepsilon}\right] - 8(k\varepsilon')^2(k'p) + 8(k'\varepsilon)^2(kp) \\ &= 8(kp)(k'p)\left[2(\varepsilon'\varepsilon)^2 - 1\right] - 8(k\varepsilon')^2(k'p) + 8(k'\varepsilon)^2(kp) . \end{aligned}$$

Die letzte Spur ist

$$S_4 = \mathrm{Spur}\left[(\not{p}' + m)\, \not{\varepsilon}\, \not{\varepsilon}'\, \not{k}'(\not{p} + m)\, \not{k}\, \not{\varepsilon}\, \not{\varepsilon}'\right] .$$

Es gilt $S_4 = S_3$. Wenn alle Terme eingesetzt werden, erhält man:

$$\overline{|\mathcal{M}|^2} = e^4 \cdot \left\{ \frac{(k'p)}{(kp)} + \frac{(kp)}{(k'p)} + 4(\varepsilon\varepsilon')^2 - 2 \right\} . \tag{5.42}$$

Für den differentiellen Wirkungsquerschnitt im Laborsystem berechnet man schließlich unter Benutzung der Formeln (5.21) und (5.31)

$$\frac{d\sigma}{d\Omega} = \frac{\alpha^2}{4m^2} \left(\frac{k_0'}{k_0}\right)^2 \left[\frac{k_0'}{k_0} + \frac{k_0}{k_0'} + 4(\varepsilon'\varepsilon)^2 - 2\right] . \tag{5.43}$$

Dies ist die Klein-Nishina-Formel.

Der Wirkungsquerschnitt ist zwar über die Einstellungen des Elektronenspins gemittelt bzw. summiert, aber die Photon-Polarisation ist noch explizit enthalten. Für unpolarisierte Photonen im Anfangszustand und bei Nichtbeobachtung der Polarisation der gestreuten Photonen wird

$$\frac{d\sigma}{d\Omega} = \frac{\alpha^2}{2m^2}\left(\frac{k_0'}{k_0}\right)^2\left(\frac{k_0'}{k_0} + \frac{k_0}{k_0'} - \sin^2\theta\right) . \tag{5.44}$$

Für kleine Energien $k_0 \ll mc^2$ und bei Integration über den Raumwinkel ergibt sich daraus der Thomson-Wirkungsquerschnitt

$$\sigma = \frac{8\pi}{3}\cdot\frac{\alpha^2}{m^2} . \tag{5.45}$$

5.7.2 Annihilation in zwei γ-Quanten

Die e^-e^+-Paarvernichtung in zwei γ-Quanten wird durch die Feynman-Diagramme in Abb. 5.8 beschrieben. Wir erhalten das Matrixelement aus (5.41) durch die Substitutionen

$$p \to p_1 , \quad p' \to -p_2 ,$$
$$k \to -k_1 , \quad k' \to k_2 .$$

$$\begin{aligned} S_{fi} &= -ie^2\cdot(2\pi)^4\delta^4(k_1+k_2-p_1-p_2) \\ &\quad \bar{v}(p_2)\left[\not{\epsilon}_2\frac{(\not{p}_1-\not{k}_1)+m}{(p_1-k_1)^2-m^2}\not{\epsilon}_1 + \not{\epsilon}_1\frac{(\not{p}_1-\not{k}_2)+m}{(p_1-k_2)^2-m^2}\not{\epsilon}_2\right]u(p_1) . \end{aligned} \tag{5.46}$$

Die Reaktion $e^-e^+ \to \gamma\gamma$ wird meistens an Speicherringen, also im Schwerpunktsystem

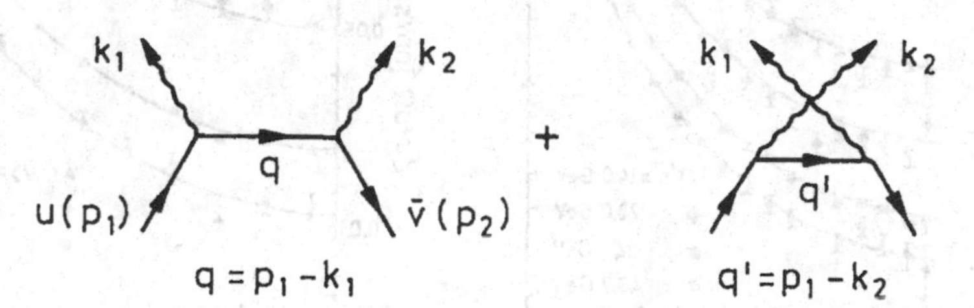

Abb. 5.8. Die Feynman-Diagramme der Reaktion $e^-e^+ \to \gamma\gamma$.

gemessen. Bei Vernachlässigung der Elektronenmasse gilt

$$p_1 = (E,0,0,E) , \qquad p_2 = (E,0,0,-E)$$
$$k_1 = (E,0,E\sin\theta,E\cos\theta) , \quad k_2 = (E,0,-E\sin\theta,-E\cos\theta) .$$

Summiert über die Polarisationseinstellungen der auslaufenden Photonen wird das über die Lepton-Spins gemittelte Matrixelement-Quadrat

$$\overline{|\mathcal{M}|^2} = 2e^4 \cdot \left\{ \frac{(p_1k_2)}{(p_1k_1)} + \frac{(p_1k_1)}{(p_1k_2)} \right\} \approx 4e^4 \cdot \frac{1+\cos^2\theta}{\sin^2\theta} .$$

Der differentielle Wirkungsquerschnitt ist gemäß Formel (5.20)

$$\frac{d\sigma}{d\Omega}(e^-e^+ \to \gamma\gamma) = \frac{\alpha^2}{W^2} \cdot \frac{1+\cos^2\theta}{\sin^2\theta} . \tag{5.47}$$

Gleichung (5.47) divergiert für $\theta \to 0$. Das liegt an der Vernachlässigung der Elektronenmasse in der Herleitung. Die Modifikation des Nenners für $m = m_e \neq 0$ wird in Aufgabe 5.9 behandelt.
Mehrere der betrachteten QED-Reaktionen sind an Elektron-Positron-Speicherringen mit guter Genauigkeit untersucht worden. In Abb. 5.9 werden die gemessenen Winkelverteilungen der Bhabhastreuung und der e^-e^+-Annihilation in zwei Photonen gezeigt, in Abb. 5.10 die Energieabhängigkeiten; sie stimmen sehr gut mit den QED-Vorhersagen überein. Bei der Myon- und Tau-Paarerzeugung (Abb. 5.11) führt die Interferenz mit dem neutralen schwachen Strom zu einer deutlich meßbaren Vorwärts-Rückwärts-Asymmetrie (siehe Kap. 6 und 11).

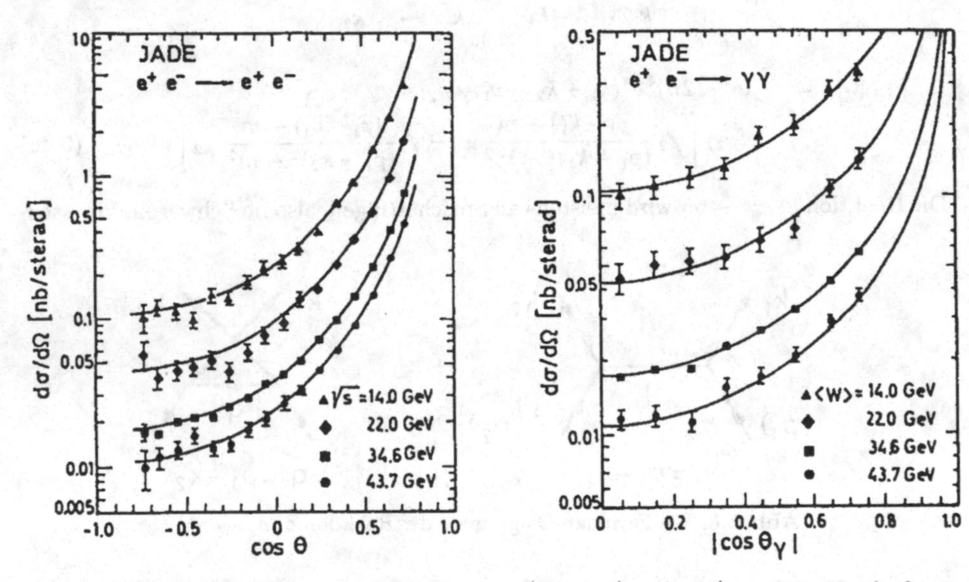

Abb. 5.9. Winkelverteilungen der Reaktionen $e^-e^+ \to e^-e^+$ und $e^-e^+ \to \gamma\gamma$ im Vergleich mit den QED-Vorhersagen (5.37) und (5.47) (Naroska 1987).

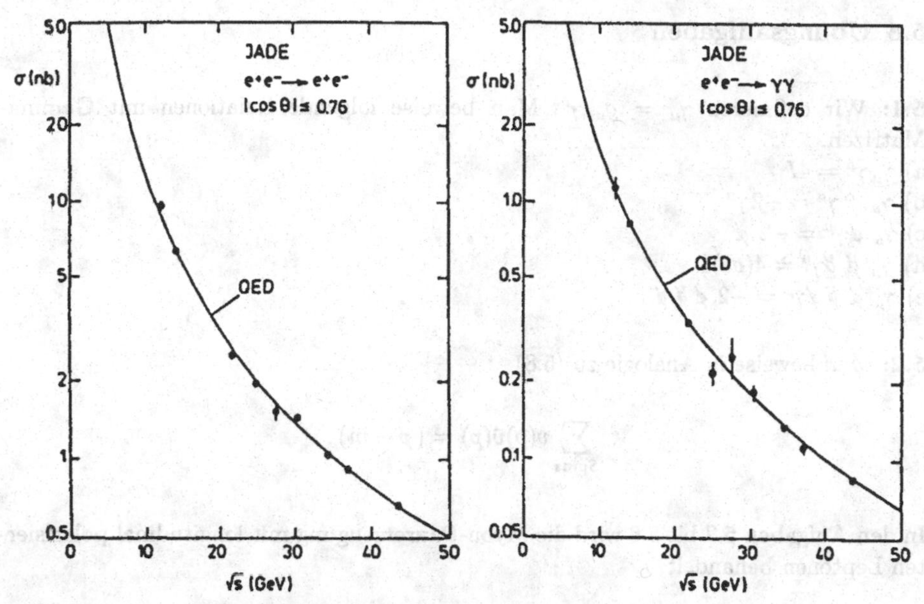

Abb. 5.10. Energieabhängigkeit der Reaktionen $e^-e^+ \to e^-e^+$ und $e^-e^+ \to \gamma\gamma$ (Naroska 1987).

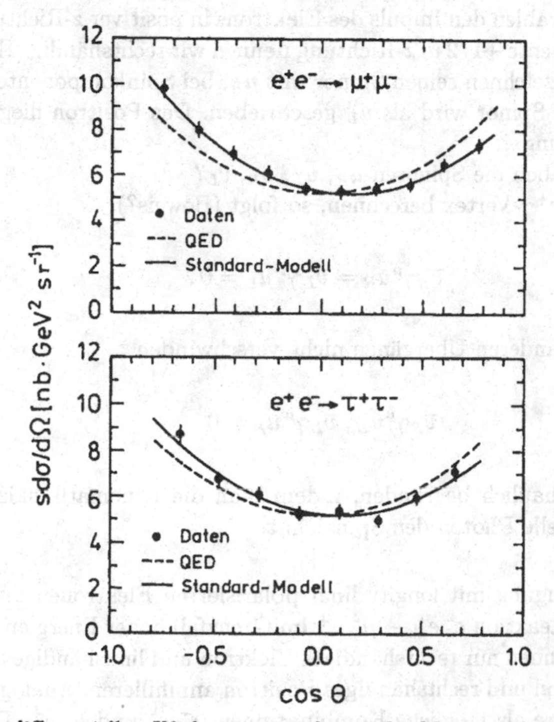

Abb. 5.11. Die differentiellen Wirkungsquerschnitte für Myon- und Tau-Paar-Erzeugung bei einer Schwerpunktsenergie von 35 GeV (JADE 1990). Die QED-Vorhersagen gemäß (5.35) sind als gestrichelte Kurven eingezeichnet; sie sind symmetrisch zu 90^0. Die durchgezogene Kurve berücksichtigt die Interferenz zwischen dem γ- und dem Z^0-Graphen (siehe Kap. 6, 11).

5.8 Übungsaufgaben

5.1: Wir definieren $\gamma_\mu = g_{\mu\nu}\gamma^\nu$. Man beweise folgende Relationen mit Gamma-Matrizen.
a) $\gamma_\mu\gamma^\mu = 4I$
b) $\gamma_\mu\gamma^\alpha\gamma^\mu = -2\gamma^\alpha$
c) $\gamma_\mu \not{a}\gamma^\mu = -2 \not{a}$
d) $\gamma_\mu \not{a} \not{b}\gamma^\mu = 4(ab)I$
e) $\gamma_\mu \not{a} \not{b} \not{c}\gamma^\mu = -2 \not{c} \not{b} \not{a}$.

5.2: Man beweise in Analogie zu (5.8)

$$\sum_{Spins} v(p)\overline{v}(p) = (\not{p} - m) .$$

In den Aufgaben 5.3 bis 5.6 wird die Myon-Paarerzeugung mit longitudinal polarisierten Leptonen behandelt.

5.3: Annihilation von Elektronen und Positronen mit definierter Spineinstellung. Wir betrachten die Elektron-Positron-Annihilation im Schwerpunktsystem bei hohen Energien ($E \gg m_e$) und wählen den Impuls des Elektrons in positiver z-Richtung. Ein Elektron mit Spinkomponente +1/2 in z-Richtung nennen wir rechtshändig (Helizität +1/2, siehe Kap. 6) und bezeichnen seinen Spinor mit u_R, bei Spinkomponente -1/2 heißt es linkshändig, und der Spinor wird als u_L geschrieben. Das Positron fliegt natürlich in die negative z-Richtung.
a) Welche Gestalt haben die Spinoren u_R, u_L, v_R, v_L?
b) Wenn wir den $e^-e^+\gamma$-Vertex berechnen, so folgt (Beweis?):

$$\overline{v}_R\gamma^\mu u_R = \overline{v}_L\gamma^\mu u_L = 0 ,$$

während die beiden anderen Übergänge nicht verschwinden

$$\overline{v}_R\gamma^\mu u_L , \, \overline{v}_L\gamma^\mu u_R \neq 0 .$$

Man kann dies anschaulich begründen, indem man die Kinematik skizziert und bedenkt, daß das virtuelle Photon den Spin 1 hat.

5.4: Myon-Paarerzeugung mit longitudinal polarisierten Elektronen und Positronen. Wir betrachten die Reaktion $e^-e^+ \to \mu^-\mu^+$ im Grenzfall hoher Energien $E \gg m_e, m_\mu$. Nach Aufgabe 5.3 können nur rechtshändiges Elektron und linkshändiges Positron oder linkshändiges Elektron und rechtshändiges Positron annihilieren. Analog folgen für die erzeugten Myon-Paare als mögliche Kombinationen $\mu_R^-\mu_L^+$ und $\mu_L^-\mu_R^+$. Der μ^--Impuls habe in der xz-Ebene einen Winkel θ gegen die z-Achse. Seinen Spinor nennen wir u' zur Unterscheidung vom Spinor u des Elektrons. Man zeige, daß der μ^--Spinor für positive bzw. negative Helizität folgende Gestalt hat:

$$u'_R(p) = \sqrt{E}\begin{pmatrix} \cos\theta/2 \\ \sin\theta/2 \\ \cos\theta/2 \\ \sin\theta/2 \end{pmatrix}, \; u'_L(p) = \sqrt{E}\begin{pmatrix} -\sin\theta/2 \\ \cos\theta/2 \\ \sin\theta/2 \\ -\cos\theta/2 \end{pmatrix}.$$

Hinweis: Anwenden einer geeigneten Drehung auf die Spinoren (2.26).
Entsprechend gilt für das μ^+ (Beweis?)

$$v'_R(p) = \sqrt{E}\begin{pmatrix} -\cos\theta/2 \\ -\sin\theta/2 \\ \cos\theta/2 \\ \sin\theta/2 \end{pmatrix}, \; v'_L(p) = \sqrt{E}\begin{pmatrix} -\sin\theta/2 \\ \cos\theta/2 \\ -\sin\theta/2 \\ \cos\theta/2 \end{pmatrix}.$$

5.5: Unter Benutzung der oben angegebenen Spinoren sind die Matrixelemente für die 4 Reaktionen

$$\mathcal{M}_1 = \mathcal{M}(e^-_R e^+_L \to \mu^-_L \mu^+_R) \quad , \quad \mathcal{M}_2 = \mathcal{M}(e^-_L e^+_R \to \mu^-_R \mu^+_L) \, ,$$

$$\mathcal{M}_3 = \mathcal{M}(e^-_R e^+_L \to \mu^-_R \mu^+_L) \quad , \quad \mathcal{M}_4 = \mathcal{M}(e^-_L e^+_R \to \mu^-_L \mu^+_R)$$

zu berechnen, und es ist zu zeigen, daß $\mathcal{M}_1$ und $\mathcal{M}_2$ proportional zu $(1 + \cos\theta)$ sind, $\mathcal{M}_3$ und $\mathcal{M}_4$ proportional zu $(1 - \cos\theta)$.

5.6: Zeigen Sie, daß die Wirkungsquerschnitte der obigen Reaktionen gegeben sind durch

$$\frac{d\sigma}{d\Omega} = \frac{\alpha^2}{4W^2}(1 \pm \cos\theta)^2 \, , \, W = 2E \, ,$$

und daß sich daraus sich bei Mittelung über die Anfangs- und Summation über die Endspins die Formel (5.35) ergibt.

5.7: a) Berechnen Sie den CMS-Wirkungsquerschnitt für Elektron-Myon-Streuung und zeigen Sie, daß er identisch mit dem für e^-e^-- oder e^-e^+-Streuung ist, sofern man bei den letzteren Prozessen jeweils nur den ersten Term in den Gleichungen (5.36) bzw. (5.37) berücksichtigt. Warum muß das so sein?
b) Wenn man nur das Ein-Photon-Austausch-Diagramm nimmt (wie wir es getan haben), sind die Wirkungsquerschnitte für $e^-\mu^- \to e^-\mu^-$ und $e^-\mu^+ \to e^-\mu^+$ identisch. Begründen Sie qualitativ, daß bei Hinzunahme des Zwei-Photon-Austausch-Graphen der Interferenzterm einen Unterschied bewirkt und somit empfindlich auf das Ladungsvorzeichen ist. Anmerkung: die explizite Berechnung ist schwierig, siehe etwa Bjorken, Drell (1964).

5.8: Linear polarisierte Laser-Photonen mit einer Energie von 1.78 eV werden beim Stoß mit Elektronen von 16 GeV um exakt 180^0 gestreut. Welche Energie erhalten sie? Der Streuwinkel ist extrem kritisch, weicht er nur um $10\,\mu$rad von 180^0 ab, so ergibt sich bereits eine merkliche Energieverschiebung. Man lernt hieraus, daß der Elektronenstrahl außerordentlich parallel sein muß. Daher kann man mit dieser Methode annähernd monochromatische Gamma-Strahlung nur an einem Linearbeschleuniger wie SLAC und nicht an einem Kreisbeschleuniger oder Speicherring erzeugen, da dort die Strahldivergenz viel zu groß ist. Hinweis: es ist zweckmäßig, die Kinematik im Schwerpunktsystem zu rechnen und danach in das Laborsystem zu transformieren.

5.9: Die scheinbare Divergenz des $\gamma\gamma$-Wirkungsquerschnitts für $\theta \to 0$ verschwindet, wenn man $m = m_e \neq 0$ berücksichtigt. Aus dem Nenner in (5.47) wird

$$(\sin^2\theta + (m/E)^2\cos^2\theta)\,.$$

Hinweis: es genügt, den Nenner von $\overline{|\mathcal{M}|^2}$ auszuwerten.

6. Schwache Wechselwirkungen

6.1 Fermi-Theorie, intermediäre Bosonen

Die erste Theorie des β-Zerfalls wurde 1934 von Fermi in Analogie zur gerade entwickelten Quantenelektrodynamik aufgestellt; sie hat sich als eine im wesentlichen richtige Niederenergie-Näherung der heutigen Theorie erwiesen. Weitere wichtige Stationen auf dem Weg zum Standard-Modell waren die Entdeckung der Paritätsverletzung und der neutralen schwachen Ströme.

Fermi hat den Neutron-Zerfall $n \to p + e^- + \overline{\nu}_e$ so ähnlich behandelt wie die Abstrahlung eines Gamma-Quants durch ein Elektron. Das $e\nu$-Paar übernimmt die Rolle des abgestrahlten Photons. Die Übergangswahrscheinlichkeit pro Zeiteinheit ist gegeben durch die Goldene Regel

$$w = 2\pi |\mathcal{M}|^2 \rho(E_0) . \tag{6.1}$$

Die Zustandsdichte wird hier mit $\rho(E_0)$ bezeichnet. Da bei dem Zerfall nur wenig Energie frei wird, kann man das Matrixelement in guter Näherung als impulsunabhängig ansehen. Fermi hat $|\mathcal{M}|^2$ durch eine Konstante ersetzt. Das Energiespektrum der β-Elektronen ergibt sich aus dem Phasenraumfaktor. Für Ruhemasse Null des Neutrinos wird:

$$\frac{dN}{dE} \sim E\sqrt{(E^2 - m_e^2)}\,(E_0 - E)^2 , \quad E_0 = \text{Maximalenergie}. \tag{6.2}$$

Bei endlicher Neutrino-Masse verändert sich das Spektrum am oberen Ende:

$$\frac{dN}{dE} \sim E\sqrt{(E^2 - m_e^2)}\,(E_0 - E)^2 \sqrt{1 - \left(\frac{m_\nu}{E_0 - E}\right)^2} . \tag{6.3}$$

Die maximale Elektronen-Energie beträgt $E_0 - m_\nu$, und in der Kurie-Darstellung erhält man für $E \to E_{max}$ eine senkrechte Tangente. Die Frage, ob die Neutrinos eine nichtverschwindende Masse haben, ist seit mehr als 10 Jahren Gegenstand intensiver experimenteller Studien. Vor allem der Beta-Zerfall von Tritium ist vielfach untersucht worden. In diesen Experimenten bestimmt man das Quadrat der Masse des Elektron-Antineutrinos. Der gegenwärtige Welt-Mittelwert ist $m_\nu^2 = (-54 \pm 30)\,\text{eV}^2$. Ein negatives Massenquadrat deutet auf nicht verstandene systematische Fehler der schwierigen Experimente hin. Als obere Grenze für die Masse des Elektron-Antineutrinos wird $\approx 7.2\,\text{eV}$ angegeben (PDG 1994).

Der Myon-Zerfall ist ein rein leptonischer Prozeß, der analog zum Neutron-Zerfall verläuft: $\mu^- \to \nu_\mu e^- \overline{\nu}_e$. Die Ähnlichkeit zur Photon-Emission wird deutlicher, wenn man annimmt, daß das $e\nu$-Paar nicht direkt an das Myon ankoppelt, sondern daß es ein intermediäres Feldquant gibt (Abb. 6.1). An Protonenbeschleunigern stehen intensive Myon-Neutrino-Strahlen zur Verfügung, mit denen auch rein leptonische Prozesse untersucht werden können, z.B.

$$\nu_\mu + e^- \rightarrow \mu^- + \nu_e \, .$$

Im Rahmen der Fermi-Theorie wird hierfür eine Vier-Fermion-Punktwechselwirkung angesetzt. Die Analogie zur QED wird hergestellt, wenn man annimmt, daß die Wechselwirkung durch ein Feldquant vermittelt wird, das dem Photon entspricht. Das wird in Abb. 6.1 skizziert. Man hat dieses mit W bezeichnete Teilchen das *intermediäre*

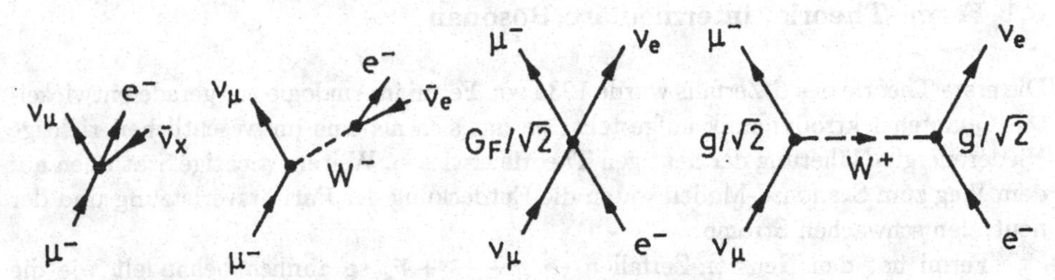

Abb. 6.1. Graphen des Myon-Zerfalls und der Myon-Elektron-Reaktion in der Punkt-Wechselwirkung von Fermi und im Vektor-Boson-Modell.

Boson genannt und angenommen, daß es wie das Photon Spin 1 hat, damit man wie in der QED für das Matrixelement eine Strom-Strom-Kopplung hinschreiben kann. Das W-Boson muß in zwei Ladungszuständen existieren, damit sowohl β^-- als auch β^+-Zerfälle erfaßt werden können.

Im Jahr 1973 wurden bei CERN schwache Wechselwirkungen ohne Ladungsänderung beobachtet:

$$\nu_\mu e \rightarrow \nu_\mu e \quad , \quad \nu_\mu p \rightarrow \nu_\mu X \, .$$

Dafür ist ein neutrales Feldquant erforderlich, das Z^0 genannt wurde. Beide Feldquanten wurden bei CERN am Proton-Antiproton-Speicherring SPS entdeckt. Die Massen der W- und Z-Bosonen sind sehr groß (80 bzw. 91 GeV), und daraus erklärt sich die extrem kurze Reichweite der schwachen Wechselwirkung:

$$\text{Reichweite} \approx \frac{\hbar c}{M_W c^2} = 2.5 \cdot 10^{-18}\,\text{m} \, .$$

Wir wollen jetzt analysieren, wie der Regeln der QED verallgemeinert werden müssen, um schwache Prozesse beschreiben zu können. Der Propagator eines schweren Teilchens mit Spin 1 ist nicht einfach $-g_{\mu\nu}/q^2$ wie beim Photon, sondern gemäß Anhang D:

$$\frac{-g_{\mu\nu} + q_\mu q_\nu / M^2}{q^2 - M^2 + i\varepsilon} \, . \tag{6.4}$$

Das Matrixelement für die Reaktion

$$\nu_\mu(p_1) + e^-(p_2) \rightarrow \mu^-(p_3) + \nu_e(p_4)$$

wird versuchsweise in Analogie zur QED angesetzt (eine wichtige Modifikation wird in Kap. 6.2 behandelt):

$$\mathcal{M} = \frac{g^2}{2}\,\overline{u}_3\gamma^\mu u_1 \,\frac{-g_{\mu\nu} + q_\mu q_\nu/M_W^2}{q^2 - M_W^2}\,\overline{u}_4\gamma^\nu u_2 \,. \tag{6.5}$$

Nun ist selbst bei Neutrinoenergien von einigen 100 GeV das übertragene $Q^2 = |q^2|$ klein gegen das Quadrat der W-Masse. Für $Q^2 \ll M_W^2$ folgt:

$$\mathcal{M} = \frac{g^2}{2M_W^2}\,\overline{u}_3\gamma_\mu u_1 \overline{u}_4\gamma^\mu u_2 = \frac{g^2}{2M_W^2}\,J_\mu(\text{Myon}) \cdot j^\mu(\text{Elektron}) \,.$$

Wir erhalten eine Strom-Strom-Kopplung wie bei der Elektron-Proton-Streuung, aber da M_W so groß ist, wird das Matrixelement nicht proportional zu $1/q^2$, sondern $\sim 1/M_W^2$ =const. Die effektive Kopplung ist

$$G \approx g^2/M_W^2 \,,$$

und diese ist klein, weil die W-Masse sehr groß ist. Die Kopplungskonstante g selbst ist jedoch nicht „klein"; wir werden vielmehr in Kap. 11 sehen, daß sie in der vereinigten Theorie der elektromagnetischen und schwachen Wechselwirkungen nahezu den gleichen Wert wie die Elementarladung e hat. Die für die Beta-Zerfälle der Kerne und Elementarteilchen verantwortlichen Kräfte erscheinen bei den vergleichsweise geringen Energien der Kern- und Niederenergie-Teilchenphysik viel schwächer als die elektromagnetischen Kräfte. Das liegt aber nur an der extrem kurzen Reichweite. Bei Reaktionen mit sehr hohen Impulsüberträgen $|q^2| \geq M_W^2$ und entsprechend sehr kleinen Anständen sollten beide Wechselwirkungen von gleicher Größenordnung sein.

6.2 Paritätsverletzung, (V–A)-Theorie

Die Fermi-Theorie ist paritätserhaltend, ebenso das Matrixelement (6.5). Der experimentelle Befund, daß die Parität im β-Zerfall und bei anderen schwachen Reaktionen mit W-Austausch verletzt ist, muß „per Hand" eingesetzt werden. Alle experimentellen Resultate sprechen dafür, daß Neutrinos immer nur linkshändig auftreten, Antineutrinos hingegen stets rechtshändig. Die bei schwachen Reaktionen erzeugten geladenen Leptonen e^-, μ^-, τ^- sind ebenfalls linkshändig, aber ihr Spin ist nur mit einem Polarisationsgrad von $\beta = -v/c$ ausgerichtet. Die (V–A)-Theorie (Vektor minus Axialvektor) kann diese Befunde erklären. Bevor wir diese Theorie formulieren können, müssen wir das Verhalten der Dirac-Gleichung gegenüber der Raumspiegelung analysieren.

In Kap. 2.4 wurde gezeigt, daß der Dirac-Spinor im gespiegelten Koordinatensystem folgende Gestalt hat:

$$\psi'(x') = S_P\psi(x) = \gamma^0\psi(x) \,.$$

Wir wenden dies einmal explizit an:

$$\psi(x) \;=\; u(p)\exp(-ipx) = \sqrt{E+m}\begin{pmatrix} \varphi \\ \dfrac{\boldsymbol{\sigma}\cdot\mathbf{p}}{E+m}\varphi \end{pmatrix}\exp(-iEt)\exp(i\mathbf{p}\cdot\mathbf{x})$$

$$\psi'(x') = \gamma^0\psi(x) = \sqrt{E+m}\begin{pmatrix} \varphi \\ \frac{\boldsymbol{\sigma}\cdot(-\mathbf{p})}{E+m}\varphi \end{pmatrix} \exp(-iEt)\exp(i(-\mathbf{p})\cdot\mathbf{x}') .$$

Man erkennt, daß beim gespiegelten Spinor ψ' der Impulsvektor die umgekehrte Richtung hat:

$$\mathbf{p}' = -\mathbf{p} .$$

6.2.1 Eigenparitäten der Leptonen und Quarks

Ein Fermion (Lepton oder Quark) wird durch einen Dirac-Spinor mit positiver Energie beschrieben. Im Ruhesystem hat er die Gestalt

$$u(0) = \sqrt{2m}\begin{pmatrix} \varphi \\ 0 \end{pmatrix}, \quad \varphi = \begin{pmatrix} 1 \\ 0 \end{pmatrix} \text{ oder } \begin{pmatrix} 0 \\ 1 \end{pmatrix} .$$

Bei unserer Wahl des Paritätsoperators ($S_P = \gamma^0$) gilt:

$$\gamma^0 u(0) = u(0) ,$$

d.h. ein Teilchen hat positive Parität. Jetzt betrachten wir eine Wellenfunktion negativer Energie:

$$v(0) = \sqrt{2m}\begin{pmatrix} 0 \\ \chi \end{pmatrix}, \quad \chi = \begin{pmatrix} 1 \\ 0 \end{pmatrix} \text{ oder } \begin{pmatrix} 0 \\ 1 \end{pmatrix} .$$

$$S_P v(0) = -v(0) \quad \Rightarrow v \text{ hat negative Parität.}$$

Antiteilchen werden durch zeitlich rückwärts laufende Lösungen negativer Energie beschrieben. Da im Unterschied zur Energie oder Ladung die Parität eine multiplikative Quantenzahl ist, haben die Antiteilchen ebenfalls eine negative Parität.

Es gibt einen willkürlichen Phasenfaktor bei der Definition von S_P. Wenn wir aber positive Parität für die Teilchen wählen, haben die Antiteilchen notwendigerweise negative Parität: *Fermionen und Antifermionen haben entgegengesetzte Eigenparitäten.* Dies ist besonders wichtig für das Quarkmodell: Setzen wir willkürlich fest, daß die Quarks u, d, s, c, b, t alle Parität $+1$ haben, so müssen wir den Antiquarks $\overline{u}$, $\overline{d}$, $\overline{s}$, $\overline{c}$, $\overline{b}$, $\overline{t}$ den Wert $P = -1$ zuordnen.

6.2.2 Helizität und Chiralität

Unter Helizität versteht man die Projektion des Spins auf die Impulsrichtung.

$$\lambda = \mathbf{s}\cdot\mathbf{p}/|\mathbf{p}| . \tag{6.6}$$

Wir betrachten die Dirac-Spinoren von Elektronen oder Myonen und wählen zur Vereinfachung den Impuls in z-Richtung.

$$u_1 = \sqrt{E+m}\begin{pmatrix} 1 \\ 0 \\ p/(E+m) \\ 0 \end{pmatrix} \quad \text{hat } \lambda = +\frac{1}{2},$$

$$u_2 = \sqrt{E+m}\begin{pmatrix} 0 \\ 1 \\ 0 \\ -p/(E+m) \end{pmatrix} \quad \text{hat } \lambda = -\frac{1}{2}.$$

Für $E \gg m$ vereinfachen sich die Spinoren.

$$u_1 = \sqrt{E}\begin{pmatrix} 1 \\ 0 \\ 1 \\ 0 \end{pmatrix}, \quad u_2 = \sqrt{E}\begin{pmatrix} 0 \\ 1 \\ 0 \\ -1 \end{pmatrix}.$$

Für die Beschreibung der Longitudinalpolarisation spielt die in (2.53) definierte Matrix γ^5 eine wichtige Rolle. Sie antikommutiert mit allen anderen γ-Matrizen:

$$\gamma^\mu \gamma^5 = -\gamma^5 \gamma^\mu \quad \text{für alle } \gamma^\mu.$$

Mit Hilfe der Matrix γ^5 kann man *Chiralitäts-Projektionsoperatoren* definieren:

$$P_L = \frac{1}{2}(I - \gamma^5), \quad P_R = \frac{1}{2}(I + \gamma^5). \tag{6.7}$$

Chiralität bedeutet „Händigkeit": wenn u ein beliebiger Spinor ist, so definieren wir seine *Chiralitätskomponenten* durch

$$u = \frac{1}{2}(I + \gamma^5)u + \frac{1}{2}(I - \gamma^5)u = u_R + u_L. \tag{6.8}$$

Den Spinor u_R nennen wir rechtshändig, u_L linkshändig. Die Projektionsoperatoren genügen folgenden Regeln:

$$P_L^2 = P_L, \quad P_R^2 = P_R, \quad P_R P_L = P_L P_R = 0.$$

Ihre Anwendung auf u_R und u_L ergibt somit

$$P_R u_R = u_R, \qquad P_R u_L = 0,$$

$$P_L u_R = 0, \qquad P_L u_L = u_L.$$

Im folgenden werden wir, wie allgemein üblich, die 4×4-Einheitsmatrix I durch 1 ersetzen.

Für $E \gg m$ ist P_L der Projektionsoperator für negative Helizität und P_R der Projektionsoperator für positive Helizität, wie man leicht aus den folgenden, für $m = 0$ exakten Gleichungen erkennt:

$$P_L u_1 = 0 \quad , \qquad P_L u_2 = u_2 \, ,$$

$$P_R u_1 = u_1 \quad , \qquad P_R u_2 = 0 \, .$$

Da Neutrinos nur linkshändig auftreten, muß man für den $\mu\nu$-Vertex folgenden Ausdruck schreiben:

$$\overline{u}(\mu^-)\gamma_\mu u_L(\nu).$$

Den Term $u_L(\nu)$ kann man durch $\frac{1}{2}(1 - \gamma^5)u(\nu)$ ersetzen und braucht dann keine Annahme über die Spinausrichtung von $u(\nu)$ zu machen. Somit kommen wir zu der Form

$$\overline{u}(\mu)\gamma_\mu \frac{1-\gamma^5}{2} u(\nu) \tag{6.9}$$

für den Neutrino-Myon-Vertex.

In Kap. 2.6 wurde gezeigt, daß $j^\mu = \overline{\psi}\gamma^\mu\psi$ ein Vierervektor ist; bei Lorentztransformationen oder Drehungen gilt:

$$x'^\nu = a^\nu_\mu x^\mu \, , \quad j'^\nu(x') = a^\nu_\mu j^\mu(x) \, .$$

Am Neutrino-Myon-Vertex treten nun zwei Terme auf:

a) der *Vektorstrom*

$$V^\mu = \overline{\psi}(\mu)\gamma^\mu\psi(\nu) \, , \tag{6.10}$$

der wie die Stromdichte der QED wie ein Vierervektor transformiert wird:

$$V'^\mu(x') = a^\nu_\mu V^\mu(x) \, ;$$

b) der *Axialvektorstrom*

$$A^\mu = \overline{\psi}(\mu)\gamma^\mu\gamma^5\psi(\nu) \, . \tag{6.11}$$

In Kap. 2.6 haben wir gezeigt, daß sich A^μ bei Lorentztransformationen und Drehungen wie ein Vierer-Vektor verhält:

$$A'^\mu(x') = a^\mu_\nu A^\nu(x) \, .$$

Bei Raumspiegelungen gilt dagegen (siehe (2.56)).

$$A'^0 = -A^0 \quad , \quad \mathbf{A}' = +\mathbf{A} \, .$$

Die Raumkomponente von A^μ behält ihr Vorzeichen, d.h. $\mathbf{A}$ ist ein Axialvektor wie der Drehimpuls $\mathbf{L} = \mathbf{r} \times \mathbf{p}$. Am Neutrino-Myon-Vertex tritt die Kombination

$$\frac{1}{2}\left(\overline{\psi}(\mu)\gamma^\mu\psi(\nu) - \overline{\psi}(\mu)\gamma^\mu\gamma^5\psi(\nu)\right) = \frac{1}{2}(V^\mu - A^\mu)$$

auf. Man spricht daher von (V–A)-Kopplung.

Helizität der Antineutrinos. Der Projektionsoperator $P_L = \frac{1}{2}(1-\gamma^5)$ stellt sicher, daß die Neutrinos nur mit negativer Helizität auftreten. Experimentell weiß man, daß die Antineutrinos stets rechtshändig sind. Dies braucht nun nicht extra eingebaut zu werden, es kommt vielmehr automatisch bei der (V–A)-Kopplung heraus.

Wir wählen den Impuls des Antineutrinos in z-Richtung. Für positive Helizität wird das Antineutrino durch den Spinor v_1 gemäß Gleichung (2.27) beschrieben, für negative Helizität durch v_2 (wir erinnern daran, daß das äquivalente Neutrino negativer Energie rückwärts in der Zeit läuft und deshalb die umgekehrte Spineinstellung haben muß).

$$v_1 = \sqrt{E}\begin{pmatrix} 0 \\ -1 \\ 0 \\ 1 \end{pmatrix} \Uparrow \qquad v_2 = \sqrt{E}\begin{pmatrix} 1 \\ 0 \\ 1 \\ 0 \end{pmatrix} \Downarrow$$

$$\lambda = +\tfrac{1}{2} \qquad\qquad \lambda = -\tfrac{1}{2}$$

Nun gilt $P_L v_1 = \frac{1}{2}(1-\gamma^5)v_1 = v_1$, $P_L v_2 = 0$. Der Projektionsoperator $P_L = \frac{1}{2}(1-\gamma^5)$ sorgt somit dafür, daß Antineutrinos stets positive Helizität haben.

Helizität der geladenen Leptonen. Wir betrachten den Neutrino-Elektron-Vertex und nutzen die Relation $P_L^2 = P_L$ sowie die Vertauschungsregeln der γ-Matrizen aus.

$$\begin{aligned} \overline{u}_e\gamma_\mu\frac{1-\gamma^5}{2}u_\nu &= \overline{u}_e\gamma_\mu\left(\frac{1-\gamma^5}{2}\right)^2 u_\nu \\ &= u_e^\dagger\left(\frac{1-\gamma^5}{2}\right)\gamma^0\gamma_\mu\left(\frac{1-\gamma^5}{2}\right)u_\nu \\ &= \overline{(u_e)_L}\,\gamma_\mu(u_\nu)_L\,. \end{aligned}$$

Im Matrixelement tritt also nur die linkshändige Projektion

$$(u_e)_L = \frac{1-\gamma^5}{2}u_e$$

des Elektron-Spinors auf. Um zu erkennen, wie diese Projektion aussieht, wählen wir ein Elektron mit Impuls in positiver z-Richtung.

a) Positive Helizität, $\lambda = +1/2$:

$$u_1(p) = \sqrt{E+m}\begin{pmatrix} 1 \\ 0 \\ p/(E+m) \\ 0 \end{pmatrix}$$

$$\frac{1-\gamma^5}{2}u_1 = \frac{1}{2}\sqrt{E+m}\left(1-\frac{p}{E+m}\right)\begin{pmatrix}1\\0\\-1\\0\end{pmatrix} \rightarrow 0 \quad \text{für } E \gg m\,.$$

b) Negative Helizität, $\lambda = -1/2$:

$$u_2(p) = \sqrt{E+m}\begin{pmatrix}0\\1\\0\\-p/(E+m)\end{pmatrix}$$

$$\frac{1-\gamma^5}{2}u_2 = \underbrace{\frac{1}{2}\sqrt{E+m}\left(1+\frac{p}{E+m}\right)}_{\approx\sqrt{E}\text{ für }E\gg m}\begin{pmatrix}0\\1\\0\\-1\end{pmatrix} \rightarrow u_2 \qquad \text{für } E \gg m\,.$$

Als Ausrichtungsgrad definieren wir:

$$\frac{W(\lambda=+1/2)-W(\lambda=-1/2)}{W(\lambda=+1/2)+W(\lambda=-1/2)} = \frac{\left(1-\frac{p}{E+m}\right)^2-\left(1+\frac{p}{E+m}\right)^2}{\left(1-\frac{p}{E+m}\right)^2+\left(1+\frac{p}{E+m}\right)^2} = -\frac{p}{E} = -\frac{v}{c}\,. \quad (6.12)$$

Die bei schwachen Wechselwirkungen mit $W^{\pm}$-Austausch auftretenden geladenen Leptonen e^-, μ^-, τ^- haben also auch bevorzugt negative Helizität, aber nicht zu 100%, sondern nur mit einer Wahrscheinlichkeit von v/c. Für die Antileptonen e^+, μ^+, τ^+ ergibt sich entsprechend positive Helizität. Die relative Häufigkeit für die „falsche" Helizität ($\lambda = +1/2$ bei e^-, μ^-, τ^- oder $\lambda = -1/2$ bei e^+, μ^+, τ^+) ist gegeben durch den Ausdruck $(1 - v/c)$. Anschaulich ist das folgendermaßen zu verstehen: ein Teilchen, dessen Geschwindigkeit v deutlich kleiner als c ist, kann leicht überholt werden, indem man sich in ein Koordinatensystem mit der Geschwindigkeit $v_1 > v$ begibt. In diesem System hat das Teilchen die umgekehrte Helizität.

6.3 Pion-Zerfall

Der Zerfall der geladenen Pionen hat sich als eine der stärksten experimentellen Stützen für die Vektor- bzw. Axialvektornatur der schwachen Kopplung erwiesen und soll daher ausführlich besprochen werden. Das interessante daran ist, daß der myonische Zerfall $\pi^- \rightarrow \mu^-\overline{\nu}_\mu$ dominiert, während der elektronische Zerfall $\pi^- \rightarrow e^-\overline{\nu}_e$ stark unterdrückt ist. Das Verzweigungsverhältnis beträgt nur $1.28 \cdot 10^{-4}$, obgleich der Phasenraumfaktor größer ist. Das Matrixelement für den Zerfall $\pi \rightarrow e\nu$ muß also sehr klein sein. Der physikalische Grund dafür ist die Drehimpulserhaltung in Zusammenwirken mit der Vektor- oder Axialvektor-Kopplung. Im Ruhesystem des Pions ist der Gesamtdrehimpuls vor dem Zerfall 0. Elektron und Neutrino fliegen diametral auseinander und können wegen der extrem geringen Reichweite der schwachen Wechselwirkung keinen Bahndrehimpuls tragen, da der Stoßparameter verschwindend klein ist. Der Antineutrino-Spin ist parallel zu seiner Flugrichtung, deshalb erfordert der Drehimpuls-Satz, daß dies auch für das Elektron gilt (Abb. 6.2). Die Wahrscheinlichkeit, bei der schwachen Wechselwirkung ein Elektron mit $\lambda = +1/2$ zu finden, ist klein, sie beträgt $(1-v/c)$. Die gleiche Argumentation gilt natürlich auch für den myonischen Zerfall, aber da die Myonen viel schwerer sind, ist ihre Geschwindigkeit weiter von der Lichtgeschwindigkeit entfernt, und der Faktor $(1-v/c)$ ist um mehrere Zehnerpotenzen größer als bei den leichten Elektronen.

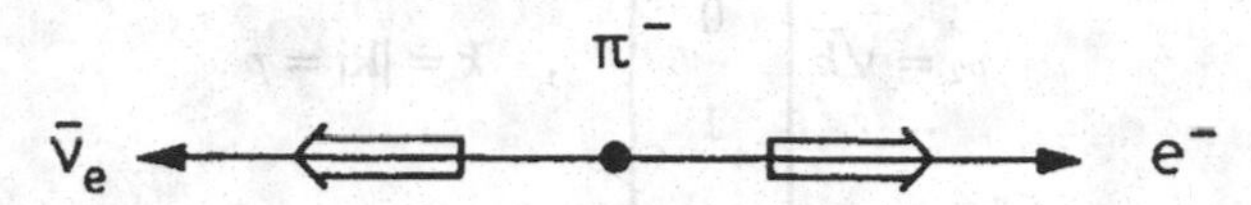

Abb. 6.2. Zerfall eines ruhenden Pions. Die Spinausrichtung der Leptonen wird durch Doppelpfeile angedeutet.

Wir wollen den Pionzerfall $\pi^- \rightarrow e^- + \overline{\nu}_e$ jetzt quantitativ analysieren. Das Matrixelement lautet

$$\mathcal{M} = \frac{G_F}{\sqrt{2}} j_\mu \cdot \overline{u}(e)\gamma^\mu(1-\gamma^5)v(\nu) . \tag{6.13}$$

Rechts steht der (V–A)-Strom des $e\nu$-Paares. Dieser muß an den Strom j_μ des Pions angekoppelt werden, der proportional zum Vierer-Impuls ist, dem einzigen bei einem spinlosen Teilchen verfügbaren Vierervektor.

$$j_\mu = f_\pi \cdot P_\mu . \tag{6.14}$$

Die Größe f_π nennt man Pion-Zerfallskonstante. Sie kann mit Hilfe der Gitter-Eichtheorie berechnet werden, in annähernder Übereinstimmung mit dem experimentellen Wert von 132 MeV. Ihr Quadrat ist ein Maß für die Wahrscheinlichkeit, die d- und $\overline{u}$-Quarks im Pion so nah beieinander zu finden ($r < 2.5 \cdot 10^{-18}$ m $\approx 1/1000$ Hadrondurchmesser), daß die schwache Wechselwirkung eintreten kann. Im Ruhesystem des Pions ist $P_\mu = (m_\pi, 0)$, und das Matrixelement vereinfacht sich zu

$$\mathcal{M} = \frac{G_F}{\sqrt{2}} f_\pi m_\pi \overline{u}(e)\gamma^0(1-\gamma^5)v(\nu) .$$

Um die Zerfallsrate im Ruhesystem ($s = m_\pi^2$) zu berechnen, benötigen wir noch den Phasenraumfaktor des Neutrino-Elektron-Endzustandes. Man kann diese Größe relativ direkt aus Formel (5.20) für den differentiellen Wirkungsquerschnitt einer Zweikörper-Reaktion gewinnen. Der wesentliche Unterschied besteht darin, daß beim Zerfall des ruhenden Pions der invariante Flußfaktor (5.15) durch $2m_\pi$ ersetzt werden muß. Man erhält

$$d\Gamma(\pi^- \to e^-\overline{\nu}_e) = \frac{p}{32\pi^2 m_\pi^2}|\mathcal{M}|^2 d\Omega \,. \tag{6.15}$$

In dieser Gleichung wird mit p der Betrag des Elektron-Impulses im Ruhesystem des Pions bezeichnet. Die Neutrino-Energie k hat den gleichen Wert.

$$p = \frac{1}{2m_\pi}(m_\pi^2 - m_e^2) \,.$$

Zur Auswertung legen wir die z-Achse in die Richtung des Elektronimpulses. Das $\overline{\nu}$ ist rechtshändig; sein Impulsvektor und sein Spin zeigen in die negative z-Richtung. Nach Formel (2.27) wird es daher durch den Spinor v_2 mit $p_z = -k$ beschrieben (siehe auch Kap. 6.2).

$$v_2 = \sqrt{k}\begin{pmatrix} -1 \\ 0 \\ 1 \\ 0 \end{pmatrix} \,, \quad k = |\mathbf{k}| = p \,.$$

Aufgrund der Drehimpuls-Erhaltung beim Zerfall des Pions mit Spin 0 muß das Elektron die Helizität $\lambda = +1/2$ haben, d. h. sein Spinor ist u_1; wir lassen aber zunächst auch den Spinor u_2 mit $\lambda = -1/2$ zu.

$$u_1 = \sqrt{E+m_e}\begin{pmatrix} 1 \\ 0 \\ p/(E+m_e) \\ 0 \end{pmatrix}, \quad u_2 = \sqrt{E+m_e}\begin{pmatrix} 0 \\ 1 \\ 0 \\ -p/(E+m_e) \end{pmatrix} .$$

Das Matrixelement enthält den Faktor

$$\overline{u}_{1,2}\gamma^0(1-\gamma^5)v_2 = 2\,u_{1,2}^\dagger \cdot v_2 \,.$$

Nun gilt $u_2^\dagger v_2 = 0$: der Zustand $\lambda = -1/2$ des Elektrons tritt nicht auf. Die wichtige Konsequenz ist, daß die Gestalt (6.13) des Matrixelements automatisch die Drehimpulserhaltung beim Zerfall gewährleistet.
Wie sieht es für positive Elektron-Helizität aus?

$$u_1^\dagger v_2 = \sqrt{E+m_e}\,\sqrt{k}\left(\frac{p}{E+m_e} - 1\right) = \sqrt{p}\left(\sqrt{E-m_e} - \sqrt{E+m_e}\right) .$$

Damit wird das Matrixelement

$$|\mathcal{M}|^2 = 4\,G_F^2\, f_\pi^2\, m_\pi^2\, p(E-p) = 2\,G_F^2 f_\pi^2 m_e^2(m_\pi^2 - m_e^2) \,. \tag{6.16}$$

Man sieht, daß das quadrierte Matrixelement proportional zu

$$(E_e - p_e) = E_e \left(1 - \frac{v_e}{c}\right)$$

ist. Das Matrixelement ist unabhängig vom Winkel (es gibt bei einem ruhenden Pion auch keine Bezugsachse). Die Integration über $d\Omega$ liefert einfach einen Faktor 4π. Somit folgt für die Zerfallsrate

$$\Gamma(\pi^- \to e^- \overline{\nu}_e) = \frac{G_F^2}{8\pi m_\pi^3} f_\pi^2 \, m_e^2 \, (m_\pi^2 - m_e^2)^2 \, . \tag{6.17}$$

Die analoge Rechnung kann man für den Zerfall $\pi^- \to \mu^- \overline{\nu}_\mu$ durchführen. Man braucht nur im Ergebnis m_e durch m_μ zu ersetzen. Für das Verhältnis der Zerfallsraten folgt:

$$\frac{\Gamma(\pi^- \to e^- \overline{\nu}_e)}{\Gamma(\pi^- \to \mu^- \overline{\nu}_\mu)} = \frac{m_e^2 \, (m_\pi^2 - m_e^2)^2}{m_\mu^2 \left(m_\pi^2 - m_\mu^2\right)^2} = 1.28 \cdot 10^{-4} \, . \tag{6.18}$$

Der experimentelle Wert von $(1.218 \pm 0.014) \cdot 10^{-4}$ stimmt damit sehr gut überein, ein quantitativer Vergleich erfordert jedoch die Berücksichtigung von Korrekturen höherer Ordnung.

Es ist aufschlußreich, die beiden dominierenden Terme in der Zerfallsrate für den elektronischen und myonischen Zerfall zu vergleichen.

a) Matrixelement

$$|\mathcal{M}|^2 \sim m_l^2 \, (m_\pi^2 - m_l^2) \, .$$

Der Index l steht dabei für Elektron oder Myon.

$$\frac{|\mathcal{M}|^2(e)}{|\mathcal{M}|^2(\mu)} = \frac{m_e^2(m_\pi^2 - m_e^2)}{m_\mu^2(m_\pi^2 - m_\mu^2)} = 5.5 \cdot 10^{-5}.$$

b) Phasenraumfaktor

Der Phasenraumfaktor ist proportional zum Impuls des Leptons im Pion-Ruhesystem

$$p_e = \frac{1}{2m_\pi}(m_\pi^2 - m_e^2) \; , \; p_\mu = \frac{1}{2m_\pi}(m_\pi^2 - m_\mu^2)$$

und ist für den $e\overline{\nu}$-Zerfall 2.4-mal so groß wie für den $\mu\overline{\nu}$-Zerfall. Die starke Unterdrückung des $e\overline{\nu}$-Zerfalls kommt also allein vom Matrixelement.

S- und P-Kopplungen. Viele Jahre lang hat man beim β-Zerfall alternative Ansätze für die Kopplungen versucht, die mit der Lorentzinvarianz vereinbar sind. Eine skalare oder pseudoskalare Kopplung wäre von der Form:

$$\begin{aligned} S: &\quad \mathcal{M} \sim \overline{u}(e) v(\nu) \, , \\ P: &\quad \mathcal{M} \sim \overline{u}(e) \gamma^5 v(\nu) \, . \end{aligned} \tag{6.19}$$

Wir betrachten wieder ein rechtshändiges Antineutrino, das in der negativen z-Richtung fliegt und durch v_2 beschrieben wird. (Es könnte bei der P- oder S-Kopplung aber mit gleicher Berechtigung linkshändig sein). Durch Einsetzen in Gleichung (6.19) sehen wir, daß für beide Ansätze Elektronen mit $\lambda = -1/2$ ausgeschlossen sind:

$$\overline{u}_2 v_2 = 0\,, \quad \overline{u}_2 \gamma^5 v_2 = -\overline{u}_2 v_2 = 0\,.$$

Auch hier ist der Drehimpulssatz automatisch erfüllt. Für $\lambda = +1/2$ gilt hingegen

$$\overline{u}_1 v_2 = u_1^+ \gamma^0 v_2 = -\sqrt{E + m_e}\,\sqrt{k}\left(\frac{p}{E + m_e} + 1\right)\,.$$

Das Matrixelement für Elektronen mit positiver Helizität ist keineswegs unterdrückt, ganz im Gegenteil:

$$|\mathcal{M}|^2 \sim p(E + p) = pE\left(1 + \frac{v}{c}\right)\,.$$

Für S- oder P-Kopplung folgt:

$$\Gamma(\pi \to e\nu) : \Gamma(\pi \to \mu\nu) = 5.5\,,$$

in krassem Widerspruch zu den Meßwerten.

6.4 Neutrino-Lepton-Reaktionen

Die Prozesse $\nu_\mu e^- \to \mu^- \nu_e$ und $\overline{\nu}_e e^- \to \overline{\nu}_\mu \mu^-$ sind die Prototyp-Reaktionen für schwache Wechselwirkungen mit Ladungsänderung. Sie werden durch $W^\pm$-Austausch vermittelt. Die Feynman-Graphen werden in Abb. 6.3 gezeigt. Neutrino-(Antineutrino)-Quark-Wechselwirkungen haben nahezu die gleichen Wirkungsquerschnitte wie die Neutrino-(Antineutrino)-Lepton-Reaktionen, so daß man die hier erzielten Ergebnisse direkt auf tief inelastische νN- und $\overline{\nu}N$-Reaktionen übertragen kann.

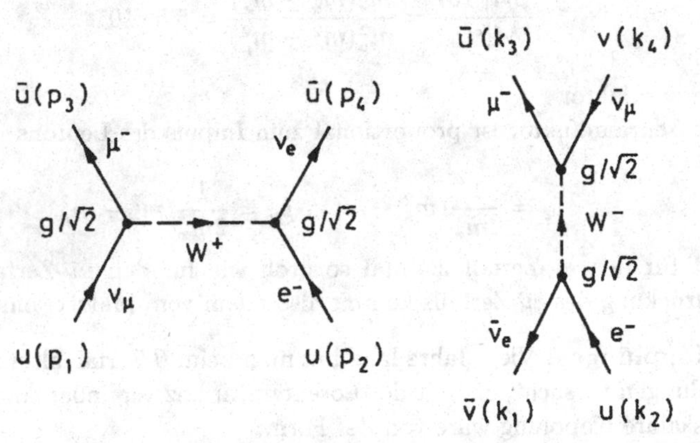

Abb. 6.3. Feynman-Diagramme der Reaktionen $\nu_\mu e^- \to \mu^- \nu_e$ und $\overline{\nu}_e e^- \to \overline{\nu}_\mu \mu^-$.

Das Matrixelement der Neutrino-Reaktion ist

$$\mathcal{M} = \frac{g^2}{2}\overline{u}(\mu)\gamma^\mu \frac{1-\gamma^5}{2} u(\nu_\mu) \cdot \frac{-g_{\mu\nu} + q_\mu q_\nu / M_W^2}{q^2 - M_W^2} \cdot \overline{u}(\nu_e)\gamma^\nu \frac{1-\gamma^5}{2} u(e)\,. \tag{6.20}$$

Bei den bisher durchgeführten Experimenten ist $|q^2| \ll M_W^2$, daher gilt:

$$\mathcal{M} = \frac{g^2}{8M_W^2}\overline{u}(\mu)\gamma_\mu(1-\gamma^5)u(\nu_\mu)\overline{u}(\nu_e)\gamma^\mu(1-\gamma^5)u(e) \,. \tag{6.21}$$

Dies entspricht einem Graphen, bei dem sich vier Fermionen in einem Punkt treffen, s. Abb. 6.1. Für die Vier-Fermion-Kopplung wird wie beim Myon-Zerfall die Kopplungskonstante mit $G_F/\sqrt{2}$ bezeichnet (Fermi-Kopplungskonstante). Aus dem Vergleich der beiden Darstellungen des Matrixelements entnehmen wir die wichtige Beziehung zwischen der Kopplungskonstanten g am (ν-μ-W)-Vertex und der Fermi-Kopplungskonstanten der punktförmigen Vier-Fermion-Wechselwirkung

$$\boxed{\frac{G_F}{\sqrt{2}} = \frac{g^2}{8M_W^2}} \,. \tag{6.22}$$

Der genaueste Wert von G_F ergibt sich aus der Myon-Lebensdauer

$$\tau_\mu = \frac{192\pi^3}{G_F^2 m_\mu^5} \tag{6.23}$$

zu

$$G_F = (1.16639 \pm 0.00002) \cdot 10^{-5}\,\text{GeV}^{-2}.$$

Nun soll der Wirkungsquerschnitt für die Reaktion

$$\nu_\mu(p_1) + e^-(p_2) \to \mu^-(p_3) + \nu_e(p_4)$$

berechnet werden. Dazu muß $|\mathcal{M}|^2$ über die Anfangsspins gemittelt und über die Endspins summiert werden.

$$\overline{|\mathcal{M}|^2} = \frac{G_F^2}{2} \cdot M_{\mu\nu}E^{\mu\nu} \,. \tag{6.24}$$

Hier ist $M_{\mu\nu}$ der (ν_μ μ)-Tensor und $E^{\mu\nu}$ der (e ν_e)-Tensor.

$$M_{\mu\nu} = \sum_{s_1,s_3} \overline{u}(p_3)\gamma_\mu(1-\gamma^5)u(p_1)\overline{u}(p_1)\gamma_\nu(1-\gamma^5)u(p_3) \,. \tag{6.25}$$

Der sonst übliche Faktor 1/2 entfällt, da die einlaufenden Neutrinos immer linkshändig sind.

$$\begin{aligned} M_{\mu\nu} &= \text{Spur}\,(\gamma_\mu(1-\gamma^5)\,\not{p}_1\gamma_\nu(1-\gamma^5)(\not{p}_3+m_\mu)) \\ &= 2\,\text{Spur}\,(\gamma_\mu(1-\gamma^5)\,\not{p}_1\gamma_\nu(\not{p}_3+m_\mu)) \,. \end{aligned}$$

(Man kann $(1-\gamma^5)$ an $\not{p}_1\gamma_\nu$ vorbeiziehen; $(1-\gamma^5)^2 = 2(1-\gamma^5)$).
Die Terme $\sim m_\mu$ entfallen, da sie eine ungerade Zahl von γ-Matrizen enthalten.

$$M_{\mu\nu} = 2\,\text{Spur}(\gamma_\mu\,\not{p}_1\gamma_\nu\,\not{p}_3) + 2\,\text{Spur}(\gamma^5\gamma_\mu\,\not{p}_1\gamma_\nu\,\not{p}_3) \,.$$

Die erste Spur kann mit den aus Kapitel 5 bekannten Methoden leicht auf folgende Gestalt umgeformt werden:

$$\text{Spur}(\gamma_\mu\,\not{p}_1\gamma_\nu\,\not{p}_3) = 4[p_{1\mu}p_{3\nu} + p_{1\nu}p_{3\mu} - (p_1\cdot p_3)g_{\mu\nu}] \,.$$

Zur Auswertung der zweiten Spur werden einige Sätze über Spuren mit $\gamma^5 = i\gamma^0\gamma^1\gamma^2\gamma^3$ benötigt.

a) $\mathrm{Spur}(\gamma^5 \not{a} \not{b}) = 0$.
Beweis: wir betrachten einen beliebigen Term. Dies führt auf die Spur der Matrix $\gamma^5\gamma^\mu\gamma^\nu$. Für $\mu = \nu$ ist $\gamma^\mu\gamma^\nu = \pm 1$, und es bleibt $\mathrm{Spur}\,\gamma^5 = 0$.
Für $\mu \neq \nu$ ist $\mathrm{Spur}(\gamma^5\gamma^\mu\gamma^\nu) = \pm i\mathrm{Spur}(\gamma^\alpha\gamma^\beta) = 0$ mit $\alpha, \beta \neq \mu, \nu$ und $\alpha \neq \beta$.

b) $\mathrm{Spur}(\gamma^5 \not{a} \not{b} \not{c}) = 0$: ungerade Zahl von von γ-Matrizen.

c) $\mathrm{Spur}(\gamma^5 \not{a} \not{b} \not{c} \not{d}) = +4\,i\,\varepsilon_{\alpha\beta\gamma\delta}a^\alpha b^\beta c^\gamma d^\delta$, wobei ε der total antisymmetrische Tensor ist ($\varepsilon_{0123} = +1$, $\varepsilon^{0123} = -1$).
Beweis: Wir betrachten eine einzelne Komponente und nehmen zunächst an, daß alle Indizes verschieden sind.

$$\mathrm{Spur}(\gamma^5 \underbrace{\gamma_0\gamma_1\gamma_2\gamma_3}_{-\gamma^0\gamma^1\gamma^2\gamma^3 = i\gamma^5} a^0b^1c^2d^3) = ia^0b^1c^2d^3 \underbrace{\mathrm{Spur}((\gamma^5)^2)}_{4}$$

Wenn zwei Indizes gleich sind, kommt 0 heraus, beispielsweise

$$\mathrm{Spur}(\gamma^5\gamma_0\gamma_0\gamma_2\gamma_3) = \mathrm{Spur}(\gamma^5\gamma_2\gamma_3) = 0 \quad \text{nach a)}\,.$$

Unter Benutzung dieser Sätze folgt für den myonischen Tensor

$$M_{\mu\nu} = 8\left\{[p_{1\mu}p_{3\nu} + p_{1\nu}p_{3\mu} - (p_1 \cdot p_3)g_{\mu\nu}] + i\varepsilon_{\mu\alpha\nu\beta}p_1^\alpha p_3^\beta\right\}\,.$$

Entsprechend gilt:

$$E_{\mu\nu} = \frac{1}{2}\,8\left\{[p_{2\mu}p_{4\nu} + p_{2\nu}p_{4\mu} - (p_2 \cdot p_4)g_{\mu\nu}] + i\varepsilon_{\mu\tilde{\alpha}\nu\tilde{\beta}}p_2^{\tilde{\alpha}}p_4^{\tilde{\beta}}\right\}\,.$$

Bei $E_{\mu\nu}$ tritt der Faktor 1/2 auf, da über die beiden Spineinstellungen des einlaufenden Elektrons gemittelt werden muß. Das Tensor-Produkt $M_{\mu\nu}\cdot E^{\mu\nu}$ enthält folgende Terme:

a) $[\,]_{\mu\nu}\,[\,]^{\mu\nu} = 2(p_1 \cdot p_2)(p_3 \cdot p_4) + 2(p_1 \cdot p_4)(p_2 \cdot p_3)$

b) "$[\,] \cdot \varepsilon$": diese Terme sind Null, denn $[\,]_{\mu\nu} = [\,]_{\nu\mu}$ ist ein symmetrischer Tensor, während ε antisymmetrisch in μ, ν ist.

c) "$\varepsilon \cdot \varepsilon$"
Wir betrachten z.B. die Komponenten mit $\mu = 0$, $\nu = 2$: $\alpha, \beta, \tilde{\alpha}, \tilde{\beta}$ können 1 oder 3 sein.

$$\begin{aligned} i^2\varepsilon_{0\alpha2\beta}(p_1)^\alpha(p_3)^\beta\varepsilon^{0\tilde{\alpha}2\tilde{\beta}}(p_2)_{\tilde{\alpha}}(p_4)_{\tilde{\beta}} &= (p_1)^1(p_2)_1(p_3)^3(p_4)_3 + (p_1)^3(p_2)_3(p_3)^1(p_4)_1 \\ &- (p_1)^1(p_4)_1(p_3)^3(p_2)_3 - (p_1)^3(p_4)_3(p_3)^1(p_2)_1 \end{aligned}$$

Summiert über alle μ, ν-Werte:

$$"\varepsilon \cdot \varepsilon" = 2(p_1 \cdot p_2)(p_3 \cdot p_4) - 2(p_1 \cdot p_4)(p_2 \cdot p_3)\,.$$

Die Tensor-Summation ergibt:

$$M_{\mu\nu}E^{\mu\nu} = 32 \cdot 4(p_1 \cdot p_2)(p_3 \cdot p_4)\,. \tag{6.26}$$

Das spingemittelte Absolutquadrat des Matrixelements wird

$$\overline{|\mathcal{M}|^2} = 64\,G_F^2(p_1 \cdot p_2) \cdot (p_3 \cdot p_4)\,. \tag{6.27}$$

Wir benutzen die kinematischen Relationen

$$s = W^2 = (p_1 + p_2)^2 = (p_3 + p_4)^2 = 2(p_1 \cdot p_2) = 2(p_3 \cdot p_4) + m_\mu^2 \quad (m_e \approx 0) .$$

Damit wird

$$\overline{|\mathcal{M}|^2} = 16\, G_F^2 \cdot s \cdot (s - m_\mu^2) .$$

Das gemittelte Matrixelement erweist sich als *unabhängig vom Streuwinkel* θ. Der Wirkungsquerschnitt im Schwerpunktsystem ist nach Gleichung (5.20):

$$\frac{d\sigma}{d\Omega} = \frac{1}{(8\pi)^2} \cdot \frac{1}{W^2} \cdot \frac{p'}{p} \cdot \overline{|\mathcal{M}|^2}$$

mit den Impulsen der ein- und auslaufenden Teilchen

$$p = W/2 ,\; p' = (W^2 - m_\mu^2)/(2W) .$$

Der differentielle Wirkungsquerschnitt für $\nu_\mu e^- \to \mu^- \nu_e$ lautet im Schwerpunktsystem

$$\frac{d\sigma}{d\Omega} = \frac{G_F^2}{4\pi^2} \cdot \frac{(s - m_\mu^2)^2}{s} \approx \frac{1}{4\pi^2} G_F^2 \cdot s \quad (\text{für } s \gg m_\mu^2) . \tag{6.28}$$

Er ist unabhängig vom Winkel. Der integrierte Wirkungsquerschnitt ist:

$$\sigma = 4\pi \frac{d\sigma}{d\Omega} \approx \frac{G_F^2}{\pi} \cdot s \quad (\text{für } s \gg m_\mu^2) . \tag{6.29}$$

Dieser Wirkungsquerschnitt zeigt ein ganz ungewöhnliches Verhalten: er wächst mit dem Quadrat der Schwerpunktsenergie $s = W^2$ an. Da s linear von der Neutrino-Energie im Laborsystem abhängt

$$s = (p_1 + p_2)^2 = 2 m_e E_\nu^{lab} ,$$

sagt Formel (6.29) ein lineares Anwachsen mit E_ν^{lab} voraus. Dies wird in der tief inelastischen Neutrino-Nukleon-Wechselwirkung in der Tat beobachtet, siehe Kap. 7.7.

Antineutrino-Reaktion. Für die Annihilations-Reaktion

$$\overline{\nu}_e(k_1) + e^-(k_2) \to \mu^-(k_3) + \overline{\nu}_\mu(k_4)$$

lautet das Matrixelement

$$\mathcal{M} = \frac{G_F}{\sqrt{2}} \cdot \overline{v}(k_1)\gamma_\mu(1-\gamma^5)u(k_2)\overline{u}(k_3)\gamma^\mu(1-\gamma^5)v(k_4) .$$

Daraus kann man mit den bekannten Regeln das spingemittelte Absolutquadrat berechnen:

$$\begin{aligned} \overline{|\mathcal{M}|^2} \;\; = \;\; & \frac{G_F^2}{2} \cdot \frac{1}{2} \mathrm{Spur}\left[\gamma_\mu(1-\gamma^5)\, \not{k}_2 \gamma_\nu (1-\gamma^5)\, \not{k}_1\right] \\ & \cdot \mathrm{Spur}\left[\gamma^\mu(1-\gamma^5)\, \not{k}_4 \gamma^\nu (1-\gamma^5)(\not{k}_3 + m_\mu)\right] . \end{aligned}$$

Dies entspricht dem spingemittelten Matrixelementquadrat für $\nu_\mu e^- \to \mu^- \nu_e$, wenn wir folgende Ersetzungen vornehmen (vgl. Abb. 6.3):

$$p_1 \to -k_4\,, \quad p_2 \to k_2\,, \quad p_3 \to k_3\,, \quad p_4 \to -k_1\,.$$

Wir haben hier wieder ein schönes Beispiel für den Nutzen der "Crossing"-Symmetrie (Symmetrie gegen Antiteilchen-Teilchen-Vertauschung): ein auslaufendes Teilchen, etwa das ν_e mit Viererimpuls p_4, ist äquivalent zu dem einlaufenden Antiteilchen $\overline{\nu}_e$ mit Viererimpuls $k_1 = -p_4$. Ein einlaufendes Teilchen, z.B. das ν_μ mit Viererimpuls p_1, ist äquivalent einem auslaufenden Antiteilchen, dem $\overline{\nu}_\mu$ mit $k_4 = -p_1$. Das spin-gemittelte Absolutquadrat des Matrixelements für $\overline{\nu}_e e^- \to \mu^- \overline{\nu}_\mu$ wird nach (6.27)

$$\overline{|\mathcal{M}|^2} = 64\, G_F^2 \cdot (k_2 \cdot k_4)(k_1 \cdot k_3)\,. \tag{6.30}$$

Für $s = W^2 \gg m_\mu^2$ gilt für die Impulse im Schwerpunktsystem: $k \approx k' \approx W/2$ und

$$(k_1 \cdot k_3) = (k_2 \cdot k_4) = k^2(1 + \cos\theta) = \frac{s}{2} \cdot \frac{1 + \cos\theta}{2}\,.$$

Der Antineutrino-Wirkungsquerschnitt im CMS wird schließlich

$$\frac{d\sigma}{d\Omega} = \frac{G_F^2}{4\pi^2} \cdot s \left(\frac{1 + \cos\theta}{2}\right)^2\,. \tag{6.31}$$

Im Gegensatz zum Neutrino-Wirkungsquerschnitt ist er winkelabhängig. In Abb. 6.4 wird erklärt, wie dies recht unterschiedliche Verhalten zustandekommt. Bei der Reak-

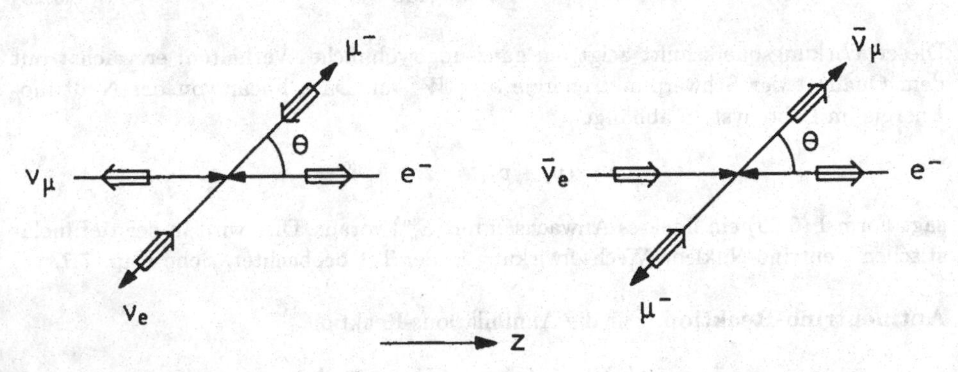

Abb. 6.4. Drehimpuls-Bilanz bei den Reaktionen $\nu_\mu e^- \to \mu^- \nu_e$ und $\overline{\nu}_e e^- \to \mu^- \overline{\nu}_\mu$.

tion $\nu_\mu e^- \to \mu^- \nu_e$ hat die z-Komponente des Gesamtdrehimpulses vor und nach der Reaktion den Wert $J_z = 0$. Bei dem Prozeß $\overline{\nu}_e e^- \to \mu^- \overline{\nu}_\mu$ hingegen ist im Eingangskanal $J_z = 1$, während die auslaufenden Teilchen einen Drehimpuls 1 in der durch den Winkel θ beschriebenen Richtung haben. Ganz offensichtlich ist $\theta = \pi$ streng verboten, und die Wahrscheinlichkeit für andere Streuwinkel ist durch die Verteilung $(1 + \cos\theta)^2$ gegeben. Der integrierte Antineutrino-Wirkungsquerschnitt beträgt genau 1/3 des Neutrino-Querschnitts:

$$\sigma(\overline{\nu}_e\, e^- \to \mu^-\, \overline{\nu}_\mu) = \int \frac{d\sigma}{d\Omega} d\Omega = \frac{1}{3}\sigma(\nu_\mu\, e^- \to \mu^- \nu_e)\,. \tag{6.32}$$

Der Faktor 1/3 ist ebenfalls anschaulich leicht zu verstehen: bei der $\overline{\nu}_e e^-$-Reaktion hat man am Anfang $J = 1, J_z = 1$. Der Endzustand $\mu^- \overline{\nu}_\mu$ hat ebenfalls $J = 1$, aber nur mit 33% Wahrscheinlichkeit $J_z = 1$, da $J_z = 0, -1$ gleich häufig auftreten.

Beim Übergang zu Reaktionen mit Antileptonen (Antiquarks) vertauschen sich die Rollen von Neutrino und Antineutrino:

$$\sigma(\overline{\nu}_\mu e^+ \to \mu^+ \overline{\nu}_e) = \sigma(\nu_\mu e^- \to \mu^- \nu_e) \quad (J = 0)\,,$$
$$\sigma(\nu_e e^+ \to \nu_\mu \mu^+) = \sigma(\overline{\nu}_e e^- \to \overline{\nu}_\mu \mu^-) \quad (J = 1)\,.$$

Die tief inelastische Neutrino-Nukleon-Streuung ist effektiv eine Streuung an den Konstituenten des Nukleons, den Quarks. Aufgrund unserer obigen Betrachtungen erwarten wir für Spin-1/2-Quarks:

$$\sigma(\overline{\nu} q) = \frac{1}{3} \sigma(\nu q)\,. \tag{6.33}$$

6.5 Schwache Wechselwirkungen von Hadronen, Cabibbo-Winkel

Nahezu alle langlebigen Hadronen zerfallen durch schwache Wechselwirkung. Für die nichtleptonischen Zerfälle der seltsamen Teilchen gilt dabei die Auswahlregel $\Delta S = 1$. Im Quark-Bild ist dies verständlich, wenn ein s-Quark in ein u-Quark überführt wird. Der Λ-Zerfall gehorcht dieser Regel

$$\begin{array}{rccc} & \Lambda & \to & p + \pi^- \\ S = & -1 & & 0 \\ & uds & \to & uud + \overline{u}d \end{array}$$

Für semileptonische Zerfälle seltsamer Teilchen gilt eine Regel $\Delta S = \Delta Q$, wobei ΔS und ΔQ die Änderung der Strangeness und Ladung des Hadrons bedeuten. Als Beispiele betrachten wir folgende semileptonische Zerfälle geladener Kaonen:

$$K^- \to \pi^0 e^- \overline{\nu}_e \qquad K^+ \to \pi^0 e^+ \nu_e\,.$$

Das K^--Meson hat $S = -1$ und $Q = -1$, beim Zerfall gilt somit $\Delta S = \Delta Q = +1$. Für das K^+ findet man entsprechend $\Delta S = \Delta Q = -1$.

Interessant sind die semileptonischen Zerfälle des Σ-Hyperons. Beobachtet wird mit einem Verzweigungsverhältnis von $1.017 \cdot 10^{-3}$ der Zerfall

$$\Sigma^- \to n e^- \overline{\nu}_e\,,$$

der mit der Regel $\Delta S = \Delta Q$ in Einklang ist. Im Gegensatz dazu hat der Zerfall

$$\Sigma^+ \to n e^+ \nu_e \quad (\Delta S = -\Delta Q)$$

ein Verzweigungsverhältnis von weniger als $5 \cdot 10^{-6}$. Im Quark-Bild würde dieser Zerfall die gleichzeitige Umwandlung von zwei Quarks erfordern, also eine doppelte schwache Wechselwirkung.

Die Regeln $\Delta S = 1$ für hadronische Zerfälle seltsamer Teilchen und $\Delta S = \Delta Q$ für semileptonische Zerfälle lassen sich im Quark-Modell zwanglos erklären, wenn man die Annahme macht, daß das s-Quark unter W^--Emission in ein u-Quark übergeht. Um die schwachen Zerfälle nichtseltsamer Hadronen zu verstehen, benötigt man auch eine Kopplung des W an den ud-Vertex. Ein Beispiel ist der Neutronzerfall $n \to pe^-\overline{\nu}_e$. Die Graphen werden in Abb. 6.5 gezeigt. Eine wichtige experimentelle Beobachtung ist, daß die Kopplungsstärke für einen Hadronzerfall mit $\Delta S = 0$ wie etwa $n \to pe^-\overline{\nu}_e$ nahezu dieselbe ist wie für einen rein leptonischen Prozeß, z.B. $\mu^- \to \nu_\mu e^- \overline{\nu}_e$. Im Vergleich dazu sind die absoluten Raten der Übergänge mit $\Delta S = 1$ um einen Faktor 20 unterdrückt. In der Theorie von Cabibbo wird dies dadurch erklärt, daß die d- und s-Quarks nicht direkt an die geladenen schwachen Ströme koppeln, sondern nur in der Superposition

$$d' = d\cos\theta_C + s\sin\theta_C \; . \tag{6.34}$$

Diese Interpretation hat sich als richtig erwiesen. Man kann den *Cabibbo-Winkel* aus dem Vergleich verschiedener Reaktionen ermitteln.

$$\pi^- \to \pi^0 e^- \overline{\nu}_e \; , \qquad \Gamma \sim \cos^2\theta_C \; ,$$

$$K^- \to \pi^0 e^- \overline{\nu}_e \; , \qquad \Gamma \sim \sin^2\theta_C$$

oder

$$\Gamma(K^+ \to \mu^+\nu_\mu) : \Gamma(\pi^+ \to \mu^+\nu_\mu) \sim \tan^2\theta_C \; .$$

Das Ergebnis ist:

$$\theta_C \approx 12.8^0 \; , \; \cos\theta_C = 0.9753 \pm 0.0006 \; , \; \sin\theta_C = 0.221 \pm 0.03 \; . \tag{6.35}$$

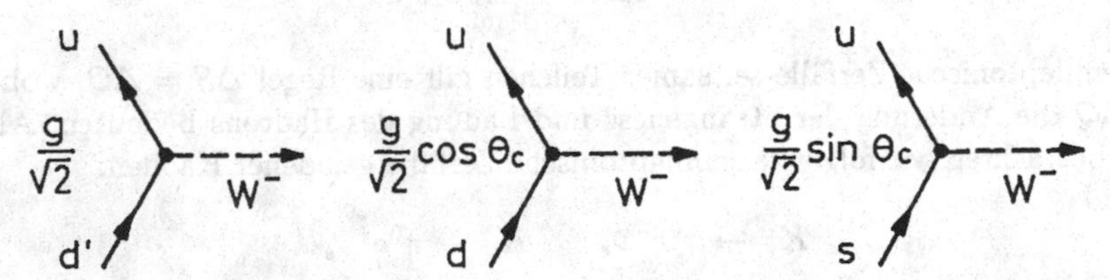

Abb. 6.5. Kopplung der u-, d- und s-Quarks an die W-Bosonen.

6.6 Schwache neutrale Ströme

Die Erzeugung intensiver Neutrino- und Antineutrino-Strahlen an Protonbeschleunigern hat entscheidend zum Verständnis der schwachen Wechselwirkung beigetragen. Im Jahr 1962 wurde die unterschiedliche Natur der Myon- und Elektron-Neutrinos entdeckt; 1973 fand man beim CERN in der Gargamelle-Blasenkammer zum ersten Mal Neutrino-Reaktionen ohne geladene Myonen im Endzustand, die man "Neutral

Current (NC)"-Ereignisse nannte, im Unterschied zu den "Charged Current (CC)"-Ereignissen mit $W^{\pm}$-Austausch. Das erste NC-Ereignis war rein leptonisch:

$$\overline{\nu}_\mu e^- \to \overline{\nu}_\mu e^- \ .$$

Es wird dabei nur das Rückstoßelektron registriert, das durch Bremsstrahlung und nachfolgende Paarbildung in der schweren Blasenkammer-Flüssigkeit (Freon) von einem μ^- oder π^- unterschieden werden kann. Praktisch gleichzeitig fand man viele hadronische NC-Ereignisse

$$\nu_\mu N \to (\nu_\mu) X \ , \quad \overline{\nu}_\mu N \to (\overline{\nu}_\mu) X \ ,$$

bei denen nur das hadronische System X beobachtet wird. Die Rate ist beträchtlich:

$$\begin{aligned}\sigma(\nu_\mu N \to \nu_\mu X) : \sigma(\nu_\mu N \to \mu^- X) \approx 0.25 \ ,\\ \sigma(\overline{\nu}_\mu N \to \overline{\nu}_\mu X) : \sigma(\overline{\nu}_\mu N \to \mu^+ X) \approx 0.45 \ .\end{aligned}$$

Die Reaktionen müssen durch neutrale Feldquanten vermittelt werden. Wenn man annimmt, daß nur ein einziges Quant Z^0 existiert, sollte seine Kopplung an Leptonen und Quarks aufgrund der obigen Ergebnisse von etwa gleicher Stärke wie die Kopplung der $W^{\pm}$-Quanten sein. (Die verschiedenen Kopplungen der Neutrinos, geladenen Leptonen und Quarks an das Z^0 werden in Kap. 11 ausführlich hergeleitet).

Schon viele Jahre vor der direkten Erzeugung des Z^0-Bosons gab es weitere experimentelle Hinweise auf seine Existenz[1] aufgrund von Interferenzexperimenten, die bei Schwerpunktsenergien weit unterhalb der Z^0-Ruhe-Energie durchgeführt wurden. Der erste Hinweis auf eine $\gamma - Z^0$-Interferenz wurde in einem Experiment zur tief inelastischen Streuung longitudinal polarisierter Elektronen an Nukleonen gefunden (Prescott 1978). Besonders deutlich äußert sich der Effekt in der Vorwärts-Rückwärts-Asymmetrie der Myon- und Tau-Paarerzeugung in Elektron-Positron-Wechselwirkungen. Hier wird die Interferenz bei großen Werten von Q^2 beobachtet.

Die Reaktion $e^-e^+ \to \mu^-\mu^+$ kann über ein virtuelles γ oder Z^0 ablaufen, siehe die Graphen in Abb. 6.6. In die Kopplung der geladenen Leptonen an das Z^0 geht entscheidend der in Kap. 11 definierte „schwache Mischungswinkel" θ_W ein, der oft auch „Weinberg-Winkel" genannt wird. Wir nehmen zur Vereinfachung an, daß $\sin^2\theta_W = 0.25$ ist; dann koppeln e, μ nur über den Axialvektoranteil an das Z^0. Die elektromagnetischen und schwachen Matrixelemente sind

$$\begin{aligned}\mathcal{M}_{e.m.} &= \frac{ie^2}{s}\overline{v}(p_2)\gamma_\mu u(p_1)\overline{u}(p_3)\gamma^\mu v(p_4)\\ \mathcal{M}_{weak} &= i\left(\frac{e}{\sin\theta_W\cos\theta_W}\right)^2\left(\frac{1}{4}\right)^2\frac{1}{s-M_Z^2}\\ &\quad \overline{v}(p_2)\gamma_\mu\gamma^5 u(p_1)\overline{u}(p_3)\gamma^\mu\gamma^5 v(p_4) \ .\end{aligned}$$

Beide werden addiert

[1] Da in diesen Experimenten, wie auch in der Neutrino-Streuung, immer nur ein geringer Bereich in Q^2 überstrichen wurde, war ein wirklicher Test des Z^0-Propagators nicht möglich, so daß diese Ergebnisse nicht als definitiver Beweis für die Existenz des Bosons angesehen werden können. Es wurden auch andere, allerdings weniger attraktive theoretische Modelle zur Erklärung der Beobachtungen diskutiert.

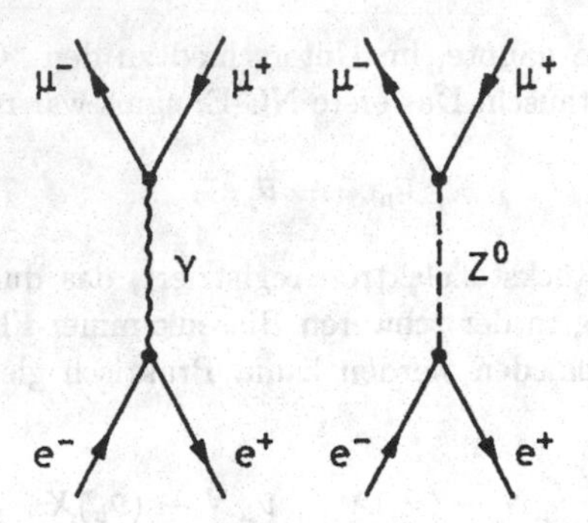

Abb. 6.6. Die Photon- und Z^0-Graphen der Reaktion $e^-e^+ \to \mu^-\mu^+$.

$$
\begin{aligned}
\mathcal{M} &= \mathcal{M}_{e.m.} + \mathcal{M}_{weak} \\
&= ie^2 \frac{1}{s} [\overline{v}(p_2)\gamma_\mu u(p_1)\overline{u}(p_3)\gamma^\mu v(p_4) \\
&\quad -a(s)\,\overline{v}(p_2)\gamma_\mu\gamma^5 u(p_1)\overline{u}(p_3)\gamma^\mu\gamma^5 v(p_4)] \,.
\end{aligned}
$$

Der energieabhängige Parameter $a(s)$ ist ein Maß für die relative Stärke der beiden Anteile

$$
a(s) = -\frac{1}{16\sin^2\theta_W\cos^2\theta_W} \cdot \frac{s}{s - M_Z^2} \,. \tag{6.36}
$$

Bei einer Schwerpunktsenergie $W = \sqrt{s} = 35\,\text{GeV}$ und mit $M_Z = 91\,\text{GeV}$ wird $a = 0.06$. Im Energiebereich von PETRA hat das Z^0-Diagramm also etwa 6% der Amplitude des Photon-Diagramms.

Zur Berechnung des differentiellen Wirkungsquerschnitts muß man wie üblich das spingemittelte Absolutquadrat von $\mathcal{M}$ bilden.

$$
\begin{aligned}
\overline{|\mathcal{M}|^2} \sim\ & \{\text{Spur}(\gamma_\mu \not{p}_1 \gamma_\nu \not{p}_2) \cdot \text{Spur}(\gamma^\mu \not{p}_4 \gamma^\nu \not{p}_3) \\
& -a\,\text{Spur}(\gamma_\mu \not{p}_1 \gamma_\nu \gamma^5 \not{p}_2) \cdot \text{Spur}(\gamma^\mu \not{p}_4 \gamma^\nu \gamma^5 \not{p}_3) \\
& -a\,\text{Spur}(\gamma_\mu \gamma^5 \not{p}_1 \gamma_\nu \not{p}_2) \cdot \text{Spur}(\gamma^\mu \gamma^5 \not{p}_4 \gamma^\nu \not{p}_3) \\
& +a^2\,\text{Spur}(\ \ ) \cdot \text{Spur}(\ \ )\} \,.
\end{aligned}
$$

Der Term mit $a^2 = 0.06^2$ kann vernachlässigt werden. Die Spuren können wie in Kap. 6.4 ausgewertet und über die Indizes μ, ν summiert werden. Das Ergebnis ist:

$$
\overline{|\mathcal{M}|^2} \sim \{(p_1p_4)(p_2p_3) + (p_1p_3)(p_2p_4) - 2a(p_1p_4)(p_2p_3) + 2a(p_1p_3)(p_2p_4)\} \,.
$$

Nennen wir θ den Winkel zwischen den Impulsvektoren von e^- und μ^- im Schwerpunktsystem der Reaktion, so wird

$$
p_1p_4 = p_2p_3 = E^2(1 + \cos\theta)\,,\ p_1p_3 = p_2p_4 = E^2(1 - \cos\theta)\,,\ E = W/2\,,
$$

und daraus folgt

$$
\overline{|\mathcal{M}|^2} \sim (1 - 2a)(1 + \cos\theta)^2 + (1 + 2a)(1 - \cos\theta)^2 = 2(1 + \cos^2\theta - 4a\cos\theta)\,.
$$

Es gibt in der Winkelverteilung einen in $\cos\theta$ linearen Term, der zu einer Vorwärts-Rückwärts-(Forward-Backward)-Asymmetrie führt:

$$\begin{aligned} A^{\mu}_{FB} &= \frac{\int_0^1 d\sigma/d\Omega\, d(\cos\theta) - \int_{-1}^0 d\sigma/d\Omega\, d(\cos\theta)}{\int_{-1}^1 d\sigma/d\Omega\, d(\cos\theta)} \\ &= \frac{\int_0^1(-4ax)dx - \int_{-1}^0(-4ax)dx}{\int_{-1}^1(1+x^2-4ax)dx} = -\frac{4a}{8/3} = -1.5a\,. \end{aligned}$$

Der in den PETRA-Experimenten bei $W = 35$ GeV gemessene Wert der Vorwärts-Rückwärts-Asymmetrie ergab sich zu

$$A^{\mu}_{FB} = (-10.9 \pm 1.0)\%\,.$$

Auch in der τ-Paarerzeugung wurde eine Asymmetrie beobachtet:

$$A^{\tau}_{FB} = (-7.9 \pm 2.2)\%\,.$$

Unter der Annahme, daß nur ein einziges Z^0 existiert und die theoretisch erwarteten Kopplungen hat, konnte man aus diesen Ergebnissen sowie den Resultaten der Neutrino-Experimente schließen, daß seine Masse in der Nähe von 90 GeV liegen mußte.

6.7 Schwacher Isospin, Charm-Quark

Zur Beschreibung der durch geladene schwache Ströme ($W^{\pm}$-Austausch) vermittelten Übergänge ist es zweckmäßig, Leptonen und Quarks in Dubletts eines *schwachen Isospins* einzuordnen. Als dieser Formalismus entwickelt wurde, waren folgende Dubletts bekannt:

$$I_3 = \begin{matrix} +1/2 \\ -1/2 \end{matrix} \quad \begin{pmatrix} \nu_e \\ e^- \end{pmatrix}_L \quad \begin{pmatrix} \nu_\mu \\ \mu^- \end{pmatrix}_L \quad \begin{pmatrix} u \\ d' \end{pmatrix}_L \,. \tag{6.37}$$

Hier ist $d' = d\cos\theta_C + s\sin\theta_C$ der Cabibbo-Mischzustand. Der Index L deutet an, daß die Kopplung an die $W^{\pm}$ nur linkshändig ist. Die rechtshändigen geladenen Leptonen und Quarks treten im Formalismus des schwachen Isospins auch auf, sind aber Singuletts.

Wir betrachten das Neutrino-Elektron-Dublett und bezeichnen die Dirac-Spinoren $u(p)$ von Neutrino und Elektron zur Vereinfachung mit ν und e. Die bekannten Übergänge werden durch die beiden ersten Graphen in Abb. 6.7 beschrieben. Der Übergang $e^- \to \nu_e$ wird durch den Isospin-Aufsteige-Operator τ_+ vermittelt und ist mit W^--Emission verknüpft. Entsprechend wird der Übergang $\nu_e \to e^-$ durch den Isospin-Absteige-Operator τ_- vermittelt und ist mit W^+-Emission verknüpft. Die Vertexfaktoren werden in Kap. 11 hergeleitet. Wir betrachten zum Vergleich das Proton-Neutron-System, das ein Dublett bezüglich des hadronischen Isospins bildet. Die möglichen Übergänge unter Pion-Emission werden in Abb. 6.8 gezeigt. Im Nukleon-System gibt es außer den beiden ladungsändernden Übergängen $p \to n$, $n \to p$, auch noch die Übergänge $p \to p$, $n \to n$, bei denen ein neutrales Pion emittiert wird. Mit der π^0-Emission ist die 3-Komponente des Isospin-Operators verknüpft. Die Isospin-Invarianz im πN-System erfordert, daß man die Feldquanten in ein Isospin-Triplett einordnet.

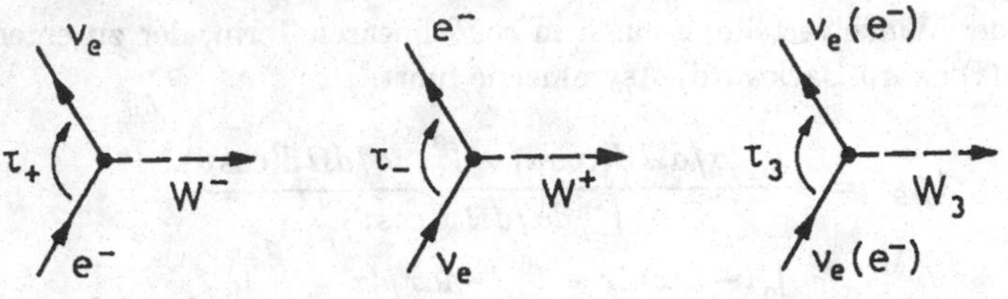

Abb. 6.7. Die Übergänge im $(\nu_e\, e)$-Dublett.

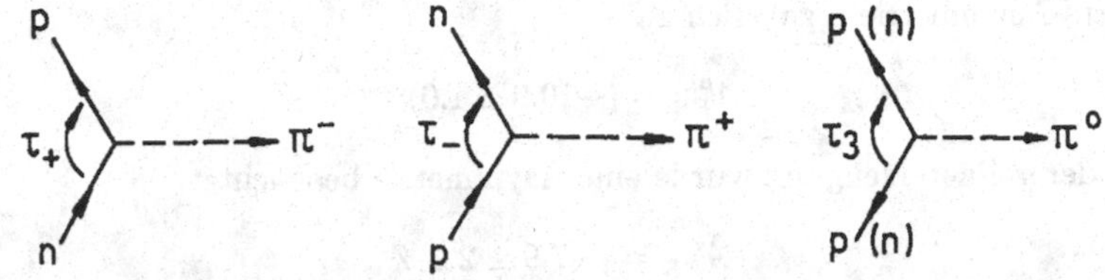

Abb. 6.8. Die Übergänge im Proton-Neutron-System unter Pion-Emission.

Will man auch im Lepton-W-System die (schwache) Isospin-Invarianz gewährleisten, so muß man die Existenz eines elektrisch neutralen Feldquants $W^0 = W_3$ fordern, siehe den dritten Graphen in Abb. 6.7. Wir werden in Kap. 11 sehen, daß das W_3 nicht identisch mit dem Z^0 ist, sondern als Superposition des Z^0-Feldes und des elektromagnetischen Viererpotentials dargestellt werden kann.

Für die jetzige Diskussion ist wichtig, daß die konsequente Anwendung des Isospinformalismus auf das Lepton-W-System zwangsläufig die Existenz neutraler schwacher Ströme nach sich zieht. Die Ideen sollen jetzt auf das Quark-Dublett angewandt werden. Mit Γ wird der Wechselwirkungsoperator des neutralen schwachen Stroms bezeichnet. Die durch Γ vermittelten Übergänge entnimmt man dem folgenden Ausdruck

$$(\overline{u}\,\overline{d'})\Gamma\begin{pmatrix} u \\ d' \end{pmatrix} = \underbrace{\overline{u}\Gamma u + \overline{d}\Gamma d\cos^2\theta_C + \overline{s}\Gamma s\sin^2\theta_C}_{\Delta S = 0} + \underbrace{(\overline{d}\Gamma s + \overline{s}\Gamma d)\sin\theta_C\cos\theta_C}_{\Delta S = 1} .$$

Auf der rechten Seite treten auch neutrale schwache Prozesse auf, bei denen ein s-Quark in ein d-Quark übergeht. Falls solche Strangeness-ändernden neutralen schwachen Wechselwirkungen in der Natur realisiert wären, sollte der Zerfall des K_L^0 in $\mu^+\mu^-$ recht häufig sein; der Graph ist in Abb. 6.9 skizziert. Dieser Zerfall wird zwar beobachtet, aber mit einem extrem kleinen Verzweigungsverhältnis von $(7.4 \pm 0.4) \cdot 10^{-9}$, was auf Graphen höherer Ordnung hindeutet. Man könnte an dieser Stelle einwenden, daß sich die Idee des schwachen Isospins damit als nicht haltbar erwiesen habe. Nichtsdestoweniger stellten Glashow, Iliopoulos und Maiani im Jahr 1970 die Hypothese auf, daß dieses Konzept dennoch richtig sei. Um die experimentell nicht beobachteten neutralen

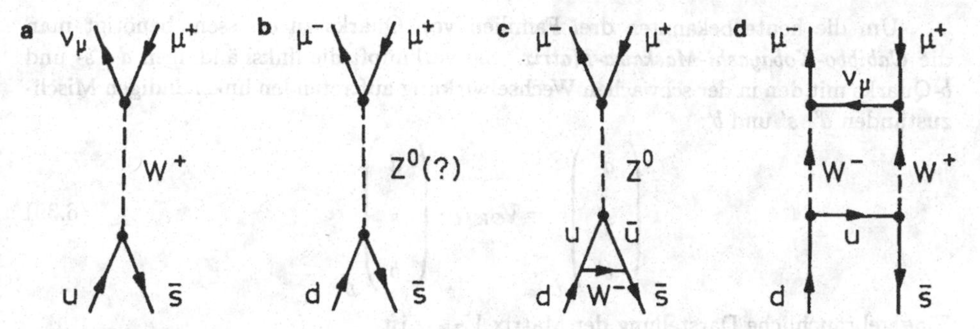

Abb. 6.9. (a) Der erlaubte Zerfall $K^+ \to (W^+) \to \mu^+\nu_\mu$ mit einem Verzweigungsverhältnis von 0.64. (b) Hypothetischer Graph für $K_L^0 \to (Z^0) \to \mu^+\mu^-$. (c), (d) Graphen höherer Ordnung für den Zerfall $K_L^0 \to \mu^+\mu^-$.

Reaktionen mit $\Delta S = 1$ zu eliminieren und auch um eine Lepton-Quark-Symmetrie herzustellen, postulierten sie die Existenz eines vierten Quarks, des Charm-Quarks c mit Ladung $+2/3e$. Sie forderten ferner, daß dies zusammen mit einer zu d' orthogonalen Kombination s' der d- und s-Quarks ein Isospin-Dublett bildet.

$$\begin{pmatrix} u \\ d' \end{pmatrix} = \begin{pmatrix} u \\ d\cos\theta_C + s\sin\theta_C \end{pmatrix}, \quad \begin{pmatrix} c \\ s' \end{pmatrix} = \begin{pmatrix} c \\ -d\sin\theta_C + s\cos\theta_C \end{pmatrix}. \tag{6.38}$$

Im Matrixelement für schwache neutrale Ströme treten dann folgende Terme auf:

$$\underbrace{\overline{u}\Gamma u + \overline{c}\Gamma c + (\overline{d}\Gamma d + \overline{s}\Gamma s)\cos^2\theta_C + (\overline{s}\Gamma s + \overline{d}\Gamma d)\sin^2\theta_C}_{\Delta S = 0}$$
$$+ \underbrace{(\overline{d}\Gamma s + \overline{s}\Gamma d - \overline{d}\Gamma s - \overline{s}\Gamma d)\sin\theta_C\cos\theta_C}_{|\Delta S| = 1} .$$

Die Strangeness-ändernden neutralen Übergänge heben sich offensichtlich heraus. Die Entdeckung der J/ψ-Teilchen und der Mesonen mit Charm war ein enormer Erfolg dieser Theorie.

Die GIM-Hypothese hat die unmittelbare Konsequenz, daß die Charm-Hadronen bevorzugt in Teilchen mit Strangeness zerfallen:

$$\begin{aligned} c \to s \quad & \text{Amplitude} \sim \cos\theta_C , \\ c \to d \quad & \text{Amplitude} \sim \sin\theta_C . \end{aligned}$$

Es wird in der Tat beobachtet, daß der Zerfall der D^+- und D^0-Mesonen in negativ geladene K-Mesonen plus Pionen dominiert, während der rein pionische Zerfall unterdrückt ist.

Die neutralen schwachen Ströme lassen nicht nur die Strangeness unverändert, sondern allgemeiner jede Quark-Sorte. Man sagt daher, daß der Z^0-Austausch "Flavour"-erhaltend sei. Die Quark-Sorte (Flavour) kann sich nur durch $W^\pm$-Emission oder $W^\pm$-Absorption ändern.

Um die heute bekannten drei Familien von Quarks zu erfassen, benötigt man die *Cabibbo-Kobayashi-Maskawa-Matrix*. Sie verknüpft die linkshändingen d-, s- und b-Quarks mit den in der schwachen Wechselwirkung auftretenden linkshändigen Mischzuständen d', s' und b':

$$\begin{pmatrix} d' \\ s' \\ b' \end{pmatrix}_L = V_{CKM} \cdot \begin{pmatrix} d \\ s \\ b \end{pmatrix}_L . \tag{6.39}$$

Eine gebräuchliche Darstellung der Matrix V_{CKM} ist

$$V_{CKM} = \begin{pmatrix} V_{ud} & V_{us} & V_{ub} \\ V_{cd} & V_{cs} & V_{cb} \\ V_{td} & V_{ts} & V_{tb} \end{pmatrix} . \tag{6.40}$$

Die Elemente V_{jk}, multipliziert mit $g/\sqrt{2}$, geben die Kopplung am Quark-W-Boson-Vertex beim Übergang vom Quark j zum Quark k an. Unsere gegenwärtige Kenntnis der Matrix-Elemente ist wie folgt (PDG 1994):

(1) Aus dem Kern-Betazerfall und Vergleich mit dem Myon-Zerfall ergibt sich

$$|V_{ud}| = 0.9744 \pm 0.0010 .$$

(2) Eine Analyse elektronischer Kaonzerfälle führt zu

$$|V_{us}| = 0.2205 \pm 0.0018 .$$

(3) Falls es nur die d- und s-Quark-Mischung gäbe, wären diese beiden Elemente der Matrix V_{CKM} identisch mit $\cos\theta_C$ bzw. $\sin\theta_C$. Die Bedingung

$$|V_{ud}|^2 + |V_{us}|^2 + |V_{ub}|^2 = 1$$

läßt aber noch Raum für den Übergang $b \to u$. An den Speicherringen DORIS und CESR wurden semileptonische Zerfälle von B-Mesonen gefunden, bei denen das b-Quark direkt in ein u-Quark übergeht. Aus den Daten folgt

$$|V_{ub}|/|V_{cb}| = 0.08 \pm 0.02 .$$

(4) Der dominante Charm-Zerfall beruht auf dem Übergang $c \to s$. Aus dem semileptonischen Zerfall $D_0 \to K^- e^+ \nu_e$ berechnet man

$$|V_{cs}| = 1.01 \pm 0.18 .$$

(5) Aus semileptonischen Zerfällen der Art $\overline{B} \to Dl\nu_l$ folgt schließlich

$$|V_{cb}| = 0.040 \pm 0.005 .$$

(6) Obwohl das Top-Quark zur Zeit nicht direkt zugänglich ist, kann man die Elemente V_{td}, V_{ts}, V_{tb} aus Zerfällen von B-Hadronen ermitteln, in denen ein virtueller Übergang $b \rightarrow t$ vorkommt.

Die 90%-Vertrauens-Grenzen der experimentell bestimmten Absolutbeträge der Elemente der CKM-Matrix sind:

$$|V_{CKM}^{exp}| = \begin{pmatrix} 0.9747 - 0.9759 & 0.218 - 0.224 & 0.002 - 0.005 \\ 0.218 - 0.224 & 0.9738 - 0.9752 & 0.032 - 0.048 \\ 0.004 - 0.015 & 0.030 - 0.048 & 0.9988 - 0.9995 \end{pmatrix} .$$

Man sieht, daß die dritte Familie $(t,\ b')$ von den beiden ersten Familien $(u,\ d')$ und $(c,\ s')$ nahezu entkoppelt ist.

Die Außerdiagonal-Elemente der Matrix V_{CKM} enthalten einen Phasenfaktor der Form $\exp(i\delta)$, der eine CP-Verletzung im K^0- und B^0-System erlaubt. (Die beim K^0-Zerfall beobachtete CP-Verletzung war die ursprüngliche Motivation für die Einführung der Matrix durch Kobayashi und Maskawa). Die Elemente der Cabibbo-Kobayashi-Maskawa-Matrix können zur Zeit nicht theoretisch berechnet werden, sondern man ist auf die experimentelle Information angewiesen. Da der s'-Zustand eine Beimischung des b-Quarks enthält, existiert folgende Zerfallskette

$$b \rightarrow c \rightarrow s \rightarrow u .$$

Ohne diese Zustandsmischung wären die B-Mesonen stabil, genauso wie die Mesonen mit Strangeness nicht zerfallen könnten, falls es nicht die Cabibbo-Mischung gäbe, die einen Übergang $s \rightarrow u$ ermöglicht. Die Kleinheit des Matrix-Elements V_{cb} führt dazu, daß die mittlere Lebensdauer der B-Hadronen mit $1.54 \cdot 10^{-12}\ s$ um einen Faktor 1.5 – 3 größer ist als die Lebensdauer der viel leichteren Charm-Hadronen.

6.8 Übungsaufgaben

6.1: Die Formel (6.17) soll benutzt werden, um aus dem Vergleich der Zerfälle $\pi^+ \rightarrow \mu^+\nu_\mu$ und $K^+ \rightarrow \mu^+\nu_\mu$ den Cabibbo-Winkel zu bestimmen. Die Massen und mittleren Lebensdauern der Teilchen sind den Tabellen der Particle Data Group zu entnehmen. Man muß berücksichtigen, daß das Kaon nur zu 63.5% in dieser Weise zerfällt. Außerdem soll die Annahme gemacht werden, daß die Kaon-Zerfallskonstante denselben Wert wie f_π hat.

6.2: Wiederholen Sie die Rechnungen in Kap. 6.3 für den π^+-Zerfall (unter sorgfältiger Beachtung der Chiralitäten) und zeigen Sie, daß die gleiche Lebensdauer herauskommt. Welcher numerische Wert ergibt sich für τ_π?

6.3: Wie kann man verstehen, daß beim Zerfall der D^0-Mesonen in 43% der Fälle K^--Mesonen auftreten aber nur in 6.3% der Fälle K^+-Mesonen?

6.4: Bei PETRA wurde bei $W = 35$ GeV eine Vorwärts-Rückwärts-Asymmetrie der Myonpaarerzeugung von $-(10.9 \pm 1.0)$% gemessen. Berechnen Sie daraus die Z^0-Masse mit Fehlergrenzen. ($\sin^2\theta_W = 0.23$).

In den Aufgaben 6.5 bis 6.7 wird der Myon-Zerfall berechnet, vergleiche hierzu Halzen und Martin (1984). Das spingemittelte Absolutquadrat des Matrixelements für den Zerfall

$$\mu^-(p) \to \nu_\mu(k) + e^-(p') + \overline{\nu}_e(k')$$

(Viererimpulse in Klammern) kann man durch Anwenden der Crossing-Symmetrie aus den Resultaten in Kap. 6.4 herleiten. Die Zerfallsrate ist im Ruhesystem des Myons

$$d\Gamma = \frac{1}{2m_\mu}\overline{|\mathcal{M}|^2}\, dLips(m_\mu^2; k, p', k')$$

mit

$$dLips = (2\pi)^4\,\delta^4(p - k - p' - k')\cdot\frac{d^3k}{(2\pi)^3\,2\omega}\cdot\frac{d^3p'}{(2\pi)^3\,2E'}\cdot\frac{d^3k'}{(2\pi)^3\,2\omega'}\,.$$

6.5: Man zeige:

$$\overline{|\mathcal{M}|^2} = 64\,G_F^2(p\cdot k')\cdot(p'\cdot k)\,,$$

was sich im Ruhesystem des Myons zu $\overline{|\mathcal{M}|^2} = 32\,G_F^2\,m_\mu^2\,\omega'(m_\mu - 2\omega')$ vereinfacht.

6.6: a) Mit Hilfe der Stufenfunktion $\theta(\omega)$ kann man die Integration über d^3k in eine über d^4k umwandeln (Beweis?):

$$\int d^3k/(2\omega) = \int d^4k\,\theta(\omega)\,\delta(k^2)\,.$$

Zeigen Sie, daß nach Ausführung der d^4k-Integration der Phasenraumfaktor wie folgt geschrieben werden kann

$$dLips = \frac{1}{(2\pi)^5}\frac{d^3p'}{2E'}\frac{d^3k'}{2\omega'}\theta(E - E' - \omega')\delta\left((p - p' - k')^2\right)\,.$$

b) Mit der Ersetzung

$$d^3p'd^3k' \to 4\pi E'^2dE'\,2\pi\omega'^2d\omega'd\cos\theta$$

ergibt sich im Ruhesystem des Myons ($E = m \equiv m_\mu$)

$$d\Gamma = \frac{G_F^2}{\pi^3}m\omega'^2(m - 2\omega')E'dE'd\omega'd\cos\theta\,\delta(m^2 - 2mE' - 2m\omega' + 2E'\omega'(1 - \cos\theta))\,,$$

wobei θ der Winkel zwischen der e^-- und $\overline{\nu}_e$-Richtung ist.

6.7: a) Die Integration über $\cos\theta$ erfordert etwas Sorgfalt beim Umgang mit der Deltafunktion. Zeigen Sie, daß dabei folgendes herauskommt

$$d\Gamma = \frac{G_F^2}{2\pi^3}m\omega'(m - 2\omega')dE'd\omega'\,.$$

b) Danach wird über ω' integriert, wobei aufgrund des Impulssatzes beim Zerfall des ruhenden Myons folgende Grenzen zu beachten sind:

$$m/2 - E' \leq \omega' \leq m/2\,, \; 0 \leq E' \leq m/2\,.$$

Beweisen Sie folgende Formel für das Energiespektrum der Elektronen

$$\frac{d\Gamma}{dE'} = \frac{G_F^2}{12\pi^3} m^2 E'^2 (3 - 4E'/m)\,,$$

die in sehr guter Übereinstimmung mit den Beobachtungen ist.
c) Durch Integration über E' folgt schließlich die bekannte Formel für die Breite des Myons

$$\Gamma_\mu = 1/\tau_\mu = \frac{G_F^2 m_\mu^5}{192\pi^3}\,.$$

6.8: Helizitätserhaltung bei hohen Energien. Beweisen Sie, daß für den Lepton-Photon-Vertex gilt

$$\overline{u}\gamma^\mu u = \overline{u}_R \gamma^\mu u_R + \overline{u}_L \gamma^\mu u_L\,,$$

was bedeutet, daß die elektromagnetische Wechselwirkung im Grenzfall $E \gg m$ helizitätserhaltend ist. Aufgrund von Aufgabe 5.3 gilt das auch für Annihilationsreaktionen, sofern man die Antiteilchen als rückwärts laufende Teilchen interpretiert. Weiterhin ist zu zeigen, daß man das gleiche Resultat auch für Axialvektorkopplungen bekommt.

7. Lepton-Quark-Wechselwirkungen, Parton-Modell

7.1 Einführung

In diesem Kapitel, das sich teilweise an das Buch von Perkins anlehnt, soll eine kurze Einführung in die elastische Lepton-Nukleon-Streuung gegeben und dann ausführlicher auf die tief inelastische Streuung und ihre Deutung im Parton-Modell eingegangen werden. Die Experimente zur tief inelastischen Elektron-Nukleon-Streuung am Stanford Linear Accelerator Center SLAC ergaben die ersten Hinweise darauf, daß es punktförmige Konstituenten im Nukleon gibt, die Partonen genannt wurden. Später kamen Myon- und Neutrinostreuung hinzu sowie e^-e^+-Vernichtung in Hadronen und Lepton-Paarerzeugung in Hadron-Hadron-Kollisionen. Nimmt man all diese Experimente zusammen, so kommt man nahezu zwangsläufig zu dem Schluß, daß die Partonen mit den Quarks identisch sind.

Das „naive" Quark-Parton-Modell hat sich als äußerst fruchtbar erwiesen, sein theoretisches Fundament war jedoch anfangs etwas schwach. Es wird die aus quantentheoretischer Sicht bedenkliche Annahme gemacht, daß sich die Partonen im Nukleon wie freie, unabhängige Teilchen verhalten, an denen die Streuung des Leptons inkohärent erfolgt. Mit anderen Worten, es werden Wahrscheinlichkeiten addiert und nicht Amplituden; Interferenzeffekte werden außer acht gelassen. Heute weiß man, daß das Quark-Parton-Modell als nullte Näherung der QCD im Grenzfall der asymptotischen Freiheit (verschwindende Quark-Gluon-Kopplung) aufgefaßt werden kann.

7.2 Elektron-Kern-Streuung, Formfaktor

In Kap. 4.3 wurde die Streuung an einem ortsfesten Potential behandelt

$$A^0 = +\frac{Ze}{4\pi r}, \quad \mathbf{A} = 0.$$

Das Matrixelement 1.Ordnung ist

$$\begin{aligned} \mathcal{M} &= iZe^2\,\overline{u}_f\gamma^0 u_i \int d^3x \frac{\exp(-i\mathbf{q}\cdot\mathbf{x})}{4\pi|\mathbf{x}|} \\ &= iZe^2\,\overline{u}_f\gamma^0 u_i \cdot \frac{1}{\mathbf{q}^2}\,. \end{aligned}$$

Wir betrachten jetzt den Fall, daß der Kern eine ausgedehnte Ladungsverteilung hat. Die Ladungsdichte schreiben wir in der Form

$$eZ\rho(\mathbf{x})\,,$$

wobei $\rho(\mathbf{x})$ auf 1 normiert ist. Das Potential berechnet man durch Integration

$$A^0(\mathbf{x}) = eZ \int \frac{\rho(\mathbf{x}')\, d^3x'}{4\pi|\mathbf{x}-\mathbf{x}'|}\,.$$

Das Matrixelement hat die Gestalt

$$\mathcal{M} = iZe^2\overline{u}_f\gamma^0 u_i \int\int \rho(\mathbf{x}')\frac{\exp(-i\mathbf{q}\cdot\mathbf{x})}{4\pi|\mathbf{x}-\mathbf{x}'|}d^3x'd^3x\,, \tag{7.1}$$

$$\mathcal{M} = iZe^2\overline{u}_f\gamma^0 u_i \cdot \underbrace{\left(\int \rho(\mathbf{x}')\exp(-i\mathbf{q}\cdot\mathbf{x}')d^3x'\right)}_{F(\mathbf{q})} \cdot \underbrace{\left(\int \frac{\exp(-i\mathbf{q}(\mathbf{x}-\mathbf{x}'))}{4\pi|\mathbf{x}-\mathbf{x}'|}d^3(x-x')\right)}_{1/\mathbf{q}^2}\,.$$

Das Matrixelement enthält zum einen den Faktor $1/\mathbf{q}^2$ wie beim Punktkern und zum anderen den *Formfaktor* $F(\mathbf{q})$. Auf einen ortsfesten Kern wird bei der Streuung keine Energie übertragen, und der Impuls des virtuellen Photons hat nur eine Dreierkomponente. In diesem Fall kann man $F(\mathbf{q})$ als Fouriertransformierte der auf 1 normierten räumlichen Ladungsverteilung interpretieren.

Der Wirkungsquerschnitt für Elektronen-Streuung an einem ausgedehnten Kern lautet

$$\frac{d\sigma}{d\Omega} = \left(\frac{d\sigma}{d\Omega}\right)_{Punkt-Kern} \cdot |F(\mathbf{q})|^2\,. \tag{7.2}$$

Für einen Punktkern ist $F(\mathbf{q}) \equiv 1$. Generell gilt $F(0) = 1$ für den Formfaktor einer beliebigen Ladungsverteilung. Als wichtiges Anwendungsbeispiel betrachten wir eine Ladungsverteilung der Form

$$\rho(r) = \rho_0 \exp(-\mu r). \tag{7.3}$$

Die Konstante ρ_0 bestimmen wir aus der Normierungsbedingung:

$$\int d^3r\rho(r) = 4\pi\rho_0 \int_0^\infty \exp(-\mu r)\, r^2 dr = 1 \Rightarrow \rho_0 = \mu^3/(8\pi)\,.$$

Damit kann man den Formfaktor berechnen (Aufgabe 7.1). Das Ergebnis ist

$$F(\mathbf{q}) = F(\mathbf{q}^2) = \frac{1}{(1+\mathbf{q}^2/\mu^2)^2}\,. \tag{7.4}$$

Wie bei allen kugelsymmetrischen Ladungsverteilungen ist der Formfaktor nur eine Funktion von $\mathbf{q}^2$, und es gilt $F(0) = 1$. Der mittlere quadratische Radius der Ladungsverteilung ist

$$< r^2 >= 4\pi\rho_0 \int_0^\infty r^2 \exp(-\mu r) r^2 dr = 96\pi\rho_0/\mu^5 = 12/\mu^2\,.$$

$$F(\mathbf{q}^2) = \frac{1}{(1+(1/12) < r^2 > \mathbf{q}^2)^2}\,.$$

Für kleine Werte von $\mathbf{q}^2 < r^2 >$ folgt aus der Taylor-Entwicklung der Exponentialfunktion bei beliebigen Ladungsverteilungen

$$F(\mathbf{q}^2) \approx 1 - \frac{1}{6} < r^2 > \mathbf{q}^2 + \ldots\,. \tag{7.5}$$

7.3 Nukleon-Formfaktoren

Der Wirkungsquerschnitt für die Streuung eines relativistischen Elektrons an einem „Dirac"-Proton, d.h. einem punktförmigen Spin-1/2-Teilchen, ist nach (5.32)

$$\frac{d\sigma}{d\Omega}(ep \to ep) = \underbrace{\frac{\alpha^2}{4E^2 \sin^4(\theta/2)} \cdot \frac{\cos^2(\theta/2)}{1 + \frac{2E}{M}\sin^2(\theta/2)}}_{\left(\frac{d\sigma}{d\Omega}\right)_{Mott}} \left(1 + \frac{Q^2}{2M^2}\tan^2(\theta/2)\right) .$$

Hierbei ist $E = E_1$ die Laborenergie des Elektrons und

$$Q^2 = -q^2 = -(p_1 - p_3)^2 \approx 4E_1E_3 \sin^2(\theta/2)$$

das Absolutquadrat des Viererimpulsübertrags. Der Mott-Wirkungsquerschnitt beschreibt die Streuung an einem punktförmigen Spin-0-Kern der Masse M. Bei der Streuung an einem Spin-1/2-Teilchen, tritt zusätzlich der Term

$$\frac{Q^2}{2M^2}\tan^2(\theta/2)$$

auf. Dieser kommt vom normalen magnetischen Moment des Dirac-Protons. Um auch den anomalen Anteil des magnetischen Moments eines realen Protons erfassen zu können, analysieren wir, in welcher Weise das magnetische Moment in das Matrixelement eingeht. Man kann dies aus der sogenannten „Gordon-Zerlegung" des Stromes erkennen. Der Strom eines Dirac-Protons ist

$$J_\mu(x) = e\overline{u}_f \gamma_\mu u_i \exp(i(p_f - p_i)x).$$

Es gilt die Identität (*Gordon-Zerlegung*)

$$e\overline{u}_f \gamma_\mu u_i = \overline{u}_f \frac{e(p_f + p_i)_\mu}{2M} u_i + \overline{u}_f \frac{e}{2M} i\sigma_{\mu\nu} q^\nu u_i \quad \text{mit}\, q = p_f - p_i \, . \tag{7.6}$$

Der erste Term ist der „Bahnstrom"-Anteil, der zweite beschreibt den Einfluß des normalen Moments $e/(2M)$.

Beweis der Gordon-Zerlegung: Aus der Dirac-Gleichung

$$(\gamma_\nu p^\nu - M)u = 0 \qquad \text{folgt} \qquad u = \frac{1}{M}\gamma_\nu p^\nu u$$

$$\Rightarrow \overline{u}_f \gamma_\mu u_i = \frac{1}{2M}\overline{u}_f \left[\gamma_\mu \gamma_\nu p_i^\nu + \gamma_\nu \gamma_\mu p_f^\nu\right] u_i \, .$$

Unter Benutzung von

$$g_{\mu\nu} = \frac{1}{2}(\gamma_\mu\gamma_\nu + \gamma_\nu\gamma_\mu) = +g_{\nu\mu} \, , \; \sigma_{\mu\nu} = \frac{i}{2}(\gamma_\mu\gamma_\nu - \gamma_\nu\gamma_\mu) = -\sigma_{\nu\mu}$$

folgt

$$\gamma_\mu \gamma_\nu p_i^\nu = p_i^\mu - i\sigma_{\mu\nu} p_i^\nu \, , \; \gamma_\nu \gamma_\mu p_f^\nu = p_f^\mu + i\sigma_{\mu\nu} p_f^\nu \, .$$

Daraus resultiert sofort die Gleichung (7.6). Wir sehen uns den zweiten Term in (7.6) etwas genauer an. Das Matrixelement für den Übergang eines Protons von einem Anfangszustand ψ_i in einen Endzustand ψ_f unter der Wirkung eines elektromagnetischen Feldes ist nach Gleichung (4.22):

$$\mathcal{M} \sim \int d^4x J_\mu(x) A^\mu(x) \quad \text{mit} \quad J_\mu(x) = e\,\overline{u}_f \gamma_\mu u_i \exp(iqx) \,.$$

Für $iq^\nu \exp(iqx)$ kann man schreiben

$$iq^\nu \exp(iqx) = \partial^\nu \exp(iqx) \,.$$

Durch partielle Integration folgt

$$\int d^4x\, \overline{u}_f\, i\sigma_{\mu\nu} q^\nu u_i \exp(iqx) A^\mu(x) = -\int d^4x\, \overline{u}_f \sigma_{\mu\nu} u_i \exp(iqx)(\partial^\nu A^\mu) \,.$$

Wir betrachten die Terme mit $\mu = 1$, $\nu = 2$ und $\mu = 2$, $\nu = 1$

$$\sigma_{12} = -\sigma_{21} = \begin{pmatrix} \sigma_3 & 0 \\ 0 & \sigma_3 \end{pmatrix}$$

$$\sigma_{12}\partial^2 A^1 + \sigma_{21}\partial^1 A^2 = \sigma_{12}\left(\frac{\partial A_y}{\partial x} - \frac{\partial A_x}{\partial y}\right) = \sigma_{12}(\nabla \times \mathbf{A})_z = \sigma_{12} B_z \,.$$

Nach Multiplikation mit $e/(2M)$ und unter Berücksichtigung des Minuszeichens vor dem Integral erhalten wir

$$-\frac{e}{2M}\sigma_z \cdot B_z \quad (\text{allgemein } -\frac{e}{2M}\boldsymbol{\sigma}\cdot\mathbf{B}) \,.$$

Dieser Ausdruck beschreibt die potentielle Energie des normalen magnetischen Moments in einem Magnetfeld. Das Proton hat jedoch ein anomales magnetisches Moment:

$$\mu_p = 2.79 \cdot \frac{e}{2M} = (1+\kappa)\frac{e}{2M} \,.$$

Um den anomalen Anteil $\kappa e/2M$ zu erfassen, addiert man zum Strom $\overline{u}_f \gamma_\mu u_i$ des Dirac-Protons noch den Anteil

$$\overline{u}_f \kappa\, i\sigma_{\mu\nu} q^\nu u_i \cdot e/(2M) \,.$$

Schließlich muß man berücksichtigen, daß sowohl Ladung wie anomales magnetisches Moment räumlich verteilt sind. Aus diesem Grund gibt es zwei Formfaktoren, und der Strom des realen Protons wird

$$J_\mu = e\,\overline{u}_f \left[\gamma_\mu F_1(q^2) + \frac{i\kappa F_2(q^2)}{2M}\sigma_{\mu\nu} q^\nu\right] u_i \exp(iqx) \,. \tag{7.7}$$

Die Normierung ist hier so gewählt, daß $F_1(0) = F_2(0) = 1$ gilt.

Bei der Streuung relativistischer Elektronen bleibt das Targetteilchen nicht in Ruhe. Der Viererimpuls-Übertrag q hat demnach auch eine Nullkomponente, den Energie-Übertrag. Die Formfaktoren sind Funktionen der relativistischen Invariante

$Q^2 = -q^2$, sofern man Kugelsymmetrie bei der Ladungs- und Momentverteilung voraussetzt. Es ist üblich, die Elektron-Nukleon-Streuung durch etwas andere Formfaktoren zu beschreiben:

$$G_E(Q^2) = F_1(Q^2) - \tau\kappa F_2(Q^2)\,,\ G_M(Q^2) = F_1(Q^2) + \kappa F_2(Q^2)\,, \qquad (7.8)$$
$$\tau = \frac{Q^2}{4M^2}\ (\geq 0)\,.$$

Der differentielle Wirkungsquerschnitt für elastische Elektron-Nukleon-Streuung ist durch die *Rosenbluth-Formel* gegeben:

$$\frac{d\sigma}{d\Omega}(eN \to eN) = \left(\frac{d\sigma}{d\Omega}\right)_{Mott} \left\{\frac{G_E^2 + \tau G_M^2}{1+\tau} + 2\tau G_M^2 \tan^2(\theta/2)\right\}\,. \qquad (7.9)$$

Für das Proton gilt $G_E(0) = 1$, $G_M(0) = 2.79$, für das Neutron $G_E(0) = 0$, $G_M(0) = -1.91$. Experimentell ermittelt man die Formfaktoren, indem man bei festgehaltenem Q^2 den Wirkungsquerschnitt gegen $\tan^2(\theta/2)$ aufträgt. Hierzu müssen die Energien des ein- und auslaufenden Elektrons für jeden Meßpunkt anders gewählt werden. Die Steigung der resultierenden Geraden ist proportional zu G_M^2, während der elektrische Formfaktor aus dem Achsenabschnitt berechnet werden muß und relativ ungenau ist. Neutron-Daten erfordern Messungen am Deuterium und Subtraktion der Proton-Daten. Dabei treten Korrekturen auf, die die Neutron-Formfaktoren weniger präzise machen.

Die Nukleon-Formfaktoren werden innerhalb der Meßgenauigkeit durch eine Funktion der Gestalt (7.4) wiedergegeben

$$G_E^{(p)}(Q^2) = \frac{G_M^{(p)}(Q^2)}{2.79} = \frac{G_M^{(n)}(Q^2)}{-1.91} = \frac{1}{(1 + Q^2/(0.71\,\mathrm{GeV}^2))^2}\,, \qquad (7.10)$$
$$G_E^{(n)}(Q^2) \approx 0\,.$$

Bei kleinen Q^2 wird wenig Energie auf das Nukleon übertragen, und q hat im wesentlichen nur eine Dreier-Komponente $\mathbf{q}$. In dieser Näherung können die Nukleonen durch eine exponentiell fallende Dichteverteilung

$$\rho(r) = \rho_0 \exp(-\mu r), \quad \mu^2 = 0.71\ \mathrm{GeV}^2$$

beschrieben werden mit dem mittleren Radius

$$\sqrt{< r^2 >} = \sqrt{12(\hbar c)^2/\mu^2} = 0.81\ \mathrm{fm}\,.$$

Dies ist die gleiche Dichteverteilung wie in der Elektronenhülle des Wasserstoff-Atoms, nur auf einer etwa 100000-fach verkleinerten Skala. Der Formfaktor fällt sehr rasch ab, und bei $Q^2 = 20\ \mathrm{GeV}^2$ ist die elastische Streuung am Proton 10^6 mal geringer als an einem Punktkern. Die gemessenen Formfaktoren werden in Abb. 7.1 gezeigt.

Eine andere Deutung des Formfaktors ist folgende: $|F(Q^2)|^2$ ist die Wahrscheinlichkeit dafür, daß bei einer Streuung das Targetteilchen als Ganzes erhalten bleibt. Aus den Messungen ergibt sich, daß diese Wahrscheinlichkeit schon bei relativ geringen Werten des Impulsübertrages Q^2 extrem klein wird; mit anderen Worten, in diesem Bereich dominieren inelastische Prozesse, bei denen das Target-Nukleon zerstört wird.

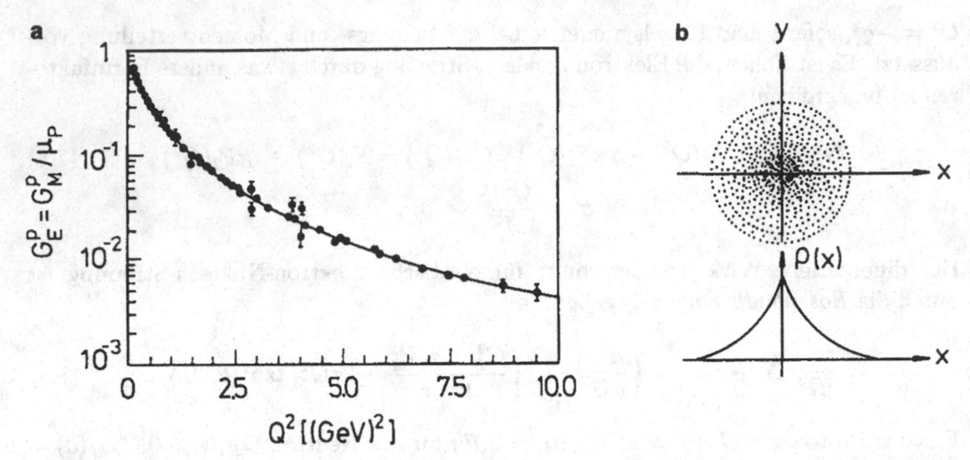

Abb. 7.1. Der elektrische und magnetische Formfaktor des Protons und die Dichteverteilung in einem Proton.

7.4 Inelastische Elektron-Nukleon-Streuung

7.4.1 Inelastische Streuung als Mittel der Struktur-Analyse

Mit Hilfe der elastischen Elektronenstreuung kann man die räumliche Ladung in einem Proton ermitteln. Um aber zu entscheiden, ob es im Proton kleinere Bausteine (Konstituenten) gibt, muß man inelastische Streuexperimente durchführen. Dies wird durch Abb. 7.2 illustriert, in der Daten zur Elektronenstreuung an Kohlenstoff-Atomen (a), an Helium-Kernen (b) und an Protonen (c) verglichen werden. Aufgetragen ist jeweils die Zählrate der gestreuten Elektronen als Funktion ihrer Energie. Man erkennt in allen drei Fällen ein scharfes Maximum bei der höchsten Energie der gestreuten Elektronen; dies entspricht der elastischen Streuung am gesamten Streuobjekt (C-Atom, He-Kern oder Proton). Daneben gibt es ein breiteres Maximum bei kleineren Energien, das im Fall (a) durch Streuung an einzelnen Hüllenelektronen des C-Atoms, im Fall (b) durch Streuung an den Protonen im He-Kern zustande kommt. Da diese Target-Teilchen nicht in Ruhe sind, sondern eine Fermi-Bewegung ausführen, ist das Sekundärmaximum ausgeschmiert. In Analogie zur Atom- und Kernstreuung können wir schließen, daß der „Kontinuumsbeitrag" bei der Elektron-Proton-Streuung durch Streuung an kleineren Konstituenten innerhalb des Protons hervorgerufen wird. Aus der Abbildung lernt man, daß die inelastische Streuung an einem ausgedehnten Objekt als elastische Streuung an den Konstituenten dieses Objekts interpretiert werden kann, wobei die Energie der gestreuten Elektronen infolge der Fermi-Bewegung ausgeschmiert ist.

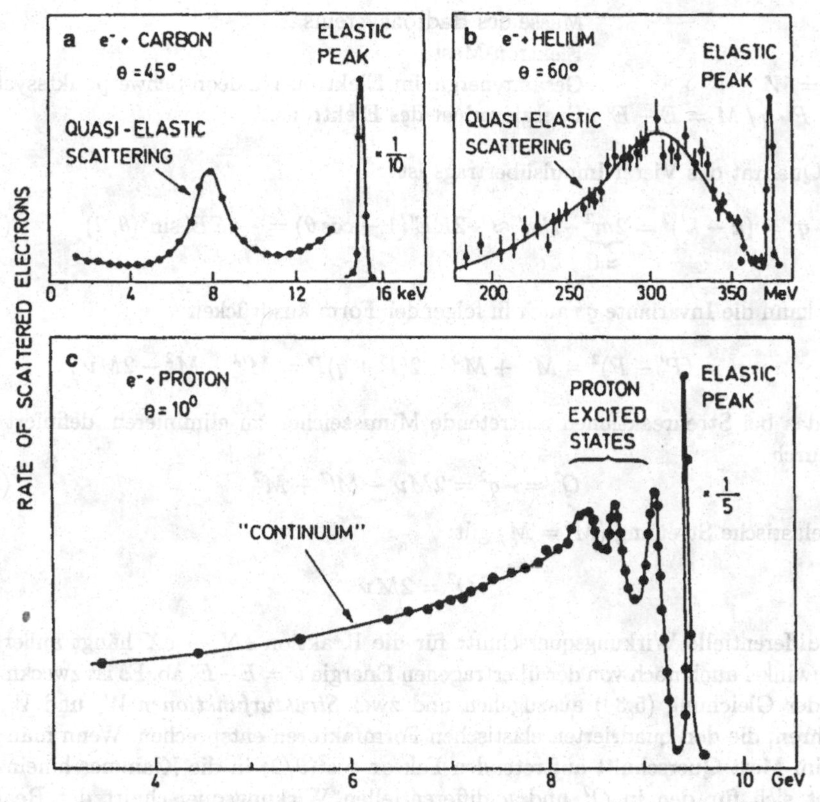

Abb. 7.2. Elastische und inelastische Elektronen-Streuung: (a) an Atomen, (b) an Kernen und (c) an Protonen (aus ECFA 1980).

7.4.2 Kinematik und Wirkungsquerschnitt für inelastische Elektron-Nukleon-Streuung

Für Werte von Q^2 oberhalb von einigen GeV^2 ist die elastische Streuung durch die Formfaktoren stark unterdrückt, und es dominieren inelastische Prozesse, bei denen das Proton in ein System X von Hadronen übergeht (Abb. 7.3).
Die kinematischen Variablen werden wie folgt bezeichnet:

$k\,,\,k'$	Viererimpulse des einlaufenden und gestreuten Elektrons
P	Viererimpuls des einlaufenden Protons
P'	Viererimpuls des auslaufenden Hadronsystems X
$q = k - k' = P' - P$	Viererimpuls des virtuellen Photons
E, E'	Labor-Energien des Elektrons
θ	Streuwinkel des Elektrons im Laborsystem
M	Nukleon-Masse

M'	Masse des Hadronsystems X
m	Elektron-Masse
$\sqrt{s} = W$	Gesamtenergie im Elektron-Nukleon-Schwerpunktssystem
$\nu = P \cdot q \,/\, M = E - E'$	Energieverlust des Elektrons.

Das Quadrat des Vierer-Impulsübertrags ist

$$q^2 = (k - k')^2 = \underbrace{2m^2}_{\approx 0} - 2kk' \approx -2EE'(1 - \cos\theta) = -4EE' \sin^2(\theta/2) . \quad (7.11)$$

Man kann die Invariante q^2 auch in folgender Form ausdrücken

$$q^2 = (P' - P)^2 = M'^2 + M^2 - 2(P + q)P = M'^2 - M^2 - 2M\nu .$$

Um das bei Streureaktionen auftretende Minuszeichen zu eliminieren, definiert man Q^2 durch

$$Q^2 = -q^2 = 2M\nu - M'^2 + M^2 . \quad (7.12)$$

Für elastische Streuung ($M' = M$) gilt:

$$Q^2 = 2M\nu .$$

Der differentielle Wirkungsquerschnitt für die Reaktion $eN \to eX$ hängt außer vom Streuwinkel auch noch von der übertragenen Energie $\nu = E - E'$ ab. Es ist zweckmäßig, von der Gleichung (5.30) auszugehen und zwei *Strukturfunktionen* W_1 und W_2 einzuführen, die den quadrierten elastischen Formfaktoren entsprechen. Wenn man noch den im Mott-Querschnitt auftretenden Faktor $\cos^2(\theta/2)$ in die Klammer hineinzieht, ergibt sich für den in Q^2 und ν differentiellen Wirkungsquerschnitt der Reaktion $eN \to eX$

$$\frac{d^2\sigma}{dQ^2 d\nu} = \frac{4\pi\alpha^2}{(Q^2)^2 M} \cdot \frac{E'}{E} \cdot \left(W_2(Q^2, \nu) \cos^2(\theta/2) + 2 W_1(Q^2, \nu) \sin^2(\theta/2)\right) . \quad (7.13)$$

Die im Jahr 1969 am SLAC aufgenommenen Daten zur inelastischen Elektron-Nukleon-Streuung werden in Abb. 7.3 mit dem elastischen Wirkungsquerschnitt verglichen. Normiert auf den Mott-Querschnitt ist die inelastische Reaktion nahezu unabhängig von Q^2, während die elastische Streuung um viele Zehnerpotenzen abfällt. Dies beweist, daß die inelastische Streuung nicht kohärent am gesamten Proton, sondern inkohärent an wesentlich kleineren Konstituenten erfolgt. Diese Konstituenten wurden von Feynman *Partonen* genannt.

7.5 Skaleninvarianz und Parton-Modell

Noch bevor bei SLAC die Messungen zur tief inelastischen Elektron-Nukleon-Streuung begonnen wurden, stellte Bjorken die Hypothese auf, daß die Strukturfunktionen der inelastischen Streuung bei großen Werten von Q^2 und ν nicht mehr von den beiden Variablen Q^2 und ν, sondern nur von der einen Variablen

$$x = \frac{Q^2}{2M\nu} \quad (7.14)$$

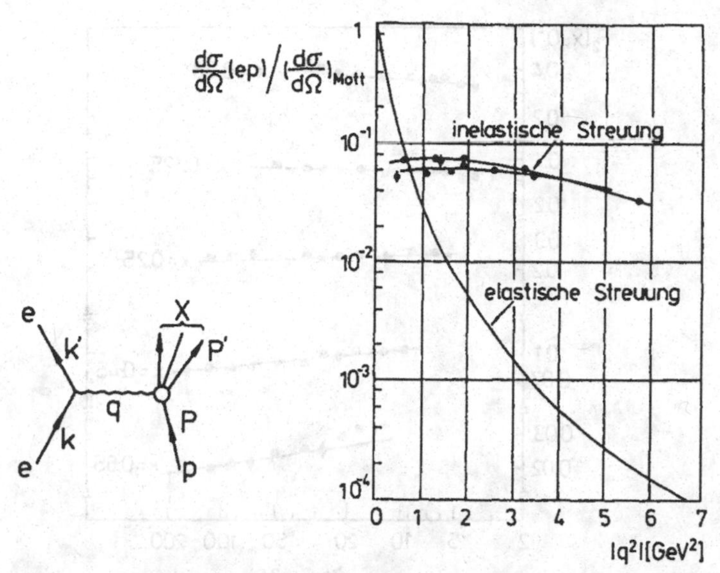

Abb. 7.3. Der Feynman-Graph der Reaktion $e + N \to e + X$ und ein Vergleich der elastischen und inelastischen Elektron-Proton-Streuung (Breidenbach et al. 1969).

abhängen. Da x dimensionslos ist, gibt es keine Massenskala mehr. Man hat dies experimentell bestätigte Verhalten *Skaleninvarianz (scaling)* genannt. Im Skaleninvarianz-Limes sollte gelten

$$\left.\begin{array}{r} W_1(q^2,\nu) \to F_1(x) \\ \dfrac{\nu}{M}\cdot W_2(q^2,\nu) \to F_2(x) \end{array}\right\} \begin{array}{l} \text{für } Q^2,\ \nu \to \infty \\ \text{aber } \dfrac{Q^2}{2M\nu} = x \text{ fest.} \end{array} \tag{7.15}$$

In Abb. 7.4 werden experimentelle Werte für $(\nu/M)W_2 = F_2(x)$ aus der inelastischen Myon-Nukleon-Streuung als Funktion von Q^2 gezeigt. Zwischen 2 und 200 GeV^2 ist nur eine sehr schwache Q^2-Abhängigkeit zu beobachten, abgesehen von den Daten bei großen x-Werten. Daraus wird deutlich, daß die inelastische Streuung an Konstituenten erfolgt, die im Rahmen der Meßgenauigkeit als punktförmig anzusehen sind. Erstaunlich ist, daß das Skaleninvarianzverhalten schon bei relativ kleinen Werte von Q^2 beginnt ($Q^2 \geq 1\,\text{GeV}^2$), daß also offenbar nicht $Q^2 \gg M^2$ sein muß . (Anmerkung: Die QCD führt zu einer gewissen Verletzung der Skaleninvarianz. Das wird in Kap. 12.7 diskutiert).

Eine anschauliche Deutung der tief inelastischen Streuung und der Skaleninvarianz wird durch das Parton-Modell vermittelt, in dem angenommen wird, daß das Nukleon aus punktförmigen Bestandteilen, den Partonen, aufgebaut ist. Bei großen Energieüberträgen $\nu = E - E'$, was gleichbedeutend mit einer kurzen Zeitdauer der

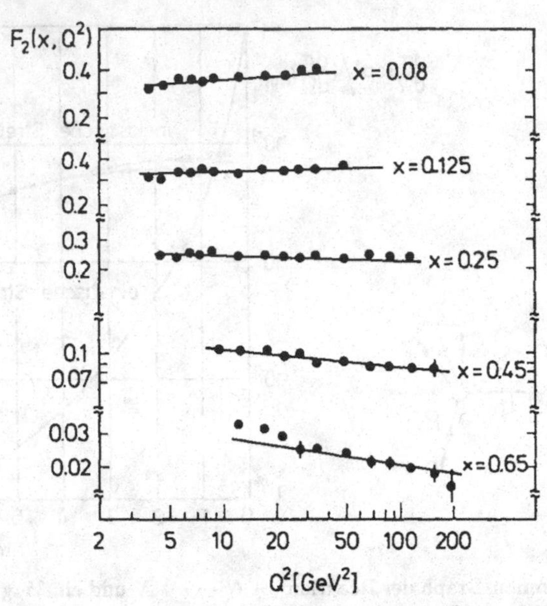

Abb. 7.4. Die Strukturfunktion $F_2(x)$ der Myon-Streuung an Eisen-Kernen für verschiedene x-Werte, aufgetragen gegen Q^2. Daten der Europäischen Myon-Kollaboration (EMC 1986).

Wechselwirkung ($\tau \sim 1/\nu$) ist, erfolgt die Streuung inkohärent an einzelnen Partonen. Das virtuelle Photon „sieht" sozusagen eine stroboskopische Aufnahme der inneren Bewegung des Nukleons und trifft bei hinreichend kurzer Wellenlänge (Q^2 groß) nur auf ein einziges Parton.

Bei der elastischen Streuung ist das ganz anders: dort wird wenig Energie übertragen, und die Zeitdauer der Wechselwirkung ist lang. Das virtuelle Photon sieht daher ein verschmiertes Bild der Partonen, eine „Partonenwolke", vergleichbar der Elektronenwolke der Atome. Die Streuung erfolgt kohärent an dieser Wolke. Große Werte von Q^2 sind stark unterdrückt, weil ein sehr kurzwelliges, hartes Photon viel eher die Partonverteilung zerschlägt, als sie zu kohärenter Streuung anzuregen.

Zur mathematischen Formulierung des Parton-Modells betrachtet man ein Bezugssystem, in dem der Impuls des Nukleons sehr groß ist ("infinite momentum frame"):

$$P^\mu \approx (P, 0, 0, P) , \quad P \gg M .$$

Bei HERA handelt es sich hierbei nahezu um das Laborsystem. In diesem System besteht das Proton aus einem Strom parallel fliegender, als frei angesehener Partonen, deren Querimpulse und Massen vernachlässigt werden. Die Streuung des virtuellen Photons erfolgt an einem der Partonen, wobei die übrigen unbeeinflußt bleiben. Das herausgeschlagene Parton (Quark) geht in einen hadronischen Jet über. Bei HERA können Ereignisse mit dieser Topologie direkt beobachtet werden (Abb. 7.5). Wir betrachten ein einzelnes Parton und nehmen an, daß sein Viererimpuls ein Bruchteil x des Proton-Viererimpulses beträgt

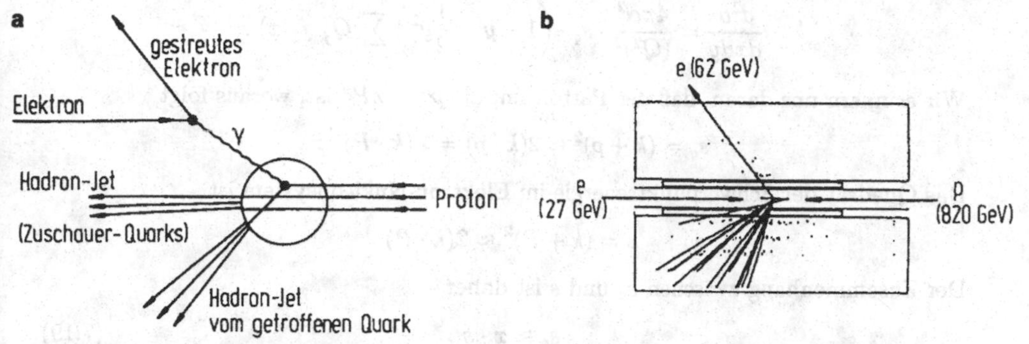

Abb. 7.5. (a) Schema der inelastischen ep-Streuung im Parton-Modell. Das virtuelle Photon trifft eines der Quarks im Nukleon, welches herausgestreut wird und einen hadronischen Jet bildet. Die „Zuschauer"-Quarks wandeln sich in Hadronen um, die nahezu in Strahlrichtung weiterfliegen. (b) Ein Ereignis vom ZEUS-Experiment bei HERA bei $Q^2 = 5300$ GeV^2 und $x = 0.11$. Es werden nur die Spuren in der zentralen Driftkammer gezeigt. Das gestreute Elektron hat eine Energie von 62 GeV. Das getroffene Quark hat noch ein Gluon abgestrahlt, wodurch der Hadron-Jet verbreitert wird. Der Vorwärts-Jet der Zuschauer-Quarks trifft teilweise das Kalorimeter des ZEUS-Detektors (hier nicht gezeigt).

$$p^\mu = xP^\mu \, , \; (0 < x < 1) \, . \tag{7.16}$$

Auch diese Gleichung setzt voraus, daß die Massen klein gegen die Energien sind. Wir werden in Kap. 7.6 sehen, daß man die Partonen mit den Quarks identifizieren kann. Daher ist es naheliegend, die Partonen als Spin-1/2-Teilchen der Ladung $Q_q\, e$ zu behandeln ($Q_q = 2/3$ oder $-1/3$). Für die elastische Elektron-Streuung an einem Spin-1/2-Fermion der Ladung $Q_q\, e$ und Masse m_q lautet der invariante Wirkungsquerschnitt nach Gleichung (5.28)

$$\frac{d\sigma}{dQ^2} = \frac{4\pi\alpha^2}{(Q^2)^2}\left[1 - \frac{Q^2}{s_q}\left(1 + \frac{m_q^2}{s_q}\right) + \frac{1}{2}\left(\frac{Q^2}{s_q}\right)^2\right] \cdot Q_q^2 \, .$$

Wir vernachlässigen die Parton-Masse gegen die Gesamtenergie im Lepton-Parton-Schwerpunktsystem, die wir mit $\sqrt{s_q}$ bezeichnen, zur Unterscheidung von der Schwerpunktsenergie $\sqrt{s}$ im Lepton-Nukleon-System. Sei nun $f_j(x)\, dx$ die Wahrscheinlichkeit dafür, ein Parton vom Typ j mit relativem Impulsanteil zwischen x und $x + dx$ zu finden. Dann folgt aus der Annahme, daß man die Streuung an den verschiedenen Partonen im Proton inkohärent addieren darf

$$\frac{d^2\sigma}{dQ^2 dx} = \frac{4\pi\alpha^2}{(Q^2)^2}\left(1 - \frac{Q^2}{s_q} + \frac{1}{2}\left(\frac{Q^2}{s_q}\right)^2\right)\sum_j Q_j^2 \cdot f_j(x) \, . \tag{7.17}$$

Häufig benutzt man noch die Variable y, die ebenfalls eine relativistische Invariante ist:

$$y = \frac{P \cdot q}{P \cdot k} \approx \frac{Q^2}{s_q} \, . \tag{7.18}$$

Damit wird aus (7.17)

$$\frac{d^2\sigma}{dxdy} = \frac{4\pi\alpha^2}{(Q^2)^2} \cdot s_q \cdot \left(1 - y + \frac{1}{2}y^2\right) \sum_j Q_j^2 \, f_j(x) \, .$$

Wir erinnern uns daran, daß der Parton-Impuls $p^\mu = xP^\mu$ ist, woraus folgt

$$s_q = (k+p)^2 \approx 2(k \cdot p) = 2\,(k \cdot P) \cdot x \, .$$

Das Quadrat der Schwerpunktsenergie im Elektron-Nukleonsystem ist

$$s = (k+P)^2 \approx 2(k \cdot P) \, .$$

Der Zusammenhang zwischen s_q und s ist daher

$$s_q \approx x \cdot s \, . \tag{7.19}$$

Als Funktion der Größen s, x, y und Q^2 lautet der Elektron-Parton-Wirkungsquerschnitt, summiert über alle Partonen mit Ladung $Q_j e$

$$\frac{d^2\sigma}{dxdy} = \frac{4\pi\alpha^2}{(Q^2)^2} \cdot s \cdot x \left(1 - y + \frac{1}{2}y^2\right) \sum_j Q_j^2 \cdot f_j(x) \, . \tag{7.20}$$

Man kann die Formel (7.13) ebenfalls auf diese Variablen umschreiben

$$\frac{d^2\sigma}{dxdy} = \frac{4\pi\alpha^2}{(Q^2)^2} \cdot s \left((1-y)F_2(x) + xy^2 F_1(x)\right) . \tag{7.21}$$

Für die Herleitung werden folgende Formeln benutzt, die zum Teil auf Näherungen beruhen:

$$x = \frac{Q^2}{2M\nu} \, , \quad y = \frac{Q^2}{x\,s} = \frac{2M\nu}{s} \, ,$$

$$dxdy = \frac{1}{\nu s} dQ^2 d\nu \, , \quad \frac{d^2\sigma}{dxdy} = \nu s \frac{d^2\sigma}{dQ^2 d\nu} \, .$$

$$\frac{E'}{E} \cdot \frac{\nu}{M} \cos^2(\theta/2) \cdot W_2 = \underbrace{\frac{E'}{E} \cos^2(\theta/2)}_{\approx (1-y)} \cdot \underbrace{\frac{\nu}{M} W_2}_{F_2(x)} \, ,$$

$$\frac{\nu}{M} \cdot \underbrace{\frac{E'}{E} \sin^2(\theta/2)}_{Q^2/4E^2} \cdot 2W_1 = \frac{1}{2} y^2 x \cdot 2F_1(x) \, .$$

Aus dem Vergleich der Formeln (7.20) und (7.21) erhält man einen Zusammenhang zwischen der Strukturfunktion $F_2(x)$ und den Impuls-Dichtefunktionen $f_j(x)$ sowie eine Verknüpfung von $F_1(x)$ und $F_2(x)$.

$$\boxed{F_2(x) = x \cdot \sum_j Q_j^2 \cdot f_j(x) \, .} \tag{7.22}$$

$$\boxed{F_2(x) = 2x \cdot F_1(x) \, .} \tag{7.23}$$

Gleichung (7.23) nennt man die *Callan-Gross-Relation.* Diese Beziehung zwischen den inelastischen Strukturfunktionen F_1 und F_2 des Nukleons ist gültig, wenn die Partonen den Spin 1/2 haben. Für Spin 0 ist $F_1(x) \equiv 0$, da die Streuung am magnetischen Moment fehlt. Die experimentellen Daten in Abb. 7.6 sind mit (7.23) in Einklang und schließen Partonen mit Spin 0 aus.

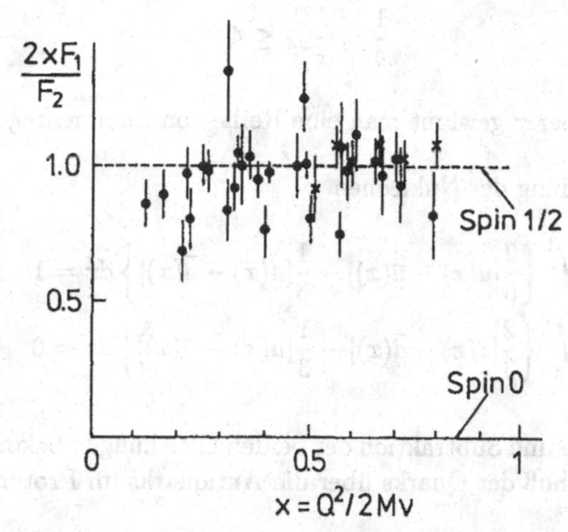

Abb. 7.6. Experimentelle Prüfung der Callan-Gross-Relation $F_2(x) = 2xF_1(x)$.

7.6 Quark-Parton-Modell

Aufgrund der Callan-Gross-Relation liegt es nahe, die Partonen mit den Quarks zu identifizieren. Um die verschiedenen Quarksorten besser unterscheiden zu können, wollen wir die Dichtefunktionen $f_j(x)$ umbenennen. Mit $u(x)dx$ wird die Wahrscheinlichkeit bezeichnet, ein u-Quark im Proton mit einem relativen Impuls zwischen x und $x + dx$ zu finden. Entsprechend sind die Wahrscheinlichkeitsdichten $\overline{u}(x)$, $d(x)$, $\overline{d}(x)$, $s(x)$, $\overline{s}(x)$ für die anderen Quarks und Antiquarks im Proton definiert. An dieser Stelle ist es zweckmäßig, die Unterscheidung von *Valenz-Quarks* und *See-Quarks* einzuführen. Die Valenzquarks des Protons sind die beiden u-Quarks und das d-Quark, die das Teilchen im statischen Quark-Modell aufbauen. Die See-Quarks werden durch Gluonen in Form von virtuellen Quark-Antiquark-Paaren erzeugt: $u\overline{u}$, $d\overline{d}$, $s\overline{s}$, ... Unter Benutzung der Quark-Dichtefunktionen kann man die Strukturfunktion F_2 der ep-Streuung wie folgt darstellen

$$F_2^{ep}(x) = x\left\{\frac{4}{9}[u(x) + \overline{u}(x)] + \frac{1}{9}[d(x) + \overline{d}(x) + s(x) + \overline{s}(x)]\right\}. \qquad (7.24)$$

Die Isospininvarianz ergibt beim Übergang zum Neutron

$$u^n(x) = d^p(x) \equiv d(x)\,,\; d^n(x) = u^p(x) \equiv u(x)\,,\; s^n(x) = s^p(x) \equiv s(x)\,. \qquad (7.25)$$

Also wird F_2 für Elektron-Neutron-Streuung

$$F_2^{en}(x) = x\left\{\frac{4}{9}\left[d(x) + \overline{d}(x)\right] + \frac{1}{9}\left[u(x) + \overline{u}(x) + s(x) + \overline{s}(x)\right]\right\}. \qquad (7.26)$$

Alle Wahrscheinlichkeitsdichten $f_j(x)$ sind positiv, daraus folgt

$$\frac{1}{4} \leq \frac{F_2^{en}}{F_2^{ep}} \leq 4 . \tag{7.27}$$

Durch Integration über x gewinnt man eine Reihe von Summenregeln.

a) Elektrische Ladung der Nukleonen.

$$\int_0^1 \left\{ \frac{2}{3}[u(x) - \overline{u}(x)] - \frac{1}{3}[d(x) - \overline{d}(x)] \right\} dx = 1 \quad (p) , \tag{7.28}$$

$$\int_0^1 \left\{ \frac{2}{3}[d(x) - \overline{d}(x)] - \frac{1}{3}[u(x) - \overline{u}(x)] \right\} dx = 0 \quad (n) . \tag{7.29}$$

b) Durch Addition und Subtraktion der beiden Gleichungen bekommt man Formeln, die den Überschuß der Quarks über die Antiquarks im Proton angeben.

$$\int_0^1 [u(x) - \overline{u}(x)] dx = 2 , \quad \int_0^1 [d(x) - \overline{d}(x)] dx = 1 . \tag{7.30}$$

Da das Proton die Strangeness 0 hat, muß weiterhin gelten

$$\int_0^1 [s(x) - \overline{s}(x)] dx = 0 .$$

Von besonderer Bedeutung ist die Impuls-Summenregel:

$$\int_0^1 dx \cdot x \, [u(x) + \overline{u}(x) + d(x) + \overline{d}(x) + s(x) + \overline{s}(x)] = 1 - \varepsilon . \tag{7.31}$$

Gäbe es nur die Quarks und Antiquarks im Nukleon, so sollte $\varepsilon = 0$ sein, da der gesamte Nukleonenimpuls sich dann auf diese Partonen verteilen müßte. Wenn man die relativ geringen Beiträge der s- und $\overline{s}$-Quarks vernachlässigt, gilt

$$F_2^{eN} = \frac{1}{2} (F_2^{ep} + F_2^{en}) = \frac{5}{18} x [u(x) + \overline{u}(x) + d(x) + \overline{d}(x)] , \tag{7.32}$$

und daher wird aus der Impuls-Summenregel

$$\boxed{\frac{18}{5} \int_0^1 F_2^{eN}(x) \, dx = 1 - \varepsilon .} \tag{7.33}$$

Der in den SLAC-Experimenten ermittelte Wert des Integrals beträgt 0.50 ± 0.05, was die erstaunliche Aussage zur Folge hat, daß die Quarks und Antiquarks nur 50% des Nukleon-Impulses tragen. Wenn man das Quark-Parton-Modell nicht aufgeben will, muß man weitere Konstituenten im Nukleon postulieren. Diese wurden Gluonen genannt, weil man vermutete, daß es sich dabei um die Bindeteilchen der Kernkräfte handeln könnte. Die Quanten-Chromodynamik hat diese Vermutung bestätigt, es gibt aber kein theoretisches Argument dafür, weshalb die Gluonen etwa 50% des Proton-Impulses übernehmen sollten. Als Feldquanten der starken Kräfte müssen die Gluonen elektrisch neutral sein und tragen daher nicht zur Elektron-Nukleon-Streuung bei.

7.7 Tief inelastische Neutrino-Nukleon-Streuung

Nach Kap. 6.4 lautet der Wirkungsquerschnitt für die Reaktion $\nu_\mu d \rightarrow \mu^- u$ im Neutrino-Quark-Schwerpunktsystem

$$\sigma = \frac{G_F^2}{\pi} \cdot \cos^2\theta_C \cdot s_q \,, \quad \frac{d\sigma}{d\Omega} = \frac{\sigma}{4\pi} \,. \tag{7.34}$$

Der differentielle Wirkungsquerschnitt ist isotrop im Schwerpunktsystem. Für die Antineutrino-Reaktion $\overline{\nu}_\mu + u \rightarrow \mu^+ + d$ berechnet man eine Winkelabhängigkeit und einen um den Faktor 3 kleineren totalen Wirkungsquerschnitt

$$\frac{d\sigma}{d\Omega} = \frac{G_F^2}{4\pi^2} \cdot \cos^2\theta_C \cdot s_q \cdot \left(\frac{1+\cos\theta}{2}\right)^2 , \; \sigma = \frac{G_F^2}{3\pi} \cdot \cos^2\theta_C \cdot s_q \,. \tag{7.35}$$

Im folgenden wollen wir die Cabibbo-Mischung der Quarks außer acht lassen, d.h. $\cos\theta_C = 1$ setzen. Die Wirkungsquerschnitte für Neutrino/Antineutrino-Antiquark-Reaktionen ergeben sich mit Hilfe der "Crossing"-Symmetrie durch Übergang zu den jeweiligen Antiteilchen

$$d\sigma(\overline{\nu}_\mu \overline{d} \rightarrow \mu^+ \overline{u}) = d\sigma(\nu_\mu d \rightarrow \mu^- u) \,,$$
$$d\sigma(\nu_\mu \overline{u} \rightarrow \mu^- \overline{d}) = d\sigma(\overline{\nu}_\mu u \rightarrow \mu^+ d) \,.$$

Die Wirkungsquerschnitte (7.34) und (7.35) sind proportional zur Energie E des Neutrinos im Laborsystem, da $s_q = 2m_q E$ ist, wenn wir mit m_q die Masse des Quarks bezeichnen. Bis zu den höchsten untersuchten Neutrino-Energien wird in der Tat ein lineares Anwachsen der Wirkungsquerschnitte beobachtet. In Abb. 7.7 sind die auf die Energie normierten Querschnitte σ/E gegen E aufgetragen. Bemerkenswert ist, daß die inelastische Antineutrino-Nukleon-Reaktion nicht 33%, sondern etwa 50% der Neutrino-Nukleon-Reaktion ausmacht. Dies ist ein erster Hinweis auf das Vorhandensein von Antiquarks im Nukleon. Für das Studium der Winkelabhängigkeit erweist es sich als zweckmässig, den Schwerpunktswinkel θ wieder durch die relativistische Invariante y zu ersetzen.

$$y \approx Q^2/s_q \approx (1 - \cos\theta)/2 \,.$$

Dabei wird die Quarkmasse vernachlässigt, $m_q \ll E$. Weiterhin schreiben wir $s_q \approx x \cdot s$ mit $s = (k + P)^2$. Die in y differentiellen Wirkungsquerschnitte sind

$$\boxed{\frac{d\sigma}{dy} = \frac{G_F^2}{\pi} \cdot x \cdot s} \quad \text{für } \nu_\mu d \rightarrow \mu^- u \,,\; \overline{\nu}_\mu \overline{d} \rightarrow \mu^+ \overline{u} \,, \tag{7.36}$$

und

$$\boxed{\frac{d\sigma}{dy} = \frac{G_F^2}{\pi} \cdot x \cdot s \cdot (1-y)^2} \quad \text{für } \overline{\nu}_\mu u \rightarrow \mu^+ d \,,\; \nu_\mu \overline{u} \rightarrow \mu^- \overline{d} \,. \tag{7.37}$$

Die experimentellen Daten in Abb. 7.8 entsprechen den theoretischen Erwartungen: die Neutrino-Nukleon-Wirkungsquerschnitte sind nahezu unabhängig von y, während bei Antineutrino-Reaktionen eine $(1 - y)^2$-Verteilung beobachtet wird.

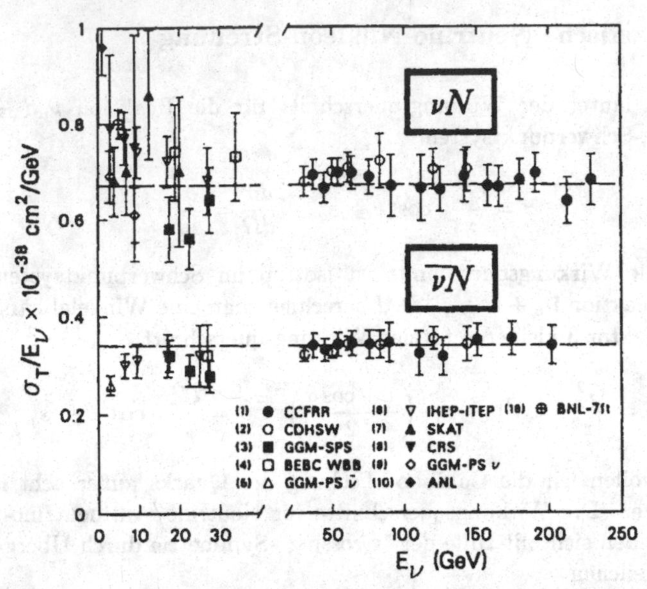

Abb. 7.7. σ/E als Funktion der Neutrino-Energie E für tief inelastische νN- und $\overline{\nu}N$-Streuung (PDG 1992).

7.7.1 Strukturfunktionen der Neutrino-Streuung

Die Wirkungsquerschnitte der tief inelastischen Neutrino- und Antineutrino-Nukleon-Reaktionen

$$\nu_\mu N \to \mu^- X, \quad \overline{\nu}_\mu N \to \mu^+ X$$

enthalten drei Strukturfunktionen, da im Neutrino-Tensor noch der paritätsverletzende Term $\varepsilon_{\mu\nu\alpha\beta}k^\alpha k'^\beta$ auftritt. Im Skaleninvarianzbereich gilt:

$$\frac{d^2\sigma}{dxdy} = \frac{G_F^2}{2\pi}\cdot s\cdot\left[(1-y)F_2^{\nu,\overline{\nu}}(x) + xy^2F_1^{\nu,\overline{\nu}}(x) \pm \left(y - \frac{y^2}{2}\right)xF_3^{\nu,\overline{\nu}}(x)\right]. \tag{7.38}$$

Das positive Vorzeichen bei F_3 gilt für Neutrinos, das negative für Antineutrinos. Wir nehmen wieder an, daß die Partonen Spin 1/2 haben, daß es sich also um Quarks und Antiquarks handelt, und eliminieren F_1 mit Hilfe der Callan-Gross-Relation. Dadurch vereinfacht sich (7.38)

$$\frac{d^2\sigma}{dxdy} = \frac{G_F^2}{4\pi}\cdot s\cdot\left\{\left[F_2^{\nu,\overline{\nu}} \pm xF_3^{\nu,\overline{\nu}}\right] + \left[F_2^{\nu,\overline{\nu}} \mp xF_3^{\nu,\overline{\nu}}\right](1-y)^2\right\}. \tag{7.39}$$

Durch Vergleich mit (7.36) und (7.37) folgt für Neutrinos:

$$F_2^\nu(x) + xF_3^\nu(x) = 4xd(x), \quad F_2^\nu(x) - xF_3^\nu(x) = 4x\overline{u}(x),$$

also

$$\begin{aligned} F_2^{\nu p} &= 2x\left[d(x) + \overline{u}(x)\right] \\ xF_3^{\nu p} &= 2x\left[d(x) - \overline{u}(x)\right]. \end{aligned}$$

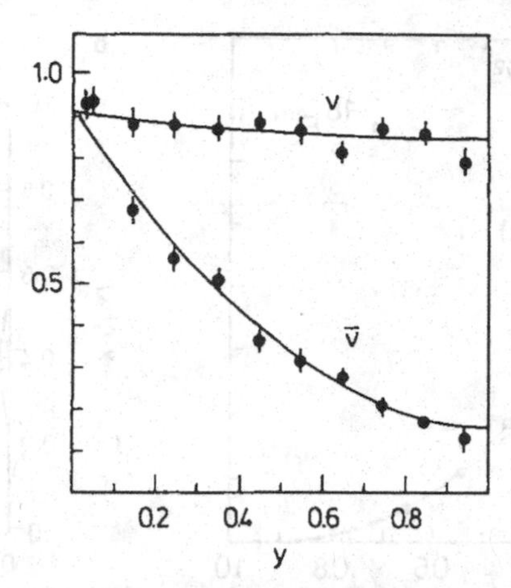

Abb. 7.8. Die y-Verteilungen für Neutrino- und Antineutrino-Nukleon-Reaktionen (de Groot et al. 1979).

Für das Neutron gilt wegen der Isospininvarianz die Gleichung (7.25). Also folgt für ein isoskalares Target:

$$\boxed{\begin{aligned} F_2^{\nu N} &= x(u(x) + d(x) + \overline{u}(x) + \overline{d}(x)) \\ x F_3^{\nu N} &= x(u(x) + d(x) - \overline{u}(x) - \overline{d}(x)) . \end{aligned}} \tag{7.40}$$

Bei den Neutrino-Nukleon-Wechselwirkungen mit $W^{\pm}$-Austausch mißt demnach F_2 die Summe der Quarks und Antiquarks und F_3 die Differenz. Wie schon gesagt, ist die Cabibbo-Mischung der d- und s-Quarks hier außer acht gelassen worden. Wenn man den Beitrag der s-Quarks völlig vernachlässigt, findet man die folgende Beziehung zwischen den Strukturfunktionen der Elektron-, Myon- und Neutrino-Nukleon-Streuung

$$\boxed{F_2^{eN} = F_2^{\mu N} = \frac{5}{18} F_2^{\nu N} .} \tag{7.41}$$

Diese Relation ist experimentell gut erfüllt, wie Abb. 7.9a illustriert. Daraus entnimmt man, daß Elektron (Myon) und Neutrino an dieselben Konstituenten im Nukleon koppeln. Die quantitative Übereinstimmung mit dem Faktor 5/18 ist ein Beweis für die drittelzahligen Ladungen der Quarks.

7.7.2 Antiquark-Inhalt der Nukleonen

Für die $\overline{\nu}N$-Reaktionen erhalten wir

$$F_2 - xF_3 = 4x\overline{d}(x) , \; F_2 + xF_3 = 4xu(x) ,$$

also

$$F_2^{\overline{\nu}p} = 2x[u(x) + \overline{d}(x)] , \; xF_3^{\overline{\nu}p} = 2x[u(x) - \overline{d}(x)]$$

und

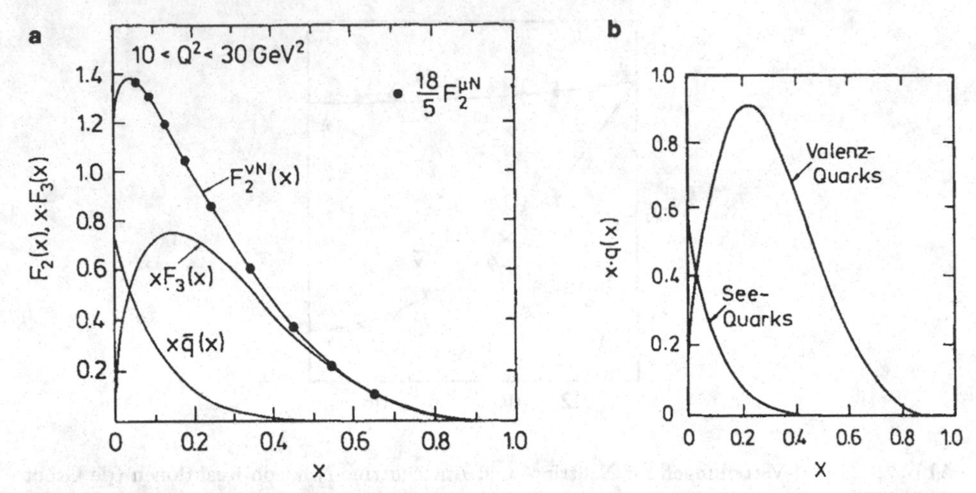

Abb. 7.9. **(a)** Die Strukturfunktionen $F_2(x)$ und $xF_3(x)$ für inelastische Neutrino-Nukleon-Streuung (durchgezogene Kurven). Zusätzlich ist noch $(18/5)F_2^{\mu N}$ aufgetragen; man sieht, daß die Regel (7.41) gut erfüllt ist. Die Antiquark-Impulsverteilung ist gegeben durch $x\overline{q}(x) = 0.5 \cdot (F_2(x) - xF_3(x))$. **(b)** Die Impulsverteilung der Valenz- und See-Quarks im Nukleon.

$$F_2^{\overline{\nu}n} = 2x[d(x) + \overline{u}(x)]\,, \; xF_3^{\overline{\nu}n} = 2x[d(x) - \overline{u}(x)]\,.$$

Es gibt einen allgemein gültigen Zusammenhang zwischen den drei Strukturfunktionen der Neutrino- und Antineutrino-Wechselwirkungen

$$F_j^{\nu n} = F_j^{\overline{\nu}p}\,, \quad j = 1,2,3\,. \tag{7.42}$$

Gäbe es nur Quarks im Nukleon, so sollte der $\overline{\nu}N$-Wirkungsquerschnitt genau 1/3 des νN-Wirkungsquerschnitts sein. Experimentell liegt das Verhältnis bei 0.50. Dies bedeutet, daß der Antiquark-Anteil bei knapp 20% liegt (Aufgabe 7.4). Aus den Strukturfunktionen kann man die x-Abhängigkeit der Impulsverteilungen $q(x)$ und $\overline{q}(x)$ ermitteln.

$$\begin{aligned} x\,(u(x) + d(x)) &= 0.5 \cdot (F_2^{\nu N} + xF_3^{\nu N}) \\ x(\overline{u}(x) + \overline{d}(x)) &= 0.5 \cdot (F_2^{\nu N} - xF_3^{\nu N}) \end{aligned} \tag{7.43}$$

Die Antiquarks sind vorwiegend bei kleinen x-Werten konzentriert. Dies ist verständlich, da sie nicht primär vorhanden sind, sondern durch Paarbildung aus dem „See" entstehen. Diese Möglichkeit, Quarks und Antiquarks zu trennen, gibt es nicht bei der inelastischen Elektron- oder Myon-Streuung, da dort die paritätsverletzende Strukturfunktion F_3 fehlt[1].

Die experimentell ermittelten Strukturfunktionen werden in Abb. 7.9a gezeigt, zusammen mit der daraus hergeleiteten Impulsverteilung der Antiquarks im Nukleon, die wie erwartet zu kleinen x-Werten hin anwächst. Man kann aus diesen Daten auch

[1] Bei HERA spielt der Term F_3 eine Rolle, da im Bereich großer Q^2 der paritätsverletzende Z^0-Austausch bedeutsam wird.

die in Abb. 7.9b aufgetragenen Impulsverteilungen der Valenz- und See-Quarks gewinnen. Durch HERA sind wesentlich kleinere x-Werte zugänglich geworden, siehe Kap. 12.7.

7.8 Elektron-Positron-Vernichtung in Hadronen

Im Quark-Parton-Modell verläuft die Reaktion $e^-e^+ \to$ Hadronen über die Bildung eines Quark-Antiquark-Paares. Bis auf den Faktor Q_q^2 erhält man denselben Wirkungsquerschnitt wie für Myon-Paarerzeugung.

$$\sigma(e^-e^+ \to q\bar{q}) = \sigma(e^-e^+ \to \mu^-\mu^+) \cdot Q_q^2 .$$

Die auslaufenden Quarks wandeln sich in zwei eng gebündelte Jets von Hadronen um, die den Richtungen der ursprünglichen Partonen folgen. Die Winkelverteilung der Jet-Achsen relativ zur Strahlrichtung ist in guter Näherung von der Form $(1 + \cos^2\theta)$, siehe Abb. 7.10. Dies ist eine weitere experimentelle Stütze für die Identifikation der Partonen mit den Quarks sowie für deren Deutung als Spin-1/2-Fermionen.

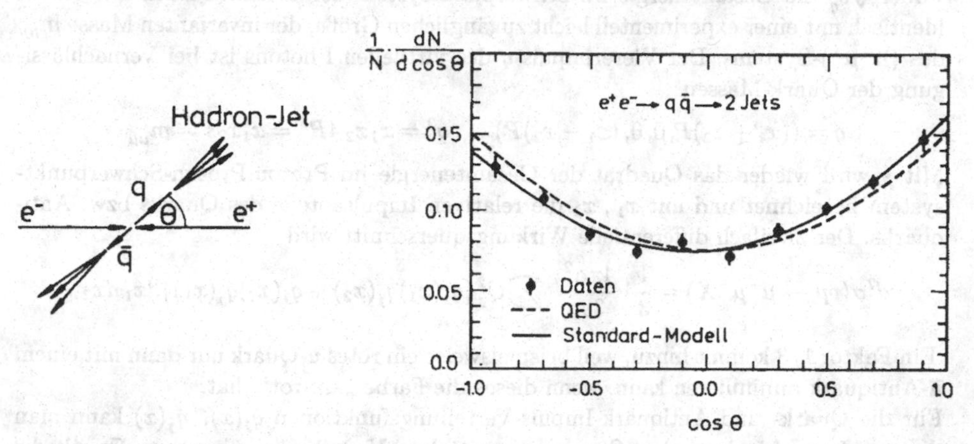

Abb. 7.10. Die Kinematik der Reaktion $e^-e^+ \to q\bar{q} \to$ 2 Jets und die Winkelverteilung der Jet-Achsen relativ zur Strahlrichtung bei W = 35 GeV (JADE 1989). Gestrichelte Kurve: QED-Vorhersage; durchgezogene Kurve: Berücksichtigung der $\gamma - Z^0$-Interferenz (vgl. Abb. 5.11 und Kap. 6, 11).

Im Quark-Parton-Modell nimmt man an, daß die Hadronisation der Quarks keinen Einfluß auf die Größe des Wirkungsquerschnitts hat. Dann ist das Verhältnis R von hadronischem zu Myon-Paar-Querschnitt gegeben durch die einfache Formel

$$R = \frac{\sigma(e^-e^+ \to \text{Hadronen})}{\sigma(e^-e^+ \to \mu^-\mu^+)} = 3 \cdot \sum_q Q_q^2 . \tag{7.44}$$

Dabei muß über alle Quark-Sorten summiert werden, die kinematisch zugänglich sind, für die also $2m_q < W = 2E$ ist (E ist die Energie des Elektronen- und Positronenstrahls). Außerdem steht ein Faktor 3 vor der Summe, der den 3 Farbzuständen der

Quarks entspricht (vgl. Kap. 12.3). Die Daten werden in Kap. 12.7, Abb. 12.20 gezeigt. Sie stimmen recht gut mit Gleichung (7.44) überein. Insbesondere beobachtet man bei jeder neuen Quark-Schwelle ein stufenartiges Anwachsen des Verhältnisses R. Für die Umwandlung der Quarks in Hadronen, oft *Fragmentation* genannt, gibt es nur phänomenologische Modelle mit relativ schwacher theoretischer Rechtfertigung.

7.9 Lepton-Paarerzeugung in Hadron-Stößen

Eine dritte Klasse von Reaktionen, die mit dem Parton-Modell gedeutet werden können, sind die nach Drell und Yan benannten Prozesse der Art

$$p + p \to \mu^- \mu^+ + X\,.$$

Dabei muß ein Antiquark aus einem Hadron mit einem Quark aus dem anderen zusammentreffen. Der elementare Prozeß hat den Wirkungsquerschnitt

$$\sigma(q_j \overline{q}_j \to \mu^- \mu^+) = \frac{4\pi\alpha^2}{3 s_q} \cdot Q_j^2\,,$$

wobei $\sqrt{s_q}$ die Gesamtenergie im Schwerpunktsystem der beiden Quarks ist. Sie ist identisch mit einer experimentell leicht zugänglichen Größe, der invarianten Masse $m_{\mu\mu}$ des $(\mu^- \mu^+)$-Systems. Der Viererimpuls q des virtuellen Photons ist bei Vernachlässigung der Quark-Massen

$$q = ((x_1 + x_2)P, 0, 0, (x_1 - x_2)P)\,, \quad q^2 = x_1 x_2\, 4P^2 = x_1 x_2 s = m_{\mu\mu}^2\,.$$

Mit s wird wieder das Quadrat der Gesamtenergie im Proton-Proton-Schwerpunktsystem bezeichnet und mit x_1, x_2 die relativen Impulsanteile des Quarks bzw. Antiquarks. Der zweifach differentielle Wirkungsquerschnitt wird

$$d^2\sigma(pp \to \mu^- \mu^+ X) = \frac{1}{3} \cdot \frac{4\pi\alpha^2}{3 s_q} \cdot \sum_j Q_j^2 \{q_j(x_1)\overline{q}_j(x_2) + q_j(x_2)\overline{q}_j(x_1)\} dx_1\, dx_2\,.$$

Ein Faktor 1/3 kommt hinzu, weil beispielsweise ein rotes u-Quark nur dann mit einem $\overline{u}$-Antiquark annihilieren kann, wenn dieses die Farbe „antirot“ hat.
Für die Quark- und Antiquark-Impuls-Verteilungsfunktionen $q_j(x)$, $\overline{q}_j(x)$ kann man die aus der tief inelastischen Streuung ermittelten Verteilungen einsetzen. Es gilt die Umformung

$$\frac{d\sigma}{dm_{\mu\mu}^2} = \int\!\!\int dx_1 dx_2 \frac{d^2\sigma}{dx_1 dx_2} \underbrace{\delta(m_{\mu\mu}^2 - x_1 x_2 s)}_{\delta(\tau - x_1 x_2)/s}\,.$$

Hier ist die Größe $\tau = m_{\mu\mu}^2/s$ eingeführt worden. Der in $m_{\mu\mu}^2$ differentielle Wirkungsquerschnitt ist

$$\frac{d\sigma}{dm_{\mu\mu}^2} = \frac{4\pi\alpha^2}{9\, m_{\mu\mu}^4} \underbrace{\int\!\!\int dx_1 dx_2\, x_1\, x_2 \cdot \delta(\tau - x_1 x_2) \sum_j Q_j^2 \left[q_j(x_1)\overline{q}_j(x_2) + q_j(x_2)\overline{q}_j(x_1)\right]}_{\text{Funktion von } \tau}\,. \tag{7.45}$$

Hieraus folgt, daß die Größe $s^2 \cdot d\sigma/dm_{\mu\mu}^2$ nur eine Funktion der dimensionslosen Variablen $\tau = m_{\mu\mu}^2/s$ sein sollte, unabhängig von der Energie. Dies ist durch Experimente bei FNAL und am Intersecting Storage Ring ISR bei CERN bestätigt worden, wie Abb. 7.11 zeigt.

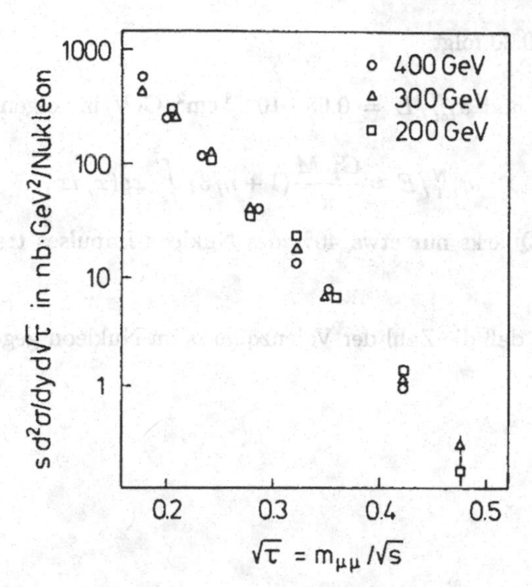

Abb. 7.11. Der Wirkungsquerschnitt für Myon-Paarerzeugung in Hadron-Hadron-Kollisionen (Yoh et al. 1978).

7.10 Übungsaufgaben

7.1: Berechnen Sie den Formfaktor der Dichteverteilung

$$\rho(r) = \rho_0 \exp(-\mu r)\,.$$

Es ist zweckmäßig, die Integration in Kugelkoordinaten auszuführen.

7.2: Die Daten in Abb. 7.8 zeigen eine geringe Abweichung vom theoretisch erwarteten Verlauf. Schätzen Sie daraus den Anteil der Antiquarks im Nukleon ab.

7.3: Zeigen Sie, daß bei Berücksichtigung der Cabibbo-Mischung sowie der s- und $\overline{s}$-Quarks aus dem „See" die Strukturfunktionen der Neutrino-Nukleon-Streuung folgende Gestalt annehmen (vgl. Lohrmann 1992)

$$\begin{aligned} F_2^{\nu N} &= F_2^{\overline{\nu} N} = x \cdot \cos^2\theta_C \cdot (q(x) + 2s(x) + \overline{q}(x)) \\ xF_3^{\nu N} &= x \cdot \cos^2\theta_C \cdot (q(x) - \overline{q}(x) + 2s(x)) \\ xF_3^{\overline{\nu} N} &= x \cdot \cos^2\theta_C \cdot (q(x) - \overline{q}(x) - 2s(x))\,, \end{aligned}$$

wobei definiert wurde $q(x) = u(x) + d(x)$. Es ist zu bedenken, daß die s-Quarks paarweise durch Gluonen erzeugt werden, woraus sich $s(x) = \overline{s}(x)$ ergibt.

7.4: Die gemessenen totalen Neutrino/Antineutrino-Wirkungsquerschnitte sind

$$\sigma_{tot}^{\nu N}/E = 0.68 \cdot 10^{-38}\,\text{cm}^2/\text{GeV}\,,\ \sigma_{tot}^{\overline{\nu} N}/E = 0.34 \cdot 10^{-38}\,\text{cm}^2/\text{GeV}\,.$$

Sei $\eta = \int x\overline{q}(x)dx / \int xq(x)dx$ der Anteil des Nukleonimpulses, der von den Antiquarks getragen wird, relativ zu dem Anteil der Quarks. Man zeige, daß bei Vernachlässigung der s-Quarks $\eta \approx 0.20$ folgt.

7.5: Setzt man η und $\sigma_{tot}^{\nu N}/E = 0.68 \cdot 10^{-38}\,\mathrm{cm}^2/\mathrm{GeV}$ in folgende (zu beweisende) Beziehung ein

$$\sigma_{tot}^{\nu N}/E \approx \frac{G_F^2 M}{\pi}(1+\eta/3)\int_0^1 xq(x)dx\,,$$

so folgt, daß die Quarks nur etwa 40% des Nukleon-Impulses tragen (M Masse des Nukleons).

7.6: Beweisen Sie, daß die Zahl der Valenzquarks im Nukleon gegeben ist durch $N_V = \int F_3^{\nu N}(x)dx$.

8. Divergenz-Probleme in der schwachen Wechselwirkung

8.1 Überschreiten der Unitaritätsgrenze bei der Punkt-Wechselwirkung

Die Reichweite der schwachen Wechselwirkung ist so gering, daß man auch bei Neutrino-Energien von mehr als 100 GeV keine Abweichung von der Punktwechselwirkung nachweisen kann. Ist es möglich, auf das W-Boson ganz zu verzichten und schwache Reaktionen mit Ladungsänderung durch die Punktwechselwirkung von Fermi zu beschreiben? Die Antwort ist, daß diese Theorie zwar eine gute Näherung bei niedrigen und mittleren Energien darstellt, aber in prinzipielle Schwierigkeiten führt, wenn die Schwerpunktsenergien größer als 300 GeV werden.

In Kap. 6.4 haben wir den Wirkungsquerschnitt für die Reaktion $\nu_\mu e^- \to \mu^- \nu_e$ im Grenzfall $|q^2| \ll M_W^2$, also in der Näherung der Vier-Fermion-Punktwechselwirkung, berechnet:

$$\sigma(\nu_\mu e^- \to \mu^- \nu_e) = \frac{G_F^2}{\pi} \cdot s = \frac{G_F^2}{\pi} \cdot 4p^{*2} . \tag{8.1}$$

Wenn diese Formel uneingeschränkt gültig sein sollte, würde man bei genügend hohen Schwerpunktsimpulsen p^* eine Grenze überschreiten, die sich aus der Erhaltung der Wahrscheinlichkeit ergibt. Um dies zu sehen, betrachten wir die Partialwellenzerlegung (siehe z.B. Perkins (1987), Lohrmann (1992)). Im optischen Modell ist der Wirkungsquerschnitt für elastische Streuung

$$\sigma_{el} = \frac{4\pi}{k^2} \sum_{l=0}^{\infty} (2l+1) \left| \frac{\eta_l e^{i2\delta_l} - 1}{2i} \right|^2$$

und der Querschnitt für inelastische Reaktionen

$$\sigma_{inel} = \frac{\pi}{k^2} \sum_{l=0}^{\infty} (2l+1)(1-|\eta_l|^2) .$$

Dabei bedeuten k die Wellenzahl der einlaufenden Welle, δ_l die Phasenverschiebung und η_l die Amplitude der l-ten Partialwelle ($0 \le \eta_l \le 1$). Der Reaktionswirkungsquerschnitt in der Partialwelle l ist also beschränkt durch

$$(\sigma_{inel})_l = \frac{\pi}{k^2}(2l+1). \tag{8.2}$$

Im Schwerpunktsystem ist $k = p^*$ ($\hbar = 1$). Für punktförmige Wechselwirkung sind nur s-Wellen ($l = 0$) erlaubt, da der Stoßparameter des einlaufenden Teilchens verschwindend klein sein muß. Also folgt

$$\sigma(\nu_\mu e^- \to \mu^- \nu_e) \leq \pi/p^{*2} \,.$$

Nach der Fermi-Theorie wächst σ aber mit p^{*2} an. Die Erhaltung der Wahrscheinlichkeit ist verletzt, wenn

$$\frac{G_F^2}{\pi} \cdot 4p^{*2} \geq \pi/p^{*2} \text{ oder } p^* \geq 370\,\text{GeV} \,.$$

8.2 Divergenzen im W-Boson-Modell

Bei der Berechnung des Wirkungsquerschnitts (8.1) ist der W-Propagator durch $1/M_W^2$ ersetzt worden. Dies ist nur für $Q^2 \ll M_W^2$ richtig. Bei hohen Energien ist der Nenner abzuändern

$$\frac{1}{Q^2 + M_W^2} \,.$$

Für $Q^2 \gg M_W^2$ erhält man also $1/Q^2$ wie bei einem virtuellen Photon und sollte daher keine Schwierigkeiten mit der Unitaritätsgrenze erwarten. Bei genauer Betrachtung wird die Sachlage jedoch etwas komplizierter, weil der vollständige W-Propagator folgende Gestalt hat (siehe Anhang D)

$$\frac{-g^{\mu\nu} + q^\mu q^\nu / M_W^2}{q^2 - M_W^2} \,, \; Q^2 = -q^2 \,. \tag{8.3}$$

Es gibt zwei Unterschiede im Vergleich zum Photon-Propagator: den M_W^2-Term im Nenner und den Term $q^\mu q^\nu/M_W^2$ im Zähler. Dieser zweite Term könnte möglicherweise das Q^2-Verhalten des Nenners kompensieren. Für Streureaktionen ist das aber nicht der Fall, wie wir zeigen wollen. Das Matrixelement der Raktion $\nu_\mu e^- \to \mu^- \, \nu_e$ ist

$$\mathcal{M} \sim \overline{u}(p_3)\gamma_\mu(1-\gamma^5)u(p_1)\, \frac{-g^{\mu\nu} + q^\mu q^\nu/M_W^2}{q^2 - M_W^2}\, \overline{u}(p_4)\gamma_\nu(1-\gamma^5)u(p_2) \,.$$

Den Viererimpuls $q^\mu = (p_1 - p_3)^\mu$ ziehen wir in das erste Skalarprodukt und benutzen die Dirac-Gleichung:

$$\overline{u}(p_3)\, \not{p}_3 = m_\mu \overline{u}(p_3) \,, \quad \not{p}_1 u(p_1) = 0 \,.$$

$q^\nu = (p_4 - p_2)^\nu$ ziehen wir in das zweite Skalarprodukt :

$$\overline{u}(p_4)\, \not{p}_4 = 0 \,, \; \not{p}_2 u(p_2) = m_e u(p_2) \,.$$

Relativ zum $g^{\mu\nu}$-Term ergibt also der Term $q^\mu q^\nu/M_W^2$ keineswegs einen mit den Impulsen stark wachsenden Anteil, sondern nur einen Beitrag $\sim m_e m_\mu/M_W^2$, der total vernachlässigt werden kann. Für Austauschdiagramme kann man demnach den W-Propagator ersetzen durch

$$\frac{-g^{\mu\nu}}{q^2 - M_W^2} \,.$$

Im Limes großer Q^2 erhalten wir das gleiche Resultat wie bei Photonaustausch-Reaktionen, d.h. es gibt keine Unitaritätsprobleme bei hohen Energien. Alle Diagramme mit *inneren* W-Linien haben in der Tat ein vernünftiges Hochenergieverhalten.

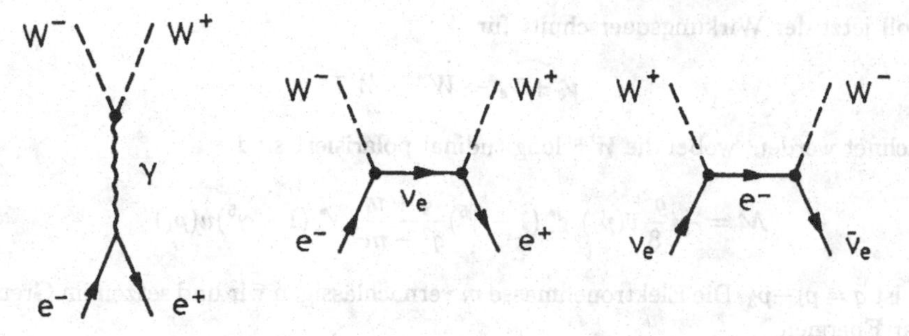

Abb. 8.1. Feynman-Graphen für W-Paarerzeugung.

Die Probleme treten aber wieder auf bei Reaktionen mit *externen* W-Teilchen, etwa der W-Paarproduktion: $e^-e^+ \to W^-W^+$ oder $\nu_e\bar{\nu}_e \to W^-W^+$, deren Graphen in Abb. 8.1 gezeigt werden. Das zweite Diagramm kann man mit dem Graphen der Reaktion $e^-e^+ \to \gamma\gamma$ vergleichen, die einen Wirkungsquerschnitt mit vernünftiger Energieabhängigkeit hat

$$\frac{d\sigma}{d\Omega} = \frac{\alpha^2}{s} \cdot \frac{1+\cos^2\theta}{\sin^2\theta} .$$

Wie bekannt fällt die QED-Reaktion umgekehrt proportional zu s, dem Quadrat der Schwerpunktsenergie, ab. Bei der W-Paarerzeugung stellt sich jedoch heraus, daß sie linear mit s anwächst, genau wie die Neutrino-Reaktionen in der Vier-Fermion-Punkt-Wechselwirkung. Wie erklärt sich dieser Unterschied zwischen freien W-Bosonen und freien γ-Quanten?

Die Ladung ist nicht der entscheidende Punkt, sondern es ist die Masse. Vektorteilchen mit Ruhemasse 0 können nur Helizität ± 1 haben (transversale Photonen), während bei einer Masse $M \neq 0$ zusätzlich die Helizität 0 (longitudinale Polarisation) auftritt. Es ist genau der Wirkungsquerschnitt für longitudinale W, der mit der Energie anwächst. Die Polarisationsvektoren der W-Teilchen werden im Anhang C hergeleitet. Wählt man den Impuls des Vektormesons in z-Richtung

$$p^\mu = (E, 0, 0, p) ,$$

so gilt für die Helizitäten ± 1

$$\varepsilon^\mu(p, \lambda = \pm 1) = \begin{cases} -\frac{1}{\sqrt{2}}(0, 1, i, 0) \\ \frac{1}{\sqrt{2}}(0, 1, -i, 0) \end{cases} ,$$

dagegen für Helizität 0

$$\varepsilon^\mu(p, \lambda = 0) = \frac{1}{M}(p, 0, 0, E) . \tag{8.4}$$

Während also die Polarisationsvektoren für transversale W-Teilchen unabhängig vom Impuls sind, wächst der Vektor für longitudinale Polarisation ($\lambda = 0$) linear mit p an. Für sehr große Energien gilt:

$$\varepsilon^\mu_{long} = \frac{1}{M} p^\mu . \tag{8.5}$$

Es soll jetzt der Wirkungsquerschnitt für

$$\nu_e + \overline{\nu}_e \to W^+ + W^-$$

berechnet werden, wobei die $W^\pm$ longitudinal polarisiert sind.

$$\mathcal{M} = -i\frac{g^2}{8}\overline{v}(p_2)\, \not\varepsilon^*_-(1-\gamma^5)\frac{\not q + m}{q^2 - m^2}\, \not\varepsilon^*_+(1-\gamma^5)u(p_1) .$$

Hier ist $q = p_1 - p_3$. Die Elektronenmasse m vernachlässigen wir und setzen im Grenzfall hoher Energien

$$\not\varepsilon^*_+ \approx \frac{1}{M_W}\not p_3 , \quad \not\varepsilon^*_- \approx \frac{1}{M_W}\not p_4 .$$

Ferner gilt $g^2/8 = G_F M_W^2/\sqrt{2}$. Schließlich kann man wegen

$$\not p_1 u(p_1) = 0 \text{ und } \overline{v}(p_2)\not p_2 = 0$$

noch ersetzen:

$$\not p_3 \to \not p_3 - \not p_1 = -\not q , \quad \not p_4 \to \not p_4 - \not p_2 = \not q .$$

Somit wird für longitudinale W im Grenzfall hoher Energien

$$\mathcal{M} \approx i\frac{G_F}{\sqrt{2}}\overline{v}(p_2)\, \not q(1-\gamma^5)\frac{\not q\, \not q}{q^2}(1-\gamma^5)u(p_1) .$$

Es ist

$$\begin{aligned} \not q\, \not q = q^2 \text{ und } (1-\gamma^5)^2 = 2(1-\gamma^5) , \\ \Rightarrow \quad \mathcal{M} = i\, G_F\sqrt{2}\,\overline{v}(p_2)\, \not q(1-\gamma^5)u(p_1) . \end{aligned}$$

Das spingemittelte Matrixelement-Quadrat ist

$$\begin{aligned} \overline{|\mathcal{M}|^2} &= 2\, G_F^2\, \text{Spur}(\not q(1-\gamma^5)\, \not p_1\, \not q(1-\gamma^5)\, \not p_2) \\ &= 4\, G_F^2\, \text{Spur}\, ((1-\gamma^5)\, \not p_1\, \not q\, \not p_2\, \not q) \\ &= 16\, G_F^2\, (2(p_1\cdot q)(p_2\cdot q) - (p_1\cdot p_2)q^2) . \end{aligned}$$

Dabei wurde benutzt, daß

$$\text{Spur}(\gamma^5\, \not p_1\, \not q\, \not p_2\, \not q) = 4i\varepsilon_{\alpha\beta\gamma\delta}p_1^\alpha q^\beta p_2^\gamma q^\delta \equiv 0$$

wird, da der Tensor ε antisymmetrisch ist, während q^β, q^δ vertauscht werden können. Die Auswertung wird im Schwerpunktsystem (CMS) vorgenommen.

$$\begin{aligned} p_1 &= E(1,0,0,1) , & p_3 &= E(1,\sin\theta,0,\cos\theta) , \\ p_2 &= E(1,0,0,-1) , & p_4 &= E(1,-\sin\theta,0,-\cos\theta) . \end{aligned}$$

Der übertragene Vierer-Impuls ist

$$q = p_1 - p_3 = E(0,\, -\sin\theta,\, 0,\, 1-\cos\theta) .$$

Die Schwerpunktsenergie $2E$ wird als groß gegen die W-Masse angenommen. Für das quadrierte Matrixelement und den Wirkungsquerschnitt folgt

$$\overline{|\mathcal{M}|^2} = 32\, G_F^2\, E^4 \sin^2\theta \,,$$

$$\frac{d\sigma}{d\Omega} = \frac{1}{(8\pi)^2} \cdot \frac{1}{4E^2} \cdot \overline{|\mathcal{M}|^2} = \frac{G_F^2}{8\pi^2} \sin^2\theta \cdot E^2 \,,$$

$$\sigma = \frac{G_F^2}{3\pi} \cdot E^2 = \frac{G_F^2}{12\pi} \cdot s \,. \tag{8.6}$$

Der Wirkungsquerschnitt für die Erzeugung longitudinaler $W^\pm$ wächst also wie behauptet mit dem Quadrat der Schwerpunktsenergie an.

8.3 Kompensation der Divergenz durch ein neutrales Feldquant

Wir haben im vorigen Abschnitt gezeigt, daß der Wirkungsquerschnitt der Reaktion $\nu\overline{\nu} \to W^-W^+$ für longitudinal polarisierte W-Bosonen mit dem Quadrat der Schwerpunktsenergie anwächst und daher die Unitaritätsgrenze ebenso verletzt wie der Prozeß $\sigma(\nu_\mu e^- \to \mu^- \nu_e)$ in der Fermi-Theorie. Auch wenn die $\nu\overline{\nu}$-Reaktionen unbeobachtbar sind, kann man dennoch nicht das W-Boson-Modell in der bisher diskutierten Form als allgemeingültige Theorie akzeptieren, zumal in der bei LEP II meßbaren Reaktion $e^-e^+ \to W^-W^+$ ähnliche Divergenzprobleme auftreten.

Man kann die quadratische Divergenz kompensieren, indem man adhoc ein neutrales Boson Z^0 oder ein schweres Lepton E^+ einführt mit passend gewählten Kopplungen. Die beiden hypothetischen Graphen für W-Paarerzeugung sind in Abb. 8.2 skizziert. Ganz offensichtlich wird in der Natur die erste Möglichkeit realisiert. Das Z^0

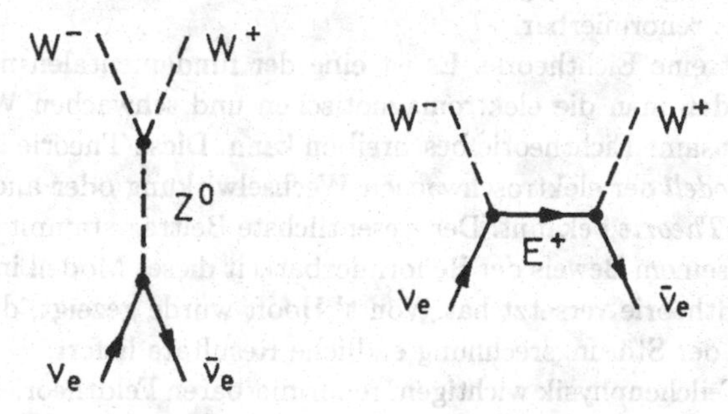

Abb. 8.2. Die Z^0- und E^+-Graphen für W-Paarerzeugung.

ist experimentell gefunden worden, für ein schweres Lepton gibt es keinerlei Evidenz.

Auch für den Prozeß $e^-e^+ \to W^-W^+$ benötigt man außer dem Einphoton-Graphen noch ein Diagramm mit einem neutralen Feldquant, das im Prinzip vom Z^0 verschieden sein könnte. Man kann sich fragen, ob ein einziges Z^0 ausreicht, um beide Prozesse divergenzfrei zu machen. Dies ist tatsächlich der Fall. Damit der Z^0-Graph die Divergenz bei der Neutrino-Reaktion kompensieren kann, muß die Kopplung des Z^0 an die Neutrinos und W-Bosonen ungefähr gleich der Kopplung am (W-e-ν)-Vertex sein:

$$g_Z \approx g_W \,.$$

Die Elektron-Positron-Annihilation in W-Paare erfordert entsprechend:

$$g_Z \approx e\,.$$

Wenn man also die Annahme macht, daß ein einziges Z^0-Feld beide Prozesse von der quadratischen Divergenz befreit, so kommt man zu der fundamentalen Aussage, daß die Kopplungskonstante der (geladenen) schwachen Wechselwirkung ungefähr gleich der Elementarladung sein muß

$$g_W \equiv g \approx e\,.$$

Dies ist eine erste Grundvoraussetzung einer vereinheitlichten Theorie der elektromagnetischen und schwachen Wechselwirkungen. Die ungefähre Gleichheit erlaubt eine Abschätzung der Boson-Massen. Nach Kap. 6 ist der Zusammenhang zwischen g und der Fermikonstanten G_F

$$\frac{g^2}{8\,M_W^2} = \frac{G_F}{\sqrt{2}}\,.$$

Aus $g_W \approx g_Z \approx e$ und $G_F \approx 10^{-5}\,/\,M_p^2$ folgt dann

$$M_W \approx M_Z \approx 40\,\text{GeV}\,.$$

In Kap. 11 werden wir sehen, daß in die Verknüpfung von g und e noch der schwache Mischungswinkel eingeht, was deutlich höhere W- und Z-Massen zur Folge hat.

Die Einführung des Z^0 eliminiert die Divergenzen in den Graphen niedrigster Ordnung. Im W-Boson-Modell gibt es zusätzlich ernsthafte Divergenzen in Graphen höherer Ordnung, die aber ebenfalls durch Z^0-Graphen kompensiert werden. Im Unterschied zur QED, bei der Graphen höherer Ordnung logarithmisch divergent sind, aber durch „Renormierung" konvergent gemacht werden können, ist das W-Boson-Modell ohne das Z^0 nicht renormierbar.

Die QED ist eine Eichtheorie. Es ist eine der fundamentalen neuen Entdeckungen der Physik, daß man die elektromagnetischen und schwachen Wechselwirkungen durch eine gemeinsame Eichtheorie beschreiben kann. Diese Theorie ist unter dem Namen *Standard-Modell* der elektroschwachen Wechselwirkung oder auch auch *Glashow-Weinberg-Salam-Theorie* bekannt. Der wesentlichste Beitrag stammt allerdings von G. t' Hooft, der mit seinem Beweis der Renormierbarkeit dieses Modell in den Status einer respektablen Feldtheorie versetzt hat. Von t' Hooft wurde gezeigt, daß die Theorie in allen Ordnungen der Störungsrechnung endliche Resultate liefert.

Die für die Teilchenphysik wichtigen, renormierbaren Feldtheorien sind alle eichinvariant. Deshalb soll das fundamentale Prinzip der Eichinvarianz im nächsten Kapitel anhand der ersten eichinvarianten Theorie, der Elektrodynamik, besprochen werden. Später werden wir die dort gewonnenen Erkenntnisse auf die schwachen und starken Wechselwirkungen übertragen.

Abschließend soll hier noch erwähnt werden, daß der Prozeß $e^-e^+ \to W^-W^+$ durch die Hinzunahme des Z^0-Graphen nur im Grenzfall verschwindender Elektronen-Masse exakt divergenzfrei wird. Für $m_e \neq 0$ verbleibt eine schwache Divergenz. Um diese auch noch zu kompensieren, muß man skalare Teilchen einführen, deren Kopplung proportional zur Masse ist. Genau diese Aufgabe können die Higgs-Teilchen übernehmen.

9. Eichinvarianz als dynamisches Prinzip

9.1 Eichinvarianz und Maxwellsche Gleichungen

In den Eichtheorien ist es üblich, die Elektrodynamik in Heaviside-Lorentz-Einheiten zu formulieren, die sich aus den SI-Einheiten ergeben, indem man ε_0 und μ_0 durch 1 ersetzt. In diesen Einheiten lauten die Maxwellschen Gleichungen

$$\begin{aligned} \boldsymbol{\nabla}\cdot\mathbf{E} &= \rho\,, & \boldsymbol{\nabla}\cdot\mathbf{B} &= 0\,, \\ \boldsymbol{\nabla}\times\mathbf{E} &= -\frac{\partial\mathbf{B}}{\partial t}\,, & \boldsymbol{\nabla}\times\mathbf{B} &= \mathbf{j}+\frac{\partial\mathbf{E}}{\partial t}\,. \end{aligned} \tag{9.1}$$

Da $\mathbf{B}$ divergenzfrei ist, kann man es als Rotation eines Vektorfeldes schreiben

$$\mathbf{B} = \boldsymbol{\nabla}\times\mathbf{A}\,. \tag{9.2}$$

Eingesetzt in die Gleichung für $\boldsymbol{\nabla}\times\mathbf{E}$ folgt daraus

$$\boldsymbol{\nabla}\times\left(\mathbf{E}+\frac{\partial\mathbf{A}}{\partial t}\right) = 0\,, \text{ also } \mathbf{E}+\frac{\partial\mathbf{A}}{\partial t} = -\boldsymbol{\nabla}\phi$$

und

$$\mathbf{E} = -\boldsymbol{\nabla}\phi - \frac{\partial\mathbf{A}}{\partial t}\,. \tag{9.3}$$

Das skalare Potential ϕ und das Vektorpotential $\mathbf{A}$ sind nicht eindeutig festgelegt; wenn χ eine beliebige skalare Funktion von $\mathbf{r}$ und t ist, so ergeben die neuen Potentiale

$$\mathbf{A}' = \mathbf{A} + \boldsymbol{\nabla}\chi\,,\ \phi' = \phi - \frac{\partial\chi}{\partial t} \tag{9.4}$$

dieselben Felder $\mathbf{E}$ und $\mathbf{B}$.

Die Potentiale ϕ und $\mathbf{A}$ fassen wir zu einem Vierervektor zusammen

$$A^\mu = (\phi, \mathbf{A})\,. \tag{9.5}$$

Eine *Eichtransformation*, definiert durch

$$A^\mu \to A'^\mu = A^\mu - \partial^\mu\chi\,, \tag{9.6}$$

läßt $\mathbf{E}$ und $\mathbf{B}$ invariant. Da auch die Maxwellschen Gleichungen ungeändert bleiben, spricht man von *Eichinvarianz* der Elektrodynamik.

Es ist zweckmäßig, die Maxwellschen Gleichungen in Vierer-Schreibweise darzustellen. Dies zeigt auch die Lorentz-Kovarianz der Elektrodynamik. Zu diesem Zweck definieren wir die Vierer-Stromdichte

$$j^\mu = (\rho, \mathbf{j}) \tag{9.7}$$

und den Feldstärkentensor

$$F_{\mu\nu} = \partial_\mu A_\nu - \partial_\nu A_\mu = \begin{pmatrix} 0 & E_1 & E_2 & E_3 \\ -E_1 & 0 & -B_3 & B_2 \\ -E_2 & B_3 & 0 & -B_1 \\ -E_3 & -B_2 & B_1 & 0 \end{pmatrix} . \tag{9.8}$$

Die vier Maxwellschen Gleichungen lassen sich auf zwei Gleichungen zurückführen. Die erste lautet

$$\partial_\lambda F_{\mu\nu} + \partial_\mu F_{\nu\lambda} + \partial_\nu F_{\lambda\mu} = 0 , \tag{9.9}$$

und sie umfaßt $\nabla \times \mathbf{E} = -\partial \mathbf{B}/\partial t$ und $\nabla \cdot \mathbf{B} = 0$. Die zweite ist

$$\partial^\mu F_{\mu\nu} = j_\nu \tag{9.10}$$

und enthält $\nabla \cdot \mathbf{E} = \rho$ und $\nabla \times \mathbf{B} = \mathbf{j} + \partial \mathbf{E}/\partial t$. Differenziert man (9.10) und setzt $F_{\mu\nu}$ ein, so folgt

$$\begin{aligned} \partial^\nu j_\nu &= \partial^\nu \partial^\mu F_{\mu\nu} = \partial^\nu \partial^\mu (\partial_\mu A_\nu - \partial_\nu A_\mu) \\ &= \partial^\mu \partial_\mu (\partial^\nu A_\nu) - \partial^\nu \partial_\nu (\partial^\mu A_\mu) = 0 . \end{aligned}$$

Hieraus ergibt sich die Kontinuitätsgleichung

$$\partial^\nu j_\nu = \frac{\partial \rho}{\partial t} + \nabla \cdot \mathbf{j} = 0 . \tag{9.11}$$

Diese Gleichung besagt, daß die Ladung einen lokalen Erhaltungssatz erfüllt: die in einem Volumenbereich befindliche Ladung kann sich nur dadurch ändern, daß ein elektrischer Strom durch die Oberfläche fließt. Vor der Formulierung der vierten Maxwellschen Gleichung gab es das Amperesche Gesetz $\nabla \times \mathbf{B} = \mathbf{j}$, das besagt, daß ein stationärer Strom ein Magnetfeld erzeugt. Daraus folgt, daß $\nabla \cdot \mathbf{j}$ stets 0 sein müßte, im Widerspruch zur Kontinuitätsgleichung (9.11). Um die Allgemeingültigkeit dieser fundamentalen Beziehung sicherzustellen, postulierte Maxwell die Existenz eines weiteren Stromes, des „Verschiebungsstroms". Das um die Verschiebungsstromdichte $\partial \mathbf{E}/\partial t$ ergänzte System von Differentialgleichungen (9.1) eröffnete ganz neue Bereiche physikalischer Einsicht: die Existenz elektromagnetischer Wellen wurde vorhergesagt, und Licht wurde als ein elektromagnetisches Phänomen erkannt. Dies ist ein herausragendes Beispiel dafür, daß ein *lokaler Erhaltungssatz* fundamentale Konsequenzen haben kann. Setzt man $F_{\mu\nu}$ in (9.10) ein, so folgt die Wellengleichung für A^μ:

$$\Box A^\nu - \partial^\nu (\partial_\mu A^\mu) = j^\nu \tag{9.12}$$

mit $\Box = \partial_\mu \partial^\mu = \left(\frac{\partial^2}{\partial t^2} - \nabla^2 \right)$. Durch eine geeignete Eichtransformation kann weiterhin erreicht werden, daß

$$\partial_\mu A^\mu = 0 \tag{9.13}$$

gilt. Man nennt dies die *Lorentz-Eichung.* Um dorthin zu gelangen, sucht man eine Funktion χ, die der Gleichung $\Box \chi = \partial_\mu A^\mu$ genügt und definiert $A'^\nu = A^\nu - \partial^\nu \chi$. Für das neue Viererpotential folgt unmittelbar $\partial_\nu A'^\nu = \partial_\nu A^\nu - \partial_\mu A^\mu = 0$. In der Lorentz-Eichung vereinfacht sich (9.12) zu

$$\Box A^\nu = j^\nu \qquad (\text{für } \partial_\mu A^\mu = 0) . \tag{9.14}$$

9.2 Eichinvarianz in der Quantenmechanik

Wie Aitchison und Hey (1982) gezeigt haben, ist es sehr lehrreich, die Auswirkungen einer Eichtransformation auf die Schrödingergleichung und ihre Lösungen zu untersuchen. Die Schrödingergleichung eines Teilchens der Ladung q in einem elektromagnetischen Feld lautet (mit $\hbar = 1$):

$$\left\{\frac{1}{2m}(-i\boldsymbol{\nabla} - q\mathbf{A})^2 + q\phi\right\} \psi(t,\mathbf{x}) = i\frac{\partial\psi}{\partial t}$$

oder in kompakter Form

$$\frac{1}{2m}(+i\mathbf{D})^2\psi = iD^0\psi$$

mit den Operatoren

$$\mathbf{D} = -\boldsymbol{\nabla} + iq\mathbf{A}\,,\; D^0 = \frac{\partial}{\partial t} + iq\phi\,.$$

Wenn nun eine Eichtransformation

$$\mathbf{A} \to \mathbf{A}' = \mathbf{A} + \boldsymbol{\nabla}\chi\,, \quad \phi \to \phi' = \phi - \frac{\partial\chi}{\partial t}$$

durchgeführt wird, muß es möglich sein, eine Funktion ψ' zu finden, die die Schrödinger-Gleichung mit den geänderten Potentialen erfüllt. Andernfalls wären die Maxwellschen Gleichungen und die Schrödinger-Gleichung unverträglich.
Behauptung: $\psi'(t,\mathbf{x}) = \exp\left(iq\,\chi(t,\mathbf{x})\right)\,\psi(t,\mathbf{x})$ erfüllt die neue Schrödinger-Gleichung.

Beweis : Es gilt

$$\begin{aligned}(+i\mathbf{D}')\psi' &= (-i\boldsymbol{\nabla} - q\mathbf{A} - q(\boldsymbol{\nabla}\chi))\exp(iq\chi)\psi \\ &= \exp(iq\chi)\,(-i\boldsymbol{\nabla} - q\mathbf{A})\psi\,,\end{aligned}$$

$$\begin{aligned}\frac{1}{2m}(+i\mathbf{D}')^2\psi' &= \exp(iq\chi)\frac{1}{2m}(+i\mathbf{D})^2\psi \\ &= \exp(iq\chi)\,(+iD^0)\psi = iD'^0\psi'\,.\end{aligned}$$

Damit ist der Beweis erbracht. Die Eichinvarianz der Maxwellschen Gleichungen ist in der Quantentheorie gewährleistet, wenn man die kombinierten Transformationen macht

$$\begin{aligned}\mathbf{A} &\to \mathbf{A}' = \mathbf{A} + \boldsymbol{\nabla}\chi\,,\\ \phi &\to \phi' = \phi - \frac{\partial\chi}{\partial t}\,,\\ \psi &\to \psi' = \exp(iq\chi)\,\psi\,.\end{aligned}$$

Man kann dies Ergebnis auf relativistische Wellengleichungen übertragen. Dazu definieren wir die *kovariante Ableitung* (siehe auch Anhang A)

$$\boxed{D^\mu = \partial^\mu + iqA^\mu\,.} \tag{9.15}$$

Die Dirac-Gleichung für ein Spin-1/2-Teilchen lautet damit

$$(i\gamma^\mu D_\mu - m)\,\psi = 0\,. \tag{9.16}$$

Setzt man die kovariante Ableitung (9.15) ein, so folgt die schon in Gleichung (2.16) angegebene Kopplung zwischen dem Dirac-Spinor und dem elektromagnetischen Viererpotential. In entsprechender Weise konstruiert man die Klein-Gordon-Gleichung mit Feld. Beide relativistischen Wellengleichungen sind invariant unter der kombinierten Transformation

$$\boxed{A^\mu \to A'^\mu - \partial^\mu \chi\,, \quad \psi \to \psi' = \exp(iq\chi)\,\psi\,.} \tag{9.17}$$

Dies besagt, daß eine Eichtransformation des Viererpotentials $A^\mu \to A'^\mu = A^\mu - \partial^\mu\chi$ mit einer von $x = (t, \mathbf{x})$ abhängigen Funktion χ die Klein-Gordon- bzw. Dirac-Gleichung invariant läßt, sofern man an der Wellenfunktion eine orts- und zeitabhängige Phasentransformation mit derselben Funktion χ vornimmt:

$$\psi(x) \to \psi'(x) = \exp(iq\chi(x))\,\psi(x)\,.$$

Wenn man $\hbar$ nicht gleich 1 setzt, lautet die Phasentransformation $\exp(i(q/\hbar)\chi(x))$.

9.3 Globale und lokale Phasentransformationen

Die absolute Phase der Wellenfunktion ist nicht meßbar. Wenn man eine Phasentransformation der Art $\psi' = \exp(i\alpha)\,\psi$ mit einem konstanten Phasenfaktor vornimmt, erfüllt ψ' die gleiche Wellengleichung wie ψ, und alle Erwartungswerte bleiben invariant. Diese an sich triviale Beobachtung nennt man *globale Phaseninvarianz.* [1]

$$\text{Observable } < O >= \int d^3x\,\psi^* O \psi = \int d^3x\,\psi'^* O \psi'\,.$$

Ganz anders wird es, wenn man zuläßt, daß sich die Phase von Ort zu Ort ändert. Eine *lokale Phasentransformation* ist definiert durch

$$\psi \to \psi' = \exp(iq\chi(x))\,\psi(x)\,. \tag{9.18}$$

Sie ändert die Wellenfunktion viel nachhaltiger als die globale Transformation und führt im allgemeinen zu einer geänderten physikalischen Situation. Bevor wir dies für Lösungen der Dirac-Gleichung genauer untersuchen, soll der Sachverhalt an einem Beispiel illustriert werden, nämlich der Interferenz von Licht- oder Elektronenwellen hinter einem Doppelspalt. Wendet man auf beide Teilwellen hinter dem Doppelspalt eine Phasentransformation an, z.B. bei Lichtwellen um 180^0 durch eine $\lambda/2$-Platte, so verschieben sich zwar zu einem gegebenen Zeitpunkt Wellenberge und -täler gegeneinander, beobachtbare Größen wie das Interferenzmuster auf dem Leuchtschirm bleiben jedoch unverändert. Das Interferenzexperiment ist invariant gegenüber einer globalen Phasentransformation.

Jetzt machen wir eine lokale Phasentransformation, indem wir nur in den unteren Teilstrahl eine $\lambda/2$-Platte stellen. Das Interferenzmuster ändert sich, helle Streifen werden dunkel, dunkle Streifen werden hell. *Lokale Phasentransformationen ändern meßbare Größen*, z.B. das Interferenzmuster. Es sieht demnach so aus, als könne es

[1] In der Feldtheorie kann man herleiten, daß aus der Invarianz der Lagrange-Funktion gegenüber einer globalen Phasentransformation ein Erhaltungssatz folgt, z.B. für die elektrische Ladung.

keine Invarianz gegenüber lokalen (d.h. orts- und zeitabhängigen) Phasentransformationen geben.

Jetzt kommt eine sehr interessante und folgenreiche Beobachtung: eine lokale Phasentransformation einer Elektronen-Wellenfunktion kann durch ein geeignetes elektromagnetisches Feld rückgängig gemacht werden. Führt man das Doppelspaltexperiment mit Elektronenwellen durch und baut hinter dem Steg des Doppelspalts eine kleine Solenoidspule auf (s. Abb. 9.1), so kann durch Variation des Spulenstroms die relative Phase der beiden Teilwellen geändert werden. Die Phasenänderung kommt durch das Vektorpotential zustande. Man nennt dies den *Aharonov-Bohm-Effekt*. Das Vektorpotential umgibt die Spule mit ringförmigen Feldlinien.

$$\oint \mathbf{A} \cdot d\mathbf{s} = \int (\mathbf{\nabla} \times \mathbf{A}) \cdot d\mathbf{F} = B \cdot F_{Spule} = \Phi_{mag} ,$$

$$\Rightarrow A = \frac{\Phi_{mag}}{2\pi r} \text{ für } r > r_{Spule} .$$

Φ_{mag} ist der magnetische Fluß durch die Spule. Welchen Einfluß hat ein Vektorpotential auf die Phase der Elektronenwelle? Der kanonische Impuls des Teilchens im elektromagnetischen Feld ist gegeben durch (Anhang A)

$$\mathbf{p} = m\mathbf{v} - e\mathbf{A} \quad (q = -e) .$$

Die de-Broglie-Beziehung verknüpft genau diesen Impuls mit der Wellenlänge

$$\lambda = \frac{2\pi\hbar}{|\mathbf{p}|} = \frac{2\pi\hbar}{|m\mathbf{v} - e\mathbf{A}|}$$

Bei gleichem mechanischen Impuls $m\mathbf{v}$ besitzt das Elektron eine andere Wellenlänge, wenn es sich im elektromagnetischen Feld anstatt im feldfreien Raum befindet. Wir bezeichnen die Phasenänderung der Elektronenwelle auf einer Strecke Δx mit $\Delta\varphi$. Im feldfreien Raum gilt

$$\Delta\varphi = \frac{2\pi}{\lambda}\Delta x = \frac{mv}{\hbar}\Delta x \quad \left(\text{genauer: } \frac{m}{\hbar}\mathbf{v} \cdot \Delta\mathbf{x}\right) .$$

Wenn ein Vektorpotential vorhanden ist, gibt es eine zusätzliche Phasenänderung

$$\Delta\varphi' = -\frac{e}{\hbar}\mathbf{A} \cdot \Delta\mathbf{x} . \tag{9.19}$$

Am Beobachtungsschirm haben die beiden Teilwellen eine Phasendifferenz

$$\delta\varphi = \delta\varphi(\text{ohne Vektorpotential}) - \frac{e}{\hbar}\int_{Weg1} \mathbf{A} \cdot d\mathbf{s} + \frac{e}{\hbar}\int_{Weg2} \mathbf{A} \cdot d\mathbf{s} .$$

Durch Hinzufügen infinitesimal kurzer Wegstücke erzeugen wir einen geschlossenen Integrationsweg. Damit wird die Phasendifferenz als Funktion des Stroms I in der Spule

$$\begin{aligned} \delta\varphi(I \neq 0) &= \delta\varphi(I = 0) + \frac{e}{\hbar}\oint \mathbf{A} \cdot d\mathbf{s} \\ &= \delta\varphi(I = 0) + \frac{e}{\hbar}\Phi_{mag}; \qquad \Phi_{mag} \approx \mu_0 n I \cdot F_{Spule} . \end{aligned} \tag{9.20}$$

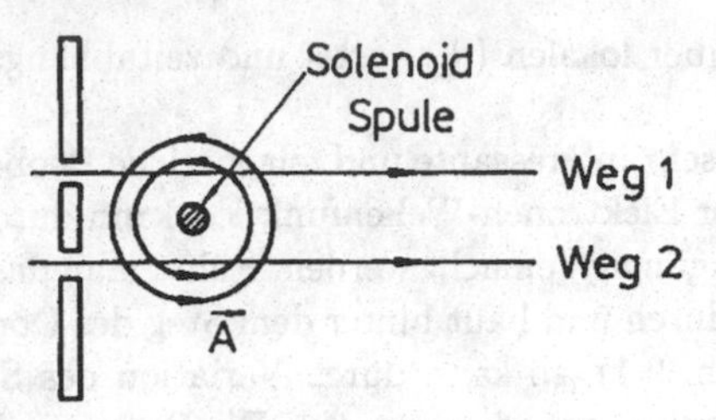

Abb. 9.1. Elektronen-Interferenzen am Doppelspalt mit einer Solenoid-Spule zur Erzeugung eines magnetischen Vektorpotentials.

Gleichung (9.20) zeigt, daß man durch Änderung des Spulenstroms die Phasendifferenz und das Interferenzmuster kontinuierlich verändern kann. Dieser Effekt wurde von Ehrenberg und Siday sowie Aharonov und Bohm theoretisch vorhergesagt und ist durch Experimente von Chambers und von Möllenstedt und Mitarbeitern bestätigt worden. Im Möllenstedt-Experiment (Abb. 9.2) wird ein Elektronenstrahl durch einen metallisierten Quarzfaden in zwei kohärente Teilstrahlen aufgespalten. Der Quarzfaden befindet sich auf negativem Potential und wirkt wie ein Bi-Prisma. Zwei weitere Quarzfäden mit passenden Potentialen sorgen dafür, daß die beiden Teilstrahlen auf einem Leuchtschirm zur Interferenz kommen. Man beobachtet sehr scharfe Interferenzlinien, wobei wegen der extremen Empfindlichkeit alle magnetischen Störfelder abgeschaltet werden müssen. Hinter dem ersten Quarzfaden wird eine Solenoidspule (14-18 μm Durchmesser) angebracht, die aus Wolframdraht von 4 μm Dicke gewickelt ist. Durch Fahren des Stromes kann man das Interferenzmuster kontinuierlich verschieben. In Abb. 9.2 wird dies dadurch sichtbar gemacht, daß synchron dazu der Film bewegt wird, so daß sich schräglaufende Interferenzstreifen ergeben.

Eine Phasenverschiebung von π erfordert einen magnetischen Fluß $\Phi_{mag} = \pi\hbar/e = h/(2e)$. Dies ist genau das elementare Flußquant Φ_0 in Supraleitern. Von Möllenstedt wurde beobachtet, daß die Phasenverschiebung beliebige Bruchteile von π sein kann. Im Unterschied zu Supraleitern tritt also hier keine Quantisierung des magnetischen Flusses auf. (Es gibt auch keinen theoretischen Grund dafür).

Das wichtigste Ergebnis des Möllenstedt-Experiments für unsere Diskussion ist, daß ein elektromagnetisches Feld eine lokale Phasentransformation der Elektronenwellenfunktion bewirken kann und daß man umgekehrt eine vorgegebene lokale Phasentransformation durch ein geeignet gewähltes Vektorpotential kompensieren kann. Daraus ergibt sich eine Möglichkeit, Invarianz gegenüber lokalen Phasentransformationen zu erreichen:

Wenn wir verlangen, daß die Dirac-Gleichung und physikalische Meßgrößen invariant gegenüber einer orts- und zeitabhängigen Phasenänderung der Wellenfunktion sind, so ist das *nicht im feldfreien Raum* möglich, sondern wir müssen die *Existenz eines geeigneten elektromagnetischen Feldes* fordern, das die Phasenänderung gerade wieder kompensiert.

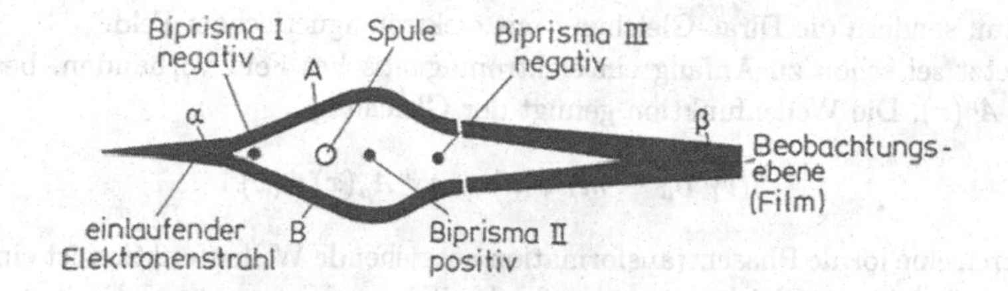

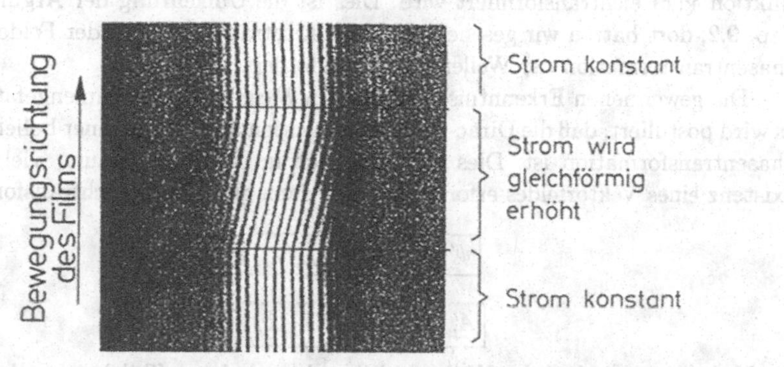

Abb. 9.2. Schema des Möllenstedt-Experiments und das beobachtete Interferenz-Muster bei konstantem und bei gleichförmig anwachsendem Strom in der Spule. Der Film zur Aufnahme der Interferenzen wird in der vertikalen Richtung bewegt (Möllenstedt und Bayh 1962).

9.4 Das Eichprinzip

Wir gehen von der Dirac-Gleichung für ein freies Teilchen der Ladung q aus

$$(i\gamma^\mu\partial_\mu - m)\,\psi(x) = 0$$

und führen eine lokale Phasentransformation durch

$$\psi'(x) = \exp\left(iq\chi(x)\right)\psi(x)$$

mit der Phasenfunktion $q\,\chi(x) = q\,\chi(t,\mathbf{x})$. Welcher Wellengleichung gehorcht $\psi'(x)$? Um dies zu ermitteln, wenden wir den Operator $(i\gamma^\mu\partial_\mu - m)$ an.

$$\begin{aligned}(i\gamma^\mu\partial_\mu - m)\psi'(x) &= (i\gamma^\mu\partial_\mu - m)\exp\left(iq\chi(x)\right)\psi(x)\\ &= \exp\left(iq\chi(x)\right)\underbrace{(i\gamma^\mu\partial_\mu - m)\,\psi(x)}_{0} - q\gamma^\mu\left(\partial_\mu\chi(x)\right)\psi'(x)\,.\end{aligned}$$

Es folgt

$$(i\gamma^\mu\partial_\mu - m)\,\psi'(x) = q\,\gamma^\mu A'_\mu\psi'(x)\,, \tag{9.21}$$

wobei wir definiert haben: $A'_\mu = -\partial_\mu\chi(x)$. Die lokal phasentransformierte Dirac-Wellenfunktion erfüllt also nicht mehr die „freie“ Dirac-Gleichung eines Teilchens im

Vakuum, sondern die Dirac-Gleichung mit elektromagnetischem Feld.

Jetzt sei schon zu Anfang ein elektromagnetisches Feld vorhanden, beschrieben durch $A^\mu(x)$. Die Wellenfunktion genügt der Gleichung

$$(i\gamma^\mu \partial_\mu - m)\, \psi(x) = q\gamma^\mu A_\mu(x)\, \psi(x)\,.$$

Die durch eine lokale Phasentransformation entstehende Wellenfunktion ist eine Lösung der entsprechenden Gleichung, wenn gleichzeitig das Viererpotential mit der Phasenfunktion $\chi(x)$ eichtransformiert wird. Dies ist die Umkehrung der Argumentation in Kap. 9.2; dort hatten wir gesehen, daß eine Eichtransformation der Felder eine lokale Phasentransformation der Wellenfunktion erfordert.

Die gewonnenen Erkenntnisse werden im *Eichprinzip* zusammengefaßt:
Es wird postuliert, daß die Dirac-Gleichung invariant gegenüber einer beliebigen lokalen Phasentransformation ist. Dies ist unmöglich im feldfreien Raum, vielmehr ist die Existenz eines Vektorfeldes erforderlich, das dann gleichzeitig eichtransformiert wird.

$$\boxed{\psi'(x) = \exp\left(iq\chi(x)\right) \psi(x)} \tag{9.22}$$

$$\boxed{A'_\mu(x) = A_\mu(x) - \partial_\mu \chi(x)\,.} \tag{9.23}$$

Die Kopplung zwischen der Wellenfunktion des geladenen Teilchens und dem äußeren Feld ergibt sich, indem man in die Dirac-Gleichung die kovariante Ableitung $D_\mu = \partial_\mu + iqA_\mu$ einsetzt:

$$\boxed{(i\gamma^\mu D_\mu - m)\, \psi(x) = 0 \quad \Rightarrow \quad (i\gamma^\mu \partial_\mu - m)\, \psi(x) = q\gamma^\mu A_\mu(x) \psi(x)\,.} \tag{9.24}$$

Dies ist identisch mit der den Feynman-Regeln zugrundeliegenden elektromagnetischen Kopplung. Man kann also sagen, daß das Postulat der lokalen Phaseninvarianz der Dirac-Gleichung die Existenz des elektromagnetischen Feldes impliziert. Um einen anschaulichen Eindruck dieser Gedankengänge zu vermitteln, werden in Abb. 9.3 globale und lokale Phasentransformationen von Wasserwellen skizziert.

Die Anwendung des Eichprinzips auf andere Transformationen führt zur Existenz von Vektorfeldern, an die die betreffenden Dirac-Spinoren koppeln: lokale Transformationen bezüglich des „schwachen Isospins" und der „schwachen Hyperladung" führen zur Existenz der W- und Z-Boson-Felder (siehe Kap. 11); lokale Transformationen bezüglich der Farb-SU(3)-Gruppe der Quarks zur Existenz der Gluon-Felder (Kap. 12).

9.5 Eichinvarianz und Masse der Feldquanten

Die Eichinvarianz der Elektrodynamik ist an die Masselosigkeit der Photonen gekoppelt. Die Wellengleichung (9.12)

$$\Box A^\nu - \partial^\nu \partial_\mu A^\mu = j^\nu$$

ist invariant gegenüber der Eichtransformation

$$A^\nu \rightarrow A^\nu - \partial^\nu \chi\,.$$

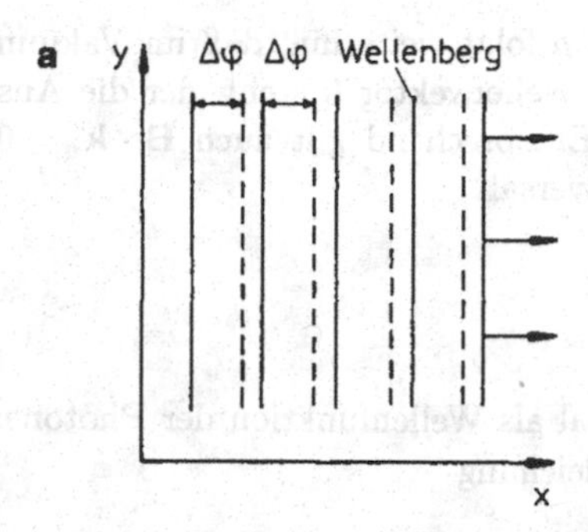

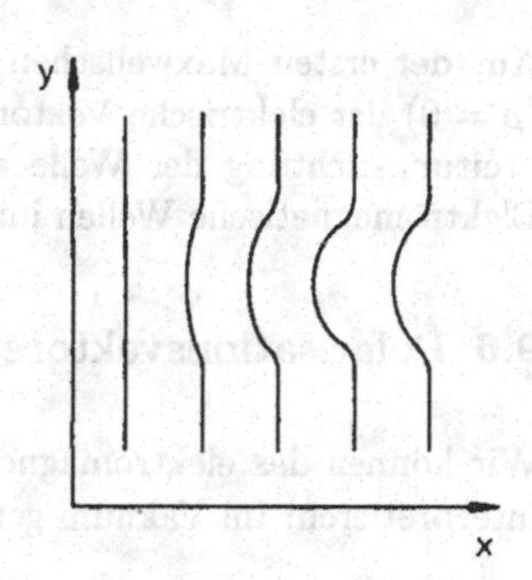

Abb. 9.3. **(a)** In einem flachen Behälter wandert eine ebene Wasserwelle in die positive x-Richtung. Die Wellenberge sind als durchgezogene Linien angedeutet. Eine globale Phasentransformation ändert an jedem Ort (x, y) die Phase um den gleichen Betrag $\Delta\varphi$. Dadurch verschieben sich zwar die Wellenberge zu den gestrichelten Positionen, es bleibt aber eine ebene Welle, und im zeitlichen Mittel hat die globale Transformation keinen Effekt.
(b) Bei einer lokalen Phasentransformation ist die Phasenänderung von Ort zu Ort verschieden: $\Delta\varphi = f(x, y)$. Die transformierte Welle ist keine ebene Welle mehr. Man könnte eine solche Änderung durch ein Hindernis unter der Wasseroberfläche bewirken. Lokale Phasentransformationen erfordern also die Existenz äußerer Kräfte (Schmüser und Spitzer 1992).

Das gilt nicht mehr für die Wellengleichung eines massiven Vektorfeldes

$$(\Box + M^2)W^\nu - \partial^\nu \partial_\mu W^\mu = j^\nu .$$

Bei einer entsprechenden Transformation würde links der Term $-M^2\partial^\nu\chi$ hinzukommen: *Für massive Vektorteilchen gibt es keine Eichinvarianz.*

Ruhemasse Null bedeutet unendliche Reichweite der Wechselwirkung. Dies ist auch erforderlich, damit eine Phasentransformation überall im Raum durch eine Eichtransformation der Felder kompensiert werden kann. Die experimentell ermittelte Reichweite des Coulomb-Feldes ist sehr groß. Macht man einen Ansatz

$$\phi_{Coul}(r) = \frac{1}{4\pi r} \exp(-r/r_0) ,$$

so ergibt sich aus den Messungen des Jupiter-Magnetfeldes mit der Raumsonde Pionier 10, daß $r_0 > 4.4 \cdot 10^5$ km ist. Daraus folgt eine obere Grenze für die Photon-Masse

$$m_\gamma < 4.5 \cdot 10^{-16}\,\mathrm{eV}/c^2 .$$

Aus dem galaktischen Magnetfeld berechnet man eine noch wesentlich niedrigere Grenze von $3 \cdot 10^{-27}\,\mathrm{eV}/c^2$. Eine wichtige Konsequenz der verschwindenden Photonmasse ist die *Transversalität* elektromagnetischer Wellen im Vakuum. Aus Gleichung (9.14) kann man für $j^\nu = 0$ die Wellengleichung für das elektrische Feld herleiten

$$\frac{1}{c^2} \cdot \frac{\partial^2 \mathbf{E}}{\partial t^2} - \boldsymbol{\nabla}^2 \mathbf{E} = 0$$

mit der Lösung

$$\mathbf{E} = \mathbf{E}_0 \exp(\pm i(\mathbf{k} \cdot \mathbf{r} - \omega t)) .$$

Aus der ersten Maxwellschen Gleichung $\boldsymbol{\nabla} \cdot \mathbf{E} = \rho$ folgt weiterhin, daß im Vakuum ($\rho = 0$) der elektrische Vektor senkrecht auf dem Wellenvektor $\mathbf{k}$ steht, der die Ausbreitungsrichtung der Welle angibt: $\mathbf{E} \cdot \mathbf{k} = 0$. Entsprechend gilt auch $\mathbf{B} \cdot \mathbf{k} = 0$. Elektromagnetische Wellen im Vakuum sind transversal.

9.6 Polarisationsvektoren für Photonen

Wir können das elektromagnetische Viererpotential als Wellenfunktion der Photonen interpretieren. Im Vakuum genügt es der Wellengleichung

$$\Box A^\mu = 0 ,$$

sofern wir die Lorentz-Eichung $\partial^\mu A_\mu = 0$ voraussetzen. Wir machen den Lösungsansatz

$$A^\mu = N\varepsilon^\mu \exp(-ikx) . \tag{9.25}$$

Es gilt $\Box A^\mu = -k^2 A^\mu = 0$, da $k_\nu k^\nu = k^2 = 0$ ist für reelle Photonen. Die Lorentz-Bedingung führt dann auf die Gleichung

$$k^\mu \varepsilon_\mu = 0 , \tag{9.26}$$

das heißt, der Vierer-Polarisationsvektor des Photons ist orthogonal zu seinem Vierer-Impuls. Wir können dies sogar für die entsprechenden Dreiervektoren erreichen. Es ist nämlich noch eine weitere Eichtransformation möglich von der Form

$$A^\mu \rightarrow A^\mu - \partial^\mu \chi ,$$

sofern die Funktion χ die Bedingung $\Box\chi = 0$ erfüllt. Eine zulässige Funktion ist offensichtlich $\chi = C\exp(-ikx)$, wobei C eine beliebige Konstante ist. Damit wird

$$A'^\mu(x) = N\varepsilon'^\mu \exp(-ikx) = (N\varepsilon^\mu - iCk^\mu)\exp(-ikx) ,$$

also

$$\varepsilon'^\mu = \varepsilon^\mu + \beta k^\mu \quad \text{mit } \beta = -iC/N .$$

Wegen $k^2 = 0$ ist auch der neue Vierer-Polarisationsvektor orthogonal zum Vierer-Impuls:

$$\varepsilon'_\mu k^\mu = \varepsilon_\mu k^\mu + \beta k^2 = 0 .$$

Was kann man mit dieser Eichtransformation erreichen? Das Photon habe den Viererimpuls $k^\mu = (k^0, \mathbf{k})$ und in der zunächst gewählten Lorentz-Eichung einen Vierer-Polarisations-Vektor $\varepsilon^\mu = (\varepsilon^0, \boldsymbol{\varepsilon})$ mit $\varepsilon^0 \neq 0$. Jetzt wird die obige Transformation mit $\beta = -\varepsilon^0/k_0$ angewandt:

$$\varepsilon'^\mu = \varepsilon^\mu - \frac{\varepsilon^0}{k_0} k^\mu \quad \Rightarrow \quad k_\mu \varepsilon'^\mu = 0 = k_0 \underbrace{\left(\varepsilon^0 - \frac{\varepsilon^0}{k_0} k_0\right)}_{0} - \mathbf{k} \cdot \boldsymbol{\varepsilon}' .$$

Daraus folgt

$$\mathbf{k} \cdot \boldsymbol{\varepsilon}' = 0 . \tag{9.27}$$

Man kann also die *Eichung so wählen*, daß der Dreier-Polarisationsvektor $\boldsymbol{\varepsilon}'$ senkrecht auf dem Dreier-Impuls $\mathbf{k}$ steht. Mit anderen Worten: bei Photonen läßt sich der longitudinale Polarisationszustand „weg-eichen". Normalerweise wird immer vorausgesetzt, daß dies bereits geschehen sei. Für Vektorteilchen mit Masse $M \neq 0$ gibt es keine Eichinvarianz, daher läßt sich dort der longitudinale Polarisationszustand nicht wegtransformieren.

Polarisation des elektromagnetischen Feldes und Photon-Spin. Die oben betrachtete transversale Polarisation der Photonen bezieht sich auf die Ausrichtung des Vektorpotentials $\mathbf{A}$ und des dazu parallelen elektrischen Feldvektors $\mathbf{E}$, aber *nicht auf den Spin-Vektor*. Eine definierte Spin-Einstellung entspricht nämlich nicht der linearen, sondern der zirkularen Polarisation der elektromagnetischen Welle. Rechtszirkulare Polarisation ergibt die Spinkomponente $+1\hbar$ in Impulsrichtung (Helizität $+1$), linkszirkulare Polarisation entsprechend $-1\hbar$ (Helizität -1). Die Helizität 0 ist für reelle Photonen verboten, sie würde einem longitudinalen elektrischen Feld zugeordnet sein. Es ist anzumerken, daß die als innere Linien in Feynman-Diagrammen auftretenden virtuellen Photonen im allgemeinen auch longitudinal polarisiert sein können und dann die Helizität 0 besitzen.

9.7 Bedeutung der Potentiale in der Quantentheorie

In der klassischen Elektrodynamik gelten die Feldstärken $\mathbf{E}$ und $\mathbf{B}$ als die physikalisch relevanten Größen, und das Vektorpotential $\mathbf{A}$ wird als mathematisches Hilfsmittel angesehen. Wegen der Eichfreiheit ist es nicht eindeutig definiert und könnte daher als Größe ohne eigene physikalische Bedeutung erscheinen. Das skalare Potential ϕ ist in diesem Zusammenhang physikalisch besser motiviert, weil $q\phi$ die potentielle Energie eines Teilchens angibt. In der Quantentheorie spielen ϕ und $\mathbf{A}$ eine viel fundamentalere Rolle als $\mathbf{E}$ und $\mathbf{B}$. Für ϕ ist das offensichtlich, z.B. bestimmt der Term $-e\phi = -e^2/(4\pi r)$ die Energieniveaus des H-Atoms. Die Analyse des Aharonov-Bohm-Effektes zeigt, daß auch $\mathbf{A}$ von fundamentaler Bedeutung ist.

Wir wollen das Möllenstedt-Experiment etwas genauer ansehen. Wenn man die Solenoid-Spule doppellagig wickelt, so daß kein Nettostrom in Achsenrichtung fließt, wird das Magnetfeld außerhalb der Spule in sehr guter Näherung gleich Null, während das Vektorpotential durch

$$A(r) = \frac{\Phi_{mag}}{2\pi r}$$

gegeben ist. Man kann es so einrichten, daß die Intensität der Elektronenwellen im Innern der Spule praktisch verschwindet. Trotzdem beobachtet man die Verschiebung der Interferenzstreifen bei Veränderung der Stromstärke: die Phase der Elektronenwelle wird geändert, obwohl die Teilchen weder ein elektrisches noch ein magnetisches Feld wahrnehmen. Es ist in der Tat das *Vektorpotential*, das diesen Einfluß hat.

Bei der Bewegung des Elektrons längs eines Weges C führt das Vektorpotential zu einem zusätzlichen Phasenfaktor

$$\exp\left(-i\frac{e}{\hbar}\int_C \mathbf{A}\cdot d\mathbf{s}\right) \tag{9.28}$$

$$\left(\text{vierdimensional } \exp\left(+i\frac{e}{\hbar}\int_C A_\mu dx^\mu\right)\right).$$

Dieser Ausdruck spielt auch in der Supraleitung bei der Quantisierung des magnetischen Flusses und beim Josephson-Effekt eine wichtige Rolle.

9.8 Übungsaufgaben

9.1: Bestätigen Sie die Form (9.8) des Tensors $F_{\mu\nu}$ und beweisen Sie, daß er bei Eichtransformationen invariant bleibt.

9.2: Zeigen Sie, daß Gleichung (9.9) nur dann einen Sinn ergibt, wenn alle drei Indizes verschieden sind. Leiten Sie aus (9.9) und (9.10) die Maxwellschen Gleichungen her.

9.3: Mit Neutronen kann man ebenfalls Interferenzen in Magnetfeldern beobachten; die Phase der Wellenfunktion wird durch ein Magnetfeld geändert, das zu einer Präzession des magnetischen Momentenvektors führt (siehe Kap. 2.4.3). Welches Feldintegral $\int B ds$ benötigt man bei Neutronen der Wellenlänge $\lambda = 0.182$ nm für eine Drehung um 2π? Für den experimentellen Aufbau siehe Rauch et al. (1975).

9.4: In Kap. 9.6 wird gezeigt, daß eine Eichtransformation des Viererpotentials äquivalent damit ist, den Polarisationsvektor des Photons abzuändern: $\varepsilon^\mu \to \varepsilon^\mu + \text{const} \cdot k^\mu$. Die Matrixelemente physikalischer Prozesse mit externen Photonen dürfen sich dabei nicht ändern. Das bedeutet, daß ein solches Matrixelement verschwinden muß, wenn man den Polarisationsvektor ε^μ durch den Viererimpuls k^μ ersetzt. Prüfen Sie dies für das Compton-Matrixelement nach (Hinweis: man muß dabei auch die Dirac-Gleichung benutzen).

10. Eichinvarianz bei massiven Vektor-Feldern

Die QED ist ein Beispiel für eine *Eichtheorie*: die Theorie ist invariant gegenüber Eichtransformationen des Viererpotentials, wenn gleichzeitig die Phase der Wellenfunktionen geladener Teilchen transformiert wird. Man kann die Argumentation umkehren und kommt dann zum Eichprinzip:
Postuliert man die Invarianz der Dirac-Gleichung gegenüber lokalen Phasentransformationen der Wellenfunktion, so ist dies nicht im feldfreien Raum möglich, sondern es folgt notwendigerweise die Existenz eines äußeren Feldes, an das die geladenen Teilchen koppeln. Die Quanten dieses Feldes, die man *Eichbosonen* nennt, müssen Ruhemasse Null haben, weil nur für masselose Vektorfelder die Eichinvarianz gilt.

Nach dem obigen erscheint es sinnlos, das Eichprinzip auf die schwachen Wechselwirkungen anwenden zu wollen, weil deren Reichweite sehr kurz und die Masse der Vektorbosonen entsprechend groß ist. Die Erkenntnis, daß dies dennoch möglich ist, wenn auch auf weniger direkte Weise, hat fundamentale Auswirkungen. Die grundlegende Idee ist, daß die schwachen Wechselwirkungen „an sich" eine unendliche Reichweite haben und durch eine eichinvariante Theorie beschrieben werden können, daß es aber ein Hintergrundfeld gibt, welches diese Wechselwirkungen abschirmt. Die Eichbosonen erhalten dadurch eine Masse. Dieses Hintergrundfeld ist das Higgs-Feld. Die ursprünglich vorhandene Eichinvarianz geht dabei nicht verloren. Aitchison und Hey (1982) folgend wollen wir von *verborgener Eichinvarianz* sprechen und nicht die meistens verwendete, aber irreführende Bezeichnung *spontane Symmetrie-Brechung* benutzen.

10.1 Die Erzeugung einer Photon-Masse im Supraleiter

Der Supraleiter ist ein Modell dafür, wie durch Wechselwirkung mit einem Hintergrundmedium den Photonen als den Eichbosonen des elektromagnetischen Feldes eine Masse gegeben werden kann. Der in der Teilchenphysik verwendete „Higgs-Mechanismus" ist im wesentlichen eine auf drei Raumdimensionen und relativistische Energien erweiterte Verallgemeinerung dieses Vorgangs.

Um den Zusammenhang zwischen der Reichweite einer Wechselwirkung und der Masse der zugehörigen Feldquanten zu erhalten, lösen wir die zeitunabhängige Klein-Gordon-Gleichung für das skalare Potential einer punktförmigen Quelle der Stärke „1".

$$\left(-\nabla^2 + \left(\frac{c}{\hbar}M\right)^2\right) V(\mathbf{r}) = \delta^3(\mathbf{r})\,. \tag{10.1}$$

Die Lösung ist gegeben durch das Yukawa-Potential

$$V(r) = \frac{\exp(-\mu r)}{4\pi r} \quad \text{mit} \quad \mu = \frac{c}{\hbar} M \,. \tag{10.2}$$

Da die Feldquanten eine nichtverschwindende Masse haben, fällt das Potential exponentiell ab. Umgekehrt kann man sagen, daß bei einer $\exp(-\mu r)$-Dämpfung der Wechselwirkung den Feldquanten eine Masse $M = (\mu\hbar/c)$ zugeordnet werden muß.

Eine solche Abschwächung statischer Magnetfelder wird in Supraleitern beobachtet. Unterhalb der kritischen Temperatur T_C wird ein hinreichend schwaches Magnetfeld völlig aus dem Innern des Supraleiters verdrängt. Dieser als *Meißner-Ochsenfeld-Effekt* bekannte Vorgang wird in Abb. 10.1 erläutert. Ein Zylinder aus supraleitendem

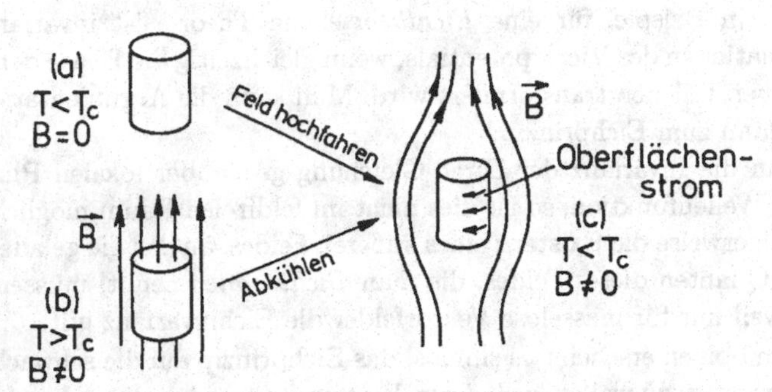

Abb. 10.1. Der Meißner-Ochsenfeld-Effekt.

Material befinde sich bei einer Temperatur $T < T_C$ in einem äußeren Feld, das kleiner als das kritische Feld $B_C(T)$ ist. Es fließt dann ein Oberflächenstrom, der das Feld im Innern perfekt kompensiert. Dabei ist unerheblich, ob man bei einem bereits supraleitenden Zylinder das Feld von Null hochfährt (Weg $(a) \to (c)$) oder ob man den noch normalleitenden Zylinder bei einer Temperatur $T > T_C$ in das Magnetfeld bringt und dann unter die kritische Temperatur abkühlt (Weg $(b) \to (c)$).

Während der erste Vorgang sich aus dem Induktionsgesetz, angewandt auf einen idealen elektrischen Leiter, herleiten läßt, kann man die Feldverdrängung beim Abkühlen unter die Sprungtemperatur nicht im Rahmen der klassischen Physik verstehen. Zur Erklärung des Meißner-Ochsenfeld-Effekts haben H. und F. London eine Beziehung zwischen der Stromdichte des Supra-Oberflächenstroms und dem Magnetfeld postuliert

$$\nabla \times \mathbf{j}_S = -\frac{e^2 n_S}{m_e c^2} \mathbf{B} \,. \tag{10.3}$$

Hierbei ist n_S die räumliche Dichte der Elektronen, die an der Supraleitung teilnehmen, und m_e die Elektronenmasse. Die Londonsche Gleichung ist eine Konsequenz der 1957 aufgestellten Bardeen-Cooper-Schrieffer-Theorie der Supraleitung. Allerdings muß der Faktor vor $\mathbf{B}$ ersetzt werden durch

$$-\frac{(2e)^2 n_C}{m_C \, c^2} \,.$$

Die Träger der Supraleitung sind nach der BCS-Theorie die Cooper-Paare, bestehend aus zwei Elektronen mit entgegengesetztem Spin und Impuls. Da sie die Ladung $-2e$, die Masse $m_C = 2m_e$ und die Dichte $n_C = n_S/2$ haben, bleibt der numerische Wert des Vorfaktors derselbe.

Kombiniert man die Londonsche Gleichung mit der 4. Maxwellschen Gleichung

$$\nabla \times \mathbf{B} = \mathbf{j}_S \qquad \left(\text{für } \frac{\partial \mathbf{E}}{\partial t} = 0\right),$$

so ergibt sich

$$\nabla \times (\nabla \times \mathbf{B}) = -\frac{e^2 n_S}{m_e c^2}\mathbf{B}.$$

Wegen $\nabla \cdot \mathbf{B} = 0$ folgt daraus

$$\left(-\nabla^2 + \frac{1}{\lambda^2}\right)\mathbf{B} = 0. \tag{10.4}$$

In dieser Gleichung tritt ein wichtiger Supraleiter-Parameter auf, die *Londonsche Eindringtiefe*

$$\lambda = \left(\frac{m_e c^2}{e^2 n_S}\right)^{1/2}. \tag{10.5}$$

Wir lösen die Gleichung (10.4) für eine unendliche supraleitende Halbebene mit der Grenzfläche $x = 0$ und dem Normalenvektor in x-Richtung.

$$\frac{\partial^2 B}{\partial x^2} - \frac{1}{\lambda^2}B = 0 \quad \Rightarrow \quad B = B_0 \exp(-x\,/\,\lambda).$$

Ein äußeres Magnetfeld dringt also mit exponentieller Abschwächung in den Supraleiter ein. Die Eindringtiefe λ beträgt ca. 30 nm. Nach (10.2) bedeutet dies, daß wir den Photonen als Quanten des Feldes eine Masse zuordnen müssen.

$$M = \frac{\hbar}{c\lambda} \approx 7\,\text{eV}\,/\,c^2 = 1.3 \cdot 10^{-5} m_e\,.$$

Um die Tatsache, daß das Photon im Supraleiter eine Masse besitzt, noch deutlicher zu machen, betrachten wir das Vektorpotential. In der Eichung $\nabla \cdot \mathbf{A} = 0$ lautet die Wellengleichung für ein zeitunabhängiges Vektorpotential

$$\Box \mathbf{A} = -\nabla^2\,\mathbf{A} = \mathbf{j}_C\,. \tag{10.6}$$

Mit $\mathbf{B} = \nabla \times \mathbf{A}$ und einer passenden Eichung für $\mathbf{A}$ läßt sich die Londonsche Gleichung folgendermaßen umschreiben

$$\boxed{\mathbf{j}_C = -M^2 \mathbf{A}} \qquad (\text{für } \hbar, c = 1). \tag{10.7}$$

Aus (10.6) und (10.7) folgt

$$(-\nabla^2 + M^2)\,\mathbf{A} = 0\,. \tag{10.8}$$

Dies ist die zeitunabhängige Klein-Gordon-Gleichung für ein massives Vektorfeld **A**. Was ist die physikalische Bedeutung dieses Ergebnisses? Gleichung (10.8) besagt keineswegs, daß die Elektrodynamik im Supraleiter ungültig geworden wäre. Das Vektorpotential erfüllt nämlich weiterhin die klassische Wellengleichung (10.6), wobei aber explizit der von den Cooper-Paaren getragene Suprastrom berücksichtigt werden muß. Das Besondere am supraleitenden Grundzustand ist nun aber, daß $\mathbf{j}_C$ bei Anwesenheit eines äußeren Magnetfeldes von Null verschieden ist und die Londonsche Beziehung (10.7) erfüllt. Wenn wir so tun, als wüßten wir nichts von der Existenz des Supraleiters, und setzen (10.7) in (10.6) ein, so kommen wir zur Klein-Gordon-Gleichung.

Ignoriert man den Supraleiter, so muß man den Quanten des Feldes eine Masse zuordnen.
Dies ist eine *effektive Masse* in dem Sinn, wie wir einem mit Helium gefüllten Ballon eine negative effektive Masse zuordnen müssen, wenn wir die Existenz der ihn umgebenden Luft ignorieren.

Es ist durchaus denkbar, daß die Massen der W- und Z-Bosonen ebenfalls effektive Massen sind. Das Higgs-Modell basiert auf dieser Interpretation. Man nimmt dort an, daß die an sich unendlich große Reichweite der schwachen Kräfte durch ein Hintergrundfeld exponentiell gedämpft wird. Da man die Existenz dieses Higgs-Feldes nicht spürt, ignoriert man es normalerweise und muß dann den Quanten W und Z eine Masse zuschreiben. Sicher sind andere Erklärungen der Boson-Massen denkbar, indem man sie beispielsweise als zusammengesetzte Teilchen interpretiert. Für Modelle dieser Art gibt es bisher weder eine eichinvariante Formulierung noch irgendwelche experimentellen Hinweise.

Ich möchte noch detaillierter auf Supraleiter eingehen. Die Feldverdrängung ist ein makroskopisches Phänomen, das an Proben beobachtet wird, die groß im Vergleich zu einem einzelnen Atom sind. Der Abschirmstrom

$$\mathbf{j}_C = -\frac{(2e)^2}{m_C} n_C \, \mathbf{A}$$

wird von einer sehr großen Anzahl von Cooper-Paaren getragen. Bei nur wenigen Cooper-Paaren wäre die Londonsche Eindringtiefe so groß, daß man den exponentiellen Abfall des Magnetfeldes nicht messen könnte. Die Cooper-Paare haben alle den gleichen Impuls, und ihre Wellenfunktionen werden kohärent addiert. Die Gesamtwellenfunktion ψ_C ist eine klassische Welle, so wie eine Radiowelle, die als kohärente Superposition sehr vieler Photonen im gleichen Quantenzustand interpretiert werden kann. $|\psi_C|^2 = n_C$ ist die Cooper-Paar-Dichte. Die kohärente Superposition ist möglich, weil Cooper-Paare sich wie Bosonen verhalten.

Der perfekte Meißner-Effekt tritt nur bei Supraleitern 1. Art auf. Dies sind meist reine Elemente. Das Magnetfeld ist auf eine dünne Oberflächenschicht begrenzt. Mit wachsendem äußeren Feld steigen auch die Abschirmströme, bis die Supraleitung bei einem *kritischen Feld* $B_C(T)$ zusammenbricht. Legierungen wie Niob-Titan gehören zu den Supraleitern 2. Art, die dadurch charakterisiert sind, daß die Eindringtiefe λ des Magnetfeldes größer als die Kohärenzlänge ξ ist, die eine charakteristische Längeneinheit für die Änderung der Cooper-Paar-Dichte darstellt. Supraleiter 2. Art zeigen bis zu einem unteren kritischen Feld B_{C1} den Meißner-Effekt mit völliger Feldverdrängung. Für Felder $B_{C1} < B < B_{C2}$ dringt das Feld in Form von Flußschläuchen in das Material ein, wobei jeder Flußschlauch genau ein elementares Flußquant $\Phi_0 = h/2e$ enthält und von einem Stromwirbel umgeben ist, siehe Abb. 10.2. Die obere kritische Feldstärke B_{C2} ist im allgemeinen sehr viel größer als das kritische Feld eines Supraleiters 1. Art. Einem Beobachter innerhalb eines unendlich ausgedehnten Supraleiters 2. Art, der einem Flußquant begegnet, würde das Magnetfeld als sehr kurzreichweitig

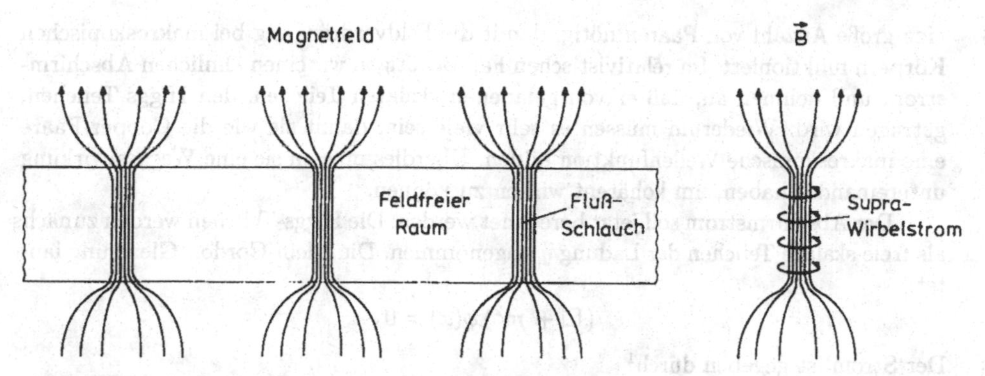

Abb. 10.2. Magnetische Flußschläuche in einer Platte aus einem Supraleiter 2. Art. Rechts ist ein Supra-Stromwirbel angedeutet. Der Wirbelkern ist normalleitend.

erscheinen. Wenn er nichts von der Existenz der Cooper-Paare wüßte, wäre er gezwungen, den Photonen als den Quanten des Feldes eine nichtverschwindende Masse zuzuordnen.

Noch ein weiterer Aspekt ist zu bedenken. Ein Vektorfeld mit Masse M hat nicht nur zwei transversale Polarisationsfreiheitsgrade wie das Photon, sondern einen dritten, longitudinalen. Im Supraleiter gibt es tatsächlich auch diesen dritten Freiheitsgrad, er entspricht longitudinalen Ladungsdichteschwingungen, den *Plasmaschwingungen*. In der Festkörperphysik ist es üblich, von den „Plasmonen" als den Quasiteilchen dieser Schwingungen zu sprechen.

10.2 Die Higgs-Teilchen als Verallgemeinerung der Cooper-Paare

In diesem Kapitel sollen die für den Supraleiter diskutierten Gedanken verallgemeinert werden. Es wird postuliert, daß überall im Raum ein geladenes Hintergrundfeld vorhanden ist, das die Rolle der Cooper-Paare im Supraleiter übernimmt. Damit kann man eine exponentielle Abschwächung des elektromagnetischen Feldes durch „Abschirmströme" hervorrufen und auf diese Weise den Photonen eine Masse geben. Ganz offensichtlich ist dieser Weg in der Natur nicht eingeschlagen worden, da die Photonen im Vakuum masselos sind. Das hier entwickelte Higgs-Modell läßt sich aber leicht auf die schwachen Wechselwirkungen übertragen. Wir gehen von der relativistischen Wellengleichung aus

$$\Box A^\mu = j^\mu \,, \tag{10.9}$$

wobei die Lorentz-Eichung $\partial_\mu A^\mu = 0$ benutzt wird. Wenn jetzt der Fall eintreten sollte, daß wie beim Supraleiter der Strom j^μ proportional zum Viererpotential A^μ ist (vergleiche (10.7)), wenn es also eine der London-Gleichung entsprechende relativistische Verallgemeinerung gibt, kommen wir zur Feldgleichung eines massiven Vektorfeldes.

$$\text{Aus} \quad j^\mu = -M^2 A^\mu \quad \text{folgt} \quad (\Box + M^2)A^\mu = 0\,.$$

Wie kann ein solcher Strom zustandekommen? Wir erinnern uns daran, daß er beim Supraleiter durch die kohärente Bewegung aller Cooper-Paare erzeugt wird. Hierzu ist eine große Anzahl von Paaren nötig, damit die Feldverdrängung bei makroskopischen Körpern funktioniert. Im relativistischen Fall benötigen wir einen ähnlichen Abschirmstrom und nehmen an, daß er von geladenen skalaren Teilchen, den Higgs-Teilchen, getragen wird. Wiederum müssen es sehr viele sein, damit sie wie die Cooper-Paare eine makroskopische Wellenfunktion bilden. Überdies müssen sie eine Wechselwirkung untereinander haben, um kohärent wirken zu können.

Der Abschirmstrom soll jetzt berechnet werden. Die Higgs-Teilchen werden zunächs als freie skalare Teilchen der Ladung q angenommen. Die Klein-Gordon-Gleichung lautet:

$$(\Box + m^2)\,\phi(x) = 0\,.$$

Der Strom ist gegeben durch[1]

$$j^\mu = iq\,(\phi^*(\partial^\mu\phi) - (\partial^\mu\phi^*)\phi)\,. \tag{10.10}$$

Um die Wechselwirkung mit dem elektromagnetischen Feld zu erfassen, ersetzen wir die Viererableitung ∂^μ durch die kovariante Ableitung $D^\mu = \partial^\mu + iq\,A^\mu$:

$$\begin{aligned} j^\mu &= iq\,(\phi^*(D^\mu\phi) - (D^\mu\phi)^*\phi) \\ &= iq\,(\phi^*(\partial^\mu\phi) - (\partial^\mu\phi^*)\phi) - 2q^2A^\mu\,|\phi|^2\,. \end{aligned} \tag{10.11}$$

Bei „normalen“ skalaren Feldern ist die Feldamplitude im Grundzustand Null, so daß der Strom verschwindet. Jetzt wird die Annahme gemacht, daß $|\phi_0|^2 \neq 0$ ist und überall einen konstanten Wert hat. Dann gilt für den Grundzustand

$$j^\mu = -2q^2\,|\phi_0|^2\,A^\mu\,. \tag{10.12}$$

Definieren wir die Masse des Feldes durch

$$M = q\cdot\sqrt{2}\cdot|\phi_0|\,, \tag{10.13}$$

so resultiert daraus die Klein-Gordon-Gleichung eines mit Masse behafteten elektromagnetischen Viererpotentials:

$$(\Box + M^2)A^\mu = 0\,. \tag{10.14}$$

Wenn wir also annehmen, daß das Higgs-Feld ϕ im Grundzustand eine von Null verschiedene Amplitude hat – feldtheoretisch spricht man vom *Vakuum-Erwartungswert* $< \phi_0 >$ – so erhalten wir die verallgemeinerte Londonsche Gleichung (10.12) und die Klein-Gordon-Gleichung (10.14) für das elektromagnetische Viererpotential A^μ. Ignoriert man das Higgs-Feld, so muß man dem Feld A^μ die Masse (10.13) zuordnen.

Die Bedingung $\phi_0 \neq 0$ ist keinesfalls trivial. Damit sie erfüllt sein kann, muß das Higgs-Feld eine Wechselwirkung mit sich selbst haben. Beispiele für *Selbstwechselwirkungen* sind aus der Festkörperphysik bekannt. Im Supraleiter sind alle Cooper-Paare streng korreliert, ihre Wellenfunktionen haben exakt gleiche Wellenlänge und Phase, so daß sich eine makroskopische Welle ergibt; $|\psi_C|^2 = n_C$ ist die Dichte der Cooper-Paare, die im wesentlichen konstant ist. In einem Ferromagneten gibt es eine Wechselwirkung zwischen den magnetischen Momenten der nicht abgeschlossenen 3d-Schalen der

[1] Die Normierung der Wellenfunktion ist hier anders als in Kapitel 1.

Eisenatome. Unterhalb der Curie-Temperatur hat die Magnetisierung innerhalb eines Weißschen Bezirks einen von Null verschiedenen Wert M_0 (Abb. 10.3). Für $T < T_{Curie}$ kann man die potentielle Energie des Spinsystems durch folgenden Ansatz beschreiben

$$V = -\alpha^2 M^2 + \beta^2 M^4 . \tag{10.15}$$

Der Grundzustand, d.h. das Minimum der potentiellen Energie, ergibt sich für einen Wert $M_0 \neq 0$, während bei $T > T_{Curie}$ der Stoff paramagnetisch wird und als Grundzustand $M_0 = 0$ hat; man kann dort näherungsweise schreiben $V = \gamma^2 M^2$.

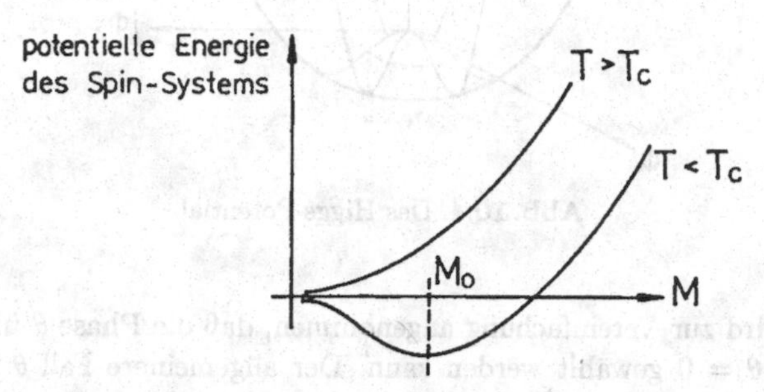

Abb. 10.3. Die Magnetisierung eines Ferromagneten unterhalb und oberhalb der Curie-Temperatur.

10.2.1 Das Higgs-Potential

Um geladene Teilchen beschreiben zu können, wird ein komplexes Higgs-Feld gewählt.

$$\phi = \frac{1}{\sqrt{2}} (\phi_1 + i\phi_2) . \tag{10.16}$$

Das Potential wird in Analogie zu (10.15) angesetzt, damit im „Vakuum", d.h. im Zustand mit der tiefsten Energie, die Feldamplitude von Null verschieden ist.

$$V(\phi) = -\mu^2 |\phi|^2 + \lambda^2 |\phi|^4 . \tag{10.17}$$

Die Potentialfläche wird in Abb. 10.4 dargestellt. Sie ist rotationssymmetrisch um die Ordinate und hat ihr Minimum auf dem Kreis

$$|\phi| = \frac{1}{\sqrt{2}} \sqrt{\phi_1^2 + \phi_2^2} = \frac{v}{\sqrt{2}} \qquad \text{mit} \qquad v = \mu/\lambda .$$

Der Vakuum-Erwartungswert des Feldes hat den Absolutbetrag $v/\sqrt{2}$, aber eine beliebig wählbare Phase $\theta = \arctan(\phi_2/\phi_1)$:

$$\phi_0 = \frac{v}{\sqrt{2}} \exp(i\theta) .$$

Dies ist ganz ähnlich wie beim Ferromagneten, wo der Betrag M_0 des Magnetisierungsvektors **M** festgelegt, aber die Richtung frei wählbar ist. Für die gegenwärtige

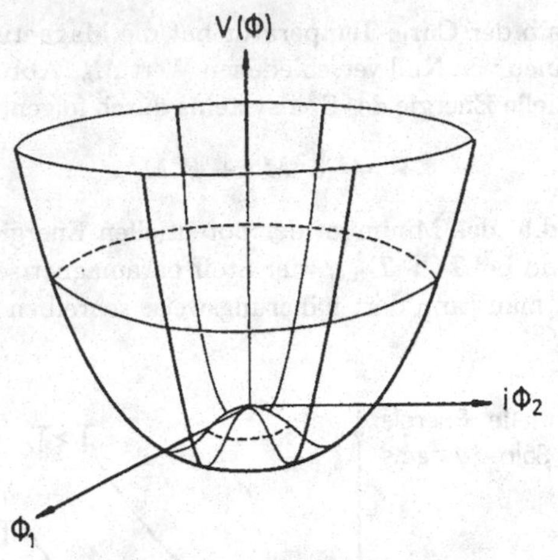

Abb. 10.4. Das Higgs-Potential.

Betrachtung wird zur Vereinfachung angenommen, daß die Phase θ überall im Raum gleich ist und $\theta = 0$ gewählt werden kann. Der allgemeinere Fall $\theta = \theta(x)$ wird in Kapitel 10.3 betrachtet. In dem einfachen Fall

$$\phi_0 = v/\sqrt{2} = \text{const}$$

wird der Vakuum-Erwartungswert des Higgs-Stromes:

$$j_0^\mu = -2q^2 \left|\phi_0\right|^2 A^\mu = -q^2 v^2 A^\mu \,. \tag{10.18}$$

Eingesetzt in (10.9) ergibt sich für das Viererpotential die Gleichung eines massiven Vektorfeldes

$$(\Box + M^2)\, A^\mu = 0\,. \tag{10.19}$$

Das Photonfeld hat eine Masse erhalten, die gegeben ist durch

$$M = qv = q \cdot \left|\phi_0\right|^2 \cdot \sqrt{2}\,. \tag{10.20}$$

Wie beim Supraleiter gibt es zwei alternative Betrachtungsweisen:

a) Das Feld A^μ wechselwirkt mit einem uns bekannten äußeren Strom j^μ

$$\Box A^\mu = j^\mu\,.$$

Dies ist die Wellengleichung für ein masseloses Vektorfeld in Wechselwirkung mit einem äußeren Strom.

b) Der Strom erfülle die verallgemeinerte Londonsche Gleichung

$$j^\mu = -M^2\, A^\mu\,.$$

Wenn wir nichts von der Existenz des Hintergrundfeldes und des Stroms wissen, müssen wir für A^μ folgende Gleichung ansetzen

$$(\Box + M^2)\, A^\mu = 0\,.$$

Dies ist die Wellengleichung eines massiven Vektorfeldes ohne Wechselwirkung mit einem äußeren Strom.

10.3 Der Higgs-Mechanismus im Lagrange-Formalismus

Für die spätere Anwendung auf die schwachen Wechselwirkungen ist es zweckmäßig, die skizzierten Gedankengänge in den Lagrange-Formalismus zu übertragen. Die Lagrange-Dichte eines skalaren Feldes kann man in folgender Form schreiben

$$\mathcal{L} = \frac{1}{2}(\partial_\mu\phi)(\partial^\mu\phi) - \frac{1}{2}m^2\phi^2 = \frac{1}{2}(\partial_\mu\phi)(\partial^\mu\phi) - V(\phi). \tag{10.21}$$

Mit $\dot{\phi} = \partial_0\phi$ und $\pi = \partial\mathcal{L}/\partial\dot{\phi} = \partial_0\phi$ wird die Hamilton-Dichte

$$\mathcal{H} = \pi\dot{\phi} - \mathcal{L} = \frac{1}{2}\left[(\partial_0\phi)^2 + (\nabla\phi)^2\right] + V(\phi). \tag{10.22}$$

Die minimale Gesamtenergie erhält man, wenn das Potential V sein Minimum hat und das Feld ϕ konstant ist, da dann die eckige Klammer mit den Ableitungen des Feldes verschwindet. Für ein einfaches harmonisches Oszillator-Potential $V(\phi) = \frac{1}{2}m^2\phi^2$ ist der Grundzustand gegeben durch $\phi_0 = 0$. Da dies nicht unseren Wünschen entspricht, machen wir in Analogie zum Ferromagneten den Ansatz

$$V(\phi) = -\mu^2\phi\phi^* + \lambda^2(\phi\phi^*)^2. \tag{10.23}$$

Dabei wird

$$\phi(x) = \frac{1}{\sqrt{2}}(\phi_1(x) + i\phi_2(x))$$

als komplexes Feld angesetzt, da wir geladene Higgs-Teilchen beschreiben wollen (vgl. Anhang B, Gleichung (B.3)). Dies Potential hat sein Minimum bei einem Feld $\phi_0 \neq 0$, das durch die Gleichung

$$|\phi_0| = \sqrt{\phi_1^2 + \phi_2^2}/\sqrt{2} = v/\sqrt{2} \quad \text{mit}\, v = \mu/\lambda$$

gegeben ist. Ohne Einschränkung der Allgemeinheit kann man für das Feld im Grundzustand einen positiven reellen Wert wählen

$$\phi_0 = v/\sqrt{2}.$$

Ein beliebiger Zustand $\phi \equiv \text{const}$ mit $|\phi|^2 = v^2/2$, der sich auf dem in Abb. 10.5 skizzierten Kreis in der komplexen $(\phi_1, i\phi_2)$-Ebene befindet, ist ebenso als Grundzustand geeignet. Wir betrachten jetzt einen Zustand $\phi(x)$ in der „Nähe" des Grundzustandes.

$$\phi(x) = \frac{1}{\sqrt{2}}(v + \eta(x) + i\zeta(x)). \tag{10.24}$$

Das Potential hat dort den Wert

$$\begin{aligned} V(\phi) &= \mu^2(-\phi\phi^* + \frac{1}{v^2}(\phi\phi^*)^2) \\ &= \mu^2\Big[-\frac{1}{2}v^2 - \eta v - \frac{1}{2}\eta^2 - \frac{1}{2}\zeta^2 + \frac{1}{4}v^2 + \eta^2 + \eta v + \frac{1}{2}\eta^2 \\ &\quad + \frac{1}{2}\zeta^2 + \frac{\eta^3}{v} + \frac{\eta\zeta^2}{v} + \frac{\eta^2\zeta^2}{2v^2} + \frac{1}{4}\frac{\eta^4}{v^2} + \frac{1}{4}\frac{\zeta^4}{v^2}\Big]. \end{aligned}$$

Vernachlässigen wir alle Terme von dritter oder vierter Ordnung in den als infinitesimal angenommenen Feldamplituden $\eta(x)$ und $\zeta(x)$, so wird

$$V(\phi) = \mu^2\eta^2 - \underbrace{\frac{1}{4}\mu^2 v^2}_{\text{const}} + \text{Terme höherer Ordnung.}$$

Der konstante Term $\mu^2 v^2/4$ kann ignoriert werden, da er in den Lagrangeschen Gleichungen keine Rolle spielt. Die Lagrange-Dichte nimmt daher eine einfache Gestalt an

$$\mathcal{L} = (\partial_\mu\phi)(\partial^\mu\phi)^* - V(\phi) = \left[\frac{1}{2}(\partial_\mu\eta)(\partial^\mu\eta) - \mu^2\eta^2\right] + \left[\frac{1}{2}(\partial_\mu\zeta)(\partial^\mu\zeta)\right] + \dots \tag{10.25}$$

Was kann man aus dieser Formel lernen? Das η-Feld beschreibt ein Teilchen der Masse $m_\eta = \sqrt{2}\mu > 0$, das ζ-Feld hingegen ein masseloses Teilchen. Die Masse des η-Teilchens kann als Konsequenz der rücktreibenden Radialkraft angesehen werden. Es gibt keine rücktreibende Kraft in azimutaler Richtung, daher ist das ζ-Teilchen masselos.

Das ζ-Teilchen wird *Goldstone-Boson* genannt. Es liegt hier ein Beispiel des Theorems von Goldstone vor, das besagt: Wenn die Lagrange-Funktion eine exakte kontinuierliche Symmetrie hat, die der Grundzustand (das „Vakuum") nicht aufweist, so tritt ein masseloses Teilchen auf. Im vorliegenden Fall ist $\mathcal{L}$ invariant gegenüber einer globalen Phasentransformation.

$$\phi(x) \to \phi'(x) = \exp(i\alpha)\phi(x).$$

Der Grundzustand ϕ_0 hat diese Invarianz nicht mehr. Man spricht von *spontaner Symmetrie-Brechung*, wenn der Grundzustand eine kontinuierliche Symmetrie der Lagrange-Funktion nicht besitzt. Eine spontane Symmetrie-Brechung kann nur dann auftreten, wenn $\phi_0 \neq 0$ ist (was eine Selbstwechselwirkung des Higgs-Feldes voraussetzt), da der Zustand $\phi_0 \equiv 0$ die höchstmögliche Symmetrie hat. In einem Ferromagneten ist die Lagrange-Funktion, die die Wechselwirkung der magnetischen Elektronenmomente beschreibt, rotationsinvariant bezüglich beliebiger Drehachsen. Unterhalb der Curie-Temperatur ist eine spontane Magnetisierung $\mathbf{M}_0$ vorhanden. Der Grundzustand ist zwar noch invariant gegenüber einer Rotation um eine Achse parallel zum Vektor $\mathbf{M}_0$, aber nicht mehr um die dazu senkrechten Achsen. Die Symmetrie ist spontan gebrochen. Für $T > T_{Curie}$ wird Eisen paramagnetisch, und die spontane Magnetisierung verschwindet. Der Grundzustand ist dann durch $M_0 = 0$ gekennzeichnet und weist die gleiche Kugelsymmetrie wie die Lagrange-Funktion auf.

10.3.1 Wechselwirkung zwischen Higgs-Feld und elektromagnetischem Feld

Die gesamte Lagrange-Dichte für ein Higgs-Feld und das elektromagnetische Feld ist

$$\mathcal{L} = (D_\mu\phi)(D^\mu\phi)^* + \mu^2(\phi\phi^*) - \frac{\mu^2}{v^2}(\phi\phi^*)^2 - \frac{1}{4}F_{\mu\nu}F^{\mu\nu}. \tag{10.26}$$

Die kovariante Ableitung $D_\mu = \partial_\mu + iqA_\mu$ sorgt für die Kopplung zwischen den geladenen Higgs-Teilchen und dem elektromagnetischen Feld. Die Lagrange-Dichte hat eine sehr wichtige Eigenschaft: sie ist *invariant gegenüber lokalen Eichtransformationen.*

$$A_\mu(x) \to A'_\mu(x) = A_\mu(x) - \partial_\mu \chi(x)\,,\ \phi(x) \to \phi'(x) = \exp(iq\chi(x))\phi(x)\,.$$

Wir werten jetzt $\mathcal{L}$ aus für ein Higgs-Feld $\phi(x)$, das sich in der Nähe des Grundzustands befindet:

$$\phi(x) = \frac{1}{\sqrt{2}}(v + \eta(x) + i\zeta(x))\,,$$

$$\begin{aligned}\mathcal{L} &= -\frac{1}{4}F_{\mu\nu}F^{\mu\nu} - \mu^2\eta^2 + \frac{1}{4}\mu^2 v^2 + \ldots \\ &+\frac{1}{2}\left\{[(\partial_\mu + iqA_\mu)(v+\eta+i\zeta)]\,[(\partial^\mu - iqA^\mu)(v+\eta-i\zeta)]\right\}.\end{aligned}$$

Die geschweifte Klammer ergibt

$$\begin{aligned}\{\ \} &= (\partial_\mu\eta)(\partial^\mu\eta) + (\partial_\mu\zeta)(\partial^\mu\zeta) + q^2 \underbrace{\left((v+\eta)^2 + \zeta^2\right)}_{\approx v^2} A_\mu A^\mu \\ &\quad +2qvA_\mu(\partial^\mu\zeta) + \text{höhere Ordnungen};\end{aligned}$$

$$\begin{aligned}\mathcal{L} &\approx \left[\frac{1}{2}(\partial_\mu\eta)(\partial^\mu\eta) - \mu^2\eta^2\right] + \left[\frac{1}{2}(\partial_\mu\zeta)(\partial^\mu\zeta)\right] \\ &\quad -\frac{1}{4}F_{\mu\nu}F^{\mu\nu} + \frac{1}{2}q^2v^2A_\mu A^\mu + qvA_\mu(\partial^\mu\zeta)\,.\end{aligned}$$

Die umgeformte Lagrange-Dichte $\mathcal{L}$ beschreibt ein Teilchen der Masse $\sqrt{2}\mu$ (das η-Feld), ein Teilchen der Masse 0 (das ζ-Feld) sowie schließlich das elektromagnetische Feld mit zwei Zusatz-Termen: $(1/2)q^2v^2A_\mu A^\mu$ und $qvA_\mu(\partial^\mu\zeta)$. Der erste sieht wie ein Massenterm aus, während die Bedeutung des zweiten in dieser Form unklar bleibt.

Es erweist sich als zweckmäßig, alle Terme mit A_μ und ζ zusammenzufassen.

$$\frac{1}{2}(\partial_\mu\zeta)(\partial^\mu\zeta) + \frac{1}{2}q^2v^2A_\mu A^\mu + qvA_\mu(\partial^\mu\zeta) = \frac{1}{2}q^2v^2\left(A_\mu + \frac{1}{qv}(\partial_\mu\zeta)\right)\left(A^\mu + \frac{1}{qv}(\partial^\mu\zeta)\right).$$

Jetzt wird die *Eichinvarianz der Lagrange-Dichte* ausgenutzt. Es wird eine lokale Eichtransformation mit folgender Funktion durchgeführt

$$\chi(x) = -\frac{1}{qv}\cdot\zeta(x)\,.$$

Dabei ergibt sich

$$A'_\mu(x) = A_\mu(x) + \partial_\mu\left(\frac{1}{qv}\zeta(x)\right) \tag{10.27}$$

und

$$\phi'(x) = \exp\left(-iq\frac{1}{qv}\zeta(x)\right)\phi(x) \approx \frac{1}{\sqrt{2}}(v + \eta(x)) \approx \exp(-i\alpha)\phi(x)\,. \tag{10.28}$$

Diese letzte Gleichung entspricht einer Drehung, vgl. Abb. 10.5. Setzt man A'_μ und ϕ' in $\mathcal{L}$ ein, so folgt

$$\mathcal{L} = \left[\frac{1}{2}(\partial_\mu\eta)(\partial^\mu\eta) - \mu^2\eta^2\right] - \frac{1}{4}F_{\mu\nu}F^{\mu\nu} + \frac{1}{2}q^2v^2A'_\mu A'^\mu + \ldots\,. \tag{10.29}$$

Was ist dadurch erreicht worden? Das masselose ζ-Feld und der Term $A_\mu \partial^\mu \zeta$ sind beide durch die Eichtransformation eliminiert worden. Das außerordentlich wichtige Resultat ist, daß die Lagrange-Dichte (10.29) ein elektromagnetisches Vektorfeld mit Masse beschreibt:

$$M = qv\,. \tag{10.30}$$

Die Masse des Photonfeldes ist wiederum durch den Vakuum-Erwartungswert des Higgs-Feldes bestimmt. Zusätzlich bleibt das massive η-Feld erhalten.

Wo ist das masselose ζ-Feld geblieben? Die Eichtransformation (10.27) zeigt, daß das vorher vorhandene ζ-Feld die *Longitudinal-Komponente* des massiven Vektorfeldes A'_μ hervorruft. Elektromagnetische Wellen in einem Plasma haben in der Tat longitudinale Anteile, die Plasmaschwingungen.

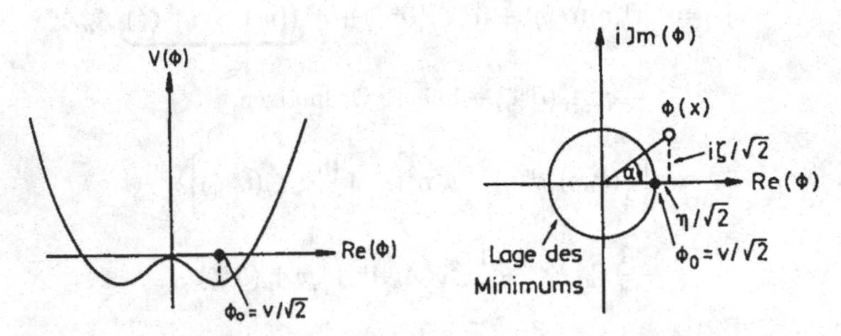

Abb. 10.5. Das Higgs-Potential als Funktion von ϕ_1 und die Eichtransformation (10.27) als Drehung in der komplexen $(\phi_1,\, i\phi_2)$-Ebene.

Zur Zahl der Freiheitsgrade:

(a) ohne Wechselwirkung zwischen elektromagnetischem und Higgs-Feld:

1 η-Feld, $m_\eta = \sqrt{2}\mu$,

1 ζ-Feld, $m_\zeta = 0$,

2 transversale Freiheitsgrade des elektromagnetischen Feldes;

(b) mit Wechselwirkung:

1 η-Feld, $m_\eta = \sqrt{2}\mu$,

2 transversale elektromagnetische Wellen,

1 longitudinale elektromagnetische Welle.

In beiden Fällen haben wir insgesamt 4 Freiheitsgrade.

Im Rahmen des hier diskutierten Higgs-Modell hat ein geladenes Teilchen, das durch den Raum fliegt, eine gewisse Ähnlichkeit mit einem magnetischen Flußschlauch im Supraleiter. Die Higgs-Teilchen erzeugen eine Art Abschirmstrom, der das Teilchen umgibt und sein Feld exponentiell abschwächt. Diese Abschwächung muß in allen drei

Raumdimensionen wirken, während ein Flußschlauch nur in den beiden Richtungen senkrecht zu seiner Achse abgeschirmt wird.

Die vorangegangene Diskussion hat Modellcharakter. Offensichtlich gibt es kein geladenes Higgs-Feld mit einem von Null verschiedenen Vakuum-Erwartungswert, da sonst das Photon eine Masse hätte und das Coulomb-Gesetz abgewandelt werden müßte. Man kann die Betrachtungen jedoch auf den komplizierteren Fall der Nicht-Abelschen Eichtheorien übertragen.

10.4 Übungsaufgaben

10.1: Quantisierung des magnetischen Flusses im Supraleiter. In einem Supraleiter 2. Art ist ein magnetischer Flußschlauch von einem Cooper-Paar-Kreisstrom umgeben, der aber exponentiell mit dem Abstand r von der Achse abfällt. Auf einem hinreichend großen Kreis verschwindet der Strom und damit auch der mechanische Impuls der Cooper-Paare. Zeigen Sie unter Benutzung der Relationen aus Kap. 9, daß der in einem Flußschlauch befindliche magnetische Fluß ein ganzzahliges Vielfaches des elementaren Flußquants Φ_0 sein muß. Hinweis: die Wellenfunktion muß ein eindeutige Funktion des Azimutwinkels sein.

10.2: Beweisen Sie, daß die Langrange-Dichte (10.26) bei einer lokalen Eichtransformation unverändert bleibt.

11. Das Standard-Modell der elektroschwachen Wechselwirkung

11.1 Phaseninvarianz in der SU(2)-Symmetrie

Die Isospin-Invarianz der starken Wechselwirkung ist ein mathematischer Ausdruck dafür, daß die Kernkräfte nicht zwischen Proton und Neutron unterscheiden. Für die starken Wechselwirkungen gibt es nur das *Nukleon*, und in Analogie zu den zwei Spineinstellungen eines Elektrons in einem Magnetfeld fassen wir Proton und Neutron als die beiden Isospin-Einstellungen des Nukleons auf. Bezeichnen wir die Dirac-Wellenfunktion des Nukleons mit ψ_N, wobei diese Funktion die Orts-, Zeit- und Spin-Abhängigkeit umfaßt, so kann man die Proton- und Neutron-Wellenfunktionen als Produkt von ψ_N und eines „Isospinors" χ schreiben mit

$$\chi_p = \begin{pmatrix} 1 \\ 0 \end{pmatrix} \quad \chi_n = \begin{pmatrix} 0 \\ 1 \end{pmatrix} .$$

Eine Isospin-Transformation wird durch eine 2×2-Matrix vermittelt

$$\chi' = U\chi .$$

Damit die Norm erhalten bleibt, muß U unitär sein

$$UU^\dagger = U^\dagger U = 1 \equiv \begin{pmatrix} 1 & 0 \\ 0 & 1 \end{pmatrix} .$$

Daraus ergibt sich für die Determinante

$$\det(UU^\dagger) = |\det U|^2 = 1 ,$$

also

$$\det U = \exp(i\alpha) .$$

Die Matrix U vertauscht mit der Nukleonwellenfunktion ψ_N und wirkt nur auf den Isospinor χ, daher darf man U auf die gesamte Proton- oder Neutronwellenfunktion anwenden. Eine globale Phasentransformation $\psi' = \exp(i\alpha)\psi$ ist mit der Erhaltung der Baryonenzahl verknüpft (vergleiche den elektromagnetischen Fall: dort war es die Erhaltung der elektrischen Ladung). Im folgenden lassen wir den Phasenfaktor weg und betrachten die unitären Matrizen U mit Determinante 1. Diese Matrizen bilden die Gruppe SU(2), genauer gesagt eine spezielle Darstellung dieser Gruppe, nämlich die mit der kleinstmöglichen Dimension. Wir betrachten infinitesimale Transformationen:

$$U = 1 + i\xi \,.$$

Aus $U^\dagger U = 1$ folgt $\xi = \xi^\dagger$, d.h. ξ ist hermitesch; aus $\det U = 1$ folgt $\mathrm{Spur}\,\xi = 0$.
Es gibt genau drei linear unabhängige, hermitesche 2×2-Matrizen mit Spur 0. Wir wählen die Pauli-Matrizen und bezeichnen sie mit τ_j, um Verwechslungen mit den Spin-Matrizen zu vermeiden.

$$\tau_1 = \begin{pmatrix} 0 & 1 \\ 1 & 0 \end{pmatrix}, \quad \tau_2 = \begin{pmatrix} 0 & -i \\ i & 0 \end{pmatrix}, \quad \tau_3 = \begin{pmatrix} 1 & 0 \\ 0 & -1 \end{pmatrix}.$$

Die Matrizen ξ und U können wie folgt dargestellt werden

$$\xi = \frac{1}{2}(\varepsilon_1\tau_1 + \varepsilon_2\tau_2 + \varepsilon_3\tau_3)\,, \quad U = 1 + \frac{i}{2}\boldsymbol{\varepsilon}\cdot\boldsymbol{\tau}\,. \tag{11.1}$$

Wie sieht eine endliche Transformation aus? Wenn α ein endlicher „Drehwinkel" im Isospinraum ist, so wird $\varepsilon = \alpha/n$ für hinreichend großes n infinitesimal, und man kann die endliche Transformation durch n infinitesimale darstellen:

$$U = \lim_{n\to\infty}\left(1 + \frac{i}{2}\cdot\frac{\boldsymbol{\tau}\cdot\boldsymbol{\alpha}}{n}\right)^n = \exp\left(\frac{i}{2}\boldsymbol{\tau}\cdot\boldsymbol{\alpha}\right).$$

Die Transformation

$$\psi' = \exp\left(\frac{i}{2}\boldsymbol{\tau}\cdot\boldsymbol{\alpha}\right)\psi \tag{11.2}$$

ist die Verallgemeinerung der Phasentransformation $\psi' = \exp(i\alpha)\psi$, die wir in Kapitel 10 betrachtet haben. Es gibt zwei wichtige Unterschiede:

1) Die SU(2)-Transformationen sind nicht vertauschbar, sie bilden eine Nicht-Abelsche Gruppe;

2) es gibt drei Winkel α_j.

Lokale SU(2)-Transformationen. Es soll untersucht werden, welche Konsequenzen es hat, wenn man den Drehwinkel $\boldsymbol{\alpha}$ von x abhängig macht, also sozusagen die „Proton-Neutron-Mischung" von Ort zu Ort verschieden wählt. Dazu erinnern wir an die lokale Phaseninvarianz im elektromagnetischen Feld: die Dirac-Gleichung bleibt invariant, wenn gleichzeitig mit der lokalen Phasentransformation des Dirac-Spinors eine Eichtransformation des Viererpotentials durchgeführt wird und man überdies die kovariante Ableitung verwendet.

$$\begin{aligned} (i\gamma_\mu D^\mu - m)\psi = 0 \Rightarrow \quad & (i\gamma_\mu D'^\mu - m)\psi' = 0 \\ D^\mu = \partial^\mu + iqA^\mu \quad & D'^\mu = \partial^\mu + iqA'^\mu \\ & A'^\mu = A^\mu - \partial^\mu\chi \\ & \psi' = \exp(iq\chi)\psi\,. \end{aligned}$$

Diese Vorschriften sollen jetzt auf den SU(2)-Fall übertragen werden. In der QED gibt die elektrische Ladung q die Stärke der Kopplung an. Hier nennen wir die Kopplungskonstante g. Die lokale Phasentransformation lautet mit $\boldsymbol{\alpha}(x) = g\boldsymbol{\beta}(x)$:

$$\psi'(x) = \exp\left(i\frac{g}{2}\boldsymbol{\tau}\cdot\boldsymbol{\beta}(x)\right)\psi(x)\,. \tag{11.3}$$

Die kovariante Ableitung ist in diesem Fall

$$D^\mu = \partial^\mu + i\frac{g}{2}\boldsymbol{\tau}\cdot\mathbf{W}^\mu \tag{11.4}$$
$$(\boldsymbol{\tau}\cdot\mathbf{W}^\mu = \tau_1 W_1^\mu + \tau_2 W_2^\mu + \tau_3 W_3^\mu)\,.$$

Man braucht jetzt drei äußere Felder, da es drei Komponenten des Drehwinkels $\boldsymbol{\alpha} = g\,\boldsymbol{\beta}$ gibt. Wie sieht nun die Eichtransformation der Felder W_j^μ aus? Damit die Dirac-Gleichung auch nach der Transformation erfüllt ist, muß gelten (vergleiche Kap. 9.2):

$$D'^\mu\psi'(x) = \exp\left(i\frac{g}{2}\boldsymbol{\tau}\cdot\boldsymbol{\beta}(x)\right)D^\mu\psi(x)\,.$$

Wir schreiben dies für infinitesimale Transformationen hin:

$$\begin{aligned}&\left(\partial^\mu + i\frac{g}{2}\boldsymbol{\tau}\cdot\mathbf{W}'^\mu\right)\left(1 + i\frac{g}{2}\boldsymbol{\tau}\cdot\boldsymbol{\beta}\right)\psi\\ &= \left(1 + i\frac{g}{2}\boldsymbol{\tau}\cdot\boldsymbol{\beta}\right)\left(\partial^\mu + i\frac{g}{2}\boldsymbol{\tau}\cdot\mathbf{W}^\mu\right)\psi\,.\end{aligned}$$

Bei Beschränkung auf die erste Ordnung in $\boldsymbol{\beta}$ folgt dann für die transformierten Felder (Aufgabe 11.1)

$$\mathbf{W}'^\mu(x) = \mathbf{W}^\mu(x) - \partial^\mu\boldsymbol{\beta}(x) - g\left[\boldsymbol{\beta}(x)\times\mathbf{W}^\mu(x)\right]\,. \tag{11.5}$$

Die beiden ersten Terme sind analog zum elektromagnetischen Fall. Neu ist der Term $\boldsymbol{\beta}\times\mathbf{W}^\mu$, der von der Nichtvertauschbarkeit der SU(2)-Transformationen kommt.

Es ist nicht sinnvoll, das Prinzip der lokalen SU(2)-Invarianz (oder Flavour-SU(3)-Invarianz) auf die starken Wechselwirkungen anzuwenden. Wenn man versucht, die Vektormesonen (ρ, ω, ϕ) als Eichquanten zu interpretieren, muß man eine Symmetrie-Brechung annehmen, um diesen Teilchen ihre Masse zu geben. Das ist nicht verträglich mit der Isospininvarianz (oder annähernden SU(3)-Invarianz) der starken Wechselwirkungen. Die Anwendung auf die schwachen Wechselwirkungen hat sich hingegen als äußerst erfolgreich herausgestellt.

11.2 Schwacher Isospin, schwache Hyperladung

Die (V-A)-Struktur der geladenen schwachen Ströme erfordert geladene Vektorteilchen als Feldquanten. Wegen der kurzen Reichweite müssen sie eine hohe Masse besitzen. Gegenwärtig kennt man nur eine Möglichkeit, eine renormierbare Theorie zu konstruieren, in der die Feldquanten massive Vektorteilchen sind: man geht aus von einer eichinvarianten Theorie mit masselosen Feldquanten und erzeugt die Massen durch Wechselwirkung mit einem Higgs-Hintergrundfeld. Wenn man versucht, diese Idee auf die schwachen Wechselwirkungen anzuwenden, müssen auch die elektromagnetischen Wechselwirkungen einbezogen werden, denn die Diskussion des Prozesses $e^-e^+ \to W^-W^+$ in Kap. 8.3 hat gezeigt, daß der Einphotongraph die Unitaritätsschranke verletzt und der Z^0-Graph sowie der ν-Graph hinzugenommen werden müssen (genau genommen auch noch ein Graph mit Higgs-Austausch).

Wir haben schon in Kap. 6 gesehen, daß es zweckmässig ist, die Teilchen, die durch Emission schwacher Feldquanten ineinander übergehen können, in Multipletts eines „schwachen Isospins" zusammenzufassen. Die linkshändigen Fermionen bilden Dubletts ($I = 1/2$).

$$\begin{pmatrix} \nu_e \\ e^- \end{pmatrix}_L \begin{pmatrix} \nu_\mu \\ \mu^- \end{pmatrix}_L \begin{pmatrix} \nu_\tau \\ \tau^- \end{pmatrix}_L \begin{pmatrix} u \\ d' \end{pmatrix}_L \begin{pmatrix} c \\ s' \end{pmatrix}_L \begin{pmatrix} t \\ b' \end{pmatrix}_L \quad \begin{matrix} I_3 \\ 1/2 \\ -1/2 . \end{matrix} \tag{11.6}$$

Rechtshändige geladene Leptonen und Quarks koppeln nicht an die geladenen schwachen Ströme und gehören in Singuletts, da es natürlich keine Übergänge vom Elektron zum Neutrino, aber auch keine neutralen Ströme gibt, die die Quark-Sorte ändern.

$$I = 0 : \qquad e_R^-, \mu_R^-, \tau_R^-, u_R, d_R, s_R, c_R, b_R, t_R . \tag{11.7}$$

Die Schreibweise in (11.6) und (11.7) ist generell üblich, sie ist aber recht symbolisch und entspricht nicht direkt den Dirac-Wellenfunktionen der Teilchen. Beispielsweise müssen wir die Wellenfunktionen der linkshändigen Leptonen ν_e und e^- als Produkt eines linkshändigen Dirac-Spinors $\psi_L(t, \mathbf{x})$ vom Typ (2.28), der die Zeit-, Orts- und Spinabhängigkeit umfaßt, und eines *schwachen Isospinors* χ schreiben, so wie wir es auch schon für Proton und Neutron gemacht haben.

$$\nu_L = \psi_L(t, \mathbf{x}) \begin{pmatrix} 1 \\ 0 \end{pmatrix}, \quad e_L = \psi_L(t, \mathbf{x}) \begin{pmatrix} 0 \\ 1 \end{pmatrix} . \tag{11.8}$$

Es wird nun angenommen, daß die geladenen schwachen Ströme nicht zwischen linkshändigen Elektronen und Neutrinos unterscheiden, also invariant sind gegenüber Rotationen des schwachen Isospins. Da bei einer solchen Rotation die Wellenfunktionen von Elektron und Neutrino vermischt werden, muß man annehmen, daß die Masse des Elektrons (und der übrigen geladenen Leptonen) verschwindet.

Die *schwache Hyperladung* wird in Analogie zur Hyperladung der starken Wechselwirkung eingeführt, so daß die Gell-Mann-Nishijima-Relation erfüllt ist

$$Q = I_3 + Y/2 .$$

Man erhält folgende Werte

$$\begin{aligned} Y &= -1 \quad \text{für} \quad \begin{pmatrix} \nu_e \\ e^- \end{pmatrix}_L , \begin{pmatrix} \nu_\mu \\ \mu^- \end{pmatrix}_L , \begin{pmatrix} \nu_\tau \\ \tau^- \end{pmatrix}_L \\ Y &= -2 \quad \text{für} \quad e_R^-, \mu_R^-, \tau_R^- , \\ Y &= +1/3 \quad \text{für} \quad \begin{pmatrix} u \\ d' \end{pmatrix}_L , \begin{pmatrix} c \\ s' \end{pmatrix}_L , \begin{pmatrix} t \\ b' \end{pmatrix}_L \\ Y &= +4/3 \quad \text{für} \quad u_R, c_R, t_R , \\ Y &= -2/3 \quad \text{für} \quad d_R, s_R, b_R . \end{aligned} \tag{11.9}$$

Der Übergang $e^- \to \nu_e$ unter Emission eines W^--Bosons wird durch den Isospin-Aufsteigeoperator τ_+ vermittelt, der Übergang $\nu_e \to e^-$ durch den Absteigeoperator τ_-. Da die dritte Komponente des Isospins sich dabei um 1 ändert, liegt es nahe, den W-Bosonen den schwachen Isospin 1 zuzuordnen. Dann sollte es auch einen Operator geben, der mit der Matrix τ_3 verknüpft ist und I_3 nicht ändert, der also Übergänge der Gestalt $\nu_e \leftrightarrow \nu_e$ oder $e \leftrightarrow e$ vermittelt. Schließlich existieren noch die elektromagnetischen Übergänge. Insgesamt sind daher vier Felder erforderlich.

11.3 Lokale SU(2)$_L$× U(1)-Transformationen, Kopplungen der Fermionen

Die SU(2)$_L$-Gruppe beschreibt die Transformationen der linkshändigen Multipletts des schwachen Isospins. Für die Leptonen (ν_e, e^-) lautet eine solche Transformation

$$\begin{pmatrix} \nu_e \\ e^- \end{pmatrix}'_L = \exp\left(i\frac{g}{2}\boldsymbol{\tau}\cdot\boldsymbol{\beta}(x)\right)\begin{pmatrix} \nu_e \\ e^- \end{pmatrix}_L . \tag{11.10}$$

Die schwache Hyperladung Y ist ebenso wie die elektrische Ladung eine additive Quantenzahl, die wir mit Phasentransformationen verknüpfen können:

$$\begin{pmatrix} \nu_e \\ e^- \end{pmatrix}'_L = \exp\left(i\left(\frac{g'}{2}Y_L\right)\chi(x)\right)\begin{pmatrix} \nu_e \\ e^- \end{pmatrix}_L , \tag{11.11}$$

$$e'_R = \exp\left(i\left(\frac{g'}{2}Y_R\right)\chi(x)\right)e_R . \tag{11.12}$$

An Stelle der Ladung q im elektromagnetischen Fall tritt hier die Kopplungskonstante $g'/2$ auf, multipliziert mit der Hyperladungsquantenzahl Y. Der Faktor 1/2 ist willkürlich, erweist sich aber als zweckmäßig. Die Phasentransformationen (11.11) und (11.12) bilden eine U(1)-Gruppe (unitäre Matrizen der Dimension 1 ≙ Phasenfaktor). Um Invarianz gegenüber lokalen (also orts- und zeitabhängigen) Transformationen zu erhalten, muß man für die SU(2)$_L$-Gruppe ein Triplett W_1^μ, W_2^μ, W_3^μ von Vektorfeldern einführen und für die U(1)-Gruppe ein einzelnes Vektorfeld B^μ. Die kovariante Ableitung ist

$$\boxed{D^\mu = \partial^\mu + ig\,\mathbf{T}\cdot\mathbf{W}^\mu + i\frac{g'}{2}YB^\mu .} \tag{11.13}$$

Für die linkshändigen Leptonen gilt

$$\mathbf{T} = \boldsymbol{\tau}/2\,,\ Y = -1,$$

und die kovariante Ableitung wird für (ν_e, e_L^-), (ν_μ, μ_L^-), (ν_τ, τ_L^-)

$$\boxed{D^\mu = \partial^\mu + i\frac{g}{2}\boldsymbol{\tau}\cdot\mathbf{W}^\mu - i\frac{g'}{2}B^\mu .} \tag{11.14}$$

Für die rechtshändigen geladenen Leptonen ist $\mathbf{T} = 0$, $Y = -2$ und

$$\boxed{D^\mu = \partial^\mu - ig'B^\mu}\ \ (\text{für } e_R^-,\ \mu_R^-,\ \tau_R^-). \tag{11.15}$$

Um die Übergangsmatrixelemente zu berechnen, erinnern wir an die Vorgehensweise in der QED: die kovariante Ableitung wird in die Dirac-Gleichung eingesetzt.

$$(i\gamma_\mu D^\mu - m)\,\psi = 0 \Rightarrow (i\gamma_\mu\partial^\mu - m)\,\psi = q\gamma_\mu A^\mu\psi .$$

Das Matrixelement 1. Ordnung ist gegeben als Matrixelement des Operators $q\gamma_\mu A^\mu$ zwischen ein- und auslaufenden ebenen Wellen

$$\mathcal{M} \sim -iq\overline{u}_f\gamma_\mu u_i A^\mu$$
$$(q = \pm e \text{ für } e^\pm) .$$

Als erstes betrachten wir die Kopplung der W-Felder an die linkshändigen Leptonen.

$$\boldsymbol{\tau} \cdot \mathbf{W}^\mu = \sqrt{2}\left[\tau_+ W^{(-)\mu} + \tau_- W^{(+)\mu}\right] + \tau_3 W_3^\mu .$$

Dabei ist τ_+ der Isospin-Aufsteigeoperator, τ_- der Absteigeoperator:

$$\tau_+ = \frac{1}{2}(\tau_1 + i\tau_2) = \begin{pmatrix} 0 & 1 \\ 0 & 0 \end{pmatrix}, \quad \tau_- = \frac{1}{2}(\tau_1 - i\tau_2) = \begin{pmatrix} 0 & 0 \\ 1 & 0 \end{pmatrix}.$$

Die Felder der $W^\pm$-Bosonen berechnen sich daher wie folgt:

$$W^{(\pm)\mu} = \frac{1}{\sqrt{2}}(W_1^\mu \pm iW_2^\mu) . \tag{11.16}$$

Die kovariante Ableitung für die linkshändigen Leptonen läßt sich damit folgendermaßen schreiben

$$\boxed{D^\mu = \partial^\mu + i\frac{g}{\sqrt{2}}\left(\tau_+ W^{(-)\mu} + \tau_- W^{(+)\mu}\right) + i\frac{g}{2}\tau_3 W_3^\mu - i\frac{g'}{2}B^\mu .} \tag{11.17}$$

Wir betrachten nun den Übergang $e^- \to \nu_e$ unter Emission eines virtuellen W^-, siehe Abb. 11.1. Dieser wird durch den Isospin-Aufsteigeoperator vermittelt. Zum Matrixelement trägt der Vertex folgendes bei

$$\mathcal{M} \sim -i\frac{g}{\sqrt{2}}\overline{\nu}_L \gamma_\mu \tau_+ e_L W^{(-)\mu} .$$

Hier bedeuten

$$\nu_L = u_L(\nu) = u_L \begin{pmatrix} 1 \\ 0 \end{pmatrix}, \quad e_L = u_L(e) = u_L \begin{pmatrix} 0 \\ 1 \end{pmatrix}.$$

Den Index L können wir weglassen, wenn wir den Projektionsoperator $\frac{1}{2}(1 - \gamma^5)$ einsetzen.

$$\mathcal{M} \sim -i\frac{g}{\sqrt{2}}\,\overline{u}(\nu)\gamma_\mu \frac{1-\gamma^5}{2}\,\tau_+ u(e) W^{(-)\mu} . \tag{11.18}$$

Um den Zusammenhang mit der Fermi-Kopplungskonstanten herzustellen, betrachten wir die Reaktion $e^-\nu_\mu \to \nu_e \mu^-$. Die Kopplung am rechtem Vertex ist

$$-i\frac{g}{\sqrt{2}}\,\overline{u}(\mu)\,\gamma_\mu \frac{1-\gamma^5}{2}\,\tau_-\, u(\nu)\, W^{(+)\mu} ,$$

da die Absorption eines W^- der Emission eines W^+ entspricht (vgl. Abb. 11.1). Das Matrixelement wird insgesamt

$$\mathcal{M} = -\frac{g^2}{8} \cdot \frac{1}{q^2 - M_W^2} \cdot \overline{u}(\nu_e)\,\gamma_\mu\,(1 - \gamma^5)\,\tau_+\, u(e)\,\overline{u}(\mu)\,\gamma^\mu\,(1 - \gamma^5)\,\tau_-\, u(\nu_\mu) .$$

Für $Q^2 \ll M_W^2$ führt dies zur Vier-Fermion-Punktwechselwirkung mit der Kopplungskonstanten $G_F\,/\,\sqrt{2}$. Es ergibt sich die uns schon bekannte Relation

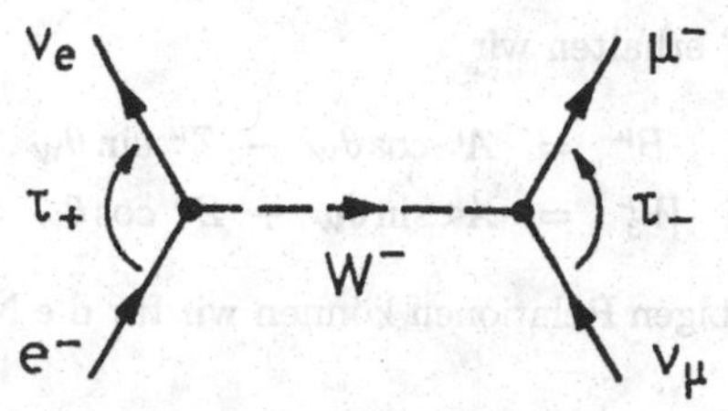

Abb. 11.1. Feynman-Graph für die Reaktion $e^-\nu_\mu \to \nu_e\mu^-$.

$$\boxed{\frac{g^2}{8M_W^2} = \frac{G_F}{\sqrt{2}}\,.} \tag{11.19}$$

Als nächstes wird der Übergang $\nu_e \to \nu_e$ analysiert, der durch die Terme

$$i\frac{g}{2}\,\tau_3\,W_3^\mu \text{ und } -i\frac{g'}{2}\,B^\mu$$

in der kovarianten Ableitung (11.17) vermittelt wird. Zum Matrixelement tragen sie mit folgenden Amplituden bei

$$-i\,\frac{g}{2}\,\overline{\nu}_L\gamma_\mu\,\underbrace{\tau_3\,\nu_L}_{\nu_L}\,W_3^\mu \quad\text{und}\quad +i\,\frac{g'}{2}\,\overline{\nu}_L\gamma_\mu\nu_L\,B^\mu\,.$$

Das elektromagnetische Feld A^μ kann mit keinem der beiden Felder W_3^μ oder B^μ identisch sein, da deren Kopplung an das Neutrino nicht verschwindet. Wir können aber A^μ als eine Linearkombination der beiden ansetzen, wobei die Koeffizienten gerade so gewählt werden, daß das Feld A^μ die Kopplung Null zum Neutrino hat:

$$\begin{aligned} &\text{Ansatz} && A^\mu = aW_3^\mu + bB^\mu \\ &\text{Kopplung} && \sim a\left(-\frac{g}{2}\right) + b\frac{g'}{2} = 0 \\ &\Rightarrow && a = \frac{g'}{\sqrt{g^2+g'^2}}\,,\quad b = \frac{g}{\sqrt{g^2+g'^2}}\,. \end{aligned}$$

Der *schwache Mischungs-Winkel* θ_W, oft auch *Weinberg-Winkel* genannt, wird durch die folgende Beziehung definiert

$$\boxed{\cos\theta_W = \frac{g}{\sqrt{g^2+g'^2}}\,,\quad \sin\theta_W = \frac{g'}{\sqrt{g^2+g'^2}}\,.} \tag{11.20}$$

Es folgt dann

$$\boxed{A^\mu = B^\mu\,\cos\theta_W + W_3^\mu\,\sin\theta_W\,.} \tag{11.21}$$

Das Feld Z^μ des neutralen schwachen Stroms muß orthogonal zu A^μ sein. Bis auf einen beliebigen Phasenfaktor gilt

$$\boxed{Z^\mu = -B^\mu\,\sin\theta_W + W_3^\mu\,\cos\theta_W\,.} \tag{11.22}$$

Aufgelöst nach B^μ, W_3^μ erhalten wir

$$\begin{aligned} B^\mu &= A^\mu \cos\theta_W - Z^\mu \sin\theta_W \,, \\ W_3^\mu &= A^\mu \sin\theta_W + Z^\mu \cos\theta_W \,. \end{aligned}$$

Unter Benutzung der obigen Relationen können wir für die Neutrino-Kopplung schreiben:

$$-i\frac{g}{2}\,\overline{u}_L\,\gamma_\mu u_L\,W_3^\mu + i\frac{g'}{2}\,\overline{u}_L\,\gamma_\mu u_L\,B^\mu =$$

$$= \frac{i}{2}\underbrace{(-g\sin\theta_W + g'\cos\theta_W)}_{0}\,\overline{u}_L\,\gamma_\mu u_L\,A^\mu - \frac{i}{2}\underbrace{(g\cos\theta_W + g'\sin\theta_W)}_{\sqrt{g^2+g'^2}\,=\,g\,/\cos\theta_W}\,\overline{u}_L\,\gamma_\mu\,u_L\,Z^\mu$$

Also folgt für die Kopplung des Neutrinos an den neutralen schwachen Strom:

$$-\,i\frac{g}{2\cos\theta_W}\,\overline{u}(\nu)\,\gamma_\mu\,\frac{1-\gamma^5}{2}\,u(\nu)\,. \tag{11.23}$$

Kopplungen der Elektronen.

a) Rechtshändige Elektronen koppeln nur an das Feld B^μ, nicht an W_3^μ.

$$ig'\overline{u}_R\gamma_\mu u_R B^\mu = ig'\cos\theta_W\overline{u}_R\gamma_\mu u_R A^\mu - ig'\sin\theta_W\overline{u}_R\gamma_\mu u_R Z^\mu \,.$$

In der QED ist die Kopplung des Photons an ein Teilchen der Ladung $q = -e$ unabhängig davon, ob dieses rechts- oder linkshändig ist. Sie ist gegeben durch

$$ie\,\overline{u}\,\gamma_\mu\,u\,A^\mu.$$

Daraus folgt der fundamentale Zusammenhang zwischen den Kopplungskonstanten g, g' und der Elementarladung:

$$\boxed{e = g'\cos\theta_W = g\sin\theta_W\,.} \tag{11.24}$$

b) Für ein Elektron beliebiger Chiralität kann man schreiben

$$u(e) = \frac{1}{2}(1-\gamma^5)u(e) + \frac{1}{2}(1+\gamma^5)u(e) = u_L + u_R\,,$$

$$-\frac{1}{2}ig\,\overline{u}_L\gamma_\mu\underbrace{\tau_3 u_L}_{-u_L}W_3^\mu + \frac{1}{2}ig'\,\overline{u}_L\gamma_\mu u_L B^\mu + ig'\,\overline{u}_R\gamma_\mu u_R B^\mu$$

$$= \frac{i}{2}\underbrace{(g\sin\theta_W + g'\cos\theta_W)}_{2e}\overline{u}_L\gamma_\mu u_L A^\mu + ie\,\overline{u}_R\gamma_\mu u_R A^\mu$$

$$-\frac{i}{2}\underbrace{(-g\cos\theta_W + g'\sin\theta_W)}_{\sqrt{g^2+g'^2}\,(2\sin^2\theta_W - 1)}\overline{u}_L\gamma_\mu u_L Z^\mu - i\underbrace{g'\sin\theta_W}_{\sqrt{g^2+g'^2}\,\sin^2\theta_W}\overline{u}_R\,\gamma_\mu\,u_R Z^\mu\,.$$

Unter Benutzung der Relationen

$$\overline{u}_L\,\gamma_\mu\,u_L = \frac{1}{2}\,\overline{u}\,\gamma_\mu(1-\gamma^5)u \quad \text{und} \quad \overline{u}_R\,\gamma_\mu\,u_R = \frac{1}{2}\,\overline{u}\,\gamma_\mu(1+\gamma^5)u$$

folgt wie erwartet für die elektromagnetische Kopplung eines Elektrons beliebiger Chiralität

$$ie\,\overline{u}\,\gamma_\mu\,u\,A^\mu\,.$$

Die Kopplung des Elektrons an das Z^0 ist

$$-\frac{ig}{2\cos\theta_W}\overline{u}\,\gamma_\mu\,(v_e - a_e\gamma^5)\,u\,Z^\mu\,, \tag{11.25}$$

wobei wir die *Vektor-* und *Axialvektor-Kopplungen* wie folgt definieren

$$v_e = 2\sin^2\theta_W - 1/2\,, \quad a_e = -1/2\,.$$

Das Elektron koppelt hauptsächlich über den Axialvektor an das Z^0, weil der experimentelle Wert von $\sin^2\theta_W$ nahe bei 0.25 liegt und v_e daher sehr klein ist.

Kopplungen der Quarks. Die Kopplungen der Quarks an die geladenen und neutralen schwachen Ströme kann man herleiten, wenn man bei der kovarianten Ableitung (11.13) die in (11.6), (11.7) und (11.9) aufgeführten Quantenzahlen für den schwachen Isospin und die schwache Hyperladung einsetzt.

a) Linkshändige Quarks: $Y = 1/3\,,\ I_3 = \pm 1/2$:

$$D^\mu = \partial^\mu + i\frac{g}{\sqrt{2}}\left(\tau_+ W^{(-)\mu} + \tau_- W^{(+)\mu}\right) + \frac{ig}{2}\tau_3 W_3^\mu + \frac{ig'}{6}B^\mu\,. \tag{11.26}$$

Als Beispiel betrachten wir den Übergang vom d'- zum u-Quark

$$-i\frac{g}{\sqrt{2}}\,\overline{u}(u)\,\gamma_\mu\,\frac{1-\gamma^5}{2}\,\tau_+\,u(d')\,W^{(-)\mu}\,.$$

Dies ist genau die gleiche Kopplung wie beim $(e\,\nu_e)$-Vertex.

b) Rechtshändige Quarks: $Y = 2Q_q\,,\ I = 0$:

$$D^\mu = \partial^\mu + iQ_q g' B^\mu\,, \quad Q_q = 2/3 \text{ oder } -1/3\,. \tag{11.27}$$

11.4 Feynman-Regeln der elektroschwachen Wechselwirkung

Wir wollen hier die elektromagnetischen und schwachen Kopplungen der Fermionen zusammenfassen.

a) Kopplung geladener Fermionen an das elektromagnetische Feld

$$-\,iQ_f\,e\,\overline{u}_f\,\gamma_\mu u_f\,. \tag{11.28}$$

$$\begin{aligned}
Q_f &= \quad -1 && \text{für } e^-\,,\ \mu^-\,,\ \tau^-\,,\\
Q_f &= \quad 2/3 && \text{für die } u\text{-, } c\text{- und } t\text{-Quarks,}\\
Q_f &= \ -1/3 && \text{für die } d\text{-, } s\text{- und } b\text{-Quarks.}
\end{aligned}$$

b) Kopplung an die W-Bosonen.
Für den $(e\,\nu_e)$-Vertex lautet das Matrixelement

$$-\,i\frac{g}{\sqrt{2}}\,\overline{u}(\nu)\,\gamma_\mu\,\frac{1-\gamma^5}{2}\,\tau_+\,u(e)\,. \tag{11.29}$$

Der gleiche Ausdruck ergibt sich für die Vertizes

$$(\mu^-\nu_\mu)\,,\ (\tau^-\nu_\tau)\,,\ (d'u)\,,\ (s'c)\,,\ (b't)\,.$$

c) Kopplung an das Z^0-Boson.
Die Neutrinos besitzen eine rein linkshändige Kopplung

$$-i\frac{g}{\cos\theta_W}\,\overline{u}_\nu\,\gamma_\mu\,c_L\frac{1-\gamma^5}{2}\,u_\nu\,. \tag{11.30}$$

Für die geladenen Fermionen (Leptonen oder Quarks) gilt

$$-\,i\frac{g}{\cos\theta_W}\,\overline{u}_f\,\gamma_\mu\left[c_R\frac{1+\gamma^5}{2}+c_L\frac{1-\gamma^5}{2}\right]u_f\,. \tag{11.31}$$

Die Koeffizienten der rechts- und linkshändigen Kopplung der Fermionen lassen sich wie folgt durch die Komponente I_3 des schwachen Isospins, die Ladungsquantenzahl Q_f und den Mischungswinkel θ_W ausdrücken

$$c_R = -Q_f\,\sin^2\theta_W\,,\quad c_L = I_3\,-\,Q_f\,\sin^2\theta_W\,. \tag{11.32}$$

Häufig werden auch die Kopplungen an den Vektor- und Axialvektorstrom benötigt

$$-\,i\frac{g}{2\cos\theta_W}\,\overline{u}_f\,\gamma_\mu\,\left[v_f-a_f\gamma^5\right]\,u_f \tag{11.33}$$

mit

$$v_f = c_L + c_R = I_3\,-\,2Q_f\,\sin^2\theta_W\,,\ a_f = c_L - c_R = I_3\,. \tag{11.34}$$

In der Literatur sind noch andere Schreibweisen gebräuchlich:

$$v_f = c_V^f = g_V^f\,,\ a_f = c_A^f = g_A^f\,.$$

Es gibt auch Konventionen, die sich um einen Faktor 2 von den hier benutzten unterscheiden.

Die Propagatoren der W- und Z-Bosonen haben die im Anhang D hergeleitete Gestalt

$$\frac{-g^{\mu\nu}\ +q^\mu q^\nu/M^2}{q^2\,-\,M^2}\,. \tag{11.35}$$

Für die Elektron-Positron-Annihilation in der Nähe der Z^0-Resonanz ist eine wichtige Modifikation nötig, die sich aus der Instabilität des Z^0 ergibt. Dies wird in Kap. 11.8 diskutiert.

Die Feynman-Regeln (11.28) -- (11.34) für die Kopplungen zwischen den Fermionen und den Eichfeldern A^μ, W^μ und Z^μ ergeben sich aus der $\mathrm{SU}(2)_L\times\mathrm{U}(1)$-Eichtheorie für *masselose Eichbosonen.* Wir werden im nächsten Abschnitt sehen, daß der Higgs-Mechanismus, mit dessen Hilfe den W- und Z-Bosonen eine Masse verliehen wird, die Kopplungen ungeändert läßt.

11.5 Die Massen der *W*- und *Z*-Bosonen

Die einfachste Higgs-Struktur, die es ermöglicht, den $W^\pm$- und Z^0-Bosonen eine Masse zu verleihen, besteht aus komplexen Feldern ϕ^+ und ϕ^0, die ein Dublett bezüglich des schwachen Isospins bilden

$$\Phi = \begin{pmatrix} \phi^+ \\ \phi^0 \end{pmatrix} \qquad (I = 1/2, \quad Y = 1)\,. \tag{11.36}$$

Die Lagrange-Dichte des Higgsfeldes ist

$$\mathcal{L}_{Higgs} = (\partial^\mu \Phi)^\dagger (\partial_\mu \Phi) - V(\Phi^\dagger, \Phi), \quad V(\Phi^\dagger, \Phi) = -\mu^2 \Phi^\dagger \Phi + \lambda^2 (\Phi^\dagger \Phi)^2\,. \tag{11.37}$$

Die Lagrange-Dichte der Eichboson-Felder lautet

$$\mathcal{L}_{Eich} = -\frac{1}{4} F^i_{\mu\nu} F^{i\mu\nu} - \frac{1}{4} f_{\mu\nu} f^{\mu\nu}\,. \tag{11.38}$$

Im ersten Term tritt eine dreifache Summation auf:

$$F^i_{\mu\nu} F^{i\mu\nu} = \sum_{i=1}^{3} \sum_{\mu=0}^{3} \sum_{\nu=0}^{3} F^i_{\mu\nu} F^{i\mu\nu}\,.$$

Die Feld-Tensoren sind

$$F^i_{\mu\nu} = \partial_\mu W^i_\nu - \partial_\nu W^i_\mu - g\varepsilon_{ijk} W^j_\mu W^k_\nu \tag{11.39}$$

und

$$f_{\mu\nu} = \partial_\mu B_\nu - \partial_\nu B_\mu\,. \tag{11.40}$$

Wegen der Nichtvertauschbarkeit der SU(2)-Operatoren sieht der Feldstärkentensor $F^i_{\mu\nu}$ komplizierter aus als der elektromagnetische Feldstärkentensor, während der zur kommutativen U(1)-Gruppe gehörige Tensor $f_{\mu\nu}$ die aus der Elektrodynamik bekannte Form hat. Die Kopplung zwischen dem Higgs-Feld und den Eichboson-Feldern wird dadurch berücksichtigt, daß in (11.37) die kovariante Ableitung (11.13) mit $I = 1/2$, $Y = 1$ eingesetzt wird

$$\partial_\mu \to D_\mu = \partial_\mu + i\frac{g}{2}\boldsymbol{\tau} \cdot \mathbf{W}_\mu + i\frac{g'}{2} \cdot B_\mu\,. \tag{11.41}$$

Die gesamte Lagrange-Funktion

$$\begin{aligned} \mathcal{L} &= \mathcal{L}_{Higgs} + \mathcal{L}_{Eich} \\ &= (D^\mu \Phi)^\dagger (D_\mu \Phi) + \mu^2 (\Phi^\dagger \Phi) - \lambda^2 (\Phi^\dagger \Phi)^2 - \frac{1}{4} F^i_{\mu\nu} F^{i\mu\nu} - \frac{1}{4} f_{\mu\nu} f^{\mu\nu} \end{aligned} \tag{11.42}$$

hat eine sehr wichtige Eigenschaft: sie ist eichinvariant. $\mathcal{L}$ bleibt invariant bei lokalen SU(2)-Transformationen

$$\begin{aligned} \Phi(x) &\to \Phi'(x) = \exp\left(i\frac{g}{2}\boldsymbol{\tau} \cdot \boldsymbol{\beta}(x)\right) \Phi(x)\,, \\ \mathbf{W}^\mu(x) &\to \mathbf{W}'^\mu(x) = \mathbf{W}^\mu(x) - \partial^\mu \boldsymbol{\beta}(x) - g\,[\boldsymbol{\beta}(x) \times \mathbf{W}^\mu(x)] \end{aligned} \tag{11.43}$$

und ebenfalls bei lokalen U(1)-Transformationen

$$\begin{aligned} \Phi(x) &\rightarrow \Phi'(x) = \exp\left(i\frac{g'}{2}\chi(x)\right)\Phi(x)\,, \\ B^\mu(x) &\rightarrow B'^\mu(x) = B^\mu(x) - \partial^\mu\chi(x)\,. \end{aligned} \tag{11.44}$$

Es wird nun angenommen, daß der energetisch tiefste Zustand (das „Vakuum") eine von Null verschiedene Amplitude des neutralen Higgs-Feldes ergibt, während der Erwartungswert des geladenen Higgs-Feldes verschwindet. (Dieser würde, wie in Kap. 10 gezeigt, dem Photon eine Masse geben).

$$\Phi_0 \equiv < \Phi_0 > = \frac{1}{\sqrt{2}}\begin{pmatrix} 0 \\ v \end{pmatrix}. \tag{11.45}$$

Jetzt wird ein Zustand $\Phi(x)$ in der Nähe des Grundzustandes betrachtet

$$\Phi(x) = \frac{1}{\sqrt{2}}\begin{pmatrix} 0 \\ v + \eta(x) \end{pmatrix}. \tag{11.46}$$

Ein möglicher Term $i\zeta(x)$ wird gleich weggelassen; wie in Kap. 10.3 führt er zu einem masselosen Goldstone-Boson, das durch eine Eichtransformation eliminiert werden kann. Anwenden der kovarianten Ableitung ergibt

$$\begin{aligned} D_\mu\Phi(x) &= \frac{1}{\sqrt{2}}\begin{pmatrix} 0 \\ \partial_\mu\eta \end{pmatrix} + \frac{ig}{2\sqrt{2}}\begin{pmatrix} (W_{1\mu} - iW_{2\mu})(v+\eta) \\ 0 \end{pmatrix} \\ &\quad + \frac{i}{2\sqrt{2}}\begin{pmatrix} 0 \\ (g'B_\mu - gW_{3\mu})(v+\eta) \end{pmatrix}, \end{aligned}$$

$$\begin{aligned} (D^\mu\Phi)^\dagger(D_\mu\Phi) &= \frac{1}{2}(\partial^\mu\eta)(\partial_\mu\eta) + \frac{g^2(v+\eta)^2}{8}|W_{1\mu} - iW_{2\mu}|^2 + \frac{(v+\eta)^2}{8}|g'B_\mu - gW_{3\mu}|^2 \\ &\approx \frac{1}{2}(\partial^\mu\eta)(\partial_\mu\eta) + \frac{g^2v^2}{8}\left(|W_\mu^{(+)}|^2 + |W_\mu^{(-)}|^2\right) + \frac{v^2}{8}|g'B_\mu - gW_{3\mu}|^2. \end{aligned}$$

In dieser Beziehung bedeutet $|W_{1\mu} - iW_{2\mu}|^2 = (W_{1\mu} - iW_{2\mu})(W_1^\mu + iW_2^\mu)$. Eingesetzt in die Lagrange-Dichte (11.42) erhalten wir:

$$\begin{aligned} \mathcal{L} &= \left[\frac{1}{2}(\partial^\mu\eta)(\partial_\mu\eta) - \mu^2\eta^2\right] - \frac{1}{4}F^i_{\mu\nu}F^{i\mu\nu} - \frac{1}{4}f_{\mu\nu}f^{\mu\nu} \\ &\quad + \frac{1}{2}\cdot\frac{g^2v^2}{4}\left(|W_\mu^{(+)}|^2 + |W_\mu^{(-)}|^2\right) + \frac{1}{2}\cdot\frac{v^2}{4}|g'B_\mu - gW_{3\mu}|^2\,. \end{aligned} \tag{11.47}$$

Aus (11.47) entnimmt man :

(a) Es gibt ein neutrales Higgs-Teilchen, das η-Teilchen, mit der Masse

$$m_{Higgs} = \sqrt{2}\,\mu\,.$$

(b) Die geladenen W-Bosonen haben eine Masse erhalten

$$\boxed{M_W = \frac{gv}{2}\,.} \tag{11.48}$$

(c) Nach (11.20) und (11.22) gilt

$$g' B_\mu - g W_{3\mu} = -\sqrt{g^2 + g'^2}\, Z_\mu = -\frac{g}{\cos\theta_W} Z_\mu .$$

Der letzte Term in $\mathcal{L}$ kann also geschrieben werden

$$\frac{1}{2} \cdot \frac{v^2}{4} |g' B_\mu - g W_{3\mu}|^2 = \frac{1}{2} \cdot \frac{g^2 v^2}{4\cos^2\theta_W} |Z_\mu|^2 .$$

Daraus sieht man, daß auch das Z^0-Boson eine Masse erhält, die über den schwachen Mischungswinkel mit der W-Masse verknüpft ist

$$\boxed{M_Z = \frac{gv}{2\cos\theta_W} = \frac{M_W}{\cos\theta_W}.} \tag{11.49}$$

(d) Ein Massenterm für das elektromagnetische Viererpotential

$$A_\mu = \frac{1}{\sqrt{g^2 + g'^2}} (g B_\mu + g' W_{3\mu})$$

kommt nicht vor: wie erwartet bleibt das Photon masselos.

Bemerkenswert ist vor allem, daß die Z^0-Masse in dieser einfachen Form mit der W-Masse zusammenhängt. Es muß aber ausdrücklich betont werden, daß die Resultate von der *Higgs-Struktur* abhängig sind. Wählt man statt des Grundzustands (11.45) einen von Null verschiedenen Vakuum-Erwartungswert des geladenen Higgs-Feldes, $\phi^+ = v / \sqrt{2}$, so erhält das Photon eine Masse, die bei Vernachlässigung der $\gamma - Z^0$-Interferenz genau den in Kapitel 10 berechneten Wert $m_\gamma = e \cdot v$ hat.

Statt des Dubletts komplexer Felder ϕ^+ und ϕ^0 kann man auch ein Triplett reeller Felder wählen

$$\Phi = \begin{pmatrix} \phi^+ \\ \phi^0 \\ \phi^- \end{pmatrix} .$$

Nimmt man an, daß im Grundzustand nur das neutrale Feld ungleich Null ist, so erhalten W^+ und W^- eine Masse, γ und Z^0 bleiben aber masselos.

Um die verschiedenen theoretischen Möglichkeiten offen zu halten, wird häufig im Nenner der Beziehung (11.49) noch ein Faktor ρ hinzugefügt. Im Rahmen des hier verwendeten „minimalen" Higgs-Modells mit einem Dublett komplexer Felder ist $\rho = 1$. Dieser Wert ergibt sich in sehr guter Näherung auch aus den Experimenten.

Zur Zahl der Freiheitsgrade:

Vor „Einschalten" der Wechselwirkung mit dem Higgs-Feld gibt es vier masselose Vektorfelder $W^{i\mu}$, B^μ die jeweils zwei Polarisationseinstellungen haben, also acht Freiheitsgrade. Dazu kommen vier reelle Higgs-Felder (zwei komplexe Felder), man hat demnach insgesamt 12 Freiheitsgrade.

Nach Einschalten der Wechselwirkung gibt es drei massive Vektorfelder $W^{(+)\mu}$, $W^{(-)\mu}$ und Z^μ mit zusammen 9 Freiheitsgraden, ein masseloses Vektorfeld A^μ mit zwei Freiheitsgraden sowie ein neutrales Higgs-Teilchen η. In der Summe ergeben sich wieder 12 Freiheitsgrade.

11.6 Die Massen der geladenen Fermionen

Die SU(2)-Transformationen der linkshändigen Fermionen-Dubletts lassen die Dirac-Gleichung nur dann invariant, wenn die beiden Mitglieder eines Dubletts genau die gleiche Masse haben, also muß $m_e = m_\nu = 0$ gelten. Um die Eichinvarianz auch für geladene Leptonen mit nichtverschwindender Masse beizubehalten, muß man wie bei den Eichbosonen den Higgs-Mechanismus zur Erzeugung der Massen heranziehen. Zur Herleitung der Higgs-Fermion-Kopplung betrachten wir die Dirac-Gleichung für Elektronen

$$(i\gamma^\mu \partial_\mu - m)\psi = 0 .$$

Von links wird der Projektionsoperator $\frac{1+\gamma^5}{2}$ angewandt:

$$\frac{1+\gamma^5}{2}(i\gamma^\mu \partial_\mu - m)\psi = i\gamma^\mu \partial_\mu \frac{1-\gamma^5}{2}\psi - m\frac{1+\gamma^5}{2}\psi = 0 .$$

Es folgt, daß die Dirac-Gleichung die links- und rechtshändigen Spinoren verknüpft

$$i\gamma^\mu \partial_\mu e_L = m\, e_R . \tag{11.50}$$

Entsprechend findet man durch Anwenden von $(1-\gamma^5)/2$

$$i\gamma^\mu \partial_\mu e_R = m\, e_L . \tag{11.51}$$

Hier haben wir die Wellenfunktionen der links- und rechtshändigen Elektronen mit e_L und e_R bezeichnet. Für das Neutrino gilt

$$i\gamma^\mu \partial_\mu \nu_L = 0 . \tag{11.52}$$

Man muß die Kopplung an das Higgs-Feld so konstruieren, daß im Grundzustand (11.45) das Neutrino masselos bleibt, während links- und rechtshändige Elektronen die gleiche Masse erhalten. In Analogie zu (11.48) erwarten wir, daß die Elektronenmasse proportional zum Vakuum-Erwartungswert des Higgsfeldes ist: $m = \tilde{g}_e \cdot v/\sqrt{2}$. (Anmerkung: häufig wird die hier $\tilde{g}_f$ genannte Kopplung des geladenen Fermions an das Higgs-Feld mit G_f bezeichnet. Dies birgt die Gefahr einer Verwechslung mit den aus dem Myon- oder Tau-Zerfall ermittelten Fermi-Konstanten G_F, die man manchmal G_μ oder G_τ nennt). Man kann die Gleichungen in einer Form schreiben, die invariant gegenüber SU(2)-Transformationen ist:

$$\begin{aligned} i\gamma^\mu \partial_\mu \begin{pmatrix} \nu_e \\ e^- \end{pmatrix}_L &= \tilde{g}_e \begin{pmatrix} \phi^+ \\ \phi^0 \end{pmatrix} e_R \\ i\gamma^\mu \partial_\mu e_R &= \tilde{g}_e (\phi^{+*}, \phi^{0*}) \begin{pmatrix} \nu_e \\ e^- \end{pmatrix}_L \end{aligned}$$

Wenn man für $\Phi = \begin{pmatrix} \phi^+ \\ \phi^0 \end{pmatrix}$ den Vakuumerwartungswert (11.45) einsetzt, ergeben sich in der Tat die obigen Gleichungen (11.50) – (11.52). Zur Vereinfachung werden das linkshändige Dublett mit L und das rechtshändige Singulett mit R bezeichnet

$$L \equiv \begin{pmatrix} \nu_e \\ e^- \end{pmatrix} \quad , \quad R \equiv e_R \, .$$

Die komplette Lagrange-Funktion für Elektronen und Neutrinos in Wechselwirkung mit den Eichbosonen der elektroschwachen Wechselwirkung und dem Higgs-Feld ist

$$\mathcal{L} = \underbrace{\mathcal{L}_{Higgs} + \mathcal{L}_{Eich}}_{\text{Gleichung (11.42)}} + \mathcal{L}_{Lepton} + \mathcal{L}_{Yukawa} \tag{11.53}$$

mit

$$\mathcal{L}_{Lepton} = \overline{R} i \gamma^\mu \left(\partial_\mu - i g' B_\mu\right) R + \overline{L} i \gamma^\mu \left(\partial_\mu + i \frac{g}{2} \boldsymbol{\tau} \cdot \mathbf{W}_\mu - i \frac{g'}{2} B_\mu\right) L \, . \tag{11.54}$$

Dabei sind die kovarianten Ableitungen (11.14) und (11.15) benutzt worden. Der Term $\mathcal{L}_{Yukawa}$ enthält die sogenannte „Yukawa"-Kopplung zwischen den Higgs-Skalaren und den Fermionen

$$\mathcal{L}_{Yukawa} = -\tilde{g}_e \left[\overline{R}(\Phi^\dagger L) + (\overline{L}\Phi) R\right] \, . \tag{11.55}$$

Wenn die Felder B_μ und $\mathbf{W}_\mu$ nicht vorhanden sind, folgen aus den Lagrange-Gleichunger

$$\frac{\partial \mathcal{L}}{\partial \overline{R}} = 0 \quad \text{und} \quad \frac{\partial \mathcal{L}}{\partial \overline{L}} = 0$$

die Gleichungen (11.50) – (11.52). Die Elektronen erhalten somit eine Masse

$$\boxed{m_e = \tilde{g}_e \frac{v}{\sqrt{2}}} \tag{11.56}$$

Die entsprechende Prozedur ist für alle geladenen Fermionen anzuwenden. Die Masse ist das Produkt der Kopplungskonstanten $\tilde{g}_f$ und des Vakuumerwartungswertes $v/\sqrt{2}$ des Higgs-Feldes. Man braucht daher genau so viele verschiedene Kopplungskonstanten, wie es verschiedene Lepton- und Quark-Massen gibt.

Falls die Idee der Massenerzeugung über den Higgs-Mechanismus richtig ist, hat sie die interessante Konsequenz, daß die Kopplung der Higgs-Teilchen an die geladenen Fermionen proportional zu ihrer Masse ist

$$\tilde{g}_\mu = \frac{m_\mu}{v \, / \sqrt{2}} \, , \qquad \tilde{g}_\tau = \left(\frac{m_\tau}{m_\mu}\right) \tilde{g}_\mu \, , \ldots$$

Die Higgs-Teilchen sollten demnach bevorzugt in die schwersten Quarks und Leptonen zerfallen. Die Breite des $q\overline{q}$-Zerfalls berechnet sich zu

$$\Gamma(\text{Higgs} \to q\overline{q}) = \frac{G_F}{\sqrt{2}} M_H \cdot \frac{m_q^2}{4\pi} \, .$$

Die vielen Kopplungsparameter zur Erklärung der Fermion-Massen sind sicherlich der unbefriedigendste Aspekt des Standard-Modells. Möglicherweise hat aber die Kopplung proportional zur Masse eine tiefe physikalische Bedeutung. Bei nichtverschwindender Elektronenmasse hat der schon früher diskutierte Prozeß $e^- e^+ \to W^- W^+$ nur dann ein vernünftiges Hochenergieverhalten, wenn zusätzlich zu den γ-, Z^0- und ν-Graphen noch ein Higgs-Graph mit Kopplung $\tilde{g}_e \sim m_e$ hinzugenommen wird.

Es wird eine der wichtigsten Aufgaben der Teilchenphysik bleiben, die Frage nach der Existenz oder Nichtexistenz der Higgs-Teilchen definitiv zu entscheiden, da hiermit das Standard-Modell steht oder fällt. Die experimentelle Information ist dürftig. Die Higgs-Masse kann nicht berechnet werden. Aus den LEP-Experimenten erhält man eine untere Grenze von etwa 60 GeV. Gesucht wird dabei nach Ereignissen der Gestalt

$$e^- + e^+ \to Z^0 \to Z^0_{virt} + H^0 ,$$

wobei das Higgs-Teilchen vorwiegend in $b\bar{b}$, $c\bar{c}$ oder $\tau^-\tau^+$ zerfallen sollte und das virtuelle Z^0 in Lepton- oder Quark-Paare übergeht. Eine obere Grenze ergibt sich aus theoretischen Argumenten: die oben erwähnte Kompensation der Divergenz in der $W^\pm$-Paarerzeugung funktioniert nur, wenn die Higgs-Masse den Wert

$$\left(\frac{8\pi\sqrt{2}}{3G_F}\right)^{1/2} \approx 1\,\mathrm{TeV}$$

nicht überschreitet.

11.7 Selbstwechselwirkung der Eichbosonen

Die W- und Z-Bosonen tragen selbst eine schwache Ladung und unterscheiden sich darin ganz wesentlich von den elektrisch neutralen Photonen. Es ist charakteristisch für Nicht-Abelsche Eichtheorien, daß die Feldquanten miteinander wechselwirken können. Dies soll hergeleitet werden. Ich folge dabei einer unveröffentlichten Vorlesung von Paul Söding. In der Elektrodynamik definieren wir den Feldstärken-Tensor durch

$$F_{\mu\nu} = \partial_\mu A_\nu - \partial_\nu A_\mu .$$

Wenn man die Beziehung

$$\partial^\mu F_{\mu\nu} = j_\nu \tag{11.57}$$

postuliert, so ergibt sich die Wellengleichung für das Viererpotential

$$\Box A_\nu - \partial_\nu(\partial^\mu A_\mu) = j_\nu .$$

Im Vakuum gilt $j_\nu = 0$, und die Lösungen sind ebene elektromagnetische Wellen. Wir betrachten jetzt freie W-Teilchen der Masse 0 und versuchen, einen entsprechenden Feldstärken-Tensor zu konstruieren

$$\mathbf{F}_{\mu\nu} = \partial_\mu \mathbf{W}_\nu - \partial_\nu \mathbf{W}_\mu . \tag{11.58}$$

Bei einer Eichtransformation gilt (siehe (11.5))

$$\mathbf{W}'_\mu = \mathbf{W}_\mu - \partial_\mu \boldsymbol{\beta} - g\,[\boldsymbol{\beta} \times \mathbf{W}_\mu] ,$$

also

$$\begin{aligned}\mathbf{F}'_{\mu\nu} &= \underbrace{(\partial_\mu \mathbf{W}_\nu - \partial_\nu \mathbf{W}_\mu)}_{\mathbf{F}_{\mu\nu}} - \underbrace{(\partial_\mu\partial_\nu\boldsymbol{\beta} - \partial_\nu\partial_\mu\boldsymbol{\beta})}_{0} \\ &\quad - g\,\{\partial_\mu\,[\boldsymbol{\beta}(x) \times \dot{\mathbf{W}}_\nu(x)] - \partial_\nu\,[\boldsymbol{\beta}(x) \times \mathbf{W}_\mu(x)]\} .\end{aligned}$$

Der Ausdruck in der geschweiften Klammer ist ungleich Null, was bedeutet, daß $\mathbf{F}_{\mu\nu}$ aus Gleichung (11.58) kein eichinvarianter Feldstärkentensor ist.

Es gibt jedoch noch ein zweites Problem: Nehmen wir an, wir wollen in Analogie zu (11.57) die Gleichung

$$\partial^{\mu}\mathbf{F}_{\mu\nu} = 0 \qquad \text{(im Vakuum)}$$

benutzen, um die Wellengleichung für $\mathbf{W}_{\mu}$ herzuleiten. Nach der Eichtransformation ist diese Gleichung nicht mehr erfüllt, denn

$$\partial^{\mu}\{ \qquad \} \neq 0 .$$

Die Beziehung $\partial^{\mu}\mathbf{F}_{\mu\nu} = 0$ ist nicht eichinvariant und deswegen ungeeignet zur Herleitung einer Wellengleichung für die $\mathbf{W}_{\mu}$-Felder. Nun ist der Ansatz (11.58) auch etwas zu naiv, weil $\mathbf{F}_{\mu\nu}$ bei einer SU(2)-Transformation wie ein Isovektor transformiert werden muß. Bei einer „Rotation" um den infinitesimalen Winkel $\boldsymbol{\alpha} = g\,\boldsymbol{\beta}$ sollte gelten

$$\mathbf{F}'_{\mu\nu} = \mathbf{F}_{\mu\nu} - \boldsymbol{\alpha} \times \mathbf{F}_{\mu\nu} . \tag{11.59}$$

Die richtige Form des Feldstärkentensors ist

$$\mathbf{F}_{\mu\nu} = \partial_{\mu}\mathbf{W}_{\nu} - \partial_{\nu}\mathbf{W}_{\mu} - g\,[\mathbf{W}_{\mu} \times \mathbf{W}_{\nu}] . \tag{11.60}$$

Behauptung: Der Tensor $\mathbf{F}_{\mu\nu}$ aus Gleichung (11.60) transformiert sich bei einer infinitesimalen SU(2)-Transformation gemäß Gleichung (11.59).
Beweis: Definitionsgemäß ist

$$\mathbf{F}'_{\mu\nu} = \partial_{\mu}\mathbf{W}'_{\nu} - \partial_{\nu}\mathbf{W}'_{\mu} - g\left[\mathbf{W}'_{\mu} \times \mathbf{W}'_{\nu}\right] .$$

In diese Gleichung wird (11.5) eingesetzt.

$$\begin{aligned}
\mathbf{F}'_{\mu\nu} \;=\; & \partial_{\mu}\mathbf{W}_{\nu} - \partial_{\nu}\mathbf{W}_{\mu} - \underbrace{(\partial_{\mu}\partial_{\nu}\boldsymbol{\beta} - \partial_{\nu}\partial_{\mu}\boldsymbol{\beta})}_{0} - g\,\{\partial_{\mu}\,[\boldsymbol{\beta} \times \mathbf{W}_{\nu}] - \partial_{\nu}\,[\boldsymbol{\beta} \times \mathbf{W}_{\mu}]\} \\
& - g\,[\mathbf{W}_{\mu} - \partial_{\mu}\boldsymbol{\beta} - g\,[\boldsymbol{\beta} \times \mathbf{W}_{\mu}]] \times [\mathbf{W}_{\nu} - \partial_{\nu}\boldsymbol{\beta} - g\,[\boldsymbol{\beta} \times \mathbf{W}_{\nu}]] \\
=\; & \underbrace{\partial_{\mu}\mathbf{W}_{\nu} - \partial_{\nu}\mathbf{W}_{\mu} - g\,[\mathbf{W}_{\mu} \times \mathbf{W}_{\nu}]}_{\mathbf{F}_{\mu\nu}} \\
& - g\boldsymbol{\beta} \times (\partial_{\mu}\mathbf{W}_{\nu} - \partial_{\nu}\mathbf{W}_{\mu}) + g^{2}\,(\mathbf{W}_{\mu} \times [\boldsymbol{\beta} \times \mathbf{W}_{\nu}] + [\boldsymbol{\beta} \times \mathbf{W}_{\mu}] \times \mathbf{W}_{\nu}) .
\end{aligned}$$

Hier sind nur die in β linearen Terme mitgenommen worden, da diese Größe infinitesimal ist. Unter Ausnutzung der Beziehung $\mathbf{a} \times (\mathbf{b} \times \mathbf{c}) = (\mathbf{a} \cdot \mathbf{c})\,\mathbf{b} - (\mathbf{a} \cdot \mathbf{b})\,\mathbf{c}$ kann man die g^2-Terme umformen

$$\begin{aligned}
\mathbf{W}_{\mu} \times [\boldsymbol{\beta} \times \mathbf{W}_{\nu}] &= (\mathbf{W}_{\mu} \cdot \mathbf{W}_{\nu})\,\boldsymbol{\beta} - (\mathbf{W}_{\mu} \cdot \boldsymbol{\beta})\,\mathbf{W}_{\nu} , \\
[\boldsymbol{\beta} \times \mathbf{W}_{\mu}] \times \mathbf{W}_{\nu} &= -\,(\mathbf{W}_{\nu} \cdot \mathbf{W}_{\mu})\,\boldsymbol{\beta} + (\mathbf{W}_{\nu} \cdot \boldsymbol{\beta})\,\mathbf{W}_{\mu} .
\end{aligned}$$

Die Terme $\sim g^2$ ergeben

$$\begin{aligned}
& -\,(\mathbf{W}_{\mu} \cdot \boldsymbol{\beta})\,\mathbf{W}_{\nu} + (\mathbf{W}_{\nu} \cdot \boldsymbol{\beta})\,\mathbf{W}_{\mu} = \boldsymbol{\beta} \times [\mathbf{W}_{\mu} \times \mathbf{W}_{\nu}] \\
\Rightarrow \quad & \mathbf{F}'_{\mu\nu} = \mathbf{F}_{\mu\nu} - g\boldsymbol{\beta} \times \mathbf{F}_{\mu\nu} = \mathbf{F}_{\mu\nu} - \boldsymbol{\alpha} \times \mathbf{F}_{\mu\nu} .
\end{aligned}$$

Der Tensor $\mathbf{F}_{\mu\nu}$ wird also wie behauptet bei einer SU(2)-Eichtransformation wie ein Isovektor transformiert.

Nachdem die richtige Form des Feldstärkentensors gefunden ist, muß eine Verallgemeinerung der Gleichung (11.57) gesucht werden, damit man die Wellengleichung für die W-Felder aufstellen kann. Die Beziehung $\partial^\mu \mathbf{F}_{\mu\nu} = 0$ (im Vakuum) ist ungeeignet, denn Gleichung (11.59) zeigt sofort, daß sie nicht eichinvariant ist. Durch eine Rechnung analog wie oben kann man zeigen, daß folgende Beziehung eichinvariant ist:

$$\partial^\mu \mathbf{F}_{\mu\nu} - g\mathbf{W}^\mu \times \mathbf{F}_{\mu\nu} = 0 . \tag{11.61}$$

Daraus folgt als Wellengleichung:

$$\Box \mathbf{W}_\nu - \partial_\nu \left(\partial^\mu \mathbf{W}_\mu\right) = \mathbf{J}_\nu \tag{11.62}$$

mit

$$\begin{aligned} \mathbf{J}_\nu &= g\mathbf{W}^\mu \times \mathbf{F}_{\mu\nu} \\ &= g\left[\mathbf{W}^\mu \times \partial_\mu \mathbf{W}_\nu - \mathbf{W}^\mu \times \partial_\nu \mathbf{W}_\mu\right] \\ &\quad -g^2 \mathbf{W}^\mu \times \left[\mathbf{W}_\mu \times \mathbf{W}_\nu\right] . \end{aligned} \tag{11.63}$$

Das interessante an diesem Ergebnis ist, daß die Eichbosonen selbst im Vakuum (bei Abwesenheit von Teilchen mit schwacher Wechselwirkungen bzw. bei Abwesenheit von Quarks im Fall der Gluonen) keine homogene Wellengleichung erfüllen: *Es gibt keine ebenen W-, Z^0- oder Gluonwellen.* Der Strom (11.63) führt zu einer Wechselwirkungsenergie

$$\mathcal{H}_{int} \sim \mathbf{J}_\mu \cdot \mathbf{W}^\mu ,$$

die Terme mit 3 und 4 W-Feldern enthält. Die zugehörigen Vertizes der elektroschwachen Wechselwirkung sind in Abb. 11.2 aufgeführt. Die Vertexfaktoren sollen nicht hergeleitet werden. Eine ganz ähnliche Betrachtung kann man in der Quantenchromodynamik durchführen und erhält dann die Drei- und Vier-Gluon-Vertizes, die auch in Abb. 11.2 gezeigt werden.

11.8 Eigenschaften der W- und Z-Bosonen

11.8.1 Berechnung der Zerfallsraten

Die W- und Z-Quanten zerfallen nur in Zwei-Teilchen-Endzustände. Beim W^- sind dies

$$e^- \overline{\nu}_e \, , \; \mu^- \overline{\nu}_\mu \, , \; \tau^- \overline{\nu}_\tau \, , \; \overline{u}\, d' \, , \; \overline{c}\, s' .$$

Das Z^0 zerfällt in Teilchen-Antiteilchen-Paare, wobei alle geladenen Leptonen und Neutrinos sowie die Quarks u, d, s, c, b vorkommen. Das t-Quark scheidet aufgrund seiner hohen Masse aus.

Wir betrachten allgemein den Zerfall eines Teilchens der Masse M in zwei Teilchen mit Massen m_1 und m_2. Die Viererimpulsbilanz lautet

$$p = p_1 + p_2 .$$

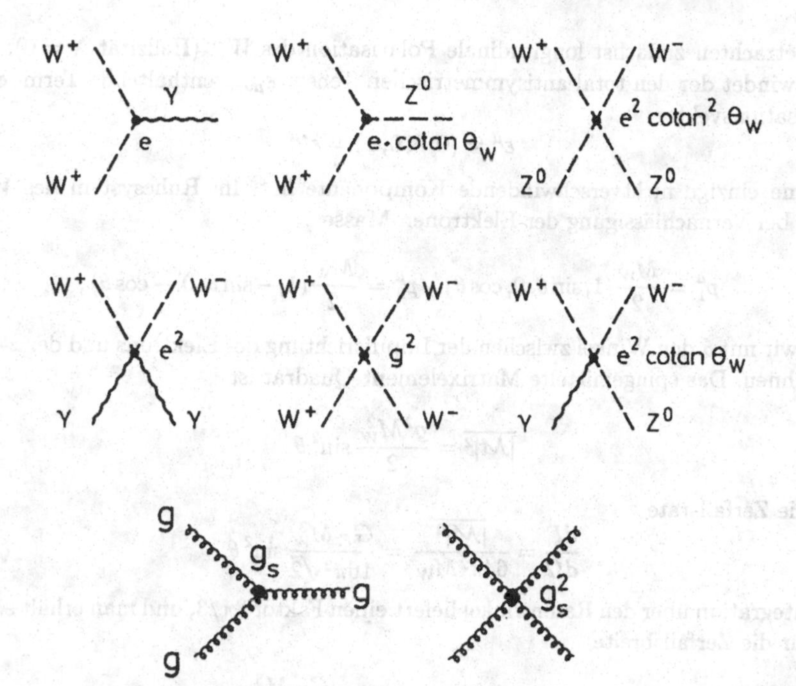

Abb. 11.2. Selbstkopplung der Feldquanten in der elektroschwachen Wechselwirkung und in der QCD.

Die differentielle Zerfallsbreite im Ruhsystem des Primärteilchens ist gegeben durch

$$d\Gamma = \frac{|\mathcal{M}|^2}{2M} dLips(M^2; p_1, p_2) = \frac{|\mathcal{M}|^2}{2M}(2\pi)^4\delta^4(p - p_1 - p_2)\frac{d^3p_1}{2E_1\,(2\pi)^3}\cdot\frac{d^3p_2}{2E_2\,(2\pi)^3}\,. \tag{11.64}$$

Wie in Kap. 5.3.1 kann man unter Benutzung der Deltafunktion über die nicht beobachteten Variablen integrieren und erhält für die im Raumwinkel-Element des Teilchens 1 differentielle Breite

$$d\Gamma = \frac{1}{32\pi^2}|\mathcal{M}|^2 \cdot \frac{|\mathbf{p}_1|}{M^2} d\Omega\,. \tag{11.65}$$

Der Impuls des Teilchens 1 im Ruhsystem des Primärteilchens ist in der Näherung $m_1,\ m_2 \ll M$ gegeben durch $|\mathbf{p}_1| = M/2$.
Wir wollen jetzt das Matrixelement des Zerfalls

$$W^- \to e^- + \overline{\nu}_e$$

berechnen (vgl. Quigg 1980).

$$\mathcal{M} = -i\frac{g}{2\sqrt{2}}\overline{u}(e)\gamma_\mu(1-\gamma^5)v(\nu)\,\varepsilon^\mu\,.$$

Das über die Lepton-Spins summierte Absolutquadrat ist

$$\begin{aligned}\overline{|\mathcal{M}|^2} &= \frac{g^2}{8}\mathrm{Spur}(\not{\varepsilon}(1-\gamma^5)\,\not{p}_2\,\not{\varepsilon}^*(1-\gamma^5)\,\not{p}_1) = \frac{g^2}{4}\mathrm{Spur}((1+\gamma^5)\,\not{\varepsilon}\,\not{p}_2\,\not{\varepsilon}^*\,\not{p}_1)\\ &= g^2[(\varepsilon\cdot p_2)(\varepsilon^*\cdot p_1) + (\varepsilon\cdot p_1)(\varepsilon^*\cdot p_2) - (\varepsilon\cdot\varepsilon^*)(p_1\cdot p_2) + i\varepsilon_{\mu\nu\rho\sigma}\,\varepsilon^\mu p_2^\nu \varepsilon^{*\rho} p_1^\sigma]\,.\end{aligned}$$

Wir betrachten zunächst longitudinale Polarisation des W^- (Helizität $\lambda = 0$). Dann verschwindet der den total antisymmetrischen Tensor $\varepsilon_{\mu\nu\rho\sigma}$ enthaltende Term, da der Polarisationsvektor

$$\varepsilon^{\mu} = (0,0,0,1) = \varepsilon^{*\mu}$$

nur eine einzige nichtverschwindende Komponente hat. Im Ruhesystem des W gilt ferner bei Vernachlässigung der Elektronen-Masse

$$p_1^{\mu} = \frac{M_W}{2}(1, \sin\theta, 0, \cos\theta)\ ,\ p_2^{\mu} = \frac{M_W}{2}(1, -\sin\theta, 0, -\cos\theta)\,,$$

wenn wir mit θ den Winkel zwischen der Impulsrichtung des Elektrons und der z-Achse bezeichnen. Das spingemittelte Matrixelement-Quadrat ist

$$\overline{|\mathcal{M}|^2} = \frac{g^2 M_W^2}{2} \sin^2\theta\,,$$

und die Zerfallsrate

$$\frac{d\Gamma}{d\Omega} = \frac{\overline{|\mathcal{M}|^2}}{64\pi^2 M_W} = \frac{G_F M_W^3}{16\pi^2\sqrt{2}} \sin^2\theta\,. \tag{11.66}$$

Die Integration über den Raumwinkel liefert einen Faktor $8\pi/3$, und man erhält schließlich für die Zerfallsbreite

$$\Gamma(W^- \to e^- + \overline{\nu}_e) = \frac{G_F M_W^3}{6\pi\sqrt{2}}\,. \tag{11.67}$$

Die Rechnung ist für longitudinal polarisierte W-Bosonen durchgeführt worden. Im Ruhsystem des W gibt es keine Vorzugsrichtung, und die Zerfallswahrscheinlichkeit ist völlig unabhängig von der Polarisation (die Winkelverteilung der Leptonen jedoch nicht). Die Formel (11.67) gibt also die partielle W-Breite für beliebige W-Polarisation an. Durch Einsetzen von $M_W = 80.22\,\text{GeV}$ finden wir

$$\Gamma(W^- \to e^- + \overline{\nu}_e) = 227\,\text{MeV}\,.$$

Bei Vernachlässigung aller Lepton- und Quark-Massen gilt

$$\Gamma(W^- \to e^- + \overline{\nu}_e) = \Gamma(W^- \to \mu^- + \overline{\nu}_\mu) = \Gamma(W^- \to \tau^- + \overline{\nu}_\tau) = 227\,\text{MeV} \tag{11.68}$$

und

$$\Gamma(W^- \to \overline{u}\,d') = \Gamma(W^- \to \overline{c}\,s') = 3\Gamma(W^- \to e^- + \overline{\nu}_e) = 681\,\text{MeV}\,. \tag{11.69}$$

Somit erwarten wir als totale Breite des W

$$\Gamma_W \approx 9 \cdot 227 = 2043\,\text{MeV}\,. \tag{11.70}$$

Bei Berücksichtigung von QCD- und Massen-Korrekturen wird daraus

$$\Gamma_W \approx 2090\,\text{MeV}\,,$$

in guter Übereinstimmung mit dem experimentellen Wert von 2080 ± 70 MeV.

Die Zerfallsbreiten des Z^0 lassen sich leicht aus (11.67) herleiten, wenn man die geänderten Vertexfaktoren berücksichtigt. Der Zerfall

$$Z^0 \to \nu\overline{\nu}$$

ist besonders einfach, weil rein linkshändige Kopplung vorliegt und man nur im Matrixelement den Vorfaktor $g/(2\sqrt{2})$ durch $g/(4\cos\theta_W)$ ersetzen sowie die Relation $M_W = M_Z \cdot \cos\theta_W$ benutzen muß:

$$\Gamma_{\nu\overline{\nu}} \equiv \Gamma(Z^0 \to \nu + \overline{\nu}) = \frac{G_F\, M_Z^3}{12\pi\sqrt{2}} \approx 167\,\mathrm{MeV}\,. \tag{11.71}$$

Beim Zerfall $Z^0 \to e^-e^+$ gibt es links- und rechtshändige Kopplungen, die aber nicht miteinander interferieren. Daher darf man Wahrscheinlichkeiten addieren:

$$\Gamma(Z^0 \to e^-e^+) = \Gamma(Z^0 \to e_L^- e_R^+) + \Gamma(Z^0 \to e_R^- e_L^+)\,.$$

Mit der Abkürzung $x_W = \sin^2\theta_W$ sind die beiden Breiten

$$\Gamma(Z^0 \to e_L^- e_R^+) = (2x_W - 1)^2 \Gamma_{\nu\overline{\nu}}\,,\; \Gamma(Z^0 \to e_R^- e_L^+) = 4x_W^2 \Gamma_{\nu\overline{\nu}}\,,$$

so daß als gesamte Breite für den Zerfall in e^-e^+ folgt

$$\Gamma_{e\overline{e}} \equiv \Gamma(Z^0 \to e^-e^+) \approx 0.50 \cdot \Gamma_{\nu\overline{\nu}} \approx 84\,\mathrm{MeV}\,. \tag{11.72}$$

Bei Vernachlässigung aller Lepton-Massen folgt natürlich das gleiche Resultat für die Zerfälle in Myon- und Tau-Paare:

$$\Gamma_{e\overline{e}} = \Gamma_{\mu\overline{\mu}} = \Gamma_{\tau\overline{\tau}}\,.$$

Die hadronischen Z^0-Zerfälle verlaufen über Quark-Antiquark-Paare. Hier müssen wir die u- und c-Quarks mit $I_3 = +1/2\,,\; Q_f = +2/3$ und die d'-, s'- und b'-Quarks mit $I_3 = -1/2\,,\; Q_f = -1/3$ unterscheiden. Gemäß (11.32) ergibt sich bei Berücksichtigung des Farbfaktors 3

$$\Gamma_{u\overline{u}} \equiv \Gamma(Z^0 \to u + \overline{u}) = 3 \cdot \left(\frac{32}{9}x_W^2 - \frac{8}{3}x_W + 1\right) \Gamma_{\nu\overline{\nu}} \approx 287\,\mathrm{MeV} \tag{11.73}$$

und

$$\Gamma_{d\overline{d}} \equiv \Gamma(Z^0 \to d + \overline{d}) = 3 \cdot \left(\frac{8}{9}x_W^2 - \frac{4}{3}x_W + 1\right) \Gamma_{\nu\overline{\nu}} \approx 370\,\mathrm{MeV}\,. \tag{11.74}$$

Wiederum gilt bei Vernachlässigung der Quark-Massen

$$\Gamma_{u\overline{u}} = \Gamma_{c\overline{c}} \quad \text{und} \quad \Gamma_{d\overline{d}} = \Gamma_{s\overline{s}} = \Gamma_{b\overline{b}}\,.$$

Die totale Breite des Z^0 ist die Summe aller partiellen Breiten

$$\Gamma_Z = 3\Gamma_{\nu\overline{\nu}} + 3\Gamma_{e\overline{e}} + 2\Gamma_{u\overline{u}} + 3\Gamma_{d\overline{d}} \approx 2437\,\mathrm{MeV}\,. \tag{11.75}$$

Hierbei sind keine QCD- und Massen-Korrekturen berücksichtigt worden.

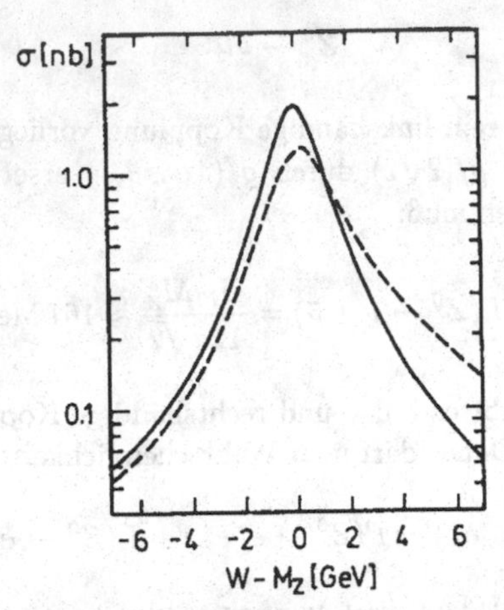

Abb. 11.3. Die Z^0-Resonanzkurven für die Reaktion $e^-e^+ \to Z^0 \to \mu^-\mu^+$ ohne Strahlungs-Korrektur (durchgezogen) und mit Berücksichtigung der Abstrahlung im Anfangszustand (gestrichelt). (Burkhardt und Steinberger 1991).

11.8.2 Erzeugung der Z^0-Bosonen in der e^-e^+-Annihilation

Die Feldquanten der schwachen Wechselwirkung wurden zuerst am CERN-Proton-Antiproton-Speicherring entdeckt; die zugrundeliegende Reaktion ist die Quark-Antiquark-Annihilation. Die Z^0-Teilchen können wesentlich effektiver in Elektron-Positron-Stößen produziert werden. Der Wirkungsquerschnitt für die Reaktion $e^+e^- \to Z^0 \to f\overline{f}$ hat ein scharfes Resonanzmaximum bei der Z^0-Ruhe-Energie, das durch die relativistische *Breit-Wigner-Formel* beschrieben wird

$$\sigma_{f\overline{f}}(s) = \sigma(e^+e^- \to Z^0 \to f\overline{f}) = \frac{12\pi \Gamma_{e\overline{e}} \Gamma_{f\overline{f}}}{M_Z^2} \cdot \frac{s}{(s - M_Z^2)^2 + M_Z^2 \Gamma_Z^2} . \qquad (11.76)$$

Diese auf der niedrigsten Ordnung der Störungsrechnung beruhende Formel ist nicht hinreichend zur Analyse der LEP- und SLC-Experimente. Es ist unbedingt nötig, Strahlungskorrekturen zu berücksichtigen, vor allem die Bremsstrahlung im Anfangszustand, aber auch die Abstrahlung von Photonen und Gluonen im Endzustand sowie Vertex- und Propagator-Korrekturen, auf die wir nicht näher eingehen können. Wenn Elektron oder Positron vor der eigentlichen Annihilation ein Gamma-Quant emittieren, vermindert sich dadurch die Gesamtenergie W im Schwerpunktsystem. Dies hat zwei Konsequenzen: die Höhe des Resonanzmaximums verringert sich um fast 30%, und die Resonanzkurve erhält einen asymmetrischen Ausläufer zu höheren Energien. Die theoretischen Resonanzkurven ohne und mit Strahlungskorrekturen werden in Abb. 11.3 verglichen.

Ein wesentlicher Effekt der Strahlungskorrektur ist, daß die Feinstruktur-„Konstante“ α bei der Z^0-Masse nicht mehr den Nieder-Energie-Wert $\alpha = 1/137$ hat, sondern merklich größer wird:

$$\alpha(M_Z^2) = 1/128.9 . \qquad (11.77)$$

Auch das Verhältnis (11.49) der Z- und W-Massen ändert sich

$$M_Z^2 = \frac{M_W^2}{\cos^2\theta_W}(1-\Delta\rho)\,. \tag{11.78}$$

Die Korrektur hängt im wesentlichen von der Top-Quark-Masse und in geringerem Maße von der Higgs-Masse ab. Für eine t-Masse von 170 GeV wird $\Delta\rho \approx 0.01$.

Im allgemeinen ist die $\gamma - Z^0$-Interferenz nicht vernachlässigbar. Wir haben schon in Kap. 6 gesehen, daß sie zu einer Vorwärts-Rückwärts-Asymmetrie in der Myon-Paarerzeugung führt. Dies soll jetzt noch etwas allgemeiner betrachtet werden. Der differentielle Wirkungsquerschnitt der Reaktion $e^-e^+ \to f\bar{f}$ lautet im Schwerpunktsystem

$$\frac{d\sigma}{d\Omega} = \frac{\alpha^2}{4s}[F_1(s)(1+\cos^2\theta) + 2F_2(s)\cos\theta]\,. \tag{11.79}$$

Hier bedeuten

$$F_1(s) = Q_f^2 - \frac{Q_f v_e v_f}{2\sin^2\theta_W\cos^2\theta_W}Re(\chi(s)) + \frac{(v_e^2+a_e^2)(v_f^2+a_f^2)}{16\sin^4\theta_W\cos^4\theta_W}|\chi(s)|^2\,,$$

$$F_2(s) = -\frac{Q_f a_e a_f}{2\sin^2\theta_W\cos^2\theta_W}Re(\chi(s)) + \frac{v_e a_e v_f a_f}{4\sin^4\theta_W\cos^4\theta_W}|\chi(s)|^2\,,$$

$$\chi(s) = \frac{s}{s - M_Z^2 + iM_Z\Gamma_Z}\,.$$

$Q_f e$ ist die Ladung des Fermions f; die Vektor- und Axialvektor-Kopplungen v_e, a_e, v_f und a_f des Elektrons und des Fermions sind in (11.34) definiert.
Die Vorwärts-Rückwärts-(Forward-Backward)-Asymmetrie ist

$$A_{FB}^f = \frac{3F_2(s)}{4F_1(s)}\,. \tag{11.80}$$

Weit unterhalb der Resonanz ($s \ll M_Z^2$) ist $|\chi(s)| \ll 1$, und wir können

$$F_1 \approx 1\,,\; F_2(s) \approx -\frac{Q_f a_e a_f}{2\sin^2\theta_W\cos^2\theta_W}Re(\chi(s))$$

setzen. Das reproduziert genau die Resultate in Kap. 6.6.

Auf der Resonanz verschwindet der Realteil von $\chi(s)$. Hier wird die Vorwärts-Rückwärts-Asymmetrie

$$A_{FB}^f = \frac{3}{4}\cdot\frac{2v_e a_e}{(v_e^2+a_e^2)}\cdot\frac{2v_f a_f}{(v_f^2+a_f^2)}\,. \tag{11.81}$$

Die Vorwärts-Rückwärts-Asymmetrie A_{FB}^μ der Myon-Paarerzeugung hat als Funktion von $x_W = \sin^2\theta_W$ ein relativ breites Minimum bei $x_W = 0.25$, also ganz in der Nähe des experimentellen Wertes $x_W = 0.23$. Aus diesem Grund ist die Myon- oder auch die Tau-Vorwärts-Rückwärts-Asymmetrie für eine präzise Bestimmung des Mischungswinkels wenig geeignet. Anders ist dies für die Quark-Asymmetrien: A_{FB}^c und A_{FB}^b haben bei $x_W = 0.25$ einen Nulldurchgang, und die Messung der Asymmetrie ist zwar schwierig, erlaubt aber eine Bestimmung von $\sin^2\theta_W$ mit relativ engen Fehlergrenzen. In Aufgabe 11.3 wird dies genauer analysiert.

Von besonderem Interesse sind auch noch die Polarisations-Asymmetrien. Wir betrachten den Fall, daß die einlaufenden Elektronen eine wohldefinierte Helizität besitzen. Ein linkshändiges Elektron kann nur mit einem rechtshändigen Positron annihilieren und umgekehrt, da der Eigendrehimpuls 1 des Z^0 aufgebracht werden muß. Der Wirkungsquerschnitt für rechtshändige Elektronen ist proportional zu $c_R^2 = (\sin^2\theta_W)^2$, der für linkshändige Elektronen ist proportional zu $c_L^2 = (-1/2+\sin^2\theta_W)^2$. Die Links-Rechts-Polarisations-Asymmetrie

$$A_{LR} = \frac{\sigma_L - \sigma_R}{\sigma_L + \sigma_R} = \frac{1 - 4\sin^2\theta_W}{1 - 4\sin^2\theta_W + 8\sin^4\theta_W} = \frac{2v_e a_e}{v_e^2 + a_e^2} \tag{11.82}$$

ermöglicht eine sehr direkte Bestimmung des elektroschwachen Mischungswinkels.

Bei unpolarisierten Strahlen kann man immer noch die Polarisation der auslaufenden Teilchen messen. Besonders bieten sich dafür die τ-Leptonen an, da ihre Spin-Ausrichtung aus der Zerfallswinkelverteilung bestimmt werden kann. Auf der Z^0-Resonanz gilt eine ähnliche Formel

$$\mathcal{A}_\tau = \frac{2v_\tau a_\tau}{v_\tau^2 + a_\tau^2} . \tag{11.83}$$

11.9 Experimentelle Verifikation des Standard-Modells

Das Standard-Modell der elektroschwachen Wechselwirkung hat sich als eine der erfolgreichsten Theorien der Elementarteilchenphysik erwiesen. Immer wieder hat es seine große Vorhersagekraft unter Beweis gestellt, und trotz aller Versuche, Diskrepanzen zu finden, sind bis heute keine experimentellen Resultate bekannt, die dieser Theorie widersprechen. Ein überzeugendes Beispiel dieser Vorhersagekraft wird in Abb. 11.4 gezeigt. Die Wirkungsquerschnitte für die Reaktionen

$$e^-e^+ \to \mu^-\mu^+ \ , \ e^-e^+ \to \text{Hadronen}$$

weisen bei der Z^0-Ruhe-Energie eindrucksvolle Resonanzmaxima auf, die in perfekter Übereinstimmung mit den strahlungskorrigierten Standard-Modell-Kurven sind, während die reine QED-Reaktion $e^+e^- \to \gamma\gamma$ ohne irgendeine Resonanzstruktur mit $1/s = 1/W^2$ abfällt.

Die enorme Resonanzüberhöhung beim Z^0 führt zu hohen Ereignisraten und ermöglicht es, am LEP-Speicherring und am Linear-Collider SLC Präzisionsmessungen durchzuführen, die teilweise auf Millionen von Z^0-Zerfällen beruhen. Im folgenden soll eine Auswahl der wichtigsten Ergebnisse vorgestellt werden. Die Daten sind im wesentlichen zusammenfassenden Berichten von W. Hollik (1993) und D. Schaile (1993) sowie der Kompilation der Particle Data Group (PDG 1994) entnommen.

11.9.1 Zahl der Neutrino-Familien

Das Z^0 kann nur in Fermion-Antifermion-Paare zerfallen. Als Teilchen im Endzustand kommen die geladenen Leptonen e, μ, τ, die Neutrinos ν_e, ν_μ, ν_τ und die Quarks u, d, s, c, b infrage sowie möglicherweise existierende, noch unbekannte Neutrinos. Das t-Quark ist aufgrund seiner hohen Masse ausgeschlossen. In der Nähe der Z^0-Resonanz wird der Wirkungsquerschnitt für die Reaktion $e^-e^+ \to Z^0 \to f\bar{f}$ als Funktion der Schwerpunktsenergie $\sqrt{s}$ durch die relativistische Breit-Wigner-Formel (11.76)

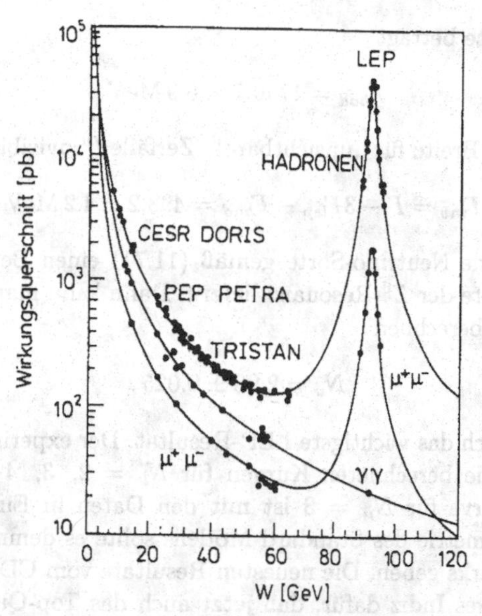

Abb. 11.4. Die totalen Wirkungsquerschnitte für Positron-Elektron-Annihilation in Hadronen, Myon-Paare und zwei Gamma-Quanten. Durchgezogene Kurven: Vorhersagen des Standard-Modells.

beschrieben, die durch Strahlungskorrekturen zu modifizieren ist

$$\sigma_{f\bar{f}}(s) = \frac{12\pi\Gamma_{e\bar{e}}\Gamma_{f\bar{f}}}{M_Z^2} \cdot \frac{s}{|s - M_Z^2 + is\Gamma_Z/M_Z|^2} \cdot (1 + \delta(s)). \qquad (11.84)$$

Die Masse und totale Breite der Z^0-Resonanz sind beide mit hoher Präzision ermittelt worden

$$M_Z = 91.187 \pm 0.007\,\text{GeV}\,, \Gamma_Z = 2490 \pm 7\,\text{MeV}.$$

Die gemessene Z-Masse wird als Eingangsparameter für alle Rechnungen verwendet. Nach Anbringung der QCD- und Massen-Korrekturen stimmt die berechnete Z-Breite (11.75) gut mit dem Meßwert überein. Die Strahlungskorrekturen werden in (11.84) durch den Faktor $(1 + \delta(s))$ und die Modifikation des Resonanznenners berücksichtigt. Die totale Breite ist die Summe der partiellen Breiten

$$\Gamma_Z = \Gamma_{e\bar{e}} + \Gamma_{\mu\bar{\mu}} + \Gamma_{\tau\bar{\tau}} + N_\nu \cdot \Gamma_{\nu\bar{\nu}} + \Gamma_{had}\,. \qquad (11.85)$$

Hier ist die Annahme gemacht worden, daß die partiellen Breiten aller Neutrino-Kanäle gleich sind, was bei vernachlässigbarer Neutrino-Masse aus dem Standard-Modell folgt. Die Zahl der verschiedenen Neutrinos wird mit N_ν bezeichnet. Die partiellen Breiten der Zerfälle in geladene Leptonen und die hadronische Breite sind alle bei LEP bestimmt worden. Innerhalb der experimentellen Unsicherheit von etwa 0.3% sind die leptonischen Breiten identisch und befinden sich auch in guter Übereinstimmung mit der Erwartung (11.72)

$$\Gamma_{e\bar{e}} = \Gamma_{\mu\bar{\mu}} = \Gamma_{\tau\bar{\tau}} \equiv \Gamma_{lep} = 83.84 \pm 0.27\,\text{MeV}\,. \qquad (11.86)$$

Die hadronische Breite beträgt

$$\Gamma_{had} = 1740.7 \pm 5.9\,\mathrm{MeV}\,. \tag{11.87}$$

Damit verbleibt eine Breite für „unsichtbare“ Zerfälle ("invisible" decays) von

$$\Gamma_{inv} = \Gamma - 3\Gamma_{lep} - \Gamma_{had} = 498.2 \pm 4.2\,\mathrm{MeV}\,. \tag{11.88}$$

Theoretisch sollte jede Neutrino-Sorte gemäß (11.71) einen Beitrag von 167.1 ± 0.3 MeV zur Gesamtbreite der Z^0-Resonanz liefern. Dann kann man aus (11.88) die Zahl der Neutrino-Sorten berechnen

$$N_\nu = 2.98 \pm 0.025\,. \tag{11.89}$$

Dies ist sicherlich das wichtigste LEP-Resultat. Der experimentell ermittelte Resonanzverlauf und die berechneten Kurven für $N_\nu = 2,\ 3,\ 4$ werden in Abb. 11.5 gezeigt. Nur die Kurve für $N_\nu = 3$ ist mit den Daten in Einklang. Aufgrund der Lepton-Hadron-Symmetrie des Standard-Modells sollte es demnach genau sechs Leptonen und sechs Quarks geben. Die neuesten Resultate vom CDF-Experiment am Tevatron sind ein starkes Indiz dafür, daß jetzt auch das Top-Quark gefunden worden ist. Die LEP- und SLC-Daten lassen natürlich noch Raum für sehr schwere Neutrinos

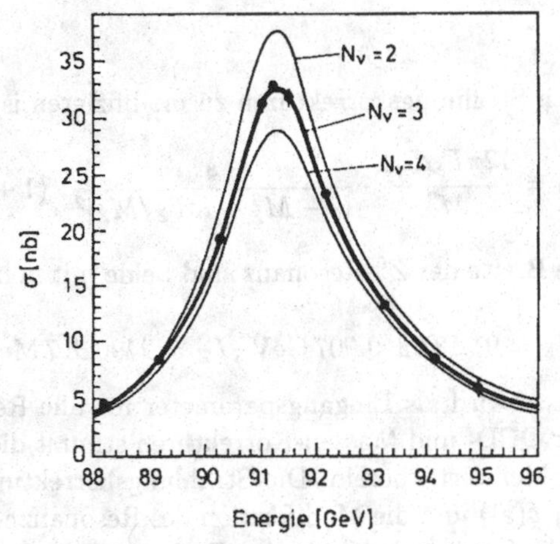

Abb. 11.5. Wirkungsquerschnitt der Reaktion $e^-e^+ \to$ Hadronen bei der Z-Resonanz und die theoretischen Kurven für zwei, drei und vier Neutrino-Sorten.

(Masse oberhalb 45 GeV), in die das Z^0 aus kinematischen Gründen nicht zerfallen könnte. Erwähnenswert ist eine alternative Methode des „Neutrino-Zählens“. Sie besteht darin, nach Ereignissen mit „fehlender Energie“ zu suchen, bei denen also die beobachteten Teilchen nur einen Bruchteil der Z^0-Energie übernehmen. Gewählt wird die Reaktion

$$Z^0 \to \gamma + \nu\overline{\nu}\,,$$

wobei man das Gamma-Quant als einziges meßbares Teilchen im elektromagnetischen Kalorimeter nachweist. Als Funktion der Schwerpunktsenergie ergibt sich ein

Verlauf des Wirkungsquerschnitts, der am besten durch die theoretische Kurve für drei Neutrino-Sorten wiedergegeben wird. Die Fehlergrenzen sind allerdings erheblich größer als bei der vorherigen Methode, man findet $N_\nu = 3.14 \pm 0.24$.

11.9.2 Lepton-Universalität, Mischungswinkel

Ein wichtiges Ingredienz der elektroschwachen Theorie ist die *Universalität* der Kopplung der geladenen Leptonen an die W- und Z-Bosonen. Hierfür gibt es viele experimentelle Belege. Besonders eindrucksvoll sind die in Abb. 11.6 gezeigten Resonanzkurven für $\mu^+\mu^-$- und $\tau^+\tau^-$-Paare, die perfekt übereinstimmen. Die drei leptonischen

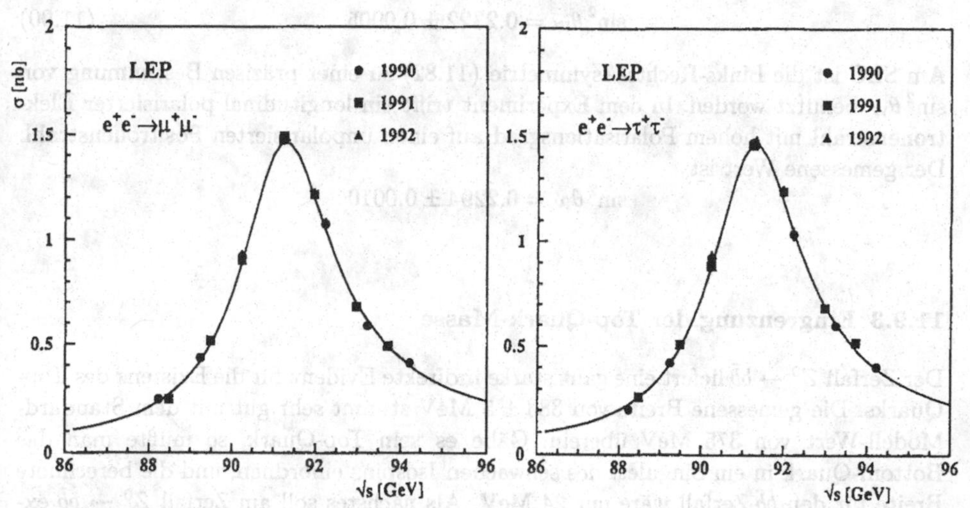

Abb. 11.6. Die Resonanz-Kurven für $e^-e^+ \to \mu^-\mu^+$ und $e^-e^+ \to \tau^-\tau^+$. Ich danke A. Böhm für dieses Bild.

Breiten sind

$$\Gamma_{e\bar{e}} = 83.83 \pm 0.30\,\text{MeV}\,,\ \Gamma_{\mu\bar{\mu}} = 83.84 \pm 0.39\,\text{MeV}\,,\ \Gamma_{\tau\bar{\tau}} = 83.68 \pm 0.44\,\text{MeV}\,.$$

Bei der Tau-Produktion beobachtet man eine deutliche Polarisations-Asymmetrie, die man aus der Winkelverteilung beim τ-Zerfall ermittelt

$$\mathcal{A}_\tau = 0.141 \pm 0.021\,.$$

Dies stimmt gut mit der Erwartung (11.83) überein. Aufgrund der hohen Energie können die Tau-Leptonen aus dem Z^0-Zerfall hervorragend identifiziert werden. Die Verzweigungsverhältnisse für die Tau-Zerfälle in Myonen und Elektronen sind nahezu identisch:

$$B_e = B(\tau \to e\nu\overline{\nu}) = 18.01 \pm 0.18\%\,,\ B_\mu = 17.65 \pm 0.24\%\,.$$

Auch dies läßt sich in eine Aussage über die schwachen Kopplungen der Myonen und Elektronen umrechnen

$$g_e/g_\mu = 1.0009 \pm 0.0066\,.$$

Die hochauflösenden Silizium-Vertexdetektoren der LEP-Experimente haben zu einer wesentlichen Verbesserung der Präzision bei der Bestimmung der Tau-Lebensdauer geführt. Der gegenwärtige Welt-Mittelwert ist

$$\tau_\tau = 0.2956 \pm 0.0031\,\mathrm{ps}\,.$$

Hieraus ermittelt man

$$g_\tau / g_\mu = 0.996 \pm 0.006\,.$$

Der elektro-schwache Mischungswinkel wird bei LEP durch Anpassungsrechnungen an mehr als 20 verschiedene Meßresultate gewonnen. Dabei spielen die Strahlungskorrekturen wieder eine wichtige Rolle. Der Mittelwert der LEP-Experimente ist

$$\sin^2\theta_W = 0.2322 \pm 0.0005\,. \tag{11.90}$$

Am SLC ist die Links-Rechts-Asymmetrie (11.82) zu einer präzisen Bestimmung von $\sin^2\theta_W$ benutzt worden. In dem Experiment trifft ein longitudinal polarisierter Elektronenstrahl mit hohem Polarisationsgrad auf einen unpolarisierten Positronenstrahl. Der gemessene Wert ist

$$\sin^2\theta_W = 0.2294 \pm 0.0010\,.$$

11.9.3 Eingrenzung der Top-Quark-Masse

Der Zerfall $Z^0 \to b\bar{b}$ liefert eine ganz starke indirekte Evidenz für die Existenz des Top-Quarks. Die gemessene Breite von 383 ± 5 MeV stimmt sehr gut mit dem Standard-Modell-Wert von 375 MeV überein. Gäbe es kein Top-Quark, so müßte man das Bottom-Quark in ein Singulett des schwachen Isospins einordnen, und die berechnete Breite für den $b\bar{b}$-Zerfall wäre nur 24 MeV. Als nächstes soll am Zerfall $Z^0 \to b\bar{b}$ exemplarisch demonstriert werden, wie man bei LEP Massengrenzen für das Top-Quark setzen kann, obwohl die Energie für eine direkte Erzeugung von Top-Hadronen viel zu niedrig ist. Die Zerfallsbreite (11.74) ist in der niedrigsten Ordnung der Störungsrechnung berechnet worden. Einmal sind QCD-Korrekturen der Form $(1 + \delta_{QCD})$ anzubringen, die Graphen werden in Abb. 11.7a gezeigt.

$$\delta_{QCD} \approx (\alpha_S/\pi) + 1.4(\alpha_S/\pi)^2 - 12.8(\alpha_S/\pi)^3\,.$$

Wichtig sind weiterhin Vertex-Korrekturen (Abb. 11.7b) mit inneren t-Quark-Linien. Die Korrektur ist von der Form $(1 - \delta_V)$ mit

$$\delta_V \approx \frac{1}{200}((m_t/M_Z)^2 - 0.1)\,.$$

Die Daten zum $b\bar{b}$-Zerfall sind zur Zeit noch nicht präzise genug, um daraus die Top-Masse zu bestimmen. Durch eine generelle Anpassungsrechnung an alle Z^0-Daten kann man aber relativ enge Grenzen für die Top-Masse setzen

$$m_t = (170 \pm 20)\,\mathrm{GeV}\,.$$

Beim CDF-Experiment gibt es Kandidaten für Top-Ereignisse, die auf eine Masse um 175 GeV hindeuten.

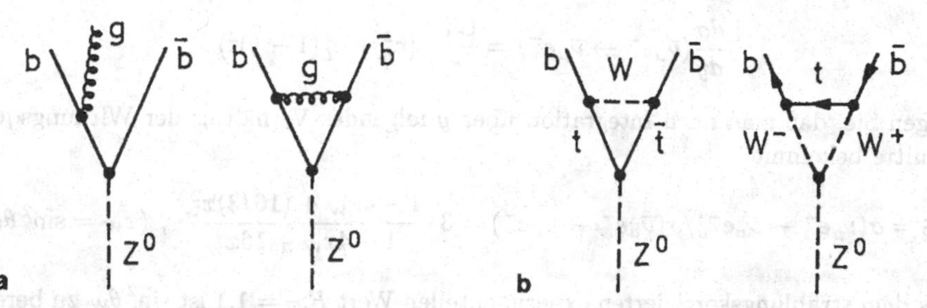

Abb. 11.7. (a) QCD-Korrekturen am $Z^0 b\bar{b}$-Vertex. (b) Vertex-Korrektur durch das Top-Quark.

11.10 Übungsaufgaben

11.1: Beweisen Sie die Gültigkeit von (11.5) durch Einsetzen in die darüberstehende Gleichung.

11.2: In Abb. 11.5 sieht man das auf den ersten Blick verblüffende Resultat, daß die Z^0-Resonanz bei $N_\nu = 4$ niedriger ist als bei $N_\nu = 2$, obwohl doch mehr Zerfallskanäle zur Verfügung stehen. Wie kann man das Rätsel erklären?

11.3: a) Die gemessenen Vorwärts-Rückwärts-Asymmetrien auf der Z^0-Resonanz betragen (0.0133 ± 0.0026) für Myonen, (0.107 ± 0.013) für b-Quarks und (0.058 ± 0.022) für c-Quarks. Wie kann man die Unterschiede verstehen und was erwartet man nach dem Standard-Modell?
b) Zeichnen Sie die theoretisch erwarteten Vorwärts-Rückwärts-Asymmetrien A^{μ}_{FB}, A^{b}_{FB} und A^{c}_{FB} sowie die Links-Rechts-Asymmetrie A_{LR} als Funktion von $x_W = \sin^2\theta_W$ und ermitteln Sie jeweils $\sin^2\theta_W$ mit Fehlergrenzen aus den oben angegebenen Meßwerten sowie dem experimentellen Wert $A_{LR} = (0.166 \pm 0.008)$. Welche Meßgröße ist besonders gut zur Bestimmung des Mischungswinkels geeignet?

11.4: Betrachtet wird die über Z^0-Austausch ablaufende elastische Neutrino-Elektron-Streuung $\nu_\mu(p_1) + e^-(p_2) \to \nu_\mu(p_3) + e^-(p_4)$. Die Viererimpulse sind in Klammern angegeben. Das spingemittelte Absolutquadrat des Matrixelements ist analog zu Kap. 6.4 zu berechnen und es ist zu zeigen, daß es folgende Gestalt hat

$$\overline{|\mathcal{M}|^2} = 64 G_F^2 \cdot \left(c_L^2 (p_1 \cdot p_2)(p_3 \cdot p_4) + c_R^2 (p_1 \cdot p_4)(p_2 \cdot p_3)\right) .$$

Dabei sind c_L, c_R die links- und rechtshändigen Kopplungen des Elektrons an das Z^0. Der in $y = Q^2/s$ differentielle Wirkungsquerschnitt wird (Beweis?)

$$\frac{d\sigma}{dy} = \frac{G_F^2}{\pi} s \left(c_L^2 + c_R^2 (1-y)^2\right) .$$

11.5: Aus Aufgabe 11.4 folgt in sehr einfacher Weise der Wirkungsquerschnitt für die elastische Antineutrino-Elektron-Streuung

$$\frac{d\sigma}{dy}(\overline{\nu}_\mu e^- \to \overline{\nu}_\mu e^-) = \frac{G_F^2}{\pi} s\,(c_R^2 + c_L^2(1-y)^2)\,.$$

Zeigen Sie, daß man nach Integration über y folgendes Verhältnis der Wirkungsquerschnitte bekommt

$$R_{\nu\overline{\nu}} = \sigma(\nu_\mu e^- \to \nu_\mu e^-)/\sigma(\overline{\nu}_\mu e^- \to \overline{\nu}_\mu e^-) = 3 \cdot \frac{1 - 4x_W + (16/3)x_W^2}{1 - 4x_W + 16x_W^2}\,, \quad (x_W = \sin^2\theta_W)\,.$$

Aus dem strahlungskorrigierten experimentellen Wert $R_{\nu\overline{\nu}} = 1.1$ ist $\sin^2\theta_W$ zu berechnen.

11.6: Neutrale schwache Ströme in der Neutrino-Nukleon-Streuung. Die obigen Resultate können direkt auf die elastische Neutrino-Quark/Antiquark-Streuung übertragen werden. Zeigen Sie, daß für die tief inelastische $\nu_\mu N$-Streuung (Mittelwert der Streuung am Proton und Neutron) gilt:

$$\frac{d^2\sigma}{dxdy}(\nu_\mu N \to \nu_\mu X) = \frac{G_F^2}{4\pi} \cdot s \cdot x \cdot (F_L(x) + F_R(x)(1-y)^2)$$

mit

$$F_L(x) = \left(1 - 2x_W + \frac{10}{9}x_W^2\right) \cdot q(x) + \frac{10}{9}x_W^2 \cdot \overline{q}(x)$$

und

$$F_R(x) = \frac{10}{9}x_W^2 \cdot q(x) + \left(1 - 2x_W + \frac{10}{9}x_W^2\right) \cdot \overline{q}(x)\,.$$

Dabei bedeutet $q(x) = u(x) + d(x)$ und $\overline{q}(x) = \overline{u}(x) + \overline{d}(x)$, vgl. Kap. 7. Der Vergleich mit der über $W^\pm$-Austausch ablaufenden Neutrino-Reaktion ergibt eine weitere Methode zur Bestimmung des schwachen Mischungswinkels.

11.7: In Kap. 11.8 ist der Zerfall von W-Bosonen der Helizität 0 berechnet worden, und es ergab sich eine $\sin^2\theta$-Winkelverteilung. Für die Helizitäten $\lambda = \pm 1$ folgt dagegen (Beweis?)

$$d\Gamma/d\Omega \propto (1 \mp \cos\theta)^2\,.$$

Das Elektron wird bevorzugt antiparallel zum W-Spin emittiert, was natürlich eine Paritätsverletzung bedeutet.

12. Quanten-Chromodynamik

12.1 Historische Entwicklung der QCD

In diesem einführenden Abschnitt folge ich der schönen Darstellung in (Bethke 1993). Das *statische* Quark-Modell hat sich bis zum heutigen Tag als äußerst erfolgreich bei der Klassifikation aller bekannten Hadronen und ihrer Einordnung in Multipletts der Gruppe SU(N_f) erwiesen, wobei N_f die Anzahl der verschiedenen Quarksorten ("flavours") ist. Um die Erhaltung des Pauli-Prinzips zu gewährleisten, war es nötig, den Quarks drei „Farb"-Freiheitsgrade zuzuordnen. Die Farbtransformationen werden durch eine SU(3)-Gruppe vermittelt und spielen eine zentrale Rolle in der QCD. Das erste *dynamische* Quark-Modell war das Parton-Modell von Feynman und anderen. Es wurde mit großem Erfolg auf die tief inelastische Lepton-Nukleon-Streuung angewandt und ist gleichermaßen geeignet, die Hadron-Erzeugung in der Elektron-Positron-Annihilation zu beschreiben. Bei nicht zu hohen Energien verläuft diese Reaktion bevorzugt über ein virtuelles Photon, das dann in ein Quark-Antiquark-Paar übergeht. Die Hadronisation der Quarks, oft auch Fragmentation genannt, führt zu einer Zwei-Jet-Struktur der Ereignisse: die auslaufenden Hadronen folgen den Richtungen der primären Partonen und sollten auch deren Quantenzahlen tragen. Die erste Evidenz für eine Jet-Struktur wurde 1975 am Speicherring SPEAR gefunden, wo man beobachtete, daß die Meßgröße „Sphärizität" eine nicht-isotrope Winkelverteilung aufzeigte. Am Speicherring PETRA mit Schwerpunktsenergien von 14 bis 45 GeV konnte man dann erstmals individuelle Ereignisse mit ausgeprägter Zwei-Jet-Struktur beobachten. Die Winkelverteilung der Jet-Achse relativ zur Strahlrichtung legte den Schluß nahe, daß die Quarks Spin 1/2 besitzen.

In Analogie zur QED wurde angenommen, daß die Kräfte zwischen den Quarks durch Feldquanten mit Spin 1 vermittelt werden. Der experimentelle Nachweis der Gluonen durch die Beobachtung von Drei-Jet-Ereignissen am Speicherring PETRA im Jahr 1979 war der wohl wichtigste experimentelle Schritt auf dem Weg zur QCD.

Ein außerordentlich bedeutsamer theoretischer Schritt war die Entdeckung der *asymptotischen Freiheit* in Nicht-Abelschen Eichtheorien im Jahr 1973. Die erstaunliche Aussage, daß die Quarks im Grenzfall extrem hoher Energien und Impulsüberträge keine Kräfte aufeinander ausüben, also asymptotisch frei sind, lieferte eine nachträgliche Rechtfertigung für die Grundannahmen und den Erfolg des Quark-Parton-Modells. Die Kehrseite dieses Effektes, die *Infrarot-Sklaverei*, die die Einsperrung ("confinement") der Quarks zur Folge hat, ist weniger gut verstanden.

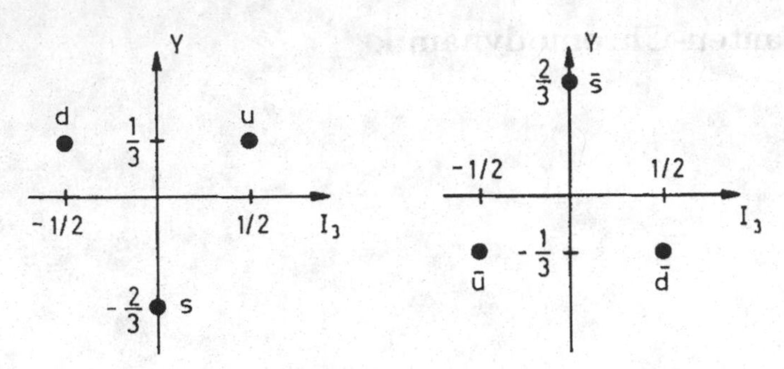

Abb. 12.1. Die Tripletts der drei Quarks und der Antiquarks.

12.2 SU(3)-Symmetrie und Quarkmodell

Die Symmetriegruppe der QCD ist eine SU(3)-Gruppe, wobei die unitären Transformationen auf die Farbquantenzahlen wirken. Um die SU(3) kennenzulernen, betrachten wir vorher die *Flavour*-SU(3), auf der das Drei-Quark-Modell der vor 1974 bekannten Hadronen basiert. Alle diese Hadronen kann man sich aus drei Quarks und den zugehörigen Antiquarks aufgebaut denken (Abb. 12.1):

Es sind dies das "up"-Quark u mit Ladungsquantenzahl $Q_u = 2/3$, das "down"-Quark d mit $Q_d = -1/3$ und das "strange"-Quark s mit $Q_s = -1/3$. Die u-und d-Quarks ordnet man in ein Isospin-Dublett ein und kann damit die Isospinvarianz der starken Wechselwirkungen in Kernen und bei Elementarteilchen erklären. Die Bezeichnungen "up" und "down" sollen die beiden Isospin-Einstellungen andeuten. Die starke Wechselwirkung unterscheidet nicht zwischen u- und d-Quarks. Das s-Quark hat keinen Isospin-Partner, man ordnet ihm also $I = 0$ zu und kennzeichnet es durch die Strangeness-Quantenzahl $S = -1$ oder die Hyperladung $Y = B + S = -2/3$. Lassen wir den Orts-, Zeit- und Spin-Anteil der Quarkwellenfunktion beiseite, so kann man die drei Quarks durch folgende Zustandsvektoren beschreiben

$$u = \begin{pmatrix} 1 \\ 0 \\ 0 \end{pmatrix}, \quad d = \begin{pmatrix} 0 \\ 1 \\ 0 \end{pmatrix}, \quad s = \begin{pmatrix} 0 \\ 0 \\ 1 \end{pmatrix}.$$

Die Isospininvarianz der starken Wechselwirkung bedeutet, daß man u- und d-Quarks vertauschen oder ihre Wellenfunktion beliebig vermischen darf. Dies wird durch die SU(2)-Gruppe vermittelt. Wir machen jetzt die Annahme, daß die starken Wechselwirkungen auch invariant gegenüber einer Vertauschung $u \leftrightarrow s$ oder $d \leftrightarrow s$ bzw. einer Vermischung von deren Wellenfunktionen sind. Die unitären Transformationen, die das bewirken, bilden eine SU(3)-Gruppe, die Gruppe der speziellen unitären Transformationen in drei Dimensionen:

$$\begin{aligned} \text{unitär:} \quad & UU^\dagger = U^\dagger U = 1\,, \\ \text{speziell:} \quad & \det U = 1\,. \end{aligned}$$

Es ist anzumerken, daß die SU(3)-Invarianz bei hadronischen Reaktionen nicht so gut erfüllt ist wie die Isospin-Invarianz. Man führt das aber nach heutiger Sicht darauf zurück, daß das s-Quark eine deutlich größere Masse als die u- und d-Quarks besitzt. Für $E \gg m_s$ sollte die SU(3)-Symmetrie exakt gelten.

Um die SU(3)-Transformationen herzuleiten, gehen wir auf die SU(2)-Transformationen im Proton-Neutron-System zurück.

$$U = \exp\left(\frac{i}{2}\boldsymbol{\alpha} \cdot \boldsymbol{\tau}\right). \tag{12.1}$$

Für infinitesimale Transformationen gilt:

$$U = 1 + i\left(I_+ \frac{(\alpha_1 - i\alpha_2)}{2} + I_- \frac{(\alpha_1 + i\alpha_2)}{2} + I_3\alpha_3\right), \tag{12.2}$$

$$\begin{aligned} I_+ &= \frac{1}{2}(\tau_1 + i\tau_2) = \begin{pmatrix} 0 & 1 \\ 0 & 0 \end{pmatrix}, \quad I_- = \frac{1}{2}(\tau_1 - i\tau_2) = \begin{pmatrix} 0 & 0 \\ 1 & 0 \end{pmatrix}, \\ I_3 &= \frac{1}{2}\tau_3 = \frac{1}{2}\begin{pmatrix} 1 & 0 \\ 0 & -1 \end{pmatrix}. \end{aligned} \tag{12.3}$$

Eine infinitesimale SU(2)-Transformation kann man also durch die Aufsteige- und Absteige-Operatoren des Isospins sowie durch dessen dritte Komponente I_3 vollständig beschreiben. Jetzt sollen entsprechende Transformationen für das Quark-Triplett konstruiert werden. Wir führen die *Gell-Mann-Matrizen* λ_j als Verallgemeinerung der Pauli-Matrizen ein und schreiben eine SU(3)-Transformation in der Gestalt

$$U = \exp\left(i\sum_j \alpha_j\lambda_j/2\right). \tag{12.4}$$

Die Koeffizienten α_j sind reell. Wegen der Unitarität von U müssen die λ_j hermitesch sein. Aus der Bedingung $\det U = 1$ folgt weiterhin, daß sie Spur 0 haben. Es gibt genau 8 linear unabhängige hermitesche 3×3 Matrizen mit Spur 0. Zunächst werden die den Isospin-Operatoren entsprechenden Matrizen konstruiert.

$$I_+ = \frac{1}{2}(\lambda_1 + i\lambda_2) \quad ; \quad \left.\begin{array}{l} I_+ d = u \\ I_+ u = 0 \\ I_+ s = 0 \end{array}\right\} \quad I_+ = \begin{pmatrix} 0 & 1 & 0 \\ 0 & 0 & 0 \\ 0 & 0 & 0 \end{pmatrix},$$

$$I_- = \frac{1}{2}(\lambda_1 - i\lambda_2) \quad ; \quad \left.\begin{array}{l} I_- u = d \\ I_- d = 0 \\ I_- s = 0 \end{array}\right\} \quad I_- = \begin{pmatrix} 0 & 0 & 0 \\ 1 & 0 & 0 \\ 0 & 0 & 0 \end{pmatrix}.$$

$$I_3 = \frac{1}{2}\lambda_3 \qquad I_3 u = \frac{1}{2}u, \quad I_3 d = -\frac{1}{2}d, \quad I_3 s = 0.$$

Es folgt

$$\lambda_1 = \begin{pmatrix} 0 & 1 & 0 \\ 1 & 0 & 0 \\ 0 & 0 & 0 \end{pmatrix} \quad \lambda_2 = \begin{pmatrix} 0 & -i & 0 \\ i & 0 & 0 \\ 0 & 0 & 0 \end{pmatrix} \quad \lambda_3 = \begin{pmatrix} 1 & 0 & 0 \\ 0 & -1 & 0 \\ 0 & 0 & 0 \end{pmatrix}. \tag{12.5}$$

Die Matrizen $\lambda_1, \lambda_2, \lambda_3$ sind also die Pauli-Matrizen, die jeweils um eine Zeile und eine Spalte mit Elementen 0 ergänzt werden.

Vier weitere Matrizen erhält man aus λ_1, λ_2 durch Vertauschung von Zeilen und Spalten

$$\lambda_4 = \begin{pmatrix} 0 & 0 & 1 \\ 0 & 0 & 0 \\ 1 & 0 & 0 \end{pmatrix} \quad \lambda_5 = \begin{pmatrix} 0 & 0 & -i \\ 0 & 0 & 0 \\ i & 0 & 0 \end{pmatrix}$$

$$\lambda_6 = \begin{pmatrix} 0 & 0 & 0 \\ 0 & 0 & 1 \\ 0 & 1 & 0 \end{pmatrix} \quad \lambda_7 = \begin{pmatrix} 0 & 0 & 0 \\ 0 & 0 & -i \\ 0 & i & 0 \end{pmatrix} . \tag{12.6}$$

Mit Hilfe dieser Matrizen kann man Schiebeoperatoren konstruieren, die u in s oder s in d überführen. Für die noch verbleibende achte Matrix λ_8 wählt man

$$\lambda_8 = \frac{1}{\sqrt{3}} \begin{pmatrix} 1 & 0 & 0 \\ 0 & 1 & 0 \\ 0 & 0 & -2 \end{pmatrix} . \tag{12.7}$$

Diese Matrix hängt mit dem Strangeness-Operator zusammen:

$$S_{op} = \lambda_8/\sqrt{3} - I/3 \;, \; I = \text{Einheitsmatrix}.$$

Eine infinitesimale SU(3)-Transformation kann man jetzt schreiben als

$$U = 1 + \frac{i}{2}\left(\alpha_1\lambda_1 + \alpha_2\lambda_2 + \cdots + \alpha_8\lambda_8\right) . \tag{12.8}$$

Die λ-Matrizen erfüllen folgende Vertauschungsregeln

$$[\lambda_j, \lambda_k] = \lambda_j\lambda_k - \lambda_k\lambda_j = 2if_{jkl}\lambda_l \equiv 2i\sum_{l=1}^{8} f_{jkl}\lambda_l . \tag{12.9}$$

Die total antisymmetrischen *Strukturkonstanten* sind:

$$f_{123} = 1 \,;\; f_{147} = f_{246} = f_{257} = f_{345} = f_{516} = f_{637} = 1/2 \;,\; f_{458} = f_{678} = \sqrt{3}/2 .$$

Da Baryonen aus drei Quarks aufgebaut sind, wird der Operator der Baryonzahl definiert durch

$$B_{op} = \frac{1}{3} \cdot I . \tag{12.10}$$

12.2.1 Antiquarks

Die Antiquarkzustände werden mit einem Querstrich gekennzeichnet

$$\overline{u} = \overline{\begin{pmatrix} 1 \\ 0 \\ 0 \end{pmatrix}} \quad \overline{d} = \overline{\begin{pmatrix} 0 \\ 1 \\ 0 \end{pmatrix}} \quad \overline{s} = \overline{\begin{pmatrix} 0 \\ 0 \\ 1 \end{pmatrix}} .$$

Welche Gestalt haben die SU(3)-Operatoren für die Antiquarks? Wir gehen von der Beobachtung aus, daß alle additiven Quantenzahlen das umgekehrte Vorzeichen haben müssen: Ladung Q, Seltsamkeit S, Baryonenzahl B. Aus der Gell-Mann-Nishijima-Relation

$$Q = I_3 + \frac{(B+S)}{2}$$

folgt, daß dies auch für I_3 gilt. Das $\overline{u}$ ist also im Isospindublett der Antiquarks die "down"-Komponente. Aus

$$\overline{I}_3 = -I_3 \quad \text{und} \quad \overline{S}_{op} = -S_{op}$$

folgt unmittelbar

$$\overline{\lambda}_3 = -\lambda_3 \quad \text{und} \quad \overline{\lambda}_8 = -\lambda_8 \,.$$

Diese Vorzeichenumkehr wird auch für die reellen Matrizen λ_1, λ_4, λ_6 gefordert, während die Elemente der Matrizen λ_2, λ_5, λ_7 zusätzlich komplex konjugiert werden. Generell gilt somit

$$\overline{\lambda}_j = -\lambda_j^* \,, \quad j = 1, \ldots, 8 \,. \tag{12.11}$$

Der Baryonenzahl-Operator ist entsprechend

$$\overline{B}_{op} = -B_{op} \,.$$

Damit ist sichergestellt, daß sämtliche additiven Quantenzahlen ihr Vorzeichen umkehren, wenn man von den Quarks zu den Antiquarks übergeht (Aufgabe 12.1). Die $\overline{\lambda}_j$ erfüllen die gleichen Vertauschungsregeln (12.9) wie die λ_j (Aufgabe 12.2). Der Isospin-Aufsteige-Operator im Antiquarksystem ist:

$$\overline{I}_+ = \frac{1}{2}\left(\overline{\lambda}_1 + i\overline{\lambda}_2\right) = \begin{pmatrix} 0 & 0 & 0 \\ -1 & 0 & 0 \\ 0 & 0 & 0 \end{pmatrix} \,. \tag{12.12}$$

Daraus folgt

$$\overline{I}_+ \overline{u} = -\overline{d} \,.$$

Das negative Vorzeichen ist zu beachten.

12.2.2 Quark-Antiquark-Zustände: Mesonen

Wir bilden das direkte Produkt der beiden dreidimensionalen Vektorräume $\{3\} \otimes \{\overline{3}\}$. Eine mögliche Basis sind die 9 verschiedenen Kombinationen $u\overline{d}$, $u\overline{s}$, ... Der I_3-Operator im Produktraum ist definiert als

$$I_3 \equiv I_3^{\{3\}\otimes\{\overline{3}\}} = \underbrace{I_3^{\{3\}}}_{\substack{\text{wirkt nur} \\ \text{auf } q}} + \underbrace{I_3^{\{\overline{3}\}}}_{\substack{\text{wirkt nur} \\ \text{auf } \overline{q}}} \,. \tag{12.13}$$

Analog sind die Operatoren für Y, B, S, Q definiert. Die Quantenzahlen eines $q\overline{q}$-Zustandes ergeben sich als Summe der Quantenzahlen des Quarks und des Antiquarks. Die Baryonenzahl ist 0 und wegen $Y = B + S$ und $Q = I_3 + Y/2$ reicht die Angabe von I_3 und Y zur Charakterisierung des $q\overline{q}$-Zustandes. In Abb. 12.2 sind die $q\overline{q}$-Kombinationen in einem I_3Y-Diagramm aufgetragen. Die Zustände auf dem Rand kann man aufgrund ihrer Quantenzahlen I_3, Y und Q unmittelbar mit den bekannten Mesonen identifizieren. Man erhält die pseudoskalaren Mesonen mit Spin-Parität $J^P = 0^-$ für antiparallele Spins der Quarks und die Vektormesonen mit $J^P = 1^-$ für

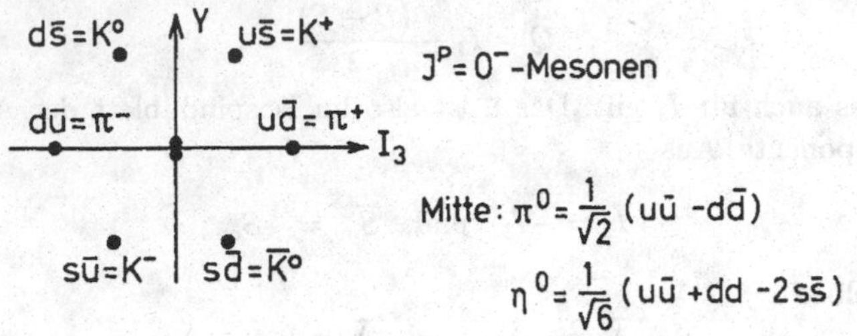

$d\bar{s} = K^0$ Y $u\bar{s} = K^+$

$J^P = 0^-$-Mesonen

$d\bar{u} = \pi^-$ $u\bar{d} = \pi^+$ I_3

Mitte: $\pi^0 = \frac{1}{\sqrt{2}}(u\bar{u} - d\bar{d})$

$s\bar{u} = K^-$ $s\bar{d} = \bar{K}^0$

$\eta^0 = \frac{1}{\sqrt{6}}(u\bar{u} + dd - 2s\bar{s})$

Abb. 12.2. Das Oktett der pseudoskalaren Mesonen.

parallele Spins.

Die Zustände $u\bar{u}, d\bar{d}, s\bar{s}$ sind nicht direkt bekannten Teilchen zuzuordnen, sondern es sind Linearkombinationen davon zu bilden. Unter diesen nimmt die total symmetrische Kombination eine Sonderstellung ein.

$$\psi_{sym} = \frac{1}{\sqrt{3}}\left(u\bar{u} + d\bar{d} + s\bar{s}\right) . \tag{12.14}$$

Wir wollen zeigen, daß diese Kombination bei einer beliebigen SU(3)-Transformation immer in sich übergeht. Wenn man einen Schiebeoperator auf ψ_{sym} anwendet, erhält man immer 0, etwa

$$I_+\psi_{sym} = 0 \quad \text{etc,}$$

und außerdem gilt

$$I_3\psi_{sym} = 0\,, \quad \lambda_8\psi_{sym} = 0\,.$$

Für eine beliebige SU(3)-Transformation U folgt daher

$$U\psi_{sym} = \exp\left(\frac{i}{2}\alpha_j\lambda_j\right)\psi_{sym} = \psi_{sym}\,.$$

Das bedeutet aber gerade, daß ψ_{sym} in ein SU(3)-Singulett gehört. Bei den pseudoskalaren Mesonen kann man diesen Zustand näherungsweise mit dem $\eta'(953)$ identifizieren. Die Quark-Darstellung des π^0-Mesons erhält man durch Anwenden des Isospin-Aufsteigeoperators auf das $\pi^- = d\bar{u}$.

$$I_+\pi^- = \sqrt{2}\pi^0 = \left(I_+^{\{3\}} + I_+^{\{\bar{3}\}}\right) d\bar{u}$$

$$\Rightarrow \quad \pi^0 = \frac{1}{\sqrt{2}}\left(u\bar{u} - d\bar{d}\right) . \tag{12.15}$$

(Dies gilt bis auf ein generelles (±)-Vorzeichen).

Der dritte, zu π^0, η' orthogonale Zustand kann mit dem η-Meson identifiziert werden.

$$\eta = \frac{1}{\sqrt{6}}\left(u\bar{u} + d\bar{d} - 2s\bar{s}\right) . \tag{12.16}$$

Die π-, K-, $\bar{K}$- und η-Mesonen bilden zusammen ein SU(3)-Oktett. Von einem beliebigen Zustand ausgehend kann man durch Anwendung der Schiebeoperatoren jeden anderen Zustand erreichen. Der Produkt-Vektorraum zerfällt somit in zwei Teilräume, die durch SU(3)-Transformationen nur in sich abgebildet werden: ein Oktett und ein Singulett. Symbolisch schreibt man das in der Form $\{3\} \otimes \{\overline{3}\} = \{8\} \oplus \{1\}$.

Bei den Vektormesonen gehören die Teilchen $\rho^{\pm}, \rho^0, K^{*+}, K^{*0}, \overline{K}^{*0}, \overline{K}^{*-}$ in ein Oktett, während die ω- und ϕ-Mesonen Mischungen aus Singulett- und Oktettzuständen sind. Das ϕ-Meson ist ein fast reiner $s\overline{s}$-Zustand.

12.2.3 Drei-Quark-Zustände: Baryonen

Aus den 9 Zwei-Quarkzuständen $q_i q_j$ kann man 6 symmetrische und 3 antisymmetrische Kombinationen bilden.

$$uu, \quad dd, \quad ss, \quad \frac{1}{\sqrt{2}}(ud + du), \quad \frac{1}{\sqrt{2}}(us + su), \quad \frac{1}{\sqrt{2}}(ds + sd),$$
$$\frac{1}{\sqrt{2}}(ud - du), \quad \frac{1}{\sqrt{2}}(us - su), \quad \frac{1}{\sqrt{2}}(ds - sd).$$

Nimmt man ein drittes Quark hinzu, so erhält man ein Dekuplett, zwei Oktetts und ein Singulett. Das Dekuplett ist total symmetrisch in der Quarkwellenfunktion, und die Quark-Spins sind parallel.

$$\begin{aligned} \Delta^{++} &= uuu, \text{ Spins } \uparrow\uparrow\uparrow, \\ \Delta^{+} &= \frac{1}{\sqrt{3}}(uud + udu + duu) \ldots . \end{aligned}$$

Die Oktetts sind symmetrisch bezüglich der Vertauschung zweier Quarks inklusive ihrer Spins, haben aber keine definierte Symmetrie, wenn man die Quark-Sorte (Flavour) oder die Spins getrennt betrachtet. Als Beispiel geben wir die Quark- und Spin-Darstellung des Protons an (Aufgabe 12.3).

$$\begin{aligned} p = \frac{1}{\sqrt{18}} \quad & (2u\uparrow d\downarrow u\uparrow + 2u\uparrow u\uparrow d\downarrow + 2d\downarrow u\uparrow u\uparrow \\ & -u\uparrow u\downarrow d\uparrow - u\downarrow d\uparrow u\uparrow - u\uparrow d\uparrow u\downarrow \\ & -d\uparrow u\downarrow u\uparrow - d\uparrow u\uparrow u\downarrow - u\downarrow u\uparrow d\uparrow) . \end{aligned} \tag{12.17}$$

Es ist anzumerken, daß neuere Experimente mit polarisierten Elektron- oder Myon-Strahlen und polarisierten Protonentargets Hinweise auf eine erheblich komliziertere Spin-Struktur des Protons geben und anzudeuten scheinen, daß die Valenzquarks nur einen kleinen Bruchteil des Nukleon-Spins tragen.

12.3 Farbladungen

12.3.1 Die Farbe als innere Quantenzahl der Quarks

In der bisher diskutierten Form hat das Quark-Modell einen ernsthaften Makel: bei den Baryonen ist das Pauli-Prinzip verletzt. Die Wellenfunktion des Δ^{++}-Baryons ist total symmetrisch bezüglich einer Vertauschung zweier Quarks, obwohl alles dafür spricht, daß diese Objekte den Spin 1/2 haben. Um die Gültigkeit dieses fundamentalen Prinzips zu erhalten, wurde bereits 1964, nur ein Jahr nach der Aufstellung des Quark-Modells, vorgeschlagen, daß die Quarks noch eine „verborgene" Quantenzahl besitzen, die man Farbe (colour) nannte, und die die drei Werte R (rot), G (grün) und B (blau) annehmen kann. Natürlich hat die Namensgebung nur wenig mit dem üblichen Farbbegriff zu tun. Nach diesem Vorschlag sollte jedes Quark in drei Farbzuständen existieren, es gäbe also ein „rotes", ein „grünes" und ein „blaues" u-Quark, und ebenso für die anderen. Mit drei Farben kann man eine antisymmetrische Wellenfunktion des Δ^{++} konstruieren:

$$\psi_{Gesamt} = \underbrace{\psi_{Ort}}_{\substack{\text{symmetrisch} \\ \text{alle } l=0}} \cdot \underbrace{\psi_{Spin}}_{\substack{\text{symmetrisch} \\ \uparrow\uparrow\uparrow}} \cdot \underbrace{\psi_{Quarks}}_{\text{antisymmetrisch}} ,$$

$$\begin{aligned} \psi_{Quarks} &= \frac{1}{\sqrt{6}} \; (u_R u_G u_B - u_G u_R u_B + u_G u_B u_R \\ &\qquad -u_B u_G u_R + u_B u_R u_G - u_R u_B u_G) \\ &= \frac{1}{\sqrt{6}} \; \varepsilon_{ijk} u_i u_j u_k \, . \end{aligned} \tag{12.18}$$

Hierbei ist ε_{ijk} der total antisymmetrische Tensor, und über die Indizes i, j, k wird summiert. Aus der Optik kennt man die additive Mischung von rot, grün und blau zur „Farbe" weiß . In diesem Sinne sind auch die Baryonen „weiß", d. h. die Farbe ist unbeobachtbar. Gerade das war erwünscht, weil 1964 keinerlei experimentelle Hinweise auf diese Quantenzahl existierten. Bei Mesonen ist die Farb-Neutralität leicht erreichbar. Die Quarkdarstellung des positiven Pions lautet beispielsweise

$$\pi^+ = \frac{1}{\sqrt{3}} \left(u_R \overline{d}_R + u_G \overline{d}_G + u_B \overline{d}_B \right) . \tag{12.19}$$

Hierbei hat das Antiteilchen zum roten d-Quark die Farbe „anti-rot".

Die Farb-Quantenzahl wurde eingeführt, weil der von Pauli bewiesene Zusammenhang zwischen Spin und Statistik als so fundamental angesehen wurde, daß man ihn auch auf Objekte anwenden wollte, die nicht als freie Teilchen beobachtet werden konnten. Diese Idee wurde jahrelang von den meisten Physikern als abwegig angesehen, zumal alle Suchen nach freien Quarks ergebnislos verliefen. Erst als die neuen Teilchen $J/\Psi, \Psi', \ldots$ entdeckt wurden und das Quark-Modell sehr populär machten und als parallel dazu mit der Quantenchromodynamik die erste wirkliche Theorie der starken Wechselwirkungen entwickelt wurde, hat man erkannt, daß die Farben eine tiefe physikalische Bedeutung besitzen: sie sind die *Ladungen der starken Wechselwirkung*. Im Unterschied zur QED gibt es drei verschiedene Farbladungen und zu jeder die entsprechende Antiladung.

u – Quark		$\overline{u}$ – Antiquark	
elektrische Ladung	$+(2/3)e$	elektrische Ladung	$-(2/3)e$
Farbladung	R, G oder B	Farbladung	$\overline{R}, \overline{G}$ oder $\overline{B}$.

Die starken Kräfte wirken auf die Farbladungen, unterscheiden aber nicht zwischen den verschiedenen Quark-Sorten u, d, s, c, b, t, sie sind also „Flavour-blind". Die elektromagnetischen und schwachen Wechselwirkungen sind hingegen „Farb-blind". Die starken Wechselwirkungen bei Atomkernen oder Elementarteilchen erscheinen Isospin-invariant, weil u- und d-Quark sich kaum in ihrer Masse unterscheiden. Da das s-Quark deutlich schwerer ist, ist die Flavour-SU(3)-Symmetrie nicht so gut erfüllt wie die Isospinsymmetrie. Noch weniger ist dies der Fall für die SU(4) oder die SU(5), die wir bei Einbeziehung der c- und b-Quarks verwenden müssen. Bei sehr hohen Energien ($E \gg m_{q_j}$, $j = 1, \dots N_f$) sollte jedoch exakte Flavour-SU(N_f)-Symmetrie gelten, wenn N_f die Zahl der Quark-Sorten ist.

12.3.2 Experimentelle Evidenz für die drei Farben

Es gibt eine Reihe experimenteller Befunde, die dafür sprechen, daß jede Quark-Sorte dreifach gewichtet werden muß.

a) $e^- e^+ \to$ Hadronen.
Nach dem Quark-Parton-Modell erwartet man für das Verhältnis R

$$R = \sigma\left(e^- e^+ \to \text{Hadronen}\right) / \sigma_{QED}\left(e^- e^+ \to \mu^- \mu^+\right) = N_C \sum_{2m_q < E_{CM}} Q_q^2 \,. \quad (12.20)$$

Die Daten (siehe Kap. 12.7) erfordern einen Faktor $N_C = 3$ vor der Summe, d.h. man muß jede Quark-Sorte dreifach zählen.

b) Zerfälle des τ-Leptons.

$$\tau^- \to \nu_\tau + \begin{cases} e^- \overline{\nu}_e \\ \mu^- \overline{\nu}_\mu \\ d' \overline{u} \end{cases}$$

Das intermediäre W^- koppelt mit gleicher Stärke an Lepton-Neutrino- oder Quark-Antiquark-Paare. Ohne Farbfreiheitsgrad erwartet man ein Verzweigungsverhältnis

$$B_e = B\left(\tau^- \to e^- \overline{\nu}_e\right) = 1/3\,;$$

bei 3 Quarkfarben sollte das Verzweigungsverhältnis den Wert 1/5 haben. Der experimentelle Wert

$$B_e = 0.1801 \pm 0.0018$$

ist damit in Einklang (man muß Massen- und Strahlungskorrekturen berücksichtigen), schließt aber 1/3 mit Sicherheit aus.

c) π^0 - Zerfall.
Für den π^0-Zerfall ist eine Quark-Antiquark-Schleife zu berechnen. Das Resultat ist

$$\Gamma\left(\pi^0 \to \gamma\gamma\right) = \left(\frac{\alpha}{2\pi}\right)^2 N_C^2 \left(Q_u^2 - Q_d^2\right)^2 \cdot \frac{m_\pi^3}{8\pi f_\pi^2} \,.$$

Hierbei ist $f_\pi \approx 132$ MeV die Pion-Zerfallskonstante, die aus der Lebensdauer geladener Pionen ermittelt wird (Kap. 6.3). Die vorhergesagte Rate ist

$$\Gamma\left(\pi^0 \to \gamma\gamma\right) = \begin{cases} 0.86\,\text{eV für } N_C = 1 \\ 7.75\,\text{eV für } N_C = 3\,. \end{cases}$$

Der Meßwert beträgt (7.86 ± 0.54) eV.

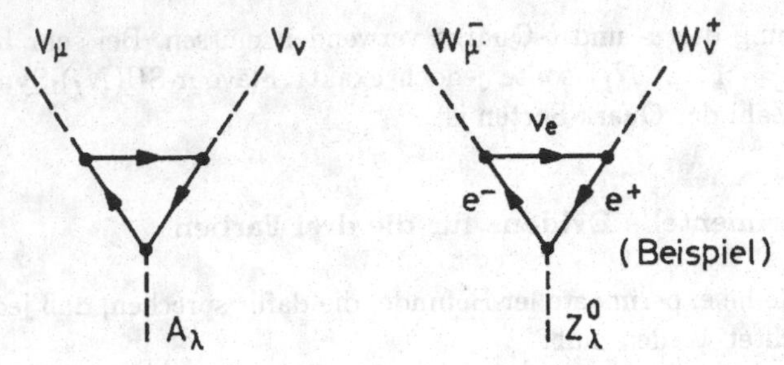

Abb. 12.3. Graphen, die zu den Dreiecks-Anomalien beitragen.

Wir wollen abschließend noch ein theoretisches Argument anführen, das sich mit den sogenannten Dreiecks-Anomalien befaßt. Im Standard-Modell gibt es Diagramme mit einer Fermion-Schleife, die zwei Vektorströme und einen Axialvektorstrom verkoppeln. Diese sind in Abb. 12.3 dargestellt. Wenn man nur die Leptonen betrachtet, führen diese Diagramme zu Unendlichkeiten. Man kann zeigen, daß sich die Divergenzen herausheben und die Theorie renormierbar wird, wenn für elektrischen Ladungen der beteiligten Fermionen gilt:

$$\Delta Q = Q_R - Q_L = \Big(\sum_{\substack{\text{rechtshändige} \\ \text{Dubletts}}} Q - \sum_{\substack{\text{linkshändige} \\ \text{Dubletts}}} Q \Big) = 0 . \tag{12.21}$$

Im Standard-Modell gibt es nur linkshändige Dubletts. Für das (ν_e, e)-Dublett gilt

$$\sum_{(\nu_e, e)} Q = -1 = Q_L(\text{Lepton}) .$$

Wenn man das Quark-Dublett $(u\,d')$ hinzunimmt, so wird bei einfacher Gewichtung

$$Q_L(\text{Quark}) = 2/3 - 1/3 = 1/3 ,$$

für drei Quarkfarben hingegen

$$Q_L = Q_L(\text{Lepton}) + Q_L(\text{Quark}) = 0.$$

Die Renormierbarkeit ist ein wichtiges Argument dafür, daß es gleich viele Lepton- wie Quarkfamilien geben sollte, also jeweils drei nach dem heutigen Stand des Wissens.

12.3.3 Farbladungen der Gluonen

Im elektrischen Fall gibt es nur einen Typ Ladung (+) und die zugehörige Antiladung (−). Die Photonen tragen die Ladung in der Form Ladung-Antiladung, wie man sofort aus einem Elektron-Positron-Annihilationsgraphen erkennt. Sie sind daher elektrisch neutral. Dies ist ganz anders in der starken Wechselwirkung. Da drei Typen von Farb-Ladungen und drei Antiladungen existieren, müßte es prinzipiell neun verschiedene Feldquanten geben, die aber nicht neutral sind, sondern die starke Ladung in der Kombination Farbe-Antifarbe tragen. Formal besteht dabei eine große Ähnlichkeit mit der Darstellung der Mesonen in der SU(3)-Symmetrie. Dies ist der Grund dafür gewesen, die Ideen des Drei-Quark-Modells auf die Farben zu übertragen. Es wird die Annahme gemacht, daß die drei Farbzustände R, G und B die Basiszustände des fundamentalen Tripletts einer „Farb“-SU(3)-Gruppe sind und die Antifarben entsprechend das Anti-Triplett bilden. Die Kombination Farbe-Antifarbe ergibt wie beim Quark-Antiquark-System ein Oktett und ein Singulett. Wir werden im nächsten Abschnitt sehen, daß man die Gluonen mit den Oktett-Teilchen identifizieren kann.

12.4 Lokale SU(3)$_C$ -Invarianz, Gluon-Felder

12.4.1 Lokale SU(3)$_C$ -Transformationen

Bei Vernachlässigung der Massenunterschiede zwischen den Quarks sind die starken Wechselwirkungen invariant gegenüber einer globalen Flavour-SU(3)-Transformation, die im einfachsten Fall eine Vertauschung von Quarks bedeutet. Lokale, d.h. ortsabhängige Flavour-SU(3)-Transformationen sind aber nicht zulässig, denn sie würden die Existenz von Feldern der starken Wechselwirkung erfordern, die die Quarksorte ändern. Das wäre im totalen Widerspruch mit den experimentellen Daten, etwa der Erhaltung der Strangeness-, Charm- und Bottom-Quantenzahlen.

Nach den Erfolgen der Eichtheorien bei den elektromagnetischen und schwachen Wechselwirkungen lag es nahe, eine Theorie der starken Wechselwirkung zwischen Quarks zu konstruieren, die auf lokalen Eichtransformationen bezüglich der Farbladungen beruht. Die Theorie hat den Namen Quantenchromodynamik erhalten. In der QCD wird angenommen, daß lokale SU(3)$_C$-Transformationen durchgeführt werden dürfen (C = Colour). Dies erfordert die Existenz von Feldern, die an die Farbladungen koppeln und auch die Farbe der Quarks ändern können. Die Feldquanten (Eichbosonen) nennt man Gluonen. Im folgenden wird nur eine Quarksorte q betrachtet. Die Dirac-Gleichung für ein Quark im Vakuum lautet

$$(i\gamma_\mu\partial^\mu - m)\,\Psi = 0\,.$$

Die Gesamtwellenfunktion Ψ schreiben wir als Produkt einer Dirac-Wellenfunktion $\psi(t,\mathbf{x})$ vom Typ (2.28) und eines *Farb-Spinors* χ_{Farbe}

$$\Psi = \psi(t,\mathbf{x})\cdot\chi_{Farbe}\,, \tag{12.22}$$

wobei wir definieren

$$\chi_R = \begin{pmatrix}1\\0\\0\end{pmatrix}\,,\quad \chi_G = \begin{pmatrix}0\\1\\0\end{pmatrix}\,,\quad \chi_B = \begin{pmatrix}0\\0\\1\end{pmatrix}\,. \tag{12.23}$$

Damit die Dirac-Gleichung invariant gegenüber SU(3)$_C$ - Transformationen sein kann, muß das Quark in den drei Farbzuständen exakt die gleiche Masse haben

$$m_R = m_G = m_B \equiv m\,.$$

Eine lokale SU(3)$_C$ - Transformation schreiben wir in der Form

$$\Psi' = \exp\left(i\frac{g_S}{2}\lambda_j\beta_j(x)\right)\Psi\,. \tag{12.24}$$

Dabei bedeutet g_S die Kopplungskonstante der starken Wechselwirkung, und es wird eine Summationskonvention benutzt, wobei allerdings keine Vorzeichenunterschiede bei hoch- und tiefgestellten Indizes j gemacht werden.

$$\lambda_j\beta_j \equiv \sum_{j=1}^{8}\lambda_j\beta_j = \lambda_1\beta_1 + \ldots + \lambda_8\beta_8\,. \tag{12.25}$$

Die lokale Transformation (12.24) wirkt nur auf den Farbanteil χ_{Farbe} der Wellenfunktion und ist durch acht unabhängige Transformations-„Winkel“ gekennzeichnet

$$\beta_1(x), \ldots \beta_8(x)\,.$$

Die Invarianz der Dirac-Gleichung ist gewährleistet, wenn man acht Vektorfelder G_j^μ einführt und ∂^μ durch die kovariante Ableitung ersetzt

$$D^\mu = \partial^\mu + i\frac{g_S}{2}\left(\lambda_1 G_1^\mu + \ldots + \lambda_8 G_8^\mu\right) \equiv \partial^\mu + i\frac{g_S}{2}\lambda_j G_j^\mu\,. \tag{12.26}$$

Parallel zur $SU(3)_C$ -Transformation der Dirac-Spinoren muß eine Eichtransformation der Felder durchgeführt werden. Für infinitesimale Transformationen (β_j klein) lautet diese

$$G_j'^\mu = G_j^\mu - \partial^\mu\beta_j - g_S\, f_{jkl}\,\beta_k\, G_l^\mu\,. \tag{12.27}$$

Es soll jetzt bewiesen werden, daß die Dirac-Gleichung invariant bleibt, wenn man gleichzeitig die $SU(3)_C$ -Transformation (12.24) und die Eichtransformation (12.27) vornimmt; d.h.

$$\begin{aligned} &\text{aus} \quad (i\gamma_\mu D^\mu - m)\,\Psi = 0 \\ &\text{folgt} \quad (i\gamma_\mu D'^\mu - m)\,\Psi' = 0\,. \end{aligned}$$

Wir betrachten wieder infinitesimale Transformationen (β_j klein):

$$\Psi' \approx \left(1 + i\frac{g_S}{2}\lambda_j\beta_j(x)\right)\Psi\,.$$

Es genügt dann, folgendes zu zeigen:

$$D'^\mu\Psi' = \left(1 + i\frac{g_S}{2}\lambda_m\beta_m\right)D^\mu\Psi\,. \tag{12.28}$$

Beweis:

$$\begin{aligned} D'^\mu\Psi' &= \left(\partial^\mu + i\frac{g_S}{2}\lambda_j\left(G_j^\mu - \partial^\mu\beta_j - g_S f_{jkl}\beta_k G_l^\mu\right)\right)\cdot\left(1 + i\frac{g_S}{2}\lambda_m\beta_m\right)\Psi \\ &= \left(1 + i\frac{g_S}{2}\lambda_m\beta_m\right)\left(\partial^\mu + i\frac{g_S}{2}\lambda_j G_j^\mu\right)\Psi + i\frac{g_S}{2}\underbrace{\left(\lambda_m(\partial^\mu\beta_m) - \lambda_j(\partial^\mu\beta_j)\right)}_{0}\Psi \\ &\quad + i\frac{g_S^2}{2}\left\{-\lambda_j f_{jkl}\beta_k G_l^\mu + \frac{i}{2}\lambda_j\lambda_m\beta_m G_j^\mu - \frac{i}{2}\lambda_m\lambda_j\beta_m G_j^\mu\right\}\Psi\,. \end{aligned}$$

Hierbei werden Glieder weggelassen, die quadratisch in β sind. Benutzt man die Vertauschungsrelationen der λ-Matrizen, so folgt, daß die geschweifte Klammer verschwindet:

$$\{ \qquad \} = -\lambda_j f_{jkl}\beta_k G_l^\mu - \lambda_l f_{jml}\beta_m G_j^\mu = 0\,.$$

Damit ist (12.28) bewiesen.

Die acht Felder G_j^μ hängen eng mit den Feldern der acht Gluonen zusammen. In Analogie zu (11.39) ist der Feldstärkentensor

$$F_j^{\mu\nu} = \partial^\mu G_j^\nu - \partial^\nu G_j^\mu - g_S f_{jkl} G_k^\mu G_l^\nu\,. \tag{12.29}$$

Damit lautet die Lagrange-Dichte der QCD

$$\boxed{\mathcal{L} = \overline{\Psi}\,(i\gamma_\mu D^\mu - m)\,\Psi - \frac{1}{4} F_{j,\mu\nu} F_j^{\mu\nu}\,.} \tag{12.30}$$

Dies ist die Form für eine Quark-Sorte. Will man alle sechs Quarks erfassen, muß man den ersten Term von $\mathcal{L}$ über die Quarksorten summieren.

Wie schon bei der SU(2)$_L$ -Gruppe tritt auch in der Eichtransformation (12.27) der Gluonfelder ein Zusatzterm auf, den es im elektromagnetischen Fall nicht gibt, da dort die Transformationen der Wellenfunktion durch eine kommutative U(1)-Gruppe bewirkt werden.

$$\begin{aligned}
\text{elektromagnetisch U(1)}: &\quad A'^\mu = A^\mu - \partial^\mu \chi\\
\text{elektroschwach SU(2)}_L: &\quad W_j'^\mu = W_j^\mu - \partial^\mu \beta_j - g\cdot \varepsilon_{jkl}\,\beta_k\, W_l^\mu\\
\text{stark SU(3)}_C: &\quad G_j'^\mu = G_j^\mu - \partial^\mu \beta_j - g_S\cdot f_{jkl}\,\beta_k\, G_l^\mu\,.
\end{aligned}$$

Die Zusatzterme sind eine Konsequenz der Nichtvertauschbarkeit der SU(2)- oder SU(3)-Transformationen. Es ist außerordentlich bedeutsam, daß sie *proportional zur Kopplung* g oder g_S sind. Dies hat die weitreichende Konsequenz, daß sämtliche Teilchen, die überhaupt an die W-Bosonen oder Gluonen ankoppeln, dies mit *exakt der gleichen Kopplungsstärke* g bzw. g_S tun.

$$\begin{aligned}
\text{SU(2)}_L &\left\{\begin{array}{l} \text{gleiches } g \text{ für } \begin{pmatrix}\nu_e\\ e\end{pmatrix}_L, \begin{pmatrix}\nu_\mu\\ \mu\end{pmatrix}_L, \ldots, \begin{pmatrix}u\\ d'\end{pmatrix}_L, \begin{pmatrix}c\\ s'\end{pmatrix}_L, \ldots\\ \text{sowie für Higgs-Feld } \begin{pmatrix}\phi^+\\ \phi^0\end{pmatrix}\end{array}\right.\\
\text{SU(3)}_C &\left\{\begin{array}{l} \text{gleiches } g_s \text{ für alle Quark-Sorten}\\ u, d, s, c, b, t\\ \text{und für alle Farben } R, G, B\,. \end{array}\right.
\end{aligned}$$

Im elektromagnetischen Fall gibt es viele verschiedene Kopplungen:
$q = -e$ für das Elektron, $q = \frac{2}{3}e$ für das u-Quark, $q = +79e$ für einen Gold-Kern etc. Die Symmetriegruppe der Phasentransformationen ist eine Abelsche U(1)-Gruppe. Bei Abelschen Gruppen ist die Kopplung der Teilchen an die Eichbosonen nicht festgelegt. Hingegen koppeln bei einer *Nicht-Abelschen Eichtheorie* die Eichfelder an alle Teilchen mit exakt der *gleichen Kopplungskonstanten*, sofern sie überhaupt ankoppeln.

12.4.2 Kopplungen zwischen Quarks und Gluonen

Mit Hilfe der kovarianten Ableitung kann man die Kopplung ermitteln. Aus

$$(i\gamma_\mu D^\mu - m)\Psi = 0$$

folgt

$$(i\gamma_\mu \partial^\mu - m)\Psi = \frac{g_S}{2}\gamma_\mu \lambda_j G_j^\mu \Psi = \frac{g_S}{2}\gamma_\mu G_j^\mu(x)\psi(x)\lambda_j \cdot \chi_{Farbe} \,. \tag{12.31}$$

Wir betrachten einen Vertex, bei dem ein grünes Quark sich unter Emission eines Gluons in ein rotes Quark umwandelt. Dieser Übergang wird durch einen Schiebeoperator bewirkt:

$$I_+ = \frac{1}{2}(\lambda_1 + i\lambda_2) \,.$$

Es ist zweckmäßig, noch weitere Schiebeoperatoren zu definieren, um die Farbtransformationen von rot nach blau und von blau nach grün zu erfassen:

$$U_+ = \frac{1}{2}(\lambda_6 + i\lambda_7) \;,\; V_+ = \frac{1}{2}(\lambda_4 - i\lambda_5) \,. \tag{12.32}$$

Bei dem Operator V_+ wird das Vorzeichen vor $i\lambda_5$ negativ gewählt, damit alle „Aufsteige-Operatoren" im Farbtriplett im Uhrzeigersinn wirken, siehe Abb. 12.5. Die zugehörigen „Absteige"-Operatoren I_-, U_-, V_- ergeben sich durch Vorzeichenumkehr im zweiten Term. Mit Hilfe der Schiebeoperatoren kann man die rechte Seite der Formel (12.31) umformen

$$\begin{aligned}\sum_{j=1}^{8}\lambda_j G_j^\mu \;=\; & \sqrt{2}\left\{I_+(G\overline{R})^\mu + I_-(R\overline{G})^\mu + \frac{1}{\sqrt{2}}\lambda_3 G_3^\mu \right.\\ & \left. + U_+(B\overline{G})^\mu + U_-(G\overline{B})^\mu + V_+(R\overline{B})^\mu + V_-(B\overline{R})^\mu + \frac{1}{\sqrt{2}}\lambda_8 G_8^\mu\right\} .\end{aligned} \tag{12.33}$$

Dabei sind die Gluonfelder in der Form „Farbe-Antifarbe" geschrieben worden, damit man die Farbladung des jeweiligen Gluons sofort erkennen kann. Als Beispiel geben wir an, wie sich das grün-antirote Gluon durch die G_j^μ-Felder ausdrücken läßt:

$$(G\overline{R})^\mu = \frac{1}{\sqrt{2}}(G_1^\mu - iG_2^\mu) \,. \tag{12.34}$$

In Abb. 12.4 werden die Übergänge durch Gluon- und W-Emission miteinander verglichen. Die weiteren farbändernden Umwandlungen lassen sich analog behandeln. Schwieriger sind die Übergänge, bei denen die Farbladung erhalten bleibt. Die emittierten Gluonen sind dann farbneutral. Es gibt zwei λ-Matrizen, die einen farberhaltenden Übergang vermitteln: λ_3 und λ_8. Die Matrix λ_3 wirkt nur auf die Farben R und G:

$$\lambda_3 = \begin{pmatrix} 1 & 0 & 0 \\ 0 & -1 & 0 \\ 0 & 0 & 0 \end{pmatrix} .$$

Das zugehörige Gluon kann man schematisch schreiben als

$$g_3 = \frac{1}{\sqrt{2}}\left(R\overline{R} - G\overline{G}\right) . \tag{12.35}$$

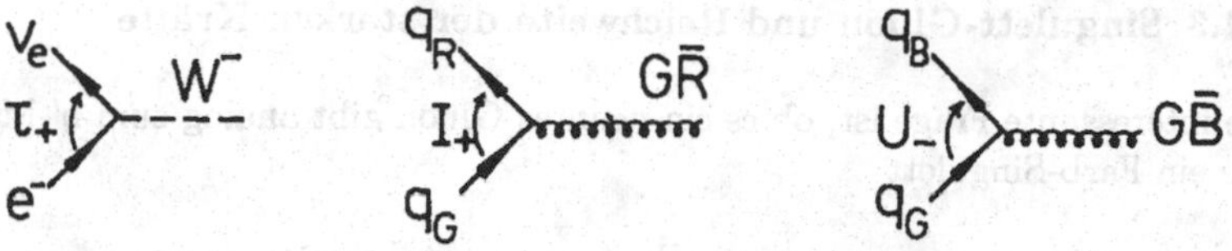

Abb. 12.4. Vergleich von W- und Gluon-Emission.

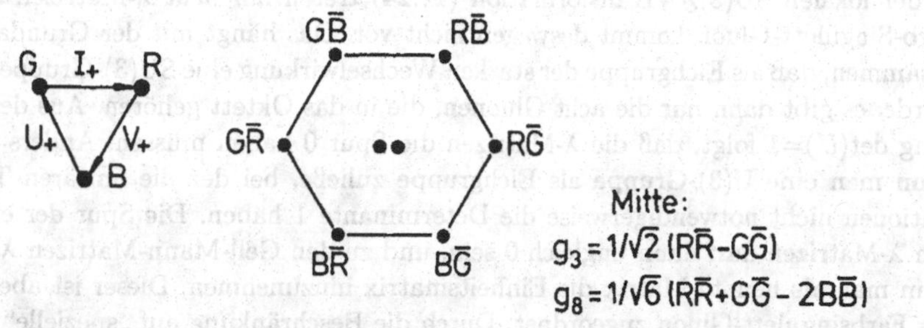

Abb. 12.5. Farbtriplett mit den Schiebeoperatoren und Oktett der Gluonen.

Es entspricht dem π^0-Meson im Oktett der pseudoskalaren Mesonen. Die Matrix

$$\lambda_8 = \frac{1}{\sqrt{3}} \begin{pmatrix} 1 & 0 & 0 \\ 0 & 1 & 0 \\ 0 & 0 & -2 \end{pmatrix}$$

wirkt mit gleicher Amplitude auf die Farbladungen R und G und mit doppelt so großer Amplitude, aber umgekehrtem Vorzeichen auf die Farbe B. Das achte Gluon kann also durch

$$g_8 = \frac{1}{\sqrt{6}} \left(R\overline{R} + G\overline{G} - 2B\overline{B} \right) \tag{12.36}$$

dargestellt werden, analog zum η-Meson. Diese acht Gluonen können in ein Oktett der SU(3)$_C$-Gruppe eingeordnet werden, s. Abb. 12.5. Relativ zu den Gluonen mit Nettofarbladung auf dem Rand des Oktetts koppeln die farbneutralen Gluonen in der Mitte mit den Amplituden $\pm 1/\sqrt{2}$ bzw. $+1/\sqrt{6}$ und $-2/\sqrt{6}$.

12.4.3 Singulett-Gluon und Reichweite der starken Kräfte

Eine interessante Frage ist, ob es ein neuntes Gluon gibt analog zum η'-Meson. Dieses wäre ein Farb-Singulett

$$g_{Sing} = \frac{1}{\sqrt{3}}\left(R\overline{R} + G\overline{G} + B\overline{B}\right) . \quad (12.37)$$

In der lokalen $SU(3)_C$ -Transformation (12.24) treten nur acht λ-Matrizen auf. Das Farb-Singulett-Gluon kommt deswegen nicht vor. Das hängt mit der Grundannahme zusammen, daß als Eichgruppe der starken Wechselwirkung eine SU(3)-Gruppe gewählt wurde: es gibt dann nur die acht Gluonen, die in das Oktett gehören. Aus der Bedingung $\det(U)=1$ folgt, daß die λ-Matrizen die Spur 0 haben müssen. Anders wäre es, wenn man eine U(3)-Gruppe als Eichgruppe zuließe, bei der die unitären Transformationen nicht notwendigerweise die Determinante 1 haben. Die Spur der erzeugenden λ-Matrizen darf dann ungleich 0 sein, und zu den Gell-Mann-Matrizen $\lambda_1, \ldots \lambda_8$ kann man als neunte Matrix die Einheitsmatrix hinzunehmen. Dieser ist aber gerade das Farbsingulett-Gluon zugeordnet. Durch die Beschränkung auf „spezielle" unitäre Transformationen (SU(3) statt U(3)) hat man somit das Singulett-Gluon ausgeschlossen. Das physikalische Motiv dafür ist, daß ein Singulett-Gluon an farbneutrale Systeme koppeln und damit *Kernkräfte* von *unendlicher Reichweite* zwischen den Hadronen hervorrufen würde.

Baryonen oder Mesonen sind Farbsinguletts. Die Emission eines einzelnen Gluons durch ein Hadron ist nur möglich, wenn das Gluon selbst ein Farbsingulett ist. Dagegen ist die Emission eines Oktett-Gluons verboten. Wie kann man diese Auswahlregel verstehen? Wir betrachten den Übergang

$$\text{Hadron} \rightarrow X + \text{Gluon} . \quad (12.38)$$

Das Hadron ist ein Farbsingulett. Kann das „Teilchen" X ebenfalls ein Farbsingulett sein? Zumindest müßte X die Farbladungen Null haben, also darf das Gluon nur g_3 oder g_8 sein. Jetzt wenden wir auf (12.38) eine $SU(3)_C$ -Transformation an. Das Hadron auf der linken Seite bleibt invariant, da es in ein $SU(3)_C$ -Singulett gehört. Dagegen ist leicht erreichbar, daß man aus dem Gluon g_3 oder g_8 ein Gluon auf dem Rand des Oktetts, z.B. $R\overline{G}$ macht. Wegen der Erhaltung der Ladungen der starken Wechselwirkung muß dann X eine Farbladung $G\overline{R}$ haben. Das hypothetische Teilchen X kann also kein Farbsingulettzustand sein.

Eine ähnliche Auswahlregel gibt es in der Kernphysik: γ-Übergänge sind streng verboten, wenn Anfangs- und Endkern beide den Spin 0 haben, weil es in diesem Fall unmöglich ist, den Drehimpulssatz zu erfüllen:

$$\mathbf{J}_i \neq \mathbf{J}_f + \mathbf{J}_\gamma \quad \text{für} \quad J_i = J_f = 0 .$$

Der Gesamtdrehimpuls eines γ-Quants, also die Vektorsumme von Bahn- und Eigen-Drehimpuls, ist immer von 0 verschieden, d.h. ein γ-Quant kann niemals ein Drehimpuls-Singulett bilden.

Der für unsere Diskussion wichtige Befund ist, daß es in der $SU(3)_C$ -Eichtheorie keine Singulett-Gluonen und damit auch keine langreichweitigen Kräfte zwischen den Hadronen gibt. Die Kräfte zwischen den farbneutralen Nukleonen im Atomkern sind mit den Kräften zwischen den elektrisch neutralen Molekülen in einer Flüssigkeit vergleichbar. Die Van-der-Waals-Anziehung beruht auf induzierten Dipolmomenten und fällt sehr rasch mit dem Abstand ab, typisch mit $\approx r^{-7}$. Dies läßt sich nicht durch Einphotonaustausch beschreiben. Ebensowenig werden die starken Kräfte zwischen Hadronen durch Eingluonaustausch vermittelt. Die kurze Reichweite der Kernkräfte bedeutet also keineswegs, daß die Gluonen eine nichtverschwindende Ruhemasse haben müssen. Man macht vielmehr in der QCD die Annahme, daß die Gluonen *exakt Masse Null* haben.

12.5 Stabilität der $q\bar{q}$- und qqq-Systeme

In diesem Abschnitt soll sehr qualitativ gezeigt werden, daß Quark-Antiquark-Systeme (Mesonen) und Drei-Quark-Systeme (Baryonen), die sich in Farbsingulettzuständen befinden, eine relativ große negative potentielle Energie haben und daher gebunden sind, während bei Quark-Quark-Kombinationen Abstoßung oder geringere Bindung vorliegt. Wir betrachten dazu die Wechselwirkung zwischen zwei Quarks durch Gluon-Austausch (Feynman 1976) und vergleichen dies mit dem Photon-Austausch zwischen geladenen Teilchen. Es muß ausdrücklich betont werden, daß selbst die „einfache" Coulomb-Kraft nicht mit Hilfe des Einphotonaustausch-Diagramms hergeleitet werden kann. Ein solches Diagramm kann nur dazu dienen, das Vorzeichen der Kraft und die relative Stärke der Anziehung oder Abstoßung zwischen Teilchen oder Atomkernen plausibel zu machen. In diesem Sinn wollen wir auch die QCD-Diagramme verwenden. Die potentielle Energie zwischen zwei Teilchen der Ladung $z_1 e$, $z_2 e$, im folgenden einfach „Potential" genannt, ist

$$V(r) = z_1 z_2 \cdot \frac{\alpha}{r} \quad \text{mit} \quad \alpha = e^2/(4\pi).$$

Bei unterschiedlichem Ladungs-Vorzeichen ist sie negativ, und man erhält eine anziehende Kraft; bei gleichem Ladungsvorzeichen wird die potentielle Energie positiv, und die Kraft ist abstoßend.

Der Gluon-Austausch zwischen Quarks oder Antiquarks führt ganz entsprechend zu einer Anziehung mit negativer potentieller Energie oder einer Abstoßung mit positiver Energie, je nachdem ob die Vorzeichen an den Vertizes verschieden oder gleich sind. Das Potential schreiben wir in der Form

$$V(r) = C_F \frac{\alpha_S}{r} + \sigma \cdot r\,. \tag{12.39}$$

Hier wird nur der erste, Coulomb-ähnliche Term betrachtet, der für die Bindung bei kleinen Abständen maßgebend ist. Die „starke Kopplung"

$$\alpha_S = g_S^2/(4\pi) \tag{12.40}$$

entspricht der Feinstrukturkonstanten α, und C_F ist ein Farb-Faktor (colour factor), der sich als Produkt zweier Vertex-Farbfaktoren schreiben läßt (vgl. Abb. 12.6):

$$C_F = (1/2) c_1 c_2\,. \tag{12.41}$$

Der Faktor 1/2 ist Konvention. Der Farbfaktor und das Potential sollen für einige Beispiele angegeben werden.

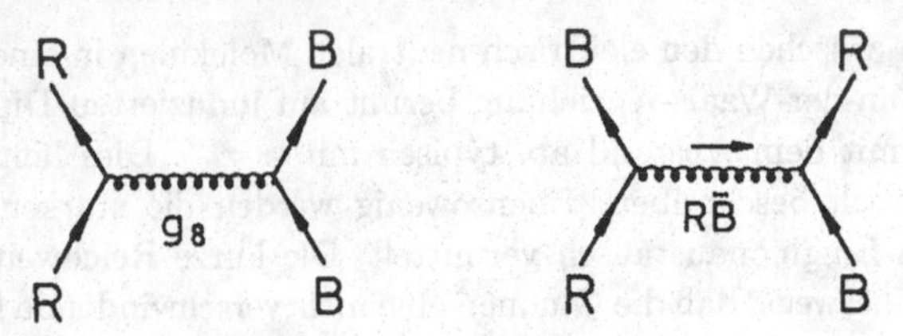

Abb. 12.6. Das direkte und das Farb-Austausch-Diagramm bei der Streuung verschiedenfarbiger Quarks.

Zwei Quarks gleicher Farbe. Der Einfachheit halber betrachten wir zwei blaue Quarks, die nur über den Austausch des Gluons

$$g_8 = \frac{1}{\sqrt{6}}\left(R\overline{R} + G\overline{G} - 2B\overline{B}\right)$$

wechselwirken können. Man erhält

$$C_F = \frac{1}{2}\left(-\frac{2}{\sqrt{6}}\right)^2 = +1/3.$$

Das Potential wird positiv: zwei Quarks gleicher Farbladung stoßen einander ab, genau wie zwei Teilchen gleicher elektrischer Ladung. Für die Farben rot und grün erhält man das gleiche Resultat, obwohl die Rechnung etwas aufwendiger ist, da man auch noch das Gluon g_3 berücksichtigen muß.

Zwei Quarks verschiedener Farbe. Für die Wechselwirkung zwischen einem roten und einem blauen Quark gibt es einen „direkten" Graphen (ohne Farb-Austausch) und einen Farb-Austausch-Graphen, die in Abb. 12.6 gezeigt werden. Die Farbfaktoren der beiden Diagramme sind

$$C_F^{(1)} = \frac{1}{2}\cdot\frac{1}{\sqrt{6}}\cdot\left(-\frac{2}{\sqrt{6}}\right) = -1/6\,, \quad C_F^{(2)} = 1/2\,.$$

Im Rahmen der starken Wechselwirkung sind die Quarks im Endzustand ununterscheidbar. Man kann nicht wissen, ob Quark 1 die Farbe rot hat, Quark 2 die Farbe blau oder umgekehrt. Die physikalisch relevanten Zustände sind die symmetrische oder antisymmetrische Kombination der beiden Möglichkeiten.

$$(q_R q_B)_{sym} = \frac{1}{\sqrt{2}}\left(q_R q_B + q_B q_R\right)\,, \quad C_{sym} = C_F^{(1)} + C_F^{(2)} = +1/3\,.$$

Bei der symmetrischen Kombination erhält man Abstoßung und die gleiche potentielle Energie wie zwischen zwei Quarks gleicher Farbe.

$$(q_R q_B)_{anti} = \frac{1}{\sqrt{2}}\left(q_R q_B - q_B q_R\right)\,, \quad C_{anti} = C_F^{(1)} - C_F^{(2)} = -2/3\,.$$

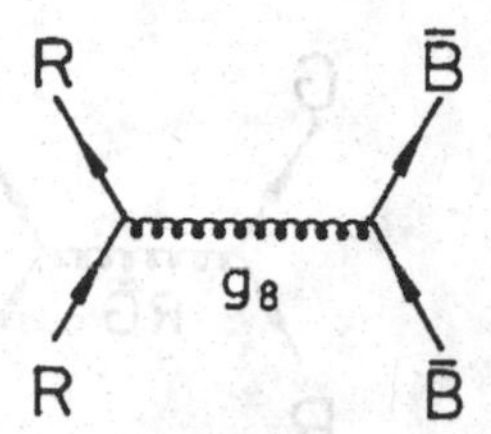

Abb. 12.7. Wechselwirkung von Quark und Antiquark verschiedener Farbladung.

Die antisymmetrische Kombination zweier Quarks ergibt eine Anziehung.

Drei-Quark-Zustände. Es werden nur Zweikörperkräfte betrachtet, die durch Gluon-Austausch vermittelt werden. Nehmen wir zunächst drei blaue Quarks, so folgt

$$C_F = 3 \cdot 1/3 = +1 .$$

Das gleiche ergibt sich für die total symmetrische Kombination von zwei oder drei verschiedenen Farben

$$\frac{1}{\sqrt{3}}(q_R q_R q_G + q_R q_G q_R + q_G q_R q_R) ,$$

$$\frac{1}{\sqrt{6}}(q_R q_G q_B + q_G q_R q_B + q_G q_B q_R + q_B q_G q_R + q_B q_R q_G + q_R q_B q_G) .$$

All diese Zustände gehören in das $SU(3)_C$ -Dekuplett. Da keine Bindung vorliegt, kann man sie nicht mit Hadronen identifizieren. Hingegen ergibt die total antisymmetrische Kombination dreier Farben die festeste Bindung. Dies ist der $SU(3)_C$ -Singulett-Zustand (siehe (12.18))

$$\frac{1}{\sqrt{6}}(q_R q_G q_B - q_G q_R q_B + q_G q_B q_R - q_B q_G q_R + q_B q_R q_G - q_R q_B q_G) = \frac{1}{\sqrt{6}}\varepsilon_{ijk} q_i q_j q_k$$

$$C_F^{(Singulett)} = 3(C_F^{(1)} - C_F^{(2)}) = -2 .$$

Zwischen Singulett und Dekuplett liegt noch das $SU(3)_C$ -Oktett, das eine negative potentielle Energie besitzt, die aber geringer ist als beim Singulett. Die Drei-Quark-Systeme im Oktett haben natürlich eine Netto-Farbladung, sofern sie auf dem Rand liegen, z.B. RRG, in Analogie zur Darstellung des Protons im Flavour-SU(3)-Oktett: $p = uud$.

Quark-Antiquark-Zustände. Wir betrachten zunächst verschiedene Ladungen R und B. Das Gluon g_8 vermittelt die Wechselwirkung (Abb. 12.7). Die Kopplung am rechten Vertex erhält einen zusätzlichen Faktor (–1), weil wir es dort mit einem Antiquark zu tun haben. Der Farbfaktor wird daher

$$C_F = \frac{1}{2}\left(\frac{1}{\sqrt{6}}\right) \cdot \left(-\frac{2}{\sqrt{6}}\right) \cdot (-1) = +1/6 .$$

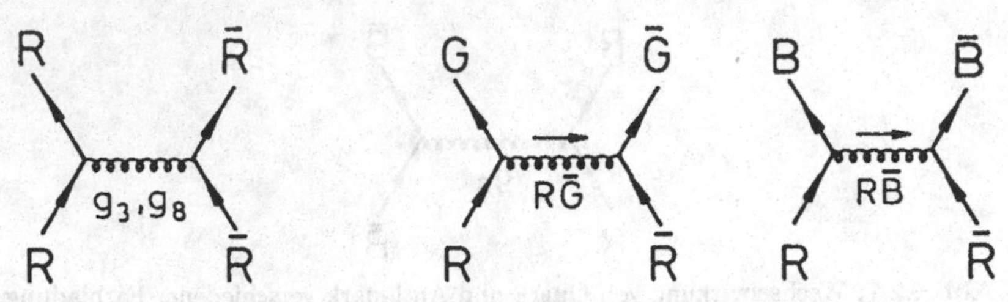

Abb. 12.8. Wechselwirkung von Quark und Antiquark gleicher Farbladung.

Quark und Antiquark verschiedener Farbe stoßen einander ab. Bei gleicher Farbe gibt es drei Graphen (Abb. 12.8). Die Farbfaktoren sind

$$C_F^{(1)} = \frac{1}{2}\left(1/\sqrt{2}(-1/\sqrt{2}) + 1/\sqrt{6}(-1/\sqrt{6})\right) = -1/3\,,\; C_F^{(2)} = -1/2\,,\; C_F^{(3)} = -1/2\,.$$

Alle drei Graphen ergeben eine Anziehung. Der Farb-Singulett-Zustand

$$\frac{1}{\sqrt{3}}\left(q_R\overline{q}_R + q_G\overline{q}_G + q_B\overline{q}_B\right)$$

ist total symmetrisch in diesem Endzuständen und hat einen effektiven Farbfaktor

$$C_F^{(Singulett)} = -1/3 - 1/2 - 1/2 = -4/3\,.$$

Dieser Zustand entspricht dem η'-Meson der Flavour-SU(3). Das Quark-Antiquark-Potential im Farb-Singulett-Zustand wird damit

$$V_{q\overline{q}} = -\frac{4}{3}\cdot\frac{\alpha_S}{r} + \sigma\cdot r\,. \tag{12.42}$$

Diese Formel verliert ihre Gültigkeit bei extrem kleinen Abständen, da dort die asymptotische Freiheit wirksam wird und die Quarks sich wie nahezu freie Teilchen verhalten.

Aus der vorangegangenen Diskussion erkennt man, daß die Farbsingulettzustände die festeste Bindung ergeben. Daher liegt es nahe, die Hadronen so darzustellen. Die antisymmetrischen Zwei-Quark-Zustände und die Oktett-Drei-Quark-Zustände sollten nach dieser qualitativen Betrachtung ebenfalls gebunden sein; sie besitzen aber eine Netto-Farbladung und werden durch die Hypothese ausgeschlossen, daß nur farbneutrale Systeme als Hadronen auftreten. Interessant ist noch, daß vier Quarks dieselbe Bindungsenergie haben wie ein Dreiquark-Singulett-Zustand plus ein einzelnes isoliertes Quark. Im Rahmen der Eingluon-Austausch-Näherung gibt es somit keine Kräfte zwischen einem Baryon und einem Quark.

Die obigen Betrachtungen zur Bindung sind, wie schon gesagt, sehr qualitativ, weil Vielfach-Gluon-Austausch und auch Dreikörperkräfte aufgrund der Gluon-Selbstkopplung außer acht gelassen werden.

12.6 Asymptotische Freiheit und Confinement

12.6.1 Einführung effektiver Ladungen

Die Stärke der elektromagnetischen Wechselwirkungen kann durch die Feinstrukturkonstante charakterisiert werden

$$\alpha = e^2/(4\pi) \approx 1/137\,.$$

Da $\alpha \ll 1$ ist, kann man die Störungsrechnung anwenden und in vielen Fällen schon durch die Graphen niedrigster Ordnung eine gute Beschreibung eines QED-Prozesses erhalten. In der starken Wechselwirkung ist das sehr viel komplizierter. Definieren wir entsprechend

$$\alpha_S = g_S^2/(4\pi)\,,$$

so ist keinesfalls sichergestellt, daß $\alpha_S \ll 1$ ist und die Störungsrechnung überhaupt konvergiert. Eine sehr wichtige Entdeckung ist, daß α_S vom Impulsübertrag Q^2 oder der Energie abhängt. Mit wachsendem Q^2 wird $\alpha_S(Q^2)$ kleiner und geht schließlich gegen Null für $Q^2 \to \infty$. Man nennt diese Erscheinung, die nur bei Nicht-Abelschen Eichtheorien auftreten kann, die *asymptotische Freiheit.*

Bei Experimenten mit sehr großen Impulsüberträgen und entsprechend sehr kleinen Abständen verhalten sich die Quarks in den Hadronen annähernd wie freie Teilchen. Dies erklärt den Erfolg des naiven Quark-Parton-Modells bei der tief inelastischen Lepton-Nukleonstreuung und der Elektron-Positron-Vernichtung in Hadronen. Im Bereich kleiner Q^2 und bei Abständen in der Größenordnung des Protonradius ist hingegen $\alpha_S(Q^2)$ keineswegs klein gegen 1, und die Störungsrechnung ist nicht anwendbar. Dieser Bereich der starken Kopplung ist von entscheidender Bedeutung für das *Confinement*, die Einsperrung der Quarks in Hadronen.

Eine Abhängigkeit von Q^2 gibt es auch in der QED, wenn auch in sehr viel geringerem Maße und mit umgekehrter Tendenz: für $Q^2 \to \infty$ sollte $\alpha(Q^2)$ anwachsen. Um dies zu verstehen, betrachten wir zunächst ein Beispiel aus der klassischen Physik, nämlich eine positive Ladung q, die wir in ein dielektrisches Öl tauchen. Durch die Polarisation des Mediums wird das elektrische Feld abgeschwächt

$$\mathbf{E} = \frac{q}{4\pi\varepsilon\varepsilon_0 r^2} \cdot \frac{\mathbf{r}}{r}\,.$$

Die Abschirmung kommt dadurch zustande, daß die Moleküle der Substanz ein elektrisches Dipolmoment besitzen und sich mit ihren Minus-Polen zur positiven Ladung q hin ausrichten (Abb. 12.9). Bringen wir in das Öl eine zweite Ladung q', so ist die Coulomb-Kraft

$$F = \frac{1}{\varepsilon} \cdot \frac{qq'}{4\pi\varepsilon_0 r^2}\,.$$

Wüßte man nichts von der Existenz des Öls, so würde man beiden Ladungen die *effektiven Werte*

$$q_{eff} = q/\sqrt{\varepsilon}\;,\; q'_{eff} = q'/\sqrt{\varepsilon}$$

zuordnen. Die effektiven Ladungen sind kleiner, da $\varepsilon > 1$ ist. Nehmen wir nun an, die geladenen Objekte seien zwei Atomkerne, die wir ohne Schwierigkeiten so nah

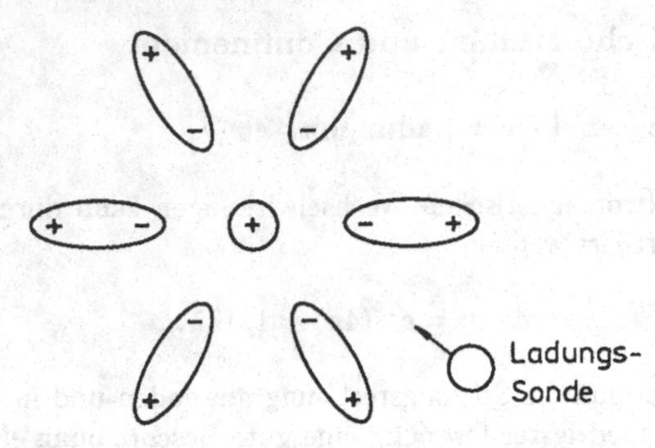

Abb. 12.9. Abschwächung des elektrischen Feldes einer Punktladung durch die Dipole in einer dielektrischen Flüssigkeit.

zusammenbringen können, daß ihr Abstand r sehr klein im Vergleich zur Dimension molekularer Dipole wird. Es gibt dann keine Abschirmung mehr, und daher gilt

$$q_{eff}(r) \to q\,, \quad q'_{eff}(r) \to q' \quad \text{für } r \to 0\,.$$

In einem dielektrischen Medium wächst also die Ladung deutlich an, wenn man sich ihr bis auf Abstände nähert, die kleiner als die Moleküldimensionen sind.

Die Quantenelektrodynamik sagt voraus, daß eine ähnliche Erscheinung auch im Vakuum auftritt. Durch Vakuumfluktuationen werden kurzlebige virtuelle Elektron-Positron-Paare erzeugt, die genau wie die Dipole im Dielektrikum die Testladung abschirmen. Die Feinstruktur-„Konstante" hängt also auch von Q^2 ab und sollte für $Q^2 \to \infty$ (Abstände gegen Null) anwachsen und im Prinzip sogar gegen Unendlich gehen. Mit α wird der Wert bezeichnet, der bei relativ kleinem Q^2 vorliegt und $\approx 1/137$ ist. Die Divergenz für $Q^2 \to \infty$ ist allerdings schwach, aber Andeutungen davon sind durchaus meßbar. Aus den kombinierten Daten der vier LEP-Experimente folgt $\alpha(M_Z^2) = 1/128.9$ (Hollik 1993, Schaile 1993). Um die Größe dieses Effekts zu erklären, muß man außer den virtuellen Elektron-Positron-Paaren auch noch virtuelle Myon-, Tau- und Quark-Antiquark-Paare berücksichtigen. Meßbar ist der Effekt der Vakuumpolarisation auch in der Atomphysik, z.B. bei der Lamb-Verschiebung im H-Atom. Das $2s_{1/2}$-Niveau liegt geringfügig höher als das $2p_{1/2}$-Niveau, in Frequenzen ausgedrückt sind es 1057.9 MHz. Der Hauptanteil kommt von Strahlungskorrekturen, während die Vakuumpolarisation eine Verschiebung von -27 MHz verursacht.

In der QCD ist die Q^2-Abhängigkeit wesentlich ausgeprägter, und man spricht daher von dem *laufenden Kopplungsparameter* $\alpha_S(Q^2)$. Es gibt zwei gegenläufige Effekte, die die effektive starke Ladung g_S von Q^2 abhängig machen. Virtuelle Quark-Antiquark-Paare sorgen wie bei der QED dafür, daß die effektive Farbladung bei großen Abständen geringer ist als bei sehr kleinen Abständen (Abb. 12.10a). Die Emission von Gluonen bewirkt das Gegenteil: nähern wir uns mit einer für die Farbladung „rot" empfindlichen Sonde einem roten Quark, so kann es passieren, daß das Quark ein virtuelles rot-antigrünes Gluon emittiert und sich dabei in ein grünes Quark umwandelt. Die rot-empfindliche Sonde würde dann keine Farbladung mehr registrieren. Bei Abständen, die klein sind im Vergleich zur Reichweite des virtuellen Gluons (ca. Protonendurch-

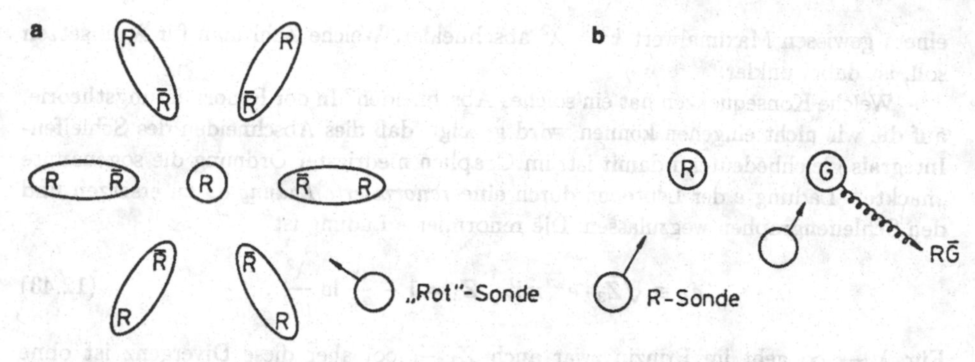

Abb. 12.10. (a) Abschirmung der Farbladung durch virtuelle $q\bar{q}$-Paare: die effektive Farb-Ladung wächst an, wenn sich die rotempfindliche Sonde einem roten Quark nähert. (b) Ausschmierung der roten Ladung durch Gluon-Emission: die effektive Farb-Ladung wird kleiner, wenn sich die Rot-Sonde dem roten Quark nähert.

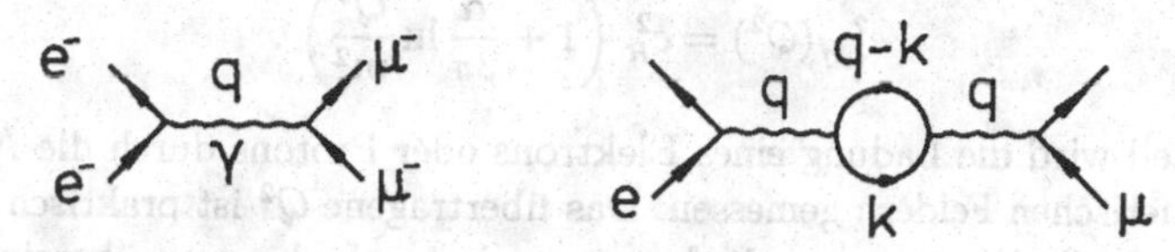

Abb. 12.11. Der Graph erster Ordnung und ein Graph zweiter Ordnung mit innerer Schleife für die Streuung $e^-\mu^- \to e^-\mu^-$.

messer), sollte man deswegen mit der Rot-Sonde eine verkleinerte effektive Farbladung messen (Abb. 12.10b). Der Ausschmiereffekt durch Gluon-Emission überwiegt, sofern es nicht mehr als 16 verschiedene Quarksorten gibt. Für $N_f \leq 16$ (N_f = Anzahl der Flavours) gibt es daher die asymptotische Freiheit,

$$\alpha_S(Q^2) \to 0 \text{ für } Q^2 \to \infty.$$

Dies werden wir im nächsten Abschnitt genauer analysieren. Es ist anzumerken, daß eine Abelsche Eichtheorie wie die QED nicht asymptotisch frei sein kann, weil die Feldquanten keine Ladung tragen und daher der in Abb. 12.10b skizzierte Verdünnungseffekt nicht eintreten kann.

12.6.2 Renormierung und Q^2-Abhängigkeit der Kopplung

Bisher haben wir bei QED-Rechnungen im wesentlichen nur die Diagramme niedrigster Ordnung betrachtet. Die Streuung zweier Teilchen wird in dieser Näherung durch Einphotonaustausch beschrieben. Infolge der Vakuumpolarisation kann das Photon in ein virtuelles e^-e^+-Paar aufspalten, siehe Abb. 12.11. Über den Viererimpuls k der inneren Schleife muß integriert werden. Das Integral hat eine für Diagramme höherer Ordnung typische, sehr unangenehme Eigenschaft: es divergiert, sofern man nicht bei einem gewissen Maximalwert $k^2 = \lambda^2$ abschneidet. Welche Zahl man für λ einsetzen soll, ist dabei unklar.

Welche Konsequenzen hat ein solches Abschneiden? In der Renormierungstheorie, auf die wir nicht eingehen können, wird gezeigt, daß dies Abschneiden des Schleifen-Integrals gleichbedeutend damit ist, im Graphen niedrigster Ordnung die sogenannte „nackte" Ladung e der Leptonen durch eine *renormierte Ladung* e_R zu ersetzen und den Schleifengraphen wegzulassen. Die renormierte Ladung ist

$$e_R \equiv \sqrt{Z_3} \cdot e \quad \text{mit} \quad Z_3 = 1 - \frac{\alpha}{3\pi} \ln \frac{\lambda^2}{m_e^2} \,. \tag{12.43}$$

Für $\lambda \to \infty$ geht im Prinzip zwar auch $Z_3 \to \infty$, aber diese Divergenz ist ohne praktische Bedeutung, denn selbst für $\lambda = 10^{30} m_e$ weicht Z_3 nur um 10% von 1 ab. Die Formel (12.43) gilt für $Q^2 \to 0$. Für $Q^2 \gg m_e^2$ gibt es eine weitere Korrektur, die aber unabhängig vom Abschneideparameter λ ist; die effektive Ladung wächst logarithmisch mit Q^2 an.

$$e_{eff}^2(Q^2) = e_R^2 \left(1 + \frac{\alpha}{3\pi} \ln \frac{Q^2}{m_e^2}\right) . \tag{12.44}$$

Experimentell wird die Ladung eines Elektrons oder Protons durch die Ablenkung in elektromagnetischen Feldern gemessen. Das übertragene Q^2 ist praktisch Null, so daß der experimentelle Wert von e mit der renormierten Ladung e_R übereinstimmt. Der QED-Kopplungsparameter α hängt natürlich in gleicher Weise von Q^2 ab.

$$\alpha(Q^2) = \alpha \left(1 + \frac{\alpha}{3\pi} \ln \frac{Q^2}{Q_0^2}\right)$$

mit $Q_0^2 = m_e^2$ und $\alpha = \alpha(Q_0^2) \approx 1/137$.
Wenn man alle Ordnungen aufsummiert, so ergibt sich

$$\alpha(Q^2) = \frac{\alpha}{1 - \frac{\alpha}{3\pi} \ln \frac{Q^2}{Q_0^2}} \,. \tag{12.45}$$

Diese Formel ist bei höheren Energien um die Beiträge der virtuellen Myon-, Tau- und Quark-Antiquark-Paare zu ergänzen. Wie oben erwähnt, ist der Wert von α bei 90 GeV um 6 % größer als bei niedrigen Energien.

In der QCD betrachten wir die Streuung zweier Quarks durch Gluon-Austausch. Die Elementarladung wird durch $g_S/\sqrt{2}$ ersetzt. Das virtuelle Gluon kann, in Analogie zum Photon, in ein Quark-Antiquark-Paar übergehen (Abb. 12.12). Wenn man alle virtuellen Quark-Antiquark-Schleifen hinzunimmt, so ergibt sich in Analogie zu (12.44)

$$[\alpha_S(Q^2)]_{q\bar{q}} = \alpha_S(Q_0^2) \left(1 + N_f \frac{\alpha_S(Q_0^2)}{6\pi} \ln\left(\frac{Q^2}{Q_0^2}\right)\right) . \tag{12.46}$$

N_f ist wieder die Anzahl der Quark-Sorten. Die Gluon-Schleifen führen zu folgendem Resultat:

$$[\alpha_S(Q^2)]_{gg} = \alpha_S(Q_0^2) \left(1 - 11 \frac{\alpha_S(Q_0^2)}{4\pi} \ln\left(\frac{Q^2}{Q_0^2}\right)\right) . \tag{12.47}$$

Beide Ausdrücke werden addiert, und es wird über alle Ordnungen summiert, mit dem Ergebnis

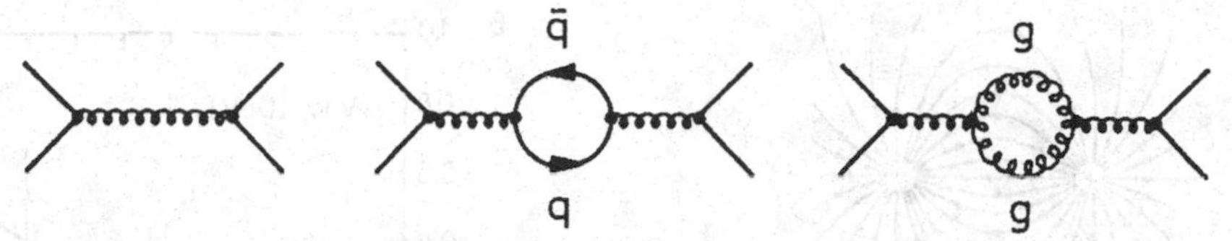

Abb. 12.12. Streuung zweier Quarks in erster Ordnung und die Korrekturen durch interne Quark-Antiquark- sowie Gluon-Schleifen.

$$\alpha_S(Q^2) = \frac{\alpha_S(Q_0^2)}{1 + (33 - 2N_f)\frac{\alpha_S(Q_0^2)}{12\pi}\ln\left(\frac{Q^2}{Q_0^2}\right)}$$

Diese Beziehung kann noch etwas vereinfacht werden. Wir führen einen neuen Parameter Λ ein durch den Ansatz

$$\Lambda^2 = Q_0^2 \exp\left(-\frac{1}{C\cdot\alpha_S(Q_0^2)}\right) \quad \text{mit} \quad C = \frac{33 - 2N_f}{12\pi}.$$

Dann folgt schließlich die bekannte Gleichung für den „laufenden" (d.h. energieabhängigen) Kopplungsparameter der QCD

$$\boxed{\alpha_S(Q^2) = \frac{12\pi}{(33 - 2N_f)\ln(Q^2/\Lambda^2)}}. \tag{12.48}$$

Im Unterschied zur QED hat es keinen Sinn, in der QCD den Grenzfall $Q^2 \to 0$ zu betrachten, da es dort keine Störungsrechnung gibt. Der Skalenparameter Λ kann nicht in der QCD berechnet werden. Aus der tief inelastischen Lepton-Nukleon-Streuung und der e^+e^--Annihilation erhält man Λ-Werte zwischen 100 und 500 MeV.

Die Formel (12.48) ist nur für $Q^2 \gg \Lambda^2$ anwendbar. Sie zeigt, daß für $N_f \leq 16$ die starke Kopplung α_S mit wachsendem Q^2 kleiner wird. Nachdem bei LEP die Zahl der verschiedenen Neutrinos mit 3 ermittelt wurde, sollte man unter Zugrundelegung des Standard-Modells mit $N_f = 6$ rechnen.

12.6.3 Confinement

Sehr kleine Abstände ($r \ll R_{\text{Protron}}$) entsprechen großen Werten von Q^2, denn es gilt $r \sim 1/\sqrt{Q^2}$. Dort ist $\alpha_S(Q^2) \ll 1$, und der Eingluonaustausch sollte dominieren. Da Gluonen Masse Null haben, ist das Potential zwischen zwei Quarks proportional zu $1/r$ wie das Coulomb-Potential. Die anziehende Kraft zwischen zwei entgegengesetzten Ladungen kann man sich wie in der Elektrostatik durch die Feldlinien des elektrischen Feldes veranschaulichen, siehe Abb. 12.13a. Mit wachsendem Abstand der Ladungen ergeben sich jedoch sehr verschiedene Bilder. Die chromo-elektrischen Feldlinien bilden einen Flußschlauch von ca. 1 fm Durchmesser. Sie werden durch magnetische Gluonen zusammengehalten, ähnlich wie parallel fließende elektrische Ströme durch magnetische Kräfte zusammengehalten werden. Da alle Feldlinien vom Quark zum Antiquark gehen, ist die Kraft unabhängig vom Abstand zwischen beiden, und das Potential wächst linear mit r an.

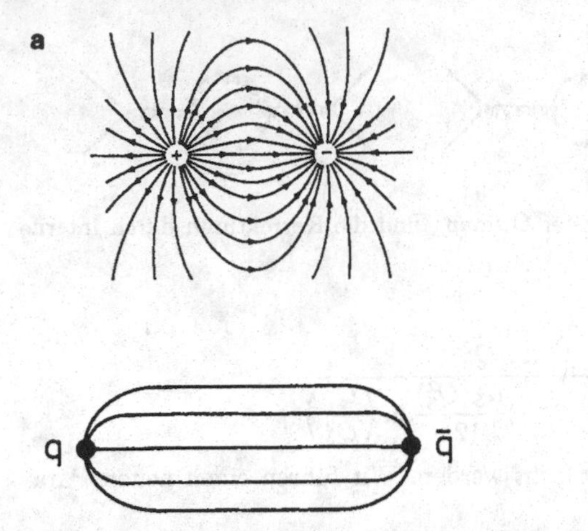

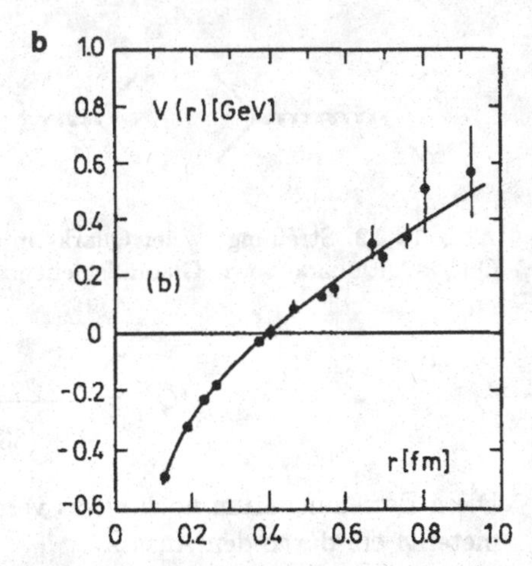

Abb. 12.13. (**a**) Die elektrischen Feldlinien zwischen Positron und Elektron breiten sich über den ganzen Raum aus; die Coulombkraft fällt deswegen mit $1/r^2$ ab. Die chromo-elektrischen Feldlinien zwischen Quark und Antiquark verlaufen infolge der Gluon-Selbstkopplung in einem engen Schlauch; die Kraft ist unabhängig vom Abstand. (**b**) Das Potential zwischen einem schweren Quark und Antiquark ($c\bar{c}$ oder $b\bar{b}$) gemäß einer QCD-Rechnung auf einem diskreten Gitter (nach Zerwas 1992).

$$V(r) = -\frac{4\alpha_S}{3r} + \sigma \cdot r\,. \tag{12.49}$$

Da eine gewisse Analogie mit einer gespannten Saite vorliegt, bezeichnet man die Größe σ als Spannung der Saite ("string tension"). Sie ist außerordentlich groß. Aus dem Charmonium- und Bottonium-System ermittelt man $\sigma \approx 0.9\,\mathrm{GeV/fm}$. Mit Hilfe von QCD-Rechnungen auf einem Gitter kann man diese Form des Potentials qualitativ bestätigen, siehe Abb. 12.13b. Dies ist ein bemerkenswerter Erfolg der nichtstörungstheoretischen QCD. Die Elektron-Positron-Annihilation in Hadronen verläuft über Quark-Antiquark-Paare. Wenn der Abstand zwischen den diametral auseinanderlaufenden Partonen Werte in der Größenordnung von 1 fm übersteigt, ist es energetisch günstiger, daß sich im Zwischenbereich ein neues Quark-Antiquark-Paar bildet und dadurch den Feldlinienschlauch auftrennt. Dies ist das Bild, das man sich für die Hadronisierung macht. Zur Zeit gibt es aber nur phänomenologische Modelle (Field-Feynman-, Lund-Modell) zur Beschreibung der Quark-Fragmentation.

12.7 Experimentelle Ergebnisse zur QCD

12.7.1 Entdeckung und Eigenschaften der Gluonen

Am Elektron-Positron-Speicherring PETRA konnten zum erstenmal hadronische Ereignisse mit ausgeprägter Zwei-Jet-Struktur beobachtet werden. Die eng gebündelten Hadron-Jets folgen den ursprünglichen Richtungen der Partonen und sind ein nahezu bildhafter Beweis für die Existenz der Quarks. Im Kraftfeld der auseinanderlaufenden Quarks sollten mit einer gewissen Wahrscheinlichkeit die Feldquanten der starken

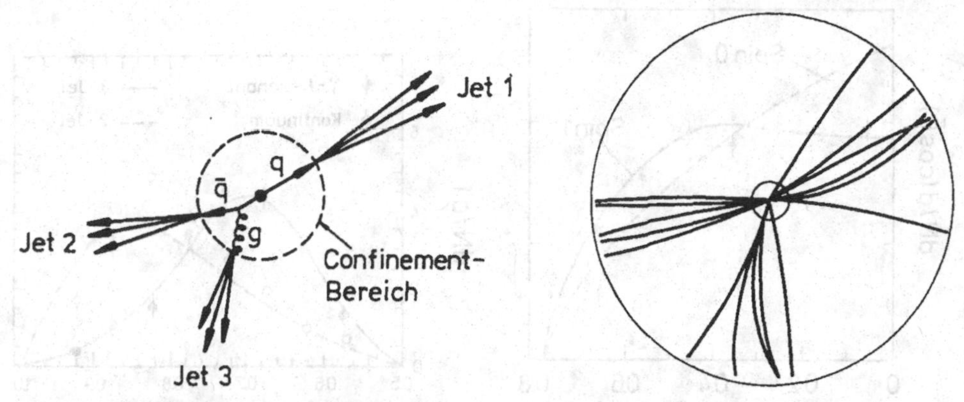

Abb. 12.14. Schema der Drei-Jet-Produktion und eines der ersten Drei-Jet-Ereignisse vom TASSO-Experiment bei PETRA. Dargestellt sind die Spuren der geladenen Hadronen in der zylindrischen Driftkammer des Detektors.

Wechselwirkung abgestrahlt werden und ihrerseits in hadronische Jets übergehen. Die Entdeckung der Drei-Jet-Ereignisse bei PETRA im Jahr 1979 war der erste direkte Beweis für die Existenz der Gluonen und der wohl wichtigste experimentelle Schritt auf dem Weg zur QCD. Abb. 12.14 zeigt eines der ersten Drei-Jet-Ereignisse, das mit dem TASSO-Detektor aufgenommen wurde und bei dem die drei Jet-Richtungen deutlich getrennt sind. Dies ist keineswegs der Normalfall, sehr viel wahrscheinlicher ist es, daß das Gluon nahezu kollinear mit dem Quark oder Antiquark abgestrahlt wird, was zu einem Ereignis mit zwei Jets führt, von denen einer verbreitert ist. Eine quantitative Abtrennung dieser Drei-Jet- von den eigentlichen Zwei-Jet-Ereignissen ist offensichtlich schwierig, aber von großem Interesse, weil die Wahrscheinlichkeit für Gluon-Abstrahlung proportional zu α_S ist und man aus der Rate der Drei-Jet-Ereignisse diese fundamentale Kopplungsgröße ermitteln kann. Eine ausführliche Darstellung der Analysemethoden findet man in dem Übersichtsartikel von Wu (1984).

Um den Spin des Gluons zu ermitteln, transformiert man in das Schwerpunktsystem der beiden niedenergetischen Jets (von denen einer der Gluon-Jet ist) und mißt den Winkel zwischen der Achse dieser Jets und der Richtung des höchstenergetischen Jets. Die berechnete Verteilung dieses nach Ellis und Karliner benannten Winkels ist unterschiedlich für Gluonen mit Spin 0 oder 1. Bereits bei den PETRA-Experimenten konnte Spin 0 eindeutig ausgeschlossen werden (Abb. 12.15a). Auch aus den LEP-Daten folgt Spin 1, wie für die QCD-Feldquanten erforderlich.

Es ist auch experimentell erwiesen, daß die Gluonen eine Farbladung tragen[1]. In der QCD zerfallen die Υ-Resonanzen in drei Gluonen, die danach in Hadronen übergehen. Der Zwei-Gluon-Zerfall ist aufgrund der Ladungskonjugations-Invarianz verboten. Wegen der niedrigen Schwerpunktsenergie verschmelzen die drei Jets, und man erwartet Ereignisse mit nahezu isotroper räumlicher Verteilung der Hadronen. Die Resultate des PLUTO-Experiments am e^-e^+-Speicherring DORIS bestätigen dies (Abb. 12.15b). Außerhalb der Υ-Resonanzen verläuft die Hadron-Produktion über $q\bar{q}$-Paare, die in zwei Jets übergehen und eine nicht-isotrope Verteilung aufweisen. Wären die Gluonen

[1] Ich danke P.M. Zerwas für diesen Hinweis.

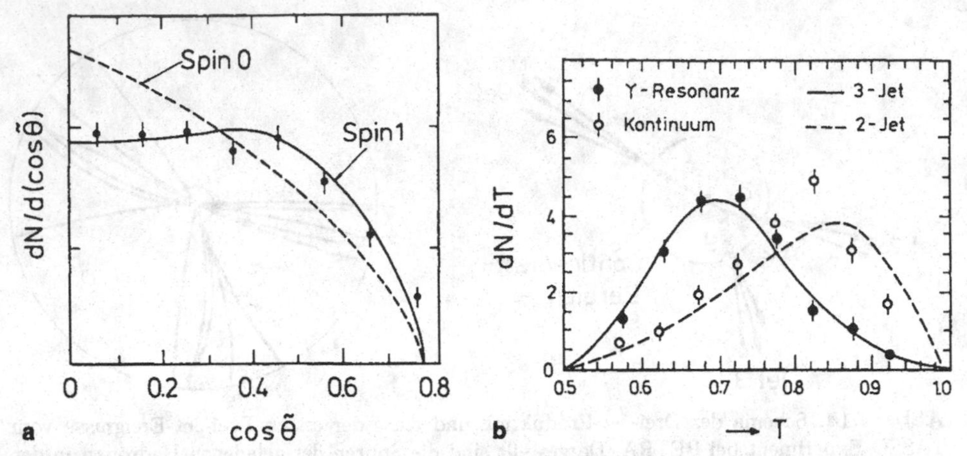

Abb. 12.15. (**a**) Verteilung des Ellis-Karliner-Winkels in Drei-Jet-Ereignissen (TASSO 1980). (**b**) Die Verteilung der Meßgröße *Thrust* als Maß für die Topologie hadronischer Ereignisse auf und neben der Υ-Resonanz. Die Υ-Daten stimmen gut mit der theoretischen Kurve für Drei-Jet-Ereignisse überein, während die neben der Resonanz aufgenommenen hadronischen Ereignisse eine klare Zwei-Jet-Struktur aufweisen (PLUTO 1979).

farbneutral, so würde man folgenden Υ-Zerfall erwarten: $\Upsilon \to$ Gluon $\to q\bar{q} \to 2$ Jets. Dieser Zerfallskanal wird durch die Daten in Abb. 12.15b eindeutig ausgeschlossen.

Eines der wichtigsten QCD-Resultate von LEP ist der eindeutige Nachweis der Gluon-Selbstkopplung. Beim hadronischen Z^0-Zerfall findet man häufig Vier-Jet-Ereignisse; die möglichen Graphen sind in Abb. 12.16 dargestellt. Der Winkel χ zwischen den zwei Ebenen, die von den beiden Jets höchster bzw. niedrigster Energie aufgespannt werden, ist eine geeignete Meßgröße, um den Anteil des Dreifach-Gluon-Vertex zu ermitteln. In Abb. 12.16 ist die im L3-Experiment gemessene Verteilung dieses *Bengtsson-Zerwas-Winkels* aufgetragen. Die QCD-Kurven stimmen gut damit überein, während Abelsche Theorien ohne Gluon-Selbstkopplung einen falschen Verlauf vorhersagen. Eine Vielzahl weiterer QCD-Analysen sind bei Hebbeker (1993) und Bethke (1993) zu finden.

12.7.2 Verletzung der Skaleninvarianz

Wir haben in Kap.7 das Quark-Parton-Modell diskutiert und auf die tief inelastische Lepton-Nukleon-Streuung angewandt. Eine der wesentlichen Konsequenzen ist die Skaleninvarianz: die Strukturfunktionen hängen nur vom relativen Impulsanteil x des Quarks und nicht von Q^2 ab. In der QCD ist das nicht mehr richtig. Das liegt daran, daß die Quarks im Nukleon ständig Gluonen aussenden und wieder absorbieren, die ihrerseits kurzzeitig in Quark-Antiquark-Paare übergehen können. Inwieweit diese sekundären Quarks beim Streuprozeß wirksam werden, hängt von Auflösungsvermögen ab, und dieses wiederum ist durch die Wellenlänge $1/Q$ des virtuellen Photons gegeben. In Abb. 12.17a wird schematisch gezeigt, wie mit wachsendem Q^2 das Auflösungsvermögen immer besser wird.

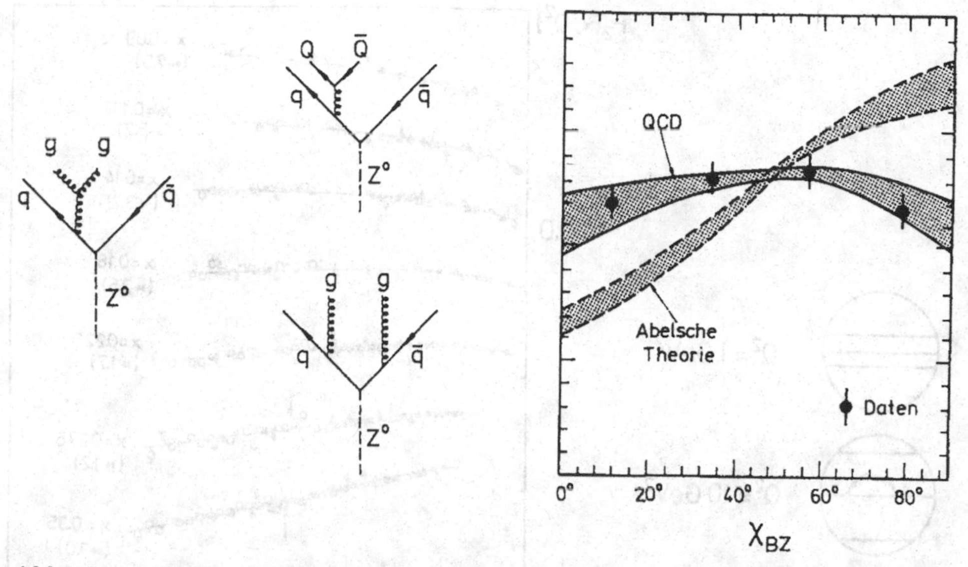

Abb. 12.16. Graphen für die Vier-Jet-Produktion und die experimentell bestimmte Verteilung des Bengtsson-Zerwas-Winkels im Vergleich zur QCD-Rechnung und zu Modellen ohne Gluon-Selbstkopplung (Zerwas 1992).

Was ist nun die Konsequenz für die Strukturfunktionen des Nukleons? Je besser man die Auflösung macht, umso häufiger wird es vorkommen, daß ein Quark gerade in dem Moment beobachtet wird, in dem es sich mit einer Gluon- und Quark-Antiquark-Wolke umgeben hat. Das virtuelle Photon registriert dann eines der sekundären Quarks, die natürlich einen deutlich kleineren Impuls als das Primärquark haben. Die Strukturfunktionen sollten daher mit wachsendem Q^2 bei großen x-Werten absinken und bei kleinen x-Werten anwachsen. Genau dies wird experimentell beobachtet, siehe Abb. 12.17b. Mit der Proton-Elektron-Speicherring-Anlage HERA sind erstmals Q^2-Werte oberhalb von 1000 GeV^2 erreichbar, und der Bereich in x ist zu sehr kleinen Werten hin erweitert worden. Die Daten zeigen das in der QCD erwartete Ergebnis, daß die Strukturfunktionen bei kleinen x sehr stark anwachsen (Abb. 12.18). Für die Analyse der Q^2-Abhängigkeit der Strukturfunktionen mit Hilfe der Altarelli-Parisi-Gleichung sei auf Halzen und Martin (1984) und Nachtmann (1986) verwiesen.

12.7.3 Bestimmung von α_S

Eine der ersten Bestimmungen des Kopplungsparameters beruhte darauf, die relative Häufigkeit von Drei-Jet-Ereignissen in der Elektron-Positron-Annihilation zu ermitteln. Die Wahrscheinlichkeit für die Abstrahlung eines Gluons bei der Quark-Antiquark-Paarerzeugung ist direkt proportional zu α_S. Diese Methode hat ihre Probleme, wie übrigens alle α_S-Bestimmungen. Wie oben erwähnt, kommt es häufig vor, daß das Gluon fast parallel zur Quark- oder Antiquark-Richtung abgestrahlt wird. Da

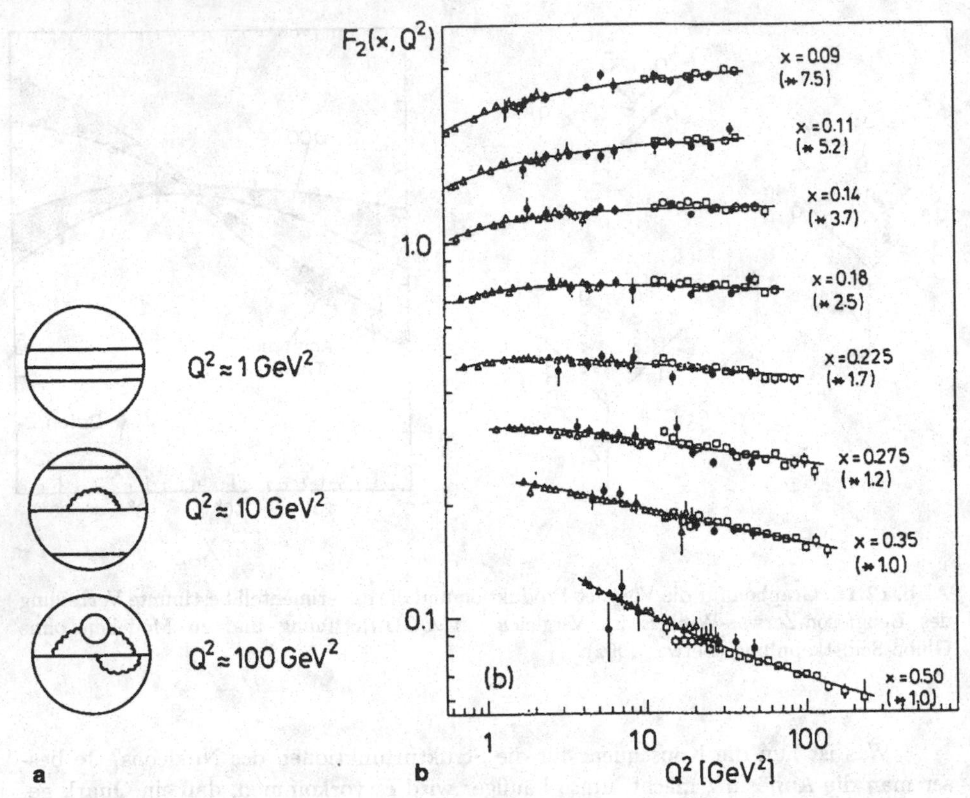

Abb. 12.17. **(a)** Schematische Darstellung der beobachtbaren Struktur eines Protons in Abhängigkeit vom Q^2 des virtuellen Photons (nach Quigg 1980).
(b) Verletzung der Skaleninvarianz: mit wachsenden Q^2 verschiebt sich die Strukturfunktion $F_2(x, Q^2)$ zu kleinen Werten von x. (Nach Voss 1993).

die Hadron-Jets selber eine nicht vernachlässigbare Breite haben, kann der Gluon-Jet mit einem der Quark-Jets verschmelzen. Daher lassen sich Drei-Jet-Ereignisse oft nur schwer von Zwei-Jet-Ereignissen unterscheiden. Die Energie-Abhängigkeit des relativen Anteils R_3 von Drei-Jet-Ereignissen an der Hadronproduktion ist in Abb. 12.19 gegen die Schwerpunktsenergie aufgetragen. Man erkennt ein Absinken von 27% bei 20 GeV auf 18% bei 92 GeV. Dies ist ein deutlicher Hinweis auf die Energieabhängigkeit der starken Kopplung. Die Kurven zeigen die QCD-Vorhersage mit Abschneideparametern von 102 bzw. 256 MeV in Gleichung (12.48). Wäre α_S eine Konstante, so sollte die Drei-Jet-Rate energieunabhängig sein, was durch die Daten eindeutig ausgeschlossen wird.

Man kann die starke Kopplung auch aus dem Wirkungsquerschnitt für Hadron-Produktion in der e^-e^+-Annihilation ermitteln. In Kap. 7.7 ist das Verhältnis R zwischen Hadron- und Myonpaar-Erzeugung im Rahmen des Quark-Parton-Modells angegeben worden. Die QCD-Korrektur 1.Ordnung ergibt einen Faktor $(1 + \alpha_S(Q^2)/\pi)$, den man relativ leicht herleiten kann, siehe etwa Halzen und Martin (1984). Inzwischen sind die Korrekturen bis zur dritten Ordnung in α_S berechnet worden. Das Ergebnis ist

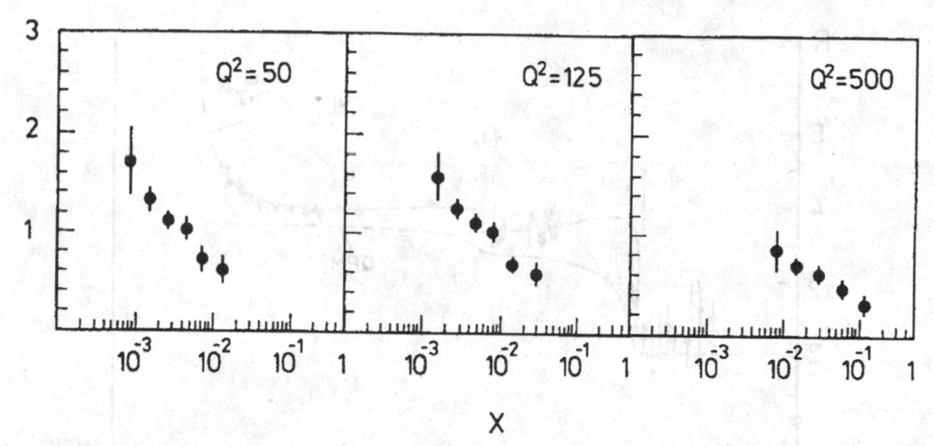

Abb. 12.18. Die Strukturfunktion $F_2(x)$ für $ep \to eX$ im Bereich sehr kleiner x. Daten von HERA. Ich danke G. Wolf für diese Abbildung.

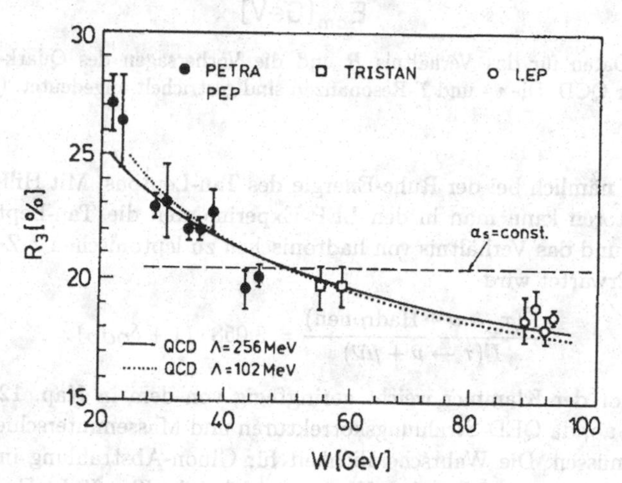

Abb. 12.19. Energieabhängigkeit des relativen Anteils von Drei-Jet-Ereignissen (Bethke 1993).

$$R = \frac{\sigma(e^- e^+ \to \text{Hadronen})}{\sigma_{QED}(e^- e^+ \to \mu^- \mu^+)} = 3 \cdot \sum_j Q_j^2 \cdot (1 + (\alpha_S/\pi) + 1.4(\alpha_S/\pi)^2 - 12.8(\alpha_S/\pi)^3) \, .$$

Die Daten werden in Abb. 12.20 gezeigt. Sie liegen deutlich oberhalb der Parton-Modell-Vorhersage, während die QCD-Kurve eine ausgezeichnete Beschreibung liefert.

Bei den LEP-Experimenten sind mehr als ein Dutzend verschiedener Methoden angewandt worden, um die Kopplung zu bestimmen. Die Ergebnisse sind alle miteinander verträglich; der Mittelwert

$$\alpha_S(M_Z) = 0.122 \pm 0.006$$

liegt merklich niedriger als der Wert bei $E_{CM} = 35\,\text{GeV}$, der 0.146 ± 0.03 beträgt. Bemerkenswert ist es, daß man bei LEP die Kopplung auch bei ganz niedriger Energie

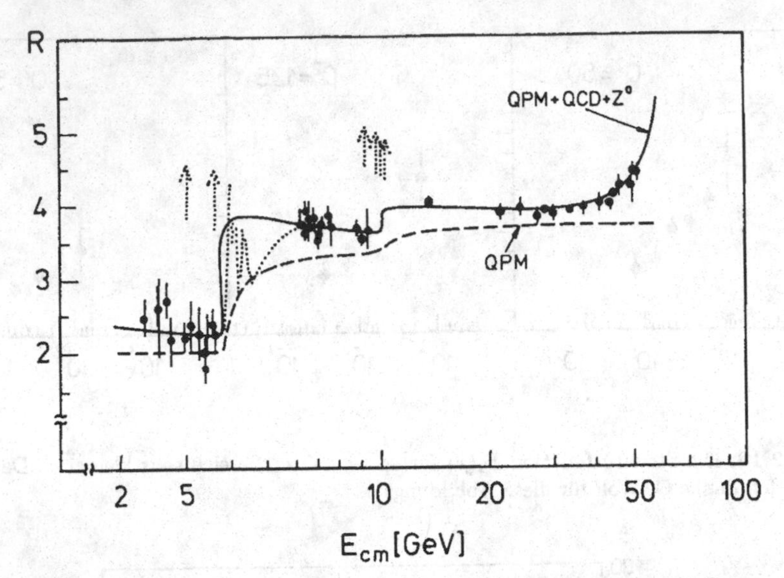

Abb. 12.20. Daten für das Verhältnis R und die Vorhersagen des Quark-Parton-Modells (QPM) und der QCD. Die ψ- und Υ-Resonanzen sind gestrichelt angedeutet. (Marshall 1989).

ermittelt hat, nämlich bei der Ruhe-Energie des Tau-Leptons. Mit Hilfe der Silizium-Vertex-Detektoren kann man in den LEP-Experimenten die Tau-Leptonen sehr gut identifizieren und das Verhältnis von hadronischen zu leptonischen τ-Zerfällen präzise bestimmen. Erwartet wird

$$\frac{\Gamma(\tau \to \nu + \text{Hadronen})}{\Gamma(\tau \to \nu + \mu\overline{\nu})} = 3.058 \cdot (1 + \delta_{QCD}) .$$

Der Faktor vor der Klammer weicht geringfügig von dem in Kap. 12.3.2 benutzten Wert $N_C = 3$ ab, da QED-Strahlungskorrekturen und Massenunterschiede berücksichtigt werden müssen. Die Wahrscheinlichkeit für Gluon-Abstrahlung im hadronischen Endzustand ist proportional zu dem Wert von α_S bei der Tau-Ruhe-Energie. In dritter Ordnung der QCD-Störungsrechnung ergibt sich

$$\delta_{QCD} = (\alpha_S/\pi) + 5.2(\alpha_S/\pi)^2 + 26.4(\alpha_S/\pi)^3 .$$

Die verfügbaren Daten für $\alpha_S(Q^2)$ sind in Abb. 12.21 aufgetragen. Die von der QCD vorhergesagte Q^2-Abhängigkeit wird in eindrucksvoller Weise bestätigt. Die QCD-Kurve ist gemäß Formel (12.48) mit $\Lambda = 150\,\text{MeV}$ berechnet und gibt die Daten gut wieder.

12.8 Ausblick

Angeregt durch den Erfolg der vereinheitlichten Theorie der elektromagnetischen und schwachen Wechselwirkungen wurden schon in den siebziger Jahren Versuche unternommen, auch die starken Wechselwirkungen in eine große vereinheitlichte Theorie

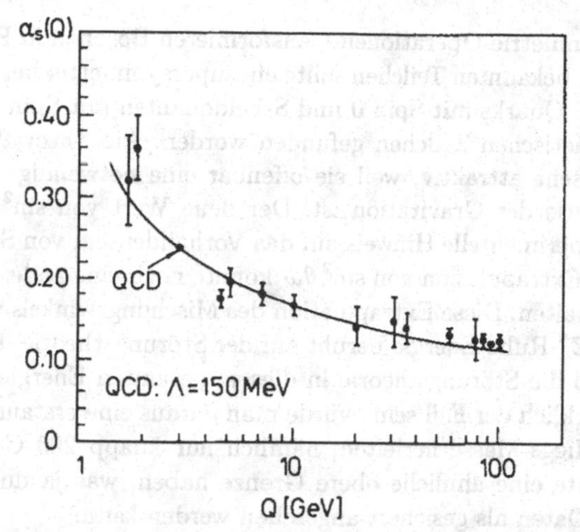

Abb. 12.21. Die Q^2-Abhängigkeit der starken Kopplung α_S (Bethke 1993).

(Grand Unified Theory GUT) mit einzubeziehen. Aufgrund der damals bekannten Energieabhängigkeiten erwartete man diese Vereinheitlichung bei extrem hohen Energien von 10^{14} bis 10^{15} GeV, die natürlich Beschleunigern völlig unzugänglich sind. Dennoch sollte es nachprüfbare Konsequenzen geben, insbesondere eine Instabilität des Protons. Um dies zu erläutern, greifen wir auf die elektroschwache Theorie zurück. Die Vereinheitlichung der elektromagnetischen und schwachen Wechselwirkungen impliziert, daß Feldquanten existieren, die $W^{\pm}$-Bosonen, die einen Übergang vom Elektron zum Neutrino bewirken. Bei einer großen Vereinheitlichung müßte es entsprechende Feldquanten X mit Massen um $10^{14} - 10^{15}$ GeV geben, die Übergänge zwischen Leptonen und Quarks vermitteln. In diesem Fall wäre das Proton nicht mehr absolut stabil, sondern könnte in Mesonen und Leptonen zerfallen. Wegen der riesigen Masse der X-Quanten und der damit verknüpften extrem kurzen Reichweite der Wechselwirkung wäre der Protonzerfall allerdings ein außerordentlich seltener Prozeß; die Lebensdauer sollte in der einfachsten Version der großen Vereinheitlichung etwa 10^{30} Jahre betragen.

Nun sind seit vielen Jahren Experimente zum Protonzerfall durchgeführt worden, ohne daß ein überzeugendes Ereignis gefunden worden wäre. Die gegenwärtige untere Grenze für die Proton-Lebensdauer liegt bei etwa 10^{32} Jahren, sie ist abhängig von den angenommenen Zerfallsmoden. Damit ist die einfachste GUT-Theorie, die auf der Gruppe SU(5) beruht, ausgeschlossen. In der Zwischenzeit haben die verfeinerten α_S-Daten die Vereinheitlichungs-Skala auf etwa 10^{16} GeV angehoben, wodurch längere Proton-Lebensdauern zulässig sind.

In GUT-Theorien kann der elektroschwache Mischungswinkel berechnet werden; $\sin^2\theta_W$ hat den Wert 3/8 bei der Vereinheitlichungs-Skala. Infolge von Strahlungskorrekturen liegt der Wert bei der Z^0-Masse erheblich niedriger, und zwar bei etwa 0.2 in der einfachsten GUT-Theorie. Noch vor einigen Jahren waren die Daten damit in Einklang. Die neuen, sehr präzisen $\sin^2\theta_W$-Daten von LEP und SLC sind damit unverträglich, stimmen aber hervorragend mit einer Extrapolation überein, die auf einer supersymmetrischen großen Vereinheitlichung beruht.

Die Supersymmetrie-Operationen transformieren Bosonen in Fermionen und umgekehrt. Zu jedem bekannten Teilchen sollte ein supersymmetrischer Partner existieren: S-Leptonen und S-Quarks mit Spin 0 und S-Feldquanten mit Spin 1/2. Bisher ist keines dieser hypothetischen Teilchen gefunden worden. Aus theoretischer Sicht ist die Supersymmetrie sehr attraktiv, weil sie offenbar eine notwendige Voraussetzung für eine Quantentheorie der Gravitation ist. Der neue Wert von $\sin^2\theta_W$ könnte der erste (indirekte) experimentelle Hinweis auf das Vorhandensein von SUSY-Teilchen sein. Die Qualität der Extrapolation von $\sin^2\theta_W$ könnte noch eine andere, sehr interessante Implikation beinhalten. Diese Extrapolation des Mischungswinkels von der GUT-Skala bis hinunter zur Z^0-Ruhe-Energie beruht auf der Störungstheorie. Es spricht demnach einiges dafür, daß die Störungstheorie in diesem gesamten Energiebereich anwendbar ist. Sollte dies wirklich der Fall sein, würde man daraus eine erstaunlich niedrige obere Grenze für die Higgs-Masse herleiten, nämlich nur knapp 200 GeV. Auch die Top-Quark-Masse sollte eine ähnliche obere Grenze haben, was ja durch die vielfältigen experimentellen Daten als gesichert angesehen werden kann.

12.9 Übungsaufgaben

12.1: Beweisen Sie, daß alle additiven Quantenzahlen ihr Vorzeichen umkehren, wenn man von den Quarks zu den Antiquarks übergeht.

12.2: Beweisen Sie die Vertauschungsregeln (12.9) für die $\overline{\lambda}$-Matrizen.

12.3: Um die Quark-Spin-Wellenfunktion des Protons (Kap. 12.2.3) zu konstruieren, beginnt man mit dem u-d-System in einem Spin- und Isospin-Singulettzustand und fügt ein drittes Quark u hinzu. Zeigen Sie, daß man dabei folgenden Ausdruck bekommt

$$(u\uparrow d\downarrow - u\downarrow d\uparrow - d\uparrow u\downarrow + d\downarrow u\uparrow)u\uparrow \ .$$

Durch zyklische Vertauschung ergibt sich die Darstellung (12.17).

12.4: Durch Berechnung der Farbfaktoren ist nachzuweisen, daß das Potential zwischen zwei Quarks gleicher Farbe für alle Farben den gleichen Wert hat. Das gilt entsprechend auch für Quark-Antiquark-Zustände.

12.5: Zeichnen Sie in Analogie zu Abb. 12.4 alle von Gleichung (12.33) erfaßten Graphen.

12.6: Unter Benutzung der in Kap. 11.9 angegebenen Verzweigungsverhältnisse und der Formeln in Kap. 12.7 soll der Wert von α_S bei der Tau-Masse abgeschätzt werden.

A. Lagrange-Funktion für ein Teilchen im elektromagnetischen Feld

In diesem Abschnitt soll gezeigt werden, wie man in der analytischen Mechanik ein Teilchen der Ladung q im elektromagnetischen Feld dadurch beschreiben kann, daß man den Impuls $\mathbf{p}$ durch $\mathbf{p} - q\mathbf{A}$ ersetzt, wobei $\mathbf{A}$ das Vektorpotential ist.

Aus den Maxwellschen Gleichungen $\nabla \cdot \mathbf{B} = 0$ und $\nabla \times \mathbf{E} = -\dot{\mathbf{B}}$ folgt, daß man die Feldstärken durch ein skalares Potential ϕ und ein Vektorpotential $\mathbf{A}$ ausdrücken kann.

$$\begin{aligned} \nabla \cdot \mathbf{B} = 0 \quad &\Rightarrow \mathbf{B} = \nabla \times \mathbf{A}, \\ \nabla \times \mathbf{E} + \frac{\partial \mathbf{B}}{\partial t} &= 0 = \nabla \times \left(\mathbf{E} + \frac{\partial \mathbf{A}}{\partial t}\right), \\ \Rightarrow \quad \mathbf{E} + \frac{\partial \mathbf{A}}{\partial t} &= -\nabla\phi \ , \quad \text{also } \mathbf{E} = -\nabla\phi - \frac{\partial \mathbf{A}}{\partial t} \ . \end{aligned}$$

Man kann die Lorentzkraft $\mathbf{F} = q\,(\mathbf{E} + \mathbf{v} \times \mathbf{B})$ aus einem geschwindigkeitsabhängigen Potential herleiten:

$$F_x = -\frac{\partial U}{\partial x} + \frac{d}{dt}\left(\frac{\partial U}{\partial v_x}\right) \tag{A.1}$$

mit

$$\boxed{U = q\phi - q\,\mathbf{v} \cdot \mathbf{A}\,.} \tag{A.2}$$

Beweis:

$$\frac{\partial U}{\partial x} = q\frac{\partial \phi}{\partial x} - q\left(v_x\frac{\partial A_x}{\partial x} + v_y\frac{\partial A_y}{\partial x} + v_z\frac{\partial A_z}{\partial x}\right)$$

$$\frac{d}{dt}\left(\frac{\partial U}{\partial v_x}\right) = -q\frac{dA_x}{dt} = -q\left(\frac{\partial A_x}{\partial t} + v_x\frac{\partial A_x}{\partial x} + v_y\frac{\partial A_y}{\partial y} + v_z\frac{\partial A_z}{\partial z}\right)$$

$$-\frac{\partial U}{\partial x} + \frac{d}{dt}\left(\frac{\partial U}{\partial v_x}\right) = q\left\{\underbrace{-\frac{\partial \phi}{\partial x} - \frac{\partial A_x}{\partial t}}_{E_x} + \underbrace{v_y\left(\frac{\partial A_y}{\partial x} - \frac{\partial A_x}{\partial y}\right) - v_z\left(\frac{\partial A_x}{\partial z} - \frac{\partial A_z}{\partial x}\right)}_{(\mathbf{v}\times\mathbf{B})_x}\right\} .$$

Die Lagrange-Funktion L ist definiert durch

$$L = T - U \ , \ T \text{ kinetische Energie} , \ U \text{ potentielle Energie} .$$

Die Lagrange-Funktion hängt von den verallgemeinerten Koordinaten q_i und den verallgemeinerten Geschwindigkeiten $\dot{q}_i$ ab. Aus den Lagrange-Gleichungen

$$\frac{d}{dt}\left(\frac{\partial L}{\partial \dot{q}_i}\right) - \frac{\partial L}{\partial q_i} = 0 \tag{A.3}$$

ergeben sich dann die Bewegungsgleichungen.

In den meisten Fällen hängt die kinetische Energie T nur von den Geschwindigkeiten $\dot{q}_i$ und die potentielle Energie nur von den Koordinaten q_i ab. Geschwindigkeitsabhängige Potentiale sind dann zulässig, wenn die Kräfte gemäß (A.1) berechnet werden können. Dies soll für die Bewegung eines geladenen Teilchens im elektromagnetischen Feld gezeigt werden.

$$T = \frac{m}{2}\left(v_x^2 + v_y^2 + v_z^2\right) , \; U = q\,\phi(x,y,z) - q\,\mathbf{v}\cdot\mathbf{A}(x,y,z) ,$$

$$\frac{d}{dt}\left(\frac{\partial L}{\partial v_x}\right) - \frac{\partial L}{\partial x} = m\dot{v}_x - \frac{d}{dt}\left(\frac{\partial U}{\partial v_x}\right) + \frac{\partial U}{\partial x} .$$

Es folgt

$$m\dot{v}_x = F_x = q\,(\mathbf{E} + \mathbf{v}\times\mathbf{B})_x ,$$

also *Masse* · *Beschleunigung* = *Lorentzkraft* .

Hamilton-Funktion. Die kanonischen Impulse sind

$$p_i = \frac{\partial L}{\partial \dot{q}_i} . \tag{A.4}$$

Die Hamilton-Funktion wird wie folgt berechnet

$$H = \sum_i \dot{q}_i p_i - L(q_j, \dot{q}_j) . \tag{A.5}$$

Im vorliegenden Fall gilt

$$p_x = \frac{\partial L}{\partial v_x} = m v_x + q A_x .$$

Der kanonische Impuls für ein Teilchen der Ladung q im elektromagnetischen Feld ist also

$$\boxed{\mathbf{p} = m\mathbf{v} + q\mathbf{A} .} \tag{A.6}$$

Für ein Elektron gilt

$$\mathbf{p} = m\mathbf{v} - e\mathbf{A} .$$

Es folgt

$$H = m\mathbf{v}^2 + q\mathbf{v}\cdot\mathbf{A} - L = \frac{m}{2}\mathbf{v}^2 + q\phi . \tag{A.7}$$

H ist also gleich der Summe aus der kinetischen Energie $T = \frac{m}{2}\mathbf{v}^2$ und der potentiellen Energie $q\,\phi$ des Teilchens im elektrischen Potential ϕ . In der analytischen Mechanik muß man die Hamilton-Funktion als Funktion der Koordinaten und Impulse schreiben:

$$H(q_j, p_j) = \frac{1}{2m}\left(\mathbf{p} - q\mathbf{A}\right)^2 + q\,\phi(x,y,z) . \tag{A.8}$$

Um von der kräftefreien Bewegung, die durch

$$H = H_0 = \frac{\mathbf{p}^2}{2m}$$

beschrieben wird, zur Bewegung im elektromagnetischen Feld zu kommen, muß man daher folgende Ersetzungen vornehmen:

$$\boxed{H \to H - q\phi \quad ; \quad \mathbf{p} \to \mathbf{p} - q\mathbf{A}\,.} \tag{A.9}$$

Für relativistische Geschwindigkeiten gilt

$$H = \sqrt{(\mathbf{p} - q\mathbf{A})^2 c^2 + m^2 c^4} + q\phi\,. \tag{A.10}$$

Fassen wir E und $\mathbf{p}$ sowie ϕ und $\mathbf{A}$ zu Vierervektoren zusammen

$$p^\mu = (E, \mathbf{p})\,, \quad A^\mu = (\phi, \mathbf{A})\,, \tag{A.11}$$

so können wir ein Teilchen im elektromagnetischen Feld beschreiben, indem wir folgende Ersetzung machen

$$p^\mu \to p^\mu - qA^\mu\,. \tag{A.12}$$

Um von der analytischen Mechanik zur Quantenmechanik zu gelangen, setzt man für die Hamiltonfunktion und den kanonischen Impuls die bekannten Operatoren ein:

$$H \mathrel{\widehat{=}} i\hbar\frac{\partial}{\partial t}\,, \quad \mathbf{p}_{Op} \mathrel{\widehat{=}} -i\hbar\boldsymbol{\nabla}\,,$$

oder in Viererschreibweise mit $\hbar = 1$ (siehe Kapitel 2):

$$p^\mu \mathrel{\widehat{=}} i\partial^\mu \equiv i\left(\frac{\partial}{\partial t}, -\boldsymbol{\nabla}\right). \tag{A.13}$$

Die Wellengleichung eines Teilchens der Ladung q im elektromagnetischen Feld ergibt sich dann gemäß (A.12) aus der Wellengleichung im kräftefreien Fall, indem man den Vierer-Gradienten durch die kovariante Ableitung ersetzt

$$\boxed{\partial^\mu \to D^\mu = \partial^\mu + i\,qA^\mu\,.} \tag{A.14}$$

Für ein Elektron mit $q = -e$ wird

$$D^\mu = \partial^\mu - i\,eA^\mu\,.$$

B. Lagrange-Formalismus in der Quantenfeldtheorie

In der klassischen Mechanik kann man die Bewegungsgleichungen aus dem Wirkungsintegral herleiten

$$\int_{t_1}^{t_2} dt\, L(q_i, \dot{q}_i)\,.$$

L ist die Lagrange-Funktion, die von den verallgemeinerten Koordinaten q_i und Geschwindigkeiten $\dot{q}_i$ abhängt. Aus dem Prinzip der kleinsten Wirkung

$$\delta S = 0$$

folgen die Lagrange-Gleichungen

$$\frac{d}{dt}\left(\frac{\partial L}{\partial \dot{q}_i}\right) - \frac{\partial L}{\partial q_i} = 0\,.$$

In der Feldtheorie definiert man eine Lagrange-Dichte $\mathcal{L}\left(\phi(x), \partial_\mu \phi(x)\right)$ als Funktional des Feldes $\phi(x)$ und seines Vierergradienten $\partial_\mu \phi(x)$. Dabei ist das Feld als separate Koordinate an jedem Wert des Arguments x aufzufassen.

$$S = \int_{t_1}^{t_2} dt \underbrace{\int d^3x \mathcal{L}\left(\phi(x), \partial_\mu \phi(x)\right)}_{\text{Lagrange-Funktion } L}\,.$$

Aus $\delta S = 0$ folgen die Lagrange-Gleichungen

$$\partial_\mu \frac{\partial \mathcal{L}}{\partial\left(\partial_\mu \phi(x)\right)} - \frac{\partial \mathcal{L}}{\partial \phi(x)} = 0\,. \tag{B.1}$$

Wenn die Lagrange-Dichte ein Lorentz-Skalar ist, sind die Feldgleichungen (B.1) kovariant.

Beispiele für wichtige Lagrange-Dichten.

1. Die einfachste Feldtheorie ist die eines skalaren Feldes, das bei einer Lorentztransformation sich wie ein Skalar (oder Pseudoskalar) transformiert.

$$\mathcal{L}_1 = \frac{1}{2}\left[(\partial_\mu \phi)(\partial^\mu \phi) - m^2\phi^2\right]\,. \tag{B.2}$$

   Eingesetzt in (B.1) folgt die Klein-Gordon-Gleichung

$$(\Box + m^2)\phi(x) = 0\,.$$

2. Komplexes skalares Feld.

$$\mathcal{L}_2 = (\partial_\mu \phi)(\partial^\mu \phi)^* - m^2 \phi \phi^* \quad \text{mit } \phi = (\phi_1 + i\phi_2)/\sqrt{2}\,. \tag{B.3}$$

ϕ und ϕ^* werden als unabhängige Variable angesehen. Dann folgt

$$(\Box + m^2)\phi(x) = 0\,,\ (\Box + m^2)\phi^*(x) = 0\,.$$

Dies sind Klein-Gordon-Gleichungen für zwei nicht gekoppelte Felder.

3. Dirac-Feld.

$$\mathcal{L}_3 = \overline{\psi}(x)\,(i\gamma^\mu \partial_\mu - m)\,\psi(x)\,. \tag{B.4}$$

Faßt man $\psi(x)$ und $\overline{\psi}(x)$ als unabhängige Koordinaten auf, so folgt die Dirac-Gleichung

$$(i\gamma^\mu \partial_\mu - m)\,\psi(x) = 0\,.$$

4. Elektromagnetisches Feld.

$$\mathcal{L}_4 = -\frac{1}{4} F_{\mu\nu} F^{\mu\nu} = -\frac{1}{4}\,(\partial_\mu A_\nu - \partial_\nu A_\mu)\,(\partial^\mu A^\nu - \partial^\nu A^\mu)\,. \tag{B.5}$$

Daraus folgt die Wellengleichung

$$\Box A^\nu - \partial^\nu(\partial_\mu A^\mu) = 0\,.$$

Der Faktor $\frac{1}{4}$ ist nötig, um die richtige Energiedichte zu erhalten.

5. Massives Vektorfeld.

$$\mathcal{L}_5 = -\frac{1}{4}\,(\partial_\mu W_\nu - \partial_\nu W_\mu)\,(\partial^\mu W^\nu - \partial^\nu W^\mu) + \frac{1}{2} M^2 W^\mu W_\mu\,. \tag{B.6}$$

$$\Rightarrow \quad (\Box + M^2) W^\nu - \partial^\nu\,(\partial_\mu W^\mu) = 0\,.$$

Wenn man die Divergenz dieser Gleichung bildet, folgt

$$M^2 \partial_\nu W^\nu = 0\,.$$

Für ein massives Vektorfeld gilt also stets

$$\partial_\nu W^\nu = 0\,.$$

6. Lagrange-Dichte der QED.

$$\mathcal{L}_6 = \mathcal{L}_3 + \mathcal{L}_4 = \overline{\psi}\,(i\gamma^\mu D_\mu - m)\,\psi - \frac{1}{4} F_{\mu\nu} F^{\mu\nu} \tag{B.7}$$

$$\text{mit } D_\mu = \partial_\mu + iqA_\mu\,.$$

Dafür kann man auch schreiben

$$\mathcal{L}_6 = \overline{\psi}\,(i\gamma^\mu \partial_\mu - m)\,\psi - j^\mu A_\mu - \frac{1}{4} F_{\mu\nu} F^{\mu\nu} \quad \text{mit } j^\mu = q\overline{\psi}\gamma^\mu \psi\,.$$

Aus Gleichung (B.1) folgt:

$$\frac{\partial \mathcal{L}_6}{\partial \overline{\psi}} = 0 \quad \Rightarrow \quad (i\gamma^\mu \partial_\mu - m)\,\psi(x) = q\gamma^\mu A_\mu \psi(x)\,.$$

7. Geladenes skalares Feld in Wechselwirkung mit dem elektromagnetischen Feld.

$$\begin{aligned}\mathcal{L}_7 &= (D_\mu\phi)(D^\mu\phi)^* - m^2\phi\phi^* - \frac{1}{4}F_{\mu\nu}F^{\mu\nu} \\ &= ((\partial_\mu + iqA_\mu)\phi)(\partial^\mu - iqA^\mu)\phi^*) - m^2\phi\phi^* - \frac{1}{4}F_{\mu\nu}F^{\mu\nu} \\ &= (\partial_\mu\phi)(\partial^\mu\phi^*) - m^2\phi\phi^* - j_\mu A^\mu + q^2A^2\phi\phi^* - \frac{1}{4}F_{\mu\nu}F^{\mu\nu}\end{aligned}$$

$$\text{mit } j_\mu = iq\left[\phi^*(\partial_\mu\phi) - (\partial_\mu\phi^*)\phi\right] .$$

Aus

$$\partial_\mu \frac{\partial\mathcal{L}_7}{\partial(\partial_\mu\phi^*)} - \frac{\partial\mathcal{L}_7}{\partial\phi^*} = 0$$

erhalten wir

$$(\Box + m^2)\phi(x) = -iq\,(\partial_\mu A^\mu + A^\mu\partial_\mu)\,\phi + q^2A^2\phi .$$

Entsprechend folgt aus

$$\partial_\mu \frac{\partial\mathcal{L}_7}{\partial(\partial_\mu\phi)} - \frac{\partial\mathcal{L}_7}{\partial\phi} = 0$$

$$(\Box + m^2)\phi^*(x) = +iq\,(\partial_\mu A^\mu + A^\mu\partial_\mu)\,\phi^* + q^2A^2\phi^* .$$

Die Felder ϕ und ϕ^* beschreiben also Teilchen gleicher Masse, aber entgegengesetzter Ladung, z.B. π^-- und π^+-Mesonen.

C. Polarisationsvektoren für Spin-1-Teilchen

Wir betrachten ein Teilchen mit Masse $M \neq 0$. Im Ruhesystem des Teilchens können wir die lineare Polarisation durch drei Einheitsvektoren beschreiben. Zweckmäßiger ist die zirkulare Polarisation, die definierten Werten der Helizität entspricht:

$$\begin{aligned} \boldsymbol{\varepsilon}(\lambda = +1) &= -\frac{1}{\sqrt{2}}(1, i, 0) \\ \boldsymbol{\varepsilon}(\lambda = 0) &= (0, 0, 1) \\ \boldsymbol{\varepsilon}(\lambda = -1) &= \frac{1}{\sqrt{2}}(1, -i, 0) \end{aligned}$$

Der Impuls zeigt in die z-Richtung. Die Polarisationsvektoren erfüllen die wichtige Orthogonalitätsrelation

$$\boldsymbol{\varepsilon}^*(\lambda) \cdot \boldsymbol{\varepsilon}(\lambda') = \delta_{\lambda'\lambda} \,.$$

Die Polarisationsvektoren sollen durch eine Nullkomponente zu Vierervektoren ergänzt werden. Im Ruhesystem setzen wir $\varepsilon^0 = 0$. Dann gilt dort wegen $p^\mu = (M, 0, 0, 0)$:

$$p_\mu \cdot \varepsilon^\mu(\lambda) = 0$$

Diese Beziehung gilt nun in jedem Koordinatensystem, da $p_\mu \varepsilon^\mu$ relativistisch invariant ist. Wir betrachten speziell ein System mit Impuls des Teilchens in z-Richtung. Aus

$$p^\mu = (E, 0, 0, p)$$

folgt

$$\varepsilon^\mu(p,\, \lambda = \pm 1) = \begin{cases} -\frac{1}{\sqrt{2}}(0, 1, i, 0) \\ \frac{1}{\sqrt{2}}(0, 1, -i, 0)\,, \end{cases} \tag{C.1}$$

$$\text{aber } \varepsilon^\mu(p,\, \lambda = 0) = \frac{1}{M}(p, 0, 0, E)\,.$$

Während also die Polarisationsvektoren für transversale W-Teilchen unabhängig vom Impuls sind, wächst der Vektor für longitudinale Polarisation ($\lambda = 0$) linear mit p an. Für sehr große Energien gilt:

$$\varepsilon^\mu_{long} = \frac{1}{M} p^\mu \,. \tag{C.2}$$

D. Propagatoren der W- und Z-Bosonen

Um die Formel (8.3) herzuleiten, erinnern wir an die Definition des Propagators als Fouriertransformierte der Greens-Funktion. Die Wellengleichung für ein massives Vektorfeld kann man aus der Gleichung (9.12) des elektromagnetischen Viererpotentials gewinnen, indem man den Differentialoperator $\Box$ durch $\Box + M^2$ ersetzt:

$$(\Box + M^2)\, W^\mu \; - \; \partial^\mu \partial^\nu W_\nu = J^\mu \, .$$

Umgeschrieben lautet die Gleichung

$$[(\Box + M^2) g^{\mu\nu} - \partial^\mu \partial^\nu] W_\nu(x) = J^\mu(x) \, . \tag{D.1}$$

Wir machen folgendenLösungsansatz

$$W_\nu(x) = \int d^4x' \, D_{\nu\lambda}(x - x') J^\lambda(x') \, .$$

Damit (D.1) erfüllt ist, muß für die Greensche Funktion gelten:

$$[\Box + M^2) g^{\mu\nu} - \partial^\mu \partial^\nu] D_{\nu\lambda}(x - x') = \delta^\mu_\lambda \, \delta^4(x - x') \, . \tag{D.2}$$

Dabei ist δ^μ_λ das Kronecker-Symbol (nicht der metrische Tensor).

$$\delta^\mu_\lambda = \begin{cases} 1 & \text{für } \mu = \lambda \\ 0 & \text{sonst} \, . \end{cases}$$

Die Fouriertransformierte von D erhält man aus der Beziehung

$$D_{\nu\lambda}(x - x') = \int \frac{d^4 q}{(2\pi)^4} \tilde{D}_{\nu\lambda}(q) \exp(-iq(x - x')) \, .$$

Die Gleichung für $\tilde{D}$ lautet

$$[(-q^2 + M^2) g^{\mu\nu} + q^\mu q^\nu] \, \tilde{D}_{\nu\lambda} = \delta^\mu_\lambda \, . \tag{D.3}$$

Der Ansatz $\tilde{D}_{\nu\lambda} = A \cdot g_{\nu\lambda} + B q_\nu q_\lambda$ wird in Gleichung (D.3) eingesetzt.

$$[(-q^2 + M^2) g^{\mu\nu} + q^\mu q^\nu] \, (A g_{\nu\lambda} + B q_\nu q_\lambda) = \begin{cases} 1 \text{ für } \lambda = \mu \\ 0 \text{ für } \lambda \neq \mu \, . \end{cases}$$

Wegen

$$g^{\mu\nu} g_{\nu\lambda} = \delta^{\mu}_{\lambda} \quad \text{und} \quad g^{\mu\nu} q_{\nu} q_{\lambda} = q^{\mu} q^{\nu} g_{\nu\lambda} = q^{\mu} q_{\lambda}$$

folgt daraus

$$A(\delta^{\mu}_{\lambda}(-q^2 + M^2) + q^{\mu} q_{\lambda}) + B\, M^2 q^{\mu} q_{\lambda} = \begin{cases} 1 \text{ für } \lambda = \mu \\ 0 \text{ für } \lambda \neq \mu \,. \end{cases}$$

Für $\mu \neq \lambda$ ergibt sich sofort

$$B = -A/M^2\,;$$

für $\mu = \lambda$ folgt dann weiterhin

$$A = 1/(-q^2 + M^2)\,.$$

Der Boson-Propagator wird schließlich

$$\boxed{\tilde{D}_{\nu\lambda} = \frac{-g_{\nu\lambda} + q_{\nu} q_{\lambda}/M^2}{q^2 - M^2 + i\epsilon}\,.} \tag{D.4}$$

Literatur

Aitchison, I.J.R., Hey, A.J.G. 1982: Gauge Theories in Particle Physics, Adam Hilger Ltd., Bristol 1982 (2.Auflage 1989)

Berger, C. 1992: Teilchenphysik, Springer, Heidelberg 1992

Bethge,K., Schröder,U. 1986: Elementarteilchen und ihre Wechselwirkungen, Wissenschaftliche Buchgemeinschaft, Darmstadt 1986

Bethke, S. 1993: Hadronic Physics in Electron-Positron Annihilation, St. Andrews Lectures 1993

Bjorken, J.D., Drell, S.D. 1964: Relativistische Quantenmechanik, BI-Taschenbuch 98/98a, Bibliographisches Institut, Mannheim 1964

Breidenbach, M. et al. 1969: Observed Behavior of Highly Inelastic Electron Scattering, Phys. Rev. Lett. **23** (1969) 935

Burkhardt, H., Steinberger, J. 1991: Tests of the Electroweak Theory at the Z Resonance, Annu. Rev. Nucl. Part. Sci. **41** (1991) 55

ECFA 1980: Study on the Proton-Electron Storage Ring Project HERA, ECFA-Bericht 80/42 (1980)

EMC 1986: A Detailed Study of the Nucleon Structure Functions in Deep Inelastic Muon Scattering in Iron, European Muon Collaboration, Nucl. Phys. **B272** (1986) 158

Feynman, R.P. 1949: The Theory of Positrons, Phys. Rev. **76** (1949) 749; Space-Time Approach to Quantum Electrodynamics, Phys. Rev. **76** (1949) 769

Feynman, R.P. 1976: Gauge Theories, in: Weak and Electromagnetic Interactions at High Energy, Balian, R. , Llewellyn-Smith, C.H., eds., Les Houches (1976)

de Groot, J.G.H. et al. 1979: Inclusive Interactions of High-Energy Neutrinos and Antineutrinos in Iron, Z. Physik **C1** (1979) 143

Halzen, F., Martin, A.D. 1984: Quarks and Leptons, John Wiley, New York 1984

Hebbeker, Th. 1992: Tests of Quantum Chromodynamics in Hadronic Decays of Z^0 Bosons Produced in e^+e^- Annihilation, Phys. Rep. **217** (1992) 69

Hollik, W. 1993: Status of the Electroweak Standard Model, XVI International Symposium on Lepton and Photon Interactions, Ithaca NY (1993)

JADE 1989: A Measurement of the Charge Asymmetry of Hadronic Events in Electron Positron Annihilation, Z. Phys. **C42** (1989) 1

JADE 1990: Final Results on Muon and Tau Pair Production by the JADE Collaboration at PETRA, Z. Phys. **C46** (1990) 547

Lohrmann, E. 1992: Hochenergiephysik, Teubner, Stuttgart 1992

Marshall, R. 1989: A determination of the strong coupling constant α_S from e^+e^- total cross section data, Z. Phys. **C43** (1989) 595

Möllenstedt, G., Bayh, W. 1962: Kontinuierliche Phasenverschiebung von Elektronenwellen im kraftfeldfreien Raum durch das magnetische Vektorpotential eines Solenoids, Phys. Blätter **18** (1962) 299

Nachtmann, O. 1986: Phänomene und Konzepte der Elementarteilchenphysik, Vieweg, Braunschweig 1986

Naroska, B. 1987: e^+e^- Physics with the JADE Detector at PETRA, Phys. Rep. **148** (1987) 68

PDG (Particle Data Group) 1992, 1994: Review of Particle Properties, Phys. Rev. **D45**, Part II (1992), Phys. Rev. **D50**, Part I, 1994

Perkins 1987, D.H.: Introduction to High Energy Physics, Addison-Wesley, Reading MA 1987

PLUTO 1979: Jet Analysis of the $\Upsilon(9.46)$ Decays into Charged Hadrons, PLUTO-Kollaboration, Phys. Lett. **82B** (1979) 449

Povh, B., Rith, K., Scholz, C., Zetsche, F. 1993: Teilchen und Kerne, Springer, Heidelberg 1993

Prescott, C.Y. et al 1978: Parity Non-Conservation in Inelastic Electron Scattering, Phys. Lett. **77B** (1978) 347 and Phys. Lett. **84B** (1979) 524

Quigg, C. 1980: Introduction to Gauge Theories of the Strong, Weak and Electromagnetic Interactions, St.Croix Lectures 1980

Quigg, C. 1983: Gauge Theories of the Strong, Weak and Electromagnetic Interactions, Benjamin/Cummings, Reading MA 1983

Rauch, H. et al. 1975: Verification of Coherent Spinor Rotations of Fermions, Phys. Lett. **54A** (1975) 425

Schaile, D. 1993: Test of the Electroweak Theory at LEP, CERN-Bericht PPE/93-213 (1993), eingesandt an Fortschritte der Physik

Schmüser P., Spitzer H. 1992: Elementarteilchen, Bergmann-Schaefer, Lehrbuch der Experimentalphysik Band 4, Herausg. W. Raith, de Gruyter, Berlin 1992

TASSO 1980: Evidence for a Spin-1 Gluon in Three-Jet Events, TASSO-Kollaboration, Phys. Lett. **97B** (1980) 453

Voss, R. : The Nucleon Structure, XVI International Symposium on Lepton and Photon Interactions, Ithaca NY (1993)

Werner, S.A. et al. 1975, Observation of the Phase Shift of a Neutron Due to Precession in a Magnetic Field, Phys. Rev. Lett. **35** (1975) 1053

Wu, S.L. 1984: e^+e^- Physics at PETRA – The First Five Years, Phys. Rep. **107** (1984) 60

Yoh, J.K. et al. 1980: Study of Scaling in Hadronic Production of Dimuons, Phys. Rev. Lett. **41** (1980) 684

Zerwas, P.M. 1992: QCD: Testing Basic Properties in Jet Physics, DESY-Bericht 92- 139 (1992)

Index

Springer-Verlag und Umwelt

Als internationaler wissenschaftlicher Verlag sind wir uns unserer besonderen Verpflichtung der Umwelt gegenüber bewußt und beziehen umweltorientierte Grundsätze in Unternehmensentscheidungen mit ein.

Von unseren Geschäftspartnern (Druckereien, Papierfabriken, Verpackungsherstellern usw.) verlangen wir, daß sie sowohl beim Herstellungsprozeß selbst als auch beim Einsatz der zur Verwendung kommenden Materialien ökologische Gesichtspunkte berücksichtigen.

Das für dieses Buch verwendete Papier ist aus chlorfrei bzw. chlorarm hergestelltem Zellstoff gefertigt und im pH-Wert neutral.